건설의 디지털 품질관리

Digital Quality Management in Construction

건설의 디지털 품질관리

Digital Quality Management in Construction

폴 마스던(Paul Marsden) 저

조대호 역

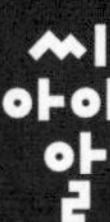

서 문

건설 분야에서 내 자신의 경력을 돌이켜보면, 내가 사용할 수 있는 품질관리 도구들 중 일부는 1960년대 사용하던 것과 본질적으로 동일하다는 것을 알 수 있다. 검사 및 시험 계획과 품질관리 시스템은 위험관리에 대한 새로운 강조에도 불구하고 여전히 ISO 9001과 같이 1980년대에 프로젝트 품질 계획과 내부 감사를 위해 도입된 품질 기준에 기초하고 있다.

토목공학을 전공으로 선택한 이유는 내가 15살 때 지역 대학 강사가 우리 학교 강당에서 'A' 레벨이 모든 사람을 위한 것이 아닌 이유와 대안에 대한 재미있는 발표를 했기 때문이다. 'O' 레벨에 집중된 물리학과 수학을 훑어보는 동안 훨씬 더 집중된 물리학이나 수학에 대한 생각은 거의 공부를 포기할 정도로 충분했기 때문에 어떤 종류의 실행 가능한 대안이라도 나의 귀를 쫑긋 세우게 했다.

나는 초청 강사가 심리학을 이용하여 차에서 뛰어내려 경찰차에 팔을 얹고 열린 창문으로 몸을 숙여 용서를 빌면서 속도위반 딱지를 떼는 것을 피하는 것에 대한 기발한 이야기가 가장 기억에 남는다. 운전자에게 다가가는 데 익숙했던 놀란 경찰관은 차에서 내려서, 떨고 있는 운전자의 사과를 받아들이고 딱지를 떼지 않고 강사를 보냈다. 흥미롭지만 전혀 상관이 없는 강사의 이야기를 머릿속에 떠올리며, 나는 어떻게든 설득되어 미드 체셔Mid-Cheshire 고등교육대학 건축학 강좌에 등록하게 되었다. 그리고 속도위반 딱지와 건축학과의 연관성은 여전히 오늘날까지 이해하지 못하고 있다.

나는 벽돌 쌓기, 전기 및 목공예에 대한 실습 과정이 있었기 때문에 졸업장을 받기 위해 공부하는 것을 매우 즐겼다. 또한 대학의 컴퓨터 수업에서 추가로 'O' 레벨을 받았는데, 컴퓨터 프로그래밍의 지루함은 배선 플러그와 미장으로 상쇄되었다. 나는 건축학 강좌를 통해 차별화를 이루었고 자연스럽게 주택 건축에 관한 모든 것을 배운 후, 이어서 티스사이드 폴리테크닉Teesside Polytechnic에서 토목공학 학위를 받았다. 주택에서 도로, 댐 및 교량으로 변경하면서 나는 더 많은 실제적인 학습이 수반될 것이라고 생각했다. 나는 그 학위가 숨 막힐 정도로 긴 수리학과 헤아릴 수 없는 수학 공식 강의에서 우리에게 가르쳐주지 않는 것들을 알아내기 위해 도서관에 앉아 많은 시간을 보내야 한다는 것을 거의 깨닫지 못했다. 정치학은 폴리테크닉에서 마음이 산란해서(1990년대 후반에 건설 경력을 다시 중단시켰다) 학위를 끝내지 못했다.

그러나 이 이야기의 요점으로 돌아가 내가 고등교육대학 Further Education College에 다닐 때 실용적인 학습, 실제적인 것들(직장과 가정에서 실제로 유용했던 것), 슬럼프시험, 압축강도시험과 같은 콘크리트시험에 대한 몇 가지 기본적인 검사와 시험을 알았다. 콘크리트의 강도를 시험하는 방법은 모두 간단해 보였다. 즉, 굳지 않은 콘크리트 몰드에 채우고 콘크리트의 층을 다진 다음, 몰드를 옮기기 전까지 하루 동안 기다렸다가 교정된 압축강도시험기로 강도를 시험하기 전까지 조심스럽게 보관하였다. 마찬가지로 바닥 슬래브의 크기와 정확성을 확인하기 위해 줄자를 사용하는 것은 일단 콘크리트나 바닥을 깔고 나서 발견된 오류에 대해 여러 조취를 취하기에는 너무 늦은 것 같았다.

1990년 Leicester 근처의 Taylor Woodrow 건설 회사 완립Wanlip 수처리공사 현장에서 근무하는 젊고 자격이 없는 토목 기술자로 몰드를 채우기 전까지는 폴리테크닉 이후의 첫 번째 건설공사에서 탱크의 일부인 큰 옹벽을 만들기 위해 내 앞의 거푸집에 쏟아진 콘크리트에서 시료를 채취하고 있었다. 엄청난 양의 콘크리트가 거푸집에 채워지고 경화가 되기 시작한 후 7일 또는 그 이후에도 공시체들은 시험되지 않았다. 시험하기에는 다소 늦은 감이 있었다.

아니나 다를까, 현장 직원들이 대부분 떠난 어느 여름 저녁 무렵, 수처리 작업의 일부인 긴 철근콘크리트 벽을 세우는 일을 맡았을 때 불행하게도 나는 그 점을 스스로 증명하고 말았다. 나는 Italia '90을 보기 위해 도망치고 싶어 하는 다소 짜증나는 하청업체와 함께 남겨졌다. 다음 날 그 일이 엉망이 된 것이 명백해졌고, 우리는 나의 많은 오류로부터 철근콘크리트 부분을 제거하기 위한 잭 해머가 필요할 것이라는 공시체의 압축강도시험 결과를 기다릴 필요가 없었다.

휘어지고 조잡한 벽을 살펴보기 위한 긴급 현장 회의가 소집된 후, 나는 조사 프로젝트를 위해 요크셔로 가는 도중에 완립 프로젝트에서 조용히 밀려났다. 나는 항상 콘크리트를 타설하기 전에 시험하거나 다른 방법의 기술을 찾아 공사 결과를 더 빨리 얻는 것이 합리적이라고 생각했다.

내가 도급업체 관리자에게 불평하기 시작할 때 나는 6개월 동안 요크셔의 하수구를 조사하고 있었다. 그는 내가 왜 불평을 하는지 약간 당황한 것 같았다. 도로와 다리를 건설할 것이라고 생각한 폴리테크닉에서 갓 졸업한 토목 기술자가, 허리를 구부리고 매일 맨홀을 들어 올리며 하수구와 만나는 곳을 보기 위해 색깔이 있는 페인트 가루를 뿌리는 것은 그리 놀랄 일이 아니었을 것이다.

그것은 나에게 충분히 나쁜 일이었지만, 실제로 수년 동안 건물을 짓는 제대로 된 토목 기술자로 일을 해온 나의 조사 파트너 앨런Alan에게는 훨씬 더 큰 모욕이었다. 처음 소개를 받았을 때 앨런은 맨홀 덮개를 들어 올리겠다고 했고, 다른 사람은 눈금자를 사용하여 배수구가 집으로부터 나와 도로의 하수구에 연결되도록 인쇄된 지도에 연필로 선을 그었다. 그는 내가 그 일을 끝마치면 먼저 가라고 제안했다. 6개월 후 나는 내가 그림을 그릴 차례가 언제인지 계속 물었다.

앨런과 나는 1991년 허더즈필드 거리를 돌아다니는 단 세 팀 중 한 팀이었는데, 이전에는 기록되지 않았던 24번 하수구를 발견했고, 새로운 규정으로 인해 나는 수도 회사를 잠재적인 책임에 노출시켰다. 과거에는 수도 검사관들이 이러한 지식을 머릿속에 지니고 다녔었다. 즉, 배수구와 하수구는 당국의 책임이고 집주인의 책임이었다. 따라서 영국의 상하수도 회사인 요크셔 워터Yorkshire Water사는 테일러 우드로Taylor Woodrow 건설 회사를 시범 연구에 고용하여 과제의 규모를 평가하기 시작했다. 그들은 일반적으로 고층 건물의 구조용 강청 보 또는 컴퓨터의 3차원3D 컴퓨터 지원 설계 CAD 도면을 업데이트하는 것과 유사한 것으로 전단응력을 계산하고 있었는데, 조사의 색 선이 있는 A4 용지를 만들기 위해 줄자를 떨어트릴 때 악취에 재갈을 물리고 우리가 망치와 끌을 사용하여 수십 년 동안 관리되지 않고 방치되어 있던 맨홀 뚜껑을 비튼다는 말을 들었을 때, 그것은 다른 프로젝트에서 우리 동료들 사이에서 많은 웃음과 즐거움을 불러일으켰다.

나는 매일 10시간 동안 얼음처럼 차가운 날씨에 도구 가방을 들고 계곡을 오르락내리락 다니며, 점심으로 치즈와 양파 페이스트리를 먹고, 히터가 있는 라임 그린색 밴에 옹기종기 모여 앨런은 파이프 크기에 대한 측정과 메모를 나타내는 그의 자필을 해석하려고 애썼다. 그 당시에는 우리의 얼어붙은 손가락을 녹이는 것은 플라스크나 카페에서 나오는 인스턴트 커피였다.

계약 담당자는 나의 불만사항을 적절히 지적하고 즉시 무시했지만, 프로젝트 매니저는 제작 중인 작업의 품질에 대해 요크셔 워터의 고객인 로저Roger로부터 약간의 슬픔을 느끼기 시작했다.

어느 날, 나는 리즈에 있는 우리 사무실로 불려가 프로젝트 매니저의 작은 사무실에 앉아 있었다. 그는 영국 표준 BS 5750 사본을 책상 너머로 내게 건네주었다. 나는 그 일을 어떻게 해야 하는지 궁금해서 그것을 휙 훑어보면서 열심히 집중했다.

그는 책상 위에 발을 올려놓고 깨진 머그잔으로 차를 마시면서 고객이 지도의 품질에 만족하지 않는다고 설명했다.

> "이것 좀 보세요. BS 5750을 기반으로 한 품질관리 시스템이 필요하며, 이는 매뉴얼을 작성할 사람이 필요하다는 것을 의미합니다. 그러면 고객이 행복해질 것입니다."

나는 그가 한 말을 이해하지 못한 채 고개를 끄덕였다.

> "그게 내가 다시 현장에 나갈 필요가 없다는 뜻인가요?"

'현장'은 허더즈필드Huddersfield 거리를 완곡하게 표현한 것이다.

따뜻한 사무실에 앉아서 글을 써야 한다는 생각이 들자 내 얼굴에 환한 미소가 떠올랐다.

> "네, 하지만 몇 주 정도면 됩니다."

나는 표준을 움켜쥐고 내가 무슨 일에 휘말렸는지 궁금해하면서 그의 사무실을 떠날 때 나는 틀림없이 풀이 죽어 보였을 것이다. 그것이 품질관리에 대한 나의 입문이었고, 한동안 정치에 발을 들여 놓은 사이에 지난 30년 동안 나의 경력이었다.

본질적으로, 그 규율의 체계는 1960년대 이후로 바뀌지 않았다. 이 표준은 고객을 만족시키기 위한 사양에 부합하도록 제품과 서비스를 제공하는 데 도움이 되는 주요 활동을 올바르게 얻기 위한 구성을 규정한다. 품질 관리자는 관리 시스템을 만들고 관리하며 이에 대한 적합성을 감사하는 사람이다. 원칙은 건전하지만 건설 과정에서 체크 박스 접근 방식을 기반으로 인증서를 획득하기 위해 너무 자주 정책과 절차가 생성되어 표준의 신뢰성을 훼손하고 조직의 성과를 전혀 개선하지 못했다.

요크셔에서의 우리의 작은 계약은 이후 2년 동안 약간의 성공을 거두었고, Orrenal 측량

지도를 저장하고 하수도의 선을 기록하는 시제품 태블릿 컴퓨터로 이어졌다. 요크셔에 있는 그 조사 태블릿은 내가 디지털 정보관리에 처음으로 알게 된 것이었다. 요크셔 전체를 아우르는 수백 개의 A4 용지 지도가 책만한 크기의 컴퓨터 한 대에 저장될 수 있다는 사실에 놀랐다.

나는 다음으로 영국 북서부의 플리트우드Fleetwood에 있는 건설 현장(이번에는 적절한 곳)에서 품질관리를 접하게 되었고, 필데Fylde 해안 해변을 청소하는 데 도움이 되는 수처리 작업을 개발하게 되었다. 흥미롭게도 지역 주민들은 하수가 바로 바다로 흘러나가는 것을 좋아하지 않았다.

나는 프로젝트 품질 관리자로 임명되어 자재 공급업체와 하청업체의 장기 공급망을 개괄적으로 검사 및 시험 계획을 수립하는 품질관리 시스템을 설계해야 했다. 현장 팀이 작업의 품질, 증거에 대한 책임 있는 감사 추적을 기록하기 위해 많은 양식을 작성해야 하는 것은 일반적으로 필요악으로 여겨졌다. 그러나 또한 그것은 거의 존재하지 않기 때문에 건설 전문가들이 절차를 기록하도록 요구했다. 나는 곧 적산자, 현장 관리자, 작업반장, 기획자, 견적자, 설계자 및 수많은 기술자에게 일상적인 압력을 가하는 상황에서, 그들이 절차를 작성하고 자신의 절차를 따르도록 하는 것은 기념비적인 일이라는 것을 알게 되었다. 항상 나는 직원들이 도움을 되기를 원했고, 품질관리 이론의 중요성을 이해했지만, 위기나 문제가 발생하기 전까지는 기술적 요구가 우선이라는 것을 알게 되었다. 그런 다음 문제를 바로 잡고 더 나은 품질 보증이 있을 것이라고 약속하는 바보처럼 뛰어 다니는 시간이었다. 모든 사람들은 조용히 그 약속을 잊고 다음 위기가 올 때까지 예전처럼 나쁜 길로 돌아가고는 했다. 솔직히 지난 30년 동안 건설이 철학적으로 크게 달라졌다고 생각하지 않는다.

나는 관계 구축, 협상 및 의사소통의 소위 말하는 부드러운 기술을 습득하는 법을 배웠다. 클립보드를 들고 감독관의 우월한 태도를 취하는 것은 건설업자들을 깎아내리기에 완벽한 조합이었고, 만약 당신의 얼굴에 문이 쾅 닫히고 사람들이 당신에게 소리치는 것을 즐기지 않는다면, 건설업자들과 함께 있으면서 그들의 문제와 불평을 듣는 것이 보통 그들을 참여하도록 설득하는 더 좋은 방법이었다. 만약 그들이 품질관리 시스템을 소유하고 사용했다면 문제가 발생하기 전에 품질 문제가 발견되고 근절될 가능성이 더 높았다.

나는 또한 종이 시스템에서 생성되고 유지되는 품질관리의 번거로운 관료적 특성을 깨달았다. 그 당시에는 품질 관리자가 품질 매뉴얼, 절차, 양식을 작성한 후 재인쇄하여 개별적으로 번호를 매긴 후 최우수 및 우수 업체에 우편(또는 직접 전달)으로 배포하였다. '최우수'는 매뉴얼을 서가에 올려놓고 즉시 잊어버릴 비서에게 주는 감독들이었다. 현장에 있는 사람들('우수')은 자신들이 읽었다는 것을 증명하는 양식에 서명할 것으로 예상되고, 이는 품질 관리자에게 다시 게시될 것이며, 품질 관리자는 필연적으로 주의사항을 전달하고 전화를 걸어 누락된 양식을 추적해야 할 것이다. 그런 다음 몇 가지 문법적 오류나 규정 변경이 될 수 있는 관리 시스템의 각 업데이트와 함께 관련 페이지를 재인쇄하여 지정된 문서 보유자에게 발송할 것이다. 1년에 몇 번씩 매뉴얼과 업데이트를 제작, 인쇄, 복사 및 게시하는 데 상당한 시간을 허비할 것이고, 따라서 이것은 건설 품질관리의 평판에 부정적인 영향을 미치는 관료적인 작업이었다. 감사에서 나는 몇 번을 놓쳤는지 모르겠는데, 미결 서류함에 미개봉 봉투를 채워 넣은 프로젝트 관리자를 발견했다.

본질적으로 시간과 비용을 절약하고 성능을 향상시키면서 품질을 관리한 실제 결과는 항상 많은 사람들에게 학문적인 것처럼 보였고, 품질 보증QA이 왜 필요한지에 대해 업계의 다른 사람들로부터 의심을 받았을 때, 나는 고객을 행복하게 해주는 것이 필요하고 절차가 적절한 시기에 올바른 일을 하도록 보장하여 지루하게 고개를 끄덕이고 씁쓸한 미소를 이끌어내는 오랜 논쟁에 의지했다. 많은 현장에서 조직적인 혼란은 곧 감독들에게 '옳은 일'을 하도록 설득하는 데 보통의 품질 관리자의 부질없는 모습을 보여주었다.

나는 보통 건설 주제에 관한 글은 남성들에 의해 작성되고 남성들에게 감사를 표한다는 것을 알고 있다. 그러나 여성들이 설계, 노동, 문제 해결 및 건설에서 역사를 통틀어 똑같이 중요한 역할을 했다는 것에는 의심의 여지가 없지만, 여성 혐오나 역사적 편견을 통해서는 그들이 마땅히 받아야 할 공로를 얻지 못했다. 나는 개인이 자신들의 공헌을 인정받지 못하였을지라도 품질관리의 진화에 아이디어, 지식 및 전문지식이 내재되어 있는 '잊혀진' 여성들에게 경의를 표한다. 이름이 알려진 선구자들은 다음과 같다. 엘미나 윌슨Elmina Wilson, 1870-1918은 미국 여성 최초로 토목공학 학위 과정을 수료하고 미시시피강 서쪽에 강철로 지어진 최초의 타워인 마스턴 워터 타워Marston Water Tower를 설계했다. 나중에 그녀는 뉴욕의 메트로폴리탄Metropolitan 생명보험회사 타워에서 일했다. 마찬가지로 해티 스콧Hattie Scott, 1913-1993은 토목 기술자로 졸업한 최초의 아프리카계 미국인 여성이었고, 이후에는 미국 육군 공병대USACE에서 일했다.

건축 및 설계 요구로 건설의 복잡성이 증가함에 따라 프로그램 속도를 높이고 비용을 절감해야 하는 더 많은 규제, 신소재 및 고객의 압력이 증가하여 정보 및 데이터의 수준도 함께 증가했다. 그동안 건설 품질관리는 실적 취합과 보고를 병행해왔기 때문에, 생성되는 프로젝트 정보의 양에 대한 그러한 보고의 비율은 아주 낮은 양으로 떨어졌다. 품질 전문가로서 우리는 데이터와 정보에서 만들어지고 있는 것의 표면을 거의 긁어내지 못하며, 실제 성과를 공정하게 표현할 수 없다. 따라서 품질관리 보고는 프로젝트 리더에게 오해의 소지가 있고 잘못된 위안을 줄 수 있다.

디지털 품질관리는 의사 결정자에게 더 나은 수준의 확신을 제공하기 위해 분석 대상 데이터와 정보의 우선순위를 정하고 위험에 대해 보고해야 한다는 것을 인식한다. 인간의 마음만으로는 건설 프로젝트에서 일반적으로 생성되는 데이터 및 정보의 크기를 처리할 수 없기 때문에 이러한 분석을 수행하려면 데이터를 더 깊고 스마트하게 파헤칠 수 있는 기술을 사용할 필요가 있다.

단순히 건설의 품질관리가 무엇을 전달해야 하는가에 대한 평가뿐만 아니라 변화의 수준과 속도를 고려할 때 우리가 사용하는 방법에 대한 재평가가 필요한 시점이며 이것이 이 책의 목표다.

이 책의 인쇄본은 2017년까지의 전체 연구를 기반으로 하여 2018년에 작성되었으며, 2019년에 출판이 가능하므로 모든 기술적 변화와 그 영향에 대한 최신 해설을 제공하는 것은 매우 어렵다. 이후 일부 기술이나 제품이 중단되거나 크게 변경되었다면, 그것은 단순히 변화의 속도에 적응할 수 없는 전통적인 종이 형식으로 출판하는 더 넓은 문제를 보여준다. 그러나 디지털 품질관리에 대한 나의 접근 방식이 특히 인간이 일하기 안전한 환경으로 만들기 위해 위험을 낮추고 건설에 가치를 더하는 새로운 기술을 투자, 연구 및 개발하는 방법에 대해 전문가와 더 넓은 건설업계 내에서 새로운 논의와 토론을 이끌어내는 데 도움이 되기를 바란다. 나는 독자들의 피드백과 개선을 위한 제안을 환영하며 Skype@wbmarsden 또는 paul.marsden1968@gmail.com으로 이메일을 통해 연락할 수 있다.

2018년 10월

폴 마스던 Paul Marsden

역자 서문

4차 산업혁명 시대에 들어서면서 전통적인 토목 및 건설 분야에서도 사물인터넷, 빅데이터, 인공지능 등의 다양한 혁신 기술을 융합한 디지털 트랜스포메이션Digital Transformation이 기업 경쟁력을 확보하는 관건이 되었다. 앞으로는 디지털 기술과 스마트 건설이 건설산업의 성패를 좌우할 전망이다. 최근 국내 건설업계도 인공지능과 빅데이터, 증강현실 등을 현장에 도입하는 움직임이 일고 있으나 아직은 초보 수준에 불과하다. 이에 전체 건설산업의 스마트화·디지털화가 시급하다는 목소리가 높다.

건설 프로젝트의 규모와 복잡성이 증가함에 따라 프로젝트 관리 프로세스, 특히 건설 품질에서 새로운 과제가 대두되고 있다. 건설 품질관리는 프로젝트 관리의 한 축이다. 디지털 혁신이 제공하는 개선 기회는 엄청날 수 있다. 이제는 더 많은 조직이 디지털 혁신을 제공할 인력을 보유하고 있는지 여부를 고려해야 할 때라고 생각한다. 이와 관련하여 건설 분야에서 디지털 품질관리를 이해할 수 있는 새로운 서적이 필요하다고 판단하여 이 책을 번역하게 되었다.

이 책은 영국 Routledge 출판사에서 2019년에 출판된 것으로 영국 공인 품질 연구소의 공인 품질 전문가로서 건설, 통신, 금융, 보안, 항공우주, 에너지 및 철도 분야에서 약 30년간 품질관리 경험을 가진 폴 마스던Paul Marsden이 저술하였다. 건설의 디지털 품질관리는 건설 품질관리에서 새로운 파괴적 기술을 활용하는 최초의 '방법'에 관한 책이다. 이 책은 새로운 기술을 둘러보고 이를 품질관리와 관련되고 입증된 린lean 건설 기법을 바탕으로 한 기술과 기술 기반 프로세스를 포함한 품질 전문가의 디지털 역량을 높이는 로드 맵road map을 제시한다.

산더미 같은 데이터가 생성됨에 따라 품질 관리자는 21세기에 건설 품질을 높이기 위해 그 가치를 실현할 필요가 있으며, 이 책은 그들이 생존하고 번창할 수 있도록 도와주고, 건설 품질관리에 종사하는 사람들이 더 높은 품질 수준과 더 적은 낭비를 만들어낼 수 있도록 해줄 것이다. 이 책은 건축, 엔지니어링 및 건설 산업의 품질 관리자, 프로젝트 관리자 및 모든 전문가들이 꼭 읽어야 할 책이다. 또한 새롭고 혁신적인 기술에 관심이 있는 학생들은 공공 및 민간 부문에서 오랜 경력을 쌓은 전문 품질 관리자에 의해 쓰인 이 책을 읽으면서 많은 것을 배울 것이다.

이 책은 고대, 중세, 현대 시대별 세계 건설 품질에 대한 역사와 품질관리, 품질 정보 모델, 데이터 및 정보관리, 비즈니스 인텔리전스BI 및 데이터 신뢰, 품질관리 문화와 지배 구조, 디지털 역량, 웹 기반 프로세스 관리, 드론, 건설 장비, 로봇 공학, 레이저 및 3D 프린팅, 증강현실AR, 혼합현실MR 및 가상현실VR, 착용성 및 음성제어기술, 블록체인, 인공지능AI, 첨단재료 과학, 미래 기술 및 디지털 품질관리의 로드맵 등의 21개 장으로 구성되어 있다.

이 책을 통해 공사 현장이나 설계 과정의 건설 분야에서 빌딩 정보 모델링BIM, 클라우드, 사물인터넷, 데이터 고급 분석(인공지능 등), 증강현실, 가상현실, 모듈러, 3D 프린팅, 로봇공학, 지능형 건설 장비, 드론 등에 대한 디지털 품질관리 개념을 이해하는 데 많은 도움이 될 수 있기를 기대한다.

원저자가 이 책을 통하여 전하고자 하는 내용을 가능한 이해하기 쉽게 우리말로 옮기려고 노력하였지만 많은 디지털 관련된 전문 용어와 약자를 쉽게 표기하는 데 힘든 작업이었다. 발간하는 데 내용상 미진한 부문이나 그 내용이 명확하지 않은 부문이 있다면 원본 내용을 참조하길 바란다.

끝으로 이 책을 출판하는 데 도움을 주신 모든 분들께 감사를 드린다. 특히 도서출판 씨아이알의 김성배 사장님, 박영지 편집장님 그리고 출판부 직원 여러분들께 진심으로 감사를 드린다. 원고 교정을 위하여 귀한 시간을 내어주신 경기대학교 신기철, 정석종, 최성철 교수님께 깊은 감사를 드리며, 더불어 번역하는 동안 멀리서나마 가까운 마음으로 따뜻한 격려를 보내준 호반산업(주) 상무 정귀배 친구에게 고마움을 전하고 싶다.

2022년 6월

조대호

감사의 글

감사 인사의 글은 많은 독자들이 자연스럽게 넘길 페이지라는 것을 알지만 조금만 참아 주길 바란다. 여러분이 이 책을 읽고 감상하기 전에 그들의 지지, 사려 깊음, 지성과 사랑을 통해 그것을 가능하게 한 많은 사람들이 있고 그들은 당신의 시간을 가질 가치가 있다는 것을 기억하는 것이 중요하다.

1990년부터 건설, 통신, 보안, 항공 우주 및 방위 산업의 많은 회사에서 함께 일했던 여러분에게서 나는 많은 것을 배웠기에 감사드리며, 겸허하게 그 사업들에 가치를 더했으면 좋겠다.

나의 경력 동안 나에게 엄청난 배움의 기회를 제공했던 테일러 우드로Taylor Woodrow사에서 같이 근무했던 앨런 닐Alan Neal과 호라이즌Horizon, 원자력 발전소의 콜린 엘람Colin Ellam에게 특별히 감사를 드린다.

경력 인정은 품질관리에 중요한 서비스를 제공하고 글로벌 전문 표준의 기준을 정하는 국립품질원CQI으로부터 받는다.

S. D. Lambert 교수가 제2장의 번역을 위해 고전 비문 온라인 AIO(www.atticinscriptions.com)의 자료를 복제할 수 있도록 허락한 것에 감사한다.

또한 시간을 내어 나와 인터뷰를 하고 품질관리의 모범 사례와 혁신적인 업무 방식에 대한 통찰력을 제공한 모든 분들께 감사드린다.

편집자인 에드 니들Ed Needle과 그의 팀, 특히 패트릭 헤더링턴Patrick Hetherington에게 이 책이 출판할 가치가 있다는 그들의 지지와 조언 그리고 아낌없는 믿음에 대해 감사하게 생각한다. 웨어셋Wearset의 프로젝트 관리자인 엠마 크리츨리Emma Critchley와 나의 사본 편집자인 수잔 던스모어Susan Dunsmore에게 감사드린다. 그녀는 나의 원고를 끈기 있고 전문적으로 재검토하고 완성해왔다.

나는 체스터에 있는 Jaunty Got 카페에서 맛있는 커피와 Wi-Fi를 즐기며 많은 날을 보냈는데, 글쓰기가 힘들었을 때 환영할 만한 영감을 주었다.

나의 가족에게 - 어머니, 누님인 파멜라Pamela, 나의 아이들, 알렉스Alex, 리처드Richard, 루바Luba에게는 일 때문에 식탁에서 자리를 비우는 것, 그리고 특별한 날들을 놓친 것에 대해 사과하고 여러분의 인내심과 용기에 대해 정말 감사한다. 여러분은 가장 어려운 시기에 계속해서 나아갈 수 있도록 나에게 매일의 영감을 주었고, 여러분의 업적에 큰 기쁨과 자부심을 주었다. 나는 또한 가족이 인생에서 가장 중요한 부분이라는 것을 감사하는 법을 배웠다.

나는 무엇보다도 나의 사랑하는 아내 엘레나Elena의 지성과 사랑, 지지와 애정에 감사하며, 아내가 없이는 이 책이 결코 쓰지 않았을 것이다.

Я люблю тебя всегда

러시아 키릴어로 '영원히 사랑해'를 뜻한다.

약 어

3D	three-dimensional(3차원)
4D	four-dimensional(4차원)
8D	eight disciplines problem solving model(8개 분야 문제해결 모델)
AEC	Architecture, Engineering and Construction industry(건축, 엔지니어링 및 건설 산업)
AGI	Artificial General Intelligence(인공 일반 지능)
AHS	autonomous haulage system(자동 수송 시스템)
AI	Artificial Intelligence(인공지능)
AIS	Advanced Industrial Science and Technology Institute(첨단산업 과학기술원)
AION	aluminium, oxygen, and nitrogen(알루미늄, 산소 및 질소)
AM.NUS	Additive Manufacturing at the National University of Singapore(싱가포르 국립 대학교 적층 가공 센터)
ANI	Artificial Narrow Intelligence(협의의 인공지능)
ANN	artificial neural network(인공신경망)
APPGEBE	All Party Parliamentary Group for Excellence in the Built Environment(건설 환경 우수성을 위한 모든 정당 의회 그룹)
AR	Augmented Reality(증강현실)
ASI	Artificial Super Intelligence(초인공지능)
ASIMO	Advanced Step in Innovative Mobility(세계 최초의 2족 보행 로봇)
ATL	autonomous track loader(자율주행 트랙 로더)
BBA	British Board of Agrément(영국 건자재 인증)
BEP	BIM Execution Plan(BIM 프로젝트 수행계획)
BI	Business intelligence(비즈니스 인텔리전스, 기업의 올바른 의사 결정을 할 수 있도록 지원하는 시스템)
BIM	Building Information Modelling(빌딩 정보 모델링)
BMS	business management system(비즈니스 관리 시스템)
BRE	British Research Establishment(영국 친환경 건축인증 민간기구)
BS	British Standard(영국 표준)
BSI	British Standards Institution(영국 표준협회)
BSRIA	Building Services Research and Information Association(빌딩 서비스 연구 및 정보협회)
CAA	Civil Aviation Authority(민간항공 관리국)
CAD	computer-assisted design(컴퓨터 지원 설계)
CAPEX	capital expenditure(자본적 지출-미래의 이윤을 창출하기 위해 지출된 비용)
CARS	credibility, accuracy, reasonableness and support(신뢰성, 정확성, 합리성 및 지원)
CAV	connected and autonomous vehicles(자율주행차)

CDE	common data environment(공통 데이터 환경)
CI	continual improvement(지속적 개선)
CIO	chief information officer(최고 정보 책임자)
CIOB	Chartered Institute of Building(영국 왕립 건설 협회)
CoEs	Communities of Experience(경험 공동체)
col.	Column(열, 기둥)
CONSig	Construction Special Interest Group(건설 특수 이익 집단)
CoPs	Communities of Practice(실천 공동체)
CPP	Construction Phase Plan(시공단계계획)
CQI	Chartered Quality Institute(영국 국립품질원)
CSCS	Construction Skills Certification Scheme(건설 기능 인증제도)
CSR	corporate social responsibility(기업의 사회적 책임)
CSTB	Centre Scientifique et Technique du Batiment(프랑스 건축과학기술센터)
DCMS	Digital Construction Management System(디지털 건설관리 시스템)
DfMA	Design for Manufacture and Assembly(제조 및 조립을 위한 설계)
DoE	Design of Experiments(실험계획법)
EDI	Electronic Data Interchange(전자 데이터 교환)
EDM	electronic distance measurement(전자파 거리 측정)
EMP	Environmental Management Plan(환경관리계획)
FAA	Federal Aviation Administration(미국 연방 항공 관리국)
FMB	Federation of Master Builders(영국 건축가협회)
FMEA	Failure Modes and Effects Analysis(고장 형태와 영향 분석)
FOV	Field of View(시야)
FPV	First Person View(1인칭 시점)
FTA	Fault Tree Analysis(결함수 분석)
GDP	Gross Domestic Product(국내 총생산)
GIS	geographic information system(지리 정보 시스템)
GPS	Global Positioning System(위성항법장치)
H&S	Health and Safety(헤드업 디스플레이, 전방 시현기)
HUD	heads up display(전방 시현기)
IFC	Industry Foundation Classes(산업용 기초 등급)
IMS	Integrated Management System(통합 관리 시스템)
IoT	Internet of Things(사물인터넷)
IPCC	Intergovernmental Panel on Climate Change(기후변화 정부 간 협의체)
IS	Information Systems(정보 시스템)
ISO	International Organization for Standardization(국제 표준화 기구)
IT	Information Technology(정보 기술)
ITP	Inspection and Test Plan(검사 및 시험 계획서)

JCT	Joint Contract Tribunal(공동 계약 재판소)
JISC	Joint Information Systems Committee(영국 합동 정보 시스템 위원회)
KM	knowledge management(지식경영)
KPI	key performance indicator(핵심 성과 지표)
LIDAR	light imaging, detection and ranging(광 탐지와 거리 측정-레이저 레이더)
LPS	Last Planner System(라스트 플래너 시스템-마지막 계획자 시스템)
LSS	Lean Six Sigma(린(lean) 6시그마)
M&E	mechanical and electrical(기계 및 전기)
MDM	Master Data Management(마스터 데이터 관리)
MEWP	mobile elevating work platform(이동식 고소 작업대)
ML	Machine Learning(기계 학습)
MR	Mixed Reality(혼합현실)
MR	Management Review(경영 검토)
MSE	Mean Square Error(평균 제곱 오차)
NC	non-conformance(부적합)
NCCR	National Centre of Competence in Research(스위스 국립 연구 역량 센터)
NEC	New Engineering Contract(신기술 계약)
NGO	non-governmental(비정부 기구)
NHBC	National House Building Council(전국 주택 건설 협의회)
NQEs	National Qualified Entities(국가 자격 기관)
OD	organisational development(조직개발)
OPEX	operating expenditure(운영비용)
OSC	Operating Safety Case(운영 안전 사례)
PDC	Process Development Committee(프로세스 개발위원회)
PfCO	permission for commercial operations(상업 운영 허가)
PO	process owner(프로세스 소유자)
PPE	personal protective equipment(개인 보호 장비)
PQP	project quality plan(프로젝트 품질 계획서)
PRA	probabilistic risk assessment(확률론적 위험 평가)
QA	quality assurance(품질 보증)
QFD	quality function deployment(품질 기능 전개)
QMC	Quality Management Committee(품질관리 위원회)
QMS	quality management system(품질관리 시스템)
QSRMC	Quality Scheme for Ready Mixed Concrete(레디믹스 콘크리트의 품질 계획)
RACI	responsible-accountable-consulted-informed(프로젝트의 개발을 위한 책임감 있는 컨설팅 정보)
R&D	research and development(연구 개발)
RCA	root cause analysis(근본 원인 분석)
RFID	radio-frequency identification(무선 주파수 식별)

RIBA	Royal Institute of British Architects(영국 왕립 건축가협회)
RICS	Royal Institution of Chartered Surveyors(영국 왕립 평가사 협회)
RMC	ready mix concrete(레디믹스 콘크리트)
SAE	Society of Automotive Engineers(미국 자동차 기술자 협회)
SEA	Swedish Energy Agency(스웨덴 에너지청)
SHEQ	Safety, Health, Environment and Quality(안전, 보건, 환경 및 품질)
SIPOC	Suppliers-Inputs-Process steps-Outputs-Customers(공급자－입력－프로세스 단계－출력－고객)
SME	subject matter expert(주제 전문가)
SPC	statistical process control(통계적 공정관리)
SPOT	Smart Personal Object Technology(지능형 개인 객체기술)
SSHEQ	Security, Safety, Health, Environment and Quality(보안, 안전, 보건, 환경 및 품질)
T5	Terminal 5(터미널 5)
TBT	Tool Box Talk(도구 박스를 놓고 토의)
TPS	Toyota Production System(도요타 생산방식)
TQM	Total Quality Management(전사적 품질관리)
TRIZ	Theory of Inventive Problem Solving(in Russian)(창의적 문제 해결 기법(러시아어))
UAE	United Arab Emirates(아랍 에미리트 연합국)
UAV	unmanned aerial vehicle(무인 항공기)
UHI	urban heat island(도시 열섬)
USACE	U.S. Army Corps of Engineers(미국 육군 공병대)
UWB	Ultra-wideband(초광대역)
VINNIE	Very Intelligent Neural Network for Insight & Evaluation(통찰력 및 평가를 위한 매우 지능적인 신경망)
VR	Virtual Reality(가상현실)
VSS	voluntary sustainable standards(자발적인 지속 가능한 표준)
WBS	work breakdown structure(작업 분류 체계)
WLAN	wireless local area network(무선 근거리 통신망)
WUFI	Warme Und Feuchte Instationar(온습도 시뮬레이션)
XR	extended reality(확장현실)

Contents

CHAPTER 01

소 개

CHAPTER 01

소 개

모든 세대는 전례 없는 변화의 시대에 살고 있다고 생각하지만 21세기에 우리는 기술력뿐만 아니라 인간과 기술의 관계에서도 기하급수적으로 성장하기 시작하고 있다고 생각한다. 기술은 인간이 제공한 초기 규칙과 알고리즘에서 지속적으로 자체 학습을 기반으로 하는 인공지능AI을 통해 더욱 자율적으로 발전하고 있다. 향후 수십 년간의 전망은 인간의 개입이 미적 선택으로 축소되고 건설 현장에서 자율주행차와 로봇을 이용한 구조물이 건설되는 등 AI에 의해 개발 및 건설되는 설계로 향하고 있다는 것이다. 운영 및 시설관리는 AI가 감독하고 인간의 중요한 감독은 최소화한다.

자재가 널려 있고 작업자들이 굴착기를 피하는 등 혼란스러워 보이는 진흙투성이의 현장을 둘러보면, 건설에 대한 과학적 접근은 상상하기 어렵지만 건설 기술에 대해 언론 기사가 가끔씩 끼어드는 것을 제외하고는 디지털 모델링, 증강현실, 드론, 레이저 스캐닝, 첨단 재료 및 기타 기술에 대한 지속 가능한 추진력의 부족함이 전 세계 산업에서 조용히 나타나고 있다.

이러한 변화의 이유는 항공 우주 및 자동차와 같은 IT, 에너지, 화학 및 제조 부문에 비해 수십 년 동안 건설이 평탄화되었음을 보여주는 불량한 그래프로 업계의 한심한 생산성 기록에 힘입은 것이다. 사실상 모든 다른 산업들이 연구개발에 꾸준히 투자해왔지만 단편화된 공급망, 계약의 치열한 세계 그리고 솔직히 말하자면, 너무 많은 고객들이 혁신과 투자에 굶주린 채 건설업을 떠났다.

10억 달러가 넘는 초대형 건설 프로젝트에 대한 McKinsey 보고서[1]에 따르면 평균 감소는 계획에서 20개월, 예산 지출보다 80%나 많으며, 98%의 프로젝트들이 초과 지출되거나 예정보다 오래 걸린 것으로 나타났다. 이러한 당혹스러운 수치를 줄이는 방법은 디지털 품질 관리를 통해서이다.

Mace의 보고서[2]에 따르면 만약 건설의 생산성이 지난 20년 동안 제조업과 보조를 맞추었다면 영국은 시간당 38파운드의 경제 활동을 창출하는 각 건설 노동자의 국내 총생산GDP이 25.50파운드에 비해 약 3% 증가했을 것이라고 밝혔다. 연간 1,000억 파운드의 추가 경제 활동으로 인해 생성된 세금은 정부에 400억 파운드의 세금 수입을 추가로 발생시켰을 것이다. 그것은 다음 프로젝트에 대한 지불과 맞먹으며 33억 파운드가 남았을 것이다!

- 히드로 공항의 5번 터미널(42억 파운드)
- Crossrail(148억 파운드)
- 런던의 Royal Warf 주택 개발(22억 파운드)
- 에든버러 북부의 Queensferry 횡단 교량(13억 5천만 파운드)
- Mersey Gateway 교량(5억 4천만 파운드)
- 버밍엄의 대도시 계획(100억 파운드)
- 뉴포트 주변의 M4 구호 도로(13억 파운드)
- Belfast의 북동쪽 분기 계획(4억 파운드)
- 글래스고 대학 시내(2억 2,860만 파운드)
- A14 업그레이드(15억 파운드)
- 리버풀의 트리플 타워(2억 5천만 파운드)

만약 현대 시대에 건설업이 한자리에 모였다면 그 모든 프로젝트를 감당할 수 있었을 것이다. 모든 안전 및 지속 가능성 문제를 다루지 않고 비용, 초과 실행 및 피할 수 있는 품질 문제가 급증하는 끔찍한 건설 프로젝트의 몇 가지 예가 표 1.1에 나와 있다.

표 1.1 최근 발생한 재난 건설 프로젝트의 예

프로젝트	초기비용 견적	최종 (또는 최신) 비용	초기 완료일	최종 (또는 최신) 날짜	품질 문제
독일, 베를린 브란덴부르크공항	20억 유로	60억~ 70억 유로	2011년 10월	2020년	• 자동문이 잘못 설치됨 • 배선 결함 발견 • 에스컬레이터가 너무 짧음
미국, 보스턴 중앙 도로/터널 프로젝트	26억 유로	240억 유로	1998년	2007년	• 중앙 터널 선형의 계산 착오 • 교통사고에 치명적인 가드레일 • 조명기구의 부식 • 콘크리트 누출
핀란드, 올킬루오토(Olkiluoto) 3원자력 발전소	32억 유로	85억 유로	2009년	2019년 5월	• 정보통신 문제 • 품질 요구사항의 입찰 부재 • 계측 및 제어 시스템의 지연 • 부적절한 용접 및 불량 콘크리트
홍콩－주하이(Zhuhai)－마카오(Macau) 교량 프로젝트*	381억 2,000만 위안 (55억 달러)	470억 위안 (68억 달러)	2016년	2018년	• 콘크리트 시험 보고서의 위조 • 인공섬 이동 • 해수가 터널로 유입됨

* 3가지 다른 통화로 추정하기 때문에 비용이 다를 수 있다.

또한 품질관리 실패의 근본 원인과 함께 역사적 건설 실패의 비극적인 결과를 보여주는 예가 있다.

- 1975년, 중국: 반카이오댐, 17만 1천 명 사망, 불충분하게 설계된 수문 및 콘크리트 설계 결함
- 1981년, 미국: 하얏트호텔 스카이워크 붕괴, 114명 사망, 스카이워크 강철 타이 로드 연결부 및 도면 버전 관리로 인한 설계 변경
- 1995, 대한민국: 삼풍백화점 붕괴, 502명 사망, 규격 미달 콘크리트 혼합물, 원설계 결함, 에어컨 진동
- 2010년, 미국: 심해 석유 리그 폭발, 11명 사망 및 환경 재앙, 콘크리트 및 밸브 고장

다음 장에서는 상징적인 지위, 혁신적인 건설 기술 그리고 나의 부분에 대한 순전한 친숙함과 편견 등의 여러 가지 이유로 건설 프로젝트를 선택했다. 설명된 것들은 '최고 히트작' 목록이 아니며 더 많은 항목을 선택할 수도 있었다.

설계 및 시공의 품질관리는 원자재에 대한 오랜 경험과 전문지식을 바탕으로 석재 및 목재의 품질을 승인하거나 거부할 때 최초 구조물로 거슬러 올라가는 수천 년에 걸친 기술로, 집, 묘지 또는 요새의 성공적인 건설에 필수적이었다. 미래의 품질관리의 방향을 충분히 이해하기 위해서는 건설 초기부터 시간을 거슬러서 세계 각국의 우리 선조들이 어떻게 품질관리 기술을 발전시켰는지 살펴보는 것이 유용하다. 수천 년에 걸쳐 습득한 품질관리 지식과 경험은 건설 노동자의 전 계층과 '관리자'들에게 알려졌고 그들의 교육과 감독에 스며들었다.

품질관리가 먼저 품질 보증과 품질경영을 통해 보다 전략적인 접근 방식으로 꾸준히 자리를 잡게 되면서 품질 전문가들의 영향력은 커졌고, 21세기가 바뀔 무렵에는 '품질'이 6시그마, 사업 개선, 사업 우수성을 위한 길을 만들기 위해 옆으로 비켜서야 하는 유행에 불과했던 것 같다.

요즘 나를 시험하는 것은 최고 경영자의 사무실에서 가장 가까운 사무실이 어디인지 물어보는 것이고, 보통 그 반응은 최고 수준의 전문가의 답변은 아닌 것 같다. 그러나 품질경영은 이 복잡한 세계에서 건설 경영이 직면하고 있는 너무나 많은 도전들을 해결하기 위한 하나의 중요한 측면이다. 만약 다른 모든 분야가 품질 계획, 품질관리, 품질 보증 및 품질 개선에 대해 교육을 받았다면, 전체적인 위험과 비용이 크게 감소하고 성과물에 대한 품질 결과가 증가할 것이다.

건설업에서 새로운 영향력을 얻기 위해서는 품질 전문가는 판을 키우고 너무 많은 불평을 중단해야 한다. 부가가치의 일부는 다른 사람들에게 품질관리 및 문제를 근본적으로 해결하는 방법을 교육시켜야 한다. 건설 과정의 모든 부분에서 난제를 해결하는 것이 핵심 기술이지만, 최상의 도구와 이러한 도구를 적용할 시기의 가장 적절한 환경을 평가하는 데 대한 훈련과 교육은 거의 없다. 건설 품질 전문가는 항공우주 및 자동차 제조 분야의 관계자들로부터 배우고 기본적인 5가지 이유five whys, 프로세스 맵핑 또는 이시카와Ishikawa 특성 요인뿐만 아니라 8D 조사, FMEA(고장 형태와 영향 분석), DoE(실험계획법), PRA(확률론적 위험 평가) 및 QFD(품질 기능 전개) 또는 품질의 집과 같은 보다 정교한 도구를 활용할 필요가 있다. 우리는 설계 중에 위험이 발생하기 전에 이를 완화하기 위해 가능한 원인과 옵션으로부터 강력한 교훈을 얻을 수 있다. 품질 전문가는 다른 엔지니어링 및 건설 분야를 교육하고 지원하기 위해 건설 환경에서 이러한 도구에 대한 심층적인 지식과 이해를 갖춰야 한다.

우리는 어떻게 하면 사업을 도울 수 있는지에 대한 소리를 높게 할 필요가 있고 그 주역이 되어 디지털 시대에 진입해야 한다. 디지털 기술은 우리가 좋든 싫든 간에 도래했고 품질 전문가는 디지털 기술에 적응하고 디지털 미래를 형성하는 데 앞장서야 한다. 드론은 3차원 공간에서 정확하게 촬영되는 고해상도 이미지를 생성하여 높은 곳에서 검사하는 데 도움이 되므로 시간과 비용을 절약할 수 있다. 그것은 단순히 시각적 표현을 제공하는 것이 아니라 시공 부분을 스캔하고 디지털 모델과 비교하여 설계와 같이 시공되었는지 확인할 수 있다. 비계를 기어 올라가서 바보 같은 사진을 찍는 대신, 우리는 건설 관리자에게 콘크리트 타설, 덕트 또는 벽돌 쌓기가 정확한 위치에 있는지 건설 관리자에게 즉시 알려주고, 설계를 실시간으로 신속하게 수정하거나 업데이트할 수 있도록 하여 관련 부품에 대한 조정을 할 수 있는 기술을 가지고 있다. 이를 위해서는 품질 전문가들이 드론 조종사로서 훈련받고 자격을 갖추어야 하며 그들의 관리자들에게 드론을 구입하도록 요구해야 한다. 우리는 그 결과를 홍보하여 품질관리의 개선 측면을 보여줌으로써 고위 관리자들이 그 규율을 불평으로 인식하기보다는 해결책을 제시하는 것으로 새로운 시각으로 볼 수 있도록 해야 한다.

디지털 품질관리는 문제를 해결하는 새로운 접근법이다. 그것은 품질관리를 '디지털화'하는 것이 아니라 오히려 그 분야의 핵심에 정보관리를 배치하는 것이다. 데이터와 정보를 사용하는 것은 전통적으로 품질관리 시스템, 감사 보고서, 검사 및 시험 결과, 부적합 정도 및 모범 사례를 통해 건설에 가치를 제공하는 방법이다. 기껏해야 경영진의 의사결정이며 약한 부가가치만을 제공할 수 있는 이러한 제한된 형태의 정보는 훨씬 더 확장되어 우리가 데이터 품질의 평가자가 되고 AI를 사용하여 실시간으로 부적합성을 식별하고 품질 문제를 보고하는 활동의 모든 측면을 실시간으로 '감사'해야 한다. 갑자기 건설 분야의 한 명의 기술자가 됨으로써 품질 전문가는 회사 또는 프로젝트의 성과에 대한 비즈니스 인텔리전스 BI의 선두이자 중심이 되었다.

건설의 예술과 과학은 설계를 하고 건축 환경으로 변형시켜 고객에게 넘겨주고 있는데, 이것은 고객의 요구 사항을 충족시킬 것이다. 자재를 최종 구조물로 바꾸기 위해서는 기계와 프로세스를 사용하는 인력이 필요하다. 고객이 얻는 것은 콘크리트, 강철, 유리, 목재, 전기 케이블, 기계 설비 및 기타 재료의 물리적 환경과 구조물의 운영 및 유지 보수 매뉴얼 또는 빌딩 정보 모델링BIM 디지털 표현과 같은 정보다.

문제는 고객, 컨설턴트, 계약자들이 때때로 땅에서 솟아오르는 물리적 구조를 만드는 것에 흥분하여 어떤 정보를 전달하고 있는지 잊는다는 것이다. 하지만 올바른 정보가 없다면, 수년간 고객을 괴롭힐 수 있는 해로운 장기적 영향이 있을 수 있다. 벽에 케이블이 정확히 어디에 놓여 있었나? 불가피하게 반복적으로 시간과 비용이 낭비될 수밖에 없는 설계 및 시공 오류로 인해 더 높은 생애주기 비용과 올바른 재작업을 수행해야 한다. 처음부터 전체 프로젝트 생애주기에 걸쳐 필요한 정보에 대해 생각하면 프로그램, 비용 및 품질에 대한 위험이 줄어든다.

품질에 대한 나의 정의는 건설된 구조물의 '성능 보증의 강화'이다. 이는 건설업계의 많은 이들이 품질에 대해 물었을 때 애매하게 지적하는 전통적인 '시방서 적합성'보다 더 진전된 것이다. 마찬가지로 '고객 만족'에 대한 표면적인 인정만이 있을 뿐이다. 궁극적으로 건설이 제공해야 하는 것은 구조물의 요구되는 성능이다. 즉, 지붕보의 강도든 아파트 타워 블록의 미적 측면이든 말이다. 품질관리는 고객의 요구사항을 충족시킬 수 있다는 것을 확실하게 보장할 수는 없지만, 전문적으로 그리고 실사를 통해 수행될 경우, 고객에게 유리한 기준을 충족시킬 수 있는 메커니즘이 되어야 한다. 그러나 품질관리는 현재 그렇게 까다롭게 시행되지 않고 있으며, 기업이 품질에 대해 신경을 쓰고, 일이 잘못될 때 대비할 수 있는 고객과 규제자들의 표준 운영 절차가 된다.

보증은 세탁기가 보증하는 것과 같은 방식으로 사용된다. 그것은 모든 제조업체 X의 세탁기가 100% 완벽하게 작동한다는 것을 의미하지는 않지만 특정 성능 조건이 충족될 것이라는 공식적인 보증을 제공하며, 문제가 발생하면 보증을 요청할 수 있다. 예를 들어, 세탁기의 공급 업체는 세탁기와 같은 성능 조건을 벗어나는 것을 원하지 않는다. 제조업체 X의 지침에 따라 설치되고 사용된다. 따라서 제조업체는 어떻게 공식적인 보증을 할 수 있다는 높은 수준의 확신을 가지고 있는가? 그것은 요구 사항을 충족시키기 위해 설계 및 생산 중 품질관리에 중점을 둔다.

건설업의 이사들이 이사회 테이블 건너편에 고객 대표와 마주 앉아 있을 때, 건설 계약에 서명하기 전에 사람, 프로세스, 기계, 자재, 정보에 대한 품질관리 접근방식은 계약의 모든 측면을 충족시킬 것이라는 보장이 되어야 한다. 그러나 이러한 경영진은 일반적으로 품질관리에 대한 인식이 거의 없으며 효과적인 품질관리를 위해 필요한 자원을 배치하거나 품질 전문가가 효과적이 되도록 필요한 사업 권한을 제공하는 데 따른 기본적인 이점을 이해하지 못한다. 새로운 기술로 인해 사업 프로세스가 심각하게 중단됨에 따라 이제는 프로젝트를 제공하는 방식의 중심에 디지털 품질관리를 근본적으로 다시 생각하고 포함시켜야 할 때다.

건설에 사용할 수 있는 기술을 활용하면 생산성이 향상되지만 드론, BIM, 증강현실, 레이저 스캐닝, 로봇 공학, 3D 프린팅, 블록체인, 인공지능, 데이터 트러스트 및 기타 흥미로운 기술 목록과 같은 기술을 사용하는 데 필요한 기본 정보관리에 대한 깊은 이해가 있어야만 생산성을 높일 수 있다. 오늘날 건설에 사용하는 품질보증과 품질관리 기법은 이러한 기술과 기술 주도적 프로세스를 관리하기에 시대에 뒤떨어지고 부적합해지기 시작하면서 품질관리는 단지 관련성이 있을 뿐만 아니라 앞으로 더 많은 가치를 더하게 되었다. 그러나 이러한 목표를 달성하기 위해서는 정보의 핵심이 되는 디지털 품질관리가 필요하다.

이 책은 먼 미래에 관한 것이 아니라 건설 산업에서 무슨 일이 일어날지, 특히 품질관리에서 무슨 일이 일어날지 추측하려고 한다. 우리는 틀림없이 우리의 일에 큰 영향을 미칠 수 있는 기술과 작업 방식의 명확한 형태로 등장하는 가장 큰 변화의 시기에 살고 있다. 2030년이 되면 인공지능, 로봇 공학, 첨단 소재, 증강현실, 가상현실, 드론, 블록체인 등 현재 연구 개발R&D에만 있거나 아직 개발되지 않은 많은 기술의 도입으로 인해 건설 분야의 많은 기존 일자리가 사라지거나 급격히 변화할 것이다. 그러나 이미 드론 조종사나 드론 데이터 분석가와 같은 많은 새로운 일자리가 창출되고 있다.

더 많은 공장 생산 및 현장 조립이 이루어지고 효과성과 효율성을 향상시키기 위해 데이터 공유와 데이터 신뢰 및 BIM 협업을 강화함에 따라 단편화된 공급망, 낮은 이윤, 일반적으로 진보적이지 않은 고객, 외부 조건의 영향 및 기타 '이유'와 같은 건설 현장 주변의 지속적인 무거운 짐들이 제거될 것이다. 지식은 산업 데이터 신뢰 내부에 더 잘 보존되고 모든 분야의 주제 전문가들이 비즈니스 혁신을 촉진하고 쉽게 접근할 수 있도록 하는 이해하기 쉬운 지식관리 및 품질관리 시스템과 결합될 것이다. 따라서 비효율적이고 관료적인 산업의 전통적인 문제가 사라지기 시작하면 더 많은 투자가 산업에 유입되어 혁신과 개선의 속도를 높일 것이다. 대규모 건설 계약 사업의 주요 의사 결정자가 적응하지 않으면 사업 모델이 더 이상 사용되지 않을 수 있다.

뿌리 깊은 문제에 대한 해결책은 탄력을 받고 있고 이러한 해결책들이 일상화되고 효율적인 프로세스가 발전함에 따라 조기 채택자들은 그들이 상당한 경쟁 우위를 가지고 있다는 것을 알게 될 것이다.

핵심 쟁점은 잠재력을 활용하기 위한 새로운 기술과 기존 기술에 대한 연구 개발이다. 전통적으로 낮은 수익률로 인해 건설 분야의 개별 사업 R&D는 다른 산업에 비해 미미한 수준이다. 이것은 바뀌어야 한다. 현재 합작 투자를 하고 있는 건설업체들은 공동으로 혁신에 투자해야 한다. 이렇게 개선된 협업을 통해 장기적으로 더 큰 이익을 얻을 수 있을 것이다.

특히 소규모 프로젝트의 경우, 일부 기업은 오늘날의 전문 석공들이 역사적 건물을 유지하기 위해 필요한 것과 같은 방식으로 전통적인 틈새 기술을 통해 이익을 얻을 수 있기 때문에 기존의 많은 건축 관행이 남아 있을 것이다. 그러나 모든 기업이 비효율적인 프로세스를 계속 사용하고 새로운 기술을 무시하면 중복될 위험이 있다.

품질 전문가들은 기술의 변화와 추세에 대해 교육받고 지속적으로 교육하여 그러한 혼란과 그들의 사고에서 전략적 정책에 상당한 영향을 미칠 수 있도록 해야 한다. 그들은 전문적인 프로그래머가 될 필요는 없지만 프로그래밍의 기본 전제와 추론을 이해하면 최고 정보 책임자CIO와 대화할 수 있는 능력을 향상시키고 사업에서 직원들의 이익을 위해 이러한 기술을 활용하는 방법을 이해할 수 있을 것이다. 디지털 역량을 갖추면 품질 전문가는 정보관리 및 IT 부서의 더 나은 고객이 될 수 있으며, 그것이 무엇을 할 수 있고 할 수 없는지를 알고 있으며, 단순한 건설 및 품질관리의 기본 철학이 단순히 IT 전문가의 제안을 받아들이는 것이 아니라 의사 결정의 기반이 되는 원동력이 될 수 있다.

보건안전, 환경관리, 보안관리 등 다른 분야에 기술이 도입된 경우 이러한 응용이 품질관리에 적용될 수 있는지 평가해야 한다. 나는 기술이 어떻게 이용되고 품질관리에 적용될 수 있는지를 강조하기 위해 노력했지만, 교육, 통신, 감사 및 관리 시스템에 대한 실제적인 응용 프로그램을 식별하기 위해서는 훨씬 더 많은 연구와 실험을 할 필요가 있다. 품질 전문가들은 우리의 규율의 결함을 인정하고 기술이 해결책을 제공할 수 있는지 알아내기 위해 용감하고 호기심이 강할 필요가 있다.

로봇은 연간 예산 삭감 활동에 취약하고 최소 숫자가 실행 가능해야 하는 값비싼 강의실 수업보다 훨씬 더 즐겁고 직관적인 문제 해결 학습 측면의 e-러닝 모듈을 제공할 수 있다. 이러한 로봇은 최고의 지식을 전달하기 위해 전문 품질 전문가가 작성하고 공식화해야 한다. 품질 전문가는 이러한 해결책을 옹호하고 설계하여 우리 직업의 품질 지식이 AI에 접목되어 미래 세대를 위한 형성에 도움이 되도록 도와야 할 책임이 있다.

우리는 품질관리의 모범 사례와 원칙을 취하고 전 세계의 기술과 혁신을 활용하여 확실히 더 나은 환경을 제공하는 새로운 접근 방식을 만들어야 한다. 이를 통해 품질관리는 정보 및 지식관리의 성과를 최적화하고 건설업의 기반이 될 것이다. 무엇보다 품질 전문가는 고객 만족과 안전에 대한 '시각'을 유지해야 한다. 이러한 목표를 달성하기 위해서는 '진정한 품질' 문제가 없다는 데 동의하기 위해 가해진 모든 일상적 압력과 무관하게 행동하고 인식되어야 한다. 고위 경영자들은 종종 비용과 프로그램 문제 외에도 품질 문제에 대해 듣고 싶어 하지 않지만 그 문제들에 귀를 기울일 필요가 있다. 만약 그들이 우리로부터 그것을 듣지 못한다면 누가 그들에게 말할 것인가? 그러나 동시에 측정 가능한 문제를 제시하면서 측정 가능한 해결책을 제시할 필요가 있다.

만약 우리가 빠르게 적응하지 못한다면 일반적인 요인에 의해 주도되는 관리 시스템의 표준이 서로 더 가까워지면서 우리의 학문이 사라질 수도 있다. 보건안전, 환경, 품질, 사업 연속성 및 정보 보안에 대한 별도의 학문이 쓸모없게 되는 시대가 올 수도 있다.

이는 충분한 현장 지식을 개발하는 다재다능한 숙련공 또는 정규직 품질 전문가가 사무직만큼 드물 정도로 위험관리에 도움을 줄 수 있는 강력한 AI를 통해 이루어진다.

:: 미주

1 Changali, S., Mohammad, A., and van Nieuwland, M., 'The construction productivity imperative' (McKinsey Global Institute, July 2015). Retrieved from www.mckinsey.com/industries/capital-projects-and-infrastructure/our-insights/the-constructionproductivity-imperative (accessed 14 July 2015).

2 Mace, 'Construction productivity: The size of the prize'. Retrieved from www.macegroup.com/perspectives/180125-construction-productivity-the-size-of-the-prize (accessed 24 January 2018).

CHAPTER 02

고대 건설품질, 구석기 시대~서기 500년

CHAPTER 02

고대 건설품질, 구석기 시대~서기 500년

수천 년 동안 인간은 생활하고, 일하고, 기도하고, 죽은 사람을 묻을 수 있는 구조물을 만들고 건설해왔다. 우리는 가장 오래된 몇몇 건물들의 잔해를 언제나 볼 수는 없지만, 우리 주변의 재료를 사용하여 우리의 공간을 만들고자 하는 열망은 동굴, 동물 가죽 텐트, 움집을 떠난 이후로 열정과 관심이었다.

인간이 구조물을 건축하기 시작한 초기의 구석기 시대부터 역사 전반에 걸쳐 품질관리 유형 의무를 수행한 '검사관'과 전문가 '감독관'이 있었다. 그들은 품질이 어떻게 보이고, 들리고, 느껴지는지를 알고 있는 오랜 경험을 가진 공예가와 장인이었다. 여전히 볼 수 있는 가장 오래된 구조물(또는 유적)은 건축 자재의 품질, 기법 및 건축업자의 기술을 입증한다.

- 지구상에서 가장 오래된 사람이 만든 유적: 그리스 테오 페트라Theopetra 동굴의 석벽, 기원전 2만 3000년경
- 터키의 Göbeckli Tepe 성지 또는 사원 유적, 기원전 9500년경
- 팔레스타인 영토의 Jericho 성벽과 탑, 기원전 8000년경
- 터키의 Çatalhöyük 마을, 기원전 7500년경
- 키프로스의 Khirokitia 신석기 정착지, 기원전 7000년경
- 프랑스 Barnenez 통로 무덤, 기원전 4800년

- 스코틀랜드의 Howar 집, 기원전 3700년
- 페루의 Sechin Bajo 광장, 기원전 3500년
- 이란의 Shahr-e Sūkhté 마을, 기원전 3200년경
- 영국의 Stonehenge 입석, 기원전 3100년(그림 2.1)에서 시작되었으며, 러시아의 Maikop kurgans 무덤, 기원전 3000년
- 이집트의 '이교도의 댐'인 Sadd al, Karfara, c. 기원전 2750년, 인도의 Dholavira 도시, 기원전 2650년경
- 기원전 2540년에 건설된 이집트 기자의 피라미드
- 그리스의 Knossos 궁전, 기원전 2000년

일부 고대 건축물의 놀라운 정확성은 건축가의 상상력과 디자인에 탁월함은 물론 건설 관리자들의 실제 시공 전문지식과 정확한 품질관리의 증거다. 기원전 2540년부터 시작된 기자Giza의 피라미드는 하루 10시간의 작업하는 동안 3분마다 평균 크기의 블록을 쌓는

그림 2.1 영국의 Stonehenge 입석, 기원전 3100년

작업 속도로 2.5톤에서 80톤 사이 무게의 230만 개의 돌(1936년에 완성된 후버 댐과 비슷한 크기)로 구성되어 있다.[1] 공인 건축가인 헤미우누Hemiunu는 가장 기본적인 구리 끌, 톱 및 돌망치 도구를 사용하여 바퀴, 나침반 또는 도르래 없이 건축된 구조물을 설계하였다. 기초에 있는 5.3ha는 2cm 이내의 정확도로 수평을 이루었다. 우연의 일치인지 설계에 의한 것인지는 알 수 없으나 하나의 삼각형 면적은 그 높이의 제곱과 같다. 흰색 석회암 케이싱 블록은 모르타르를 필요로 하지 않을 정도로 정밀하게 마감되었으며, 접합부는 정확도가 0.5mm 이내였다.[2] 그것은 건설 품질의 우수성이며, 모든 노하우, 기계 및 기술을 갖춘 현대식 건물 및 기반 시설만큼 좋거나 그 이상이다. 그러나 중요한 차이점은 이러한 건설 프로젝트들 중 많은 곳에서 노예를 사용하는 것이다. 노예들의 개별 이름은 결코 알려지지 않을 수도 있지만, 강제적인 조건하에서는 놀라운 공학 업적에 기여한 그들의 기술, 지식 그리고 노력에 대해 집단적으로 인정받을 만한 자격이 있는 것으로 간주되어야 한다.

많은 사람들이 수천 년에 걸쳐 웅장한 구조물을 건설하기 위해 수고한 노력에 대한 대가를 받았지만, 수십만 명의 노예들도 이용당하고 학대를 당했다. 그들은 돌, 목재, 벽돌, 진흙 및 암석으로 된 건물을 들어 올리거나 운반하고 절단하고 제작하는 지시를 따를 수밖에 없었다. 역사상 가장 위대한 건축가들은 노예를 이용했을 것이고, 수년간의 강제적인 복무를 통해 자신들의 전문지식을 제공하거나 질문을 받았을 것이다. 이 노예들은 이름이 알려지지 않았지만 건설 문제를 해결했고 건설 세계의 경이로움에 긍정적인 영향을 미치고 개선했다. 우리는 그 노예들을 기억하고 그들이 건설한 창조물에서 너무나 많은 고통을 겪었다는 것을 인정한다. 그러한 노예 중 한 명은 모국인 카메룬에서 납치된 부족 왕자의 아들 Abram Petrovich Gannibal(1696-1781)로, 터키인에 의해 노예가 된 후 러시아 표트르 대제의 궁정으로 넘겨졌다. 황제는 그를 입양했고 그는 군사 기술자와 수학자로서 놀라운 경력을 쌓았으며 Ladoga 운하를 확장하고 많은 러시아 요새를 건설하여 장군의 계급으로 올라섰다. 그의 증손자는 러시아의 유명한 시인 Alexander Pushkin이었다. 고대 중국의 비단과 대나무에서 고대 인더스 계곡 문명, 이집트, 그리스, 로마 시대의 파피루스, 나무껍질 및 양피지에 이르기까지 여러 시대에 걸쳐 필기 재료의 취약성은 건설의 방법, 검사, 시험 및 기준에 관한 많은 문헌이 없어졌다는 것을 의미한다. 지금까지 남아 있는 문헌들은 건설 표준이 수천 년 동안 개발되고 숙달되었음을 보여준다. 기록된 것들은 수천 년 전에 구전으로 대대로 전해졌음을 암시한다.

인도에서는 힌두교 사원이 인더스-사라스와티Indus-Saraswati 시대 또는 하라판 문명(기원전 2600~2000년)에 야외 예배 장소로 등장하기 시작했지만, 이들은 초가집 형태로 Mahajanapada 시대(기원전 700년)에 둘러싸여 있었다. 기원전 200년까지 다층의 사원이 건설되었고 5세기 후반에는 석조 사원이 모르타르 없이 건축되었다. 건축과 건축에 관한 많은 중요한 문헌들(Vedas, Brahamanas, Upanishads 및 Bhagvad Gita)은 사람과 신들 사이의 신성한 장소에서의 관계를 확립하기 위한 목적으로 측정 기술, 재료 및 사양에 대한 자세한 내용을 담고 있다.

사원의 배치는 힌두 경전 Shilpa Shastras와 건축 서적 Vastu Shastras에 제시되었으며, 인도 남부에서 가장 중요한 두 가지 문헌은 마야마타Mayamata와 만사라Mansara로 건축과 도상학에 대한 정확한 규칙을 규정하고 있다. 예를 들어, 석재의 품질은 색상, 경도 및 손가락에 대한 촉감에 기초했다. 7세기에 이르러 사원 건축 규정이 확고하게 확립되고 준수되었다. 중국 풍수와 마찬가지로 사원의 미적 특성은 Vastu Shastras의 자연에 대한 감상과 조화를 이룬다.[3]

함무라비 법전으로 알려진 고대 메소포타미아의 바빌로니아 법전은 기원전 1754년으로 거슬러 올라가 건축 기준의 중요성을 분명히 하고 있으며, 건축업자가 크게 잘못 이해하면 사형에 직면하게 되는 동기가 추가되었다. "건축업자가 누군가를 위해 집을 짓고 제대로 짓지 않고, 그가 지은 집이 무너져 주인을 죽이면, 그 건축업자는 사형에 처하게 된다."[4]

기원전 950년에 완공된 예루살렘의 솔로몬 신전(기원전 586년에 파괴되기 전)에는 페니키아 장인들이 조립하기 전에 현장에서 채석하여 마감한 것으로 보이는 석재DfMA(요즘 우리가 제조 및 조립을 위한 설계, DfMA라고 부르는 것)가 있었다. 돌을 정밀하게 절단할 때는 모르타르를 사용하지 않았다. 이는 엄격한 품질관리 사양을 충족하는 석재만 조립 준비된 상태로 운송되도록 하는 명확한 건물 품질관리 과정을 보여준다. "신전 건축에는 채석장에서 외장용 블록만 사용되었으며 신전을 짓는 동안에는 망치, 끌 또는 다른 철제 도구의 소리가 들리지 않았다."[5]

중국의 만리장성은 기원전 8세기경에 일련의 개별 벽으로 시작되었다. 선왕宣王은 난중 장군에게 시아윤의 유목민 부족을 막으라고 지시했다. 수 세기에 걸쳐 기원전 685년 제나라의 만리장성과 함께 북쪽 국경을 보호하기 위해 길이가 600km에 달하는 주목할 만한 성벽이 세워졌다. 기원전 212년에는 중국의 초대 황제인 진시황이 간쑤에서 만주 연안으로 이어지는 일련의 성벽 건설하는 것을 지휘하였다. 진의 기록에 따르면 30만~50만 명의 군인과 40만~50만 명의 농민들이 성벽을 쌓기 위해 징집되었다고 한다. 한, 북부 제나라, 수, 명나라 왕조하에서는 성벽이 요새, 제방, 봉화탑으로 17세기까지 더욱 확장되었다.

만리장성은 모든 갈래와 언덕과 강을 포함한 자연 방어를 통해 총 21,196km에 달하는 놀라운 규모를 가지고 있다. 초기 단계에서는 흙, 돌, 목재가 사용되었으나, 명나라에서는 가마에 불을 붙이고 표준 크기의 벽돌로 단면을 구성했다. 대부분의 벽돌에는 품질관리 과정에서 받아들일 수 없는 배치를 추적하기 위해 품질관리 과정의 일환으로 생산 작업장의 이름과 날짜가 찍혀 있다.

성경에 나오는 구약 성서는 건물의 품질에 대해 여러 번 언급하고 있다. 기원전 약 600년 정도로 쓰인 왕의 책에는 다음과 같이 쓰여 있다.

> 이 모든 구조물은 외부에서 큰 안뜰까지, 그리고 기초에서 처마까지, 크기에 맞게 잘린 고급 돌덩어리로 만들어졌으며 내부와 외부면을 매끄럽게 만들었다. 기초는 일부 4.5m와 약 3.6m의 좋은 품질의 큰 돌로 쌓였다. 위에는 크기에 맞게 자른 고급 돌과 삼나무 대들보가 있었다.[6]

거의 완벽한 평면으로 정교하게 절단된 암석의 예가 전 세계적으로 발견된다. 고대 그리스인들은 여행하면서 새로운 땅을 탐험하고 정착하면서 그들의 건축 기술을 사용했다. 프랑스 남부의 부슈뒤론Bouchs-du-Rhône 근처에 있는 성 블라이세Saint Blaise에서는 기원전 4700년으로 거슬러 올라가는 고고학적 유적지는 그림 2.2에서 볼 수 있듯이, 초기 성벽을 덮고 있는 기원전 650년부터의 빈 틈 없는 그리스 석조물의 모습을 보여주고 있다.

고대 그리스에서 플루타르크Plutarch는 그리스와 페르시아 간의 전쟁 이후 페리클레스Pericles의 위대한 재건 계획에 대해 쓴 것으로 기원전 449년에 칼라이스 조약Peace of Callais으로 끝났으며 아크로폴리스를 위한 새로운 건축 공사를 시작했다.

> 페리클레스는 선원이나 보초병, 군인들 못지않게 집에 머무르는 자들이 공공 재산의 유익한 몫을 얻기 위한 많은 예술 작품과 오랜 시간을 필요로 하는 작품에 대한 계획을 사람들에게 과감히 제안했다. 사용 재료는 돌, 청동, 상아, 금, 흑단 및 편백나무였다. 이러한 재료들을 정교하게 다듬고 작업해야 하는 예술은 목수, 주형, 청동 장인, 석공, 염색기, 금과 상아의 작업자, 화가, 자수자, 엠보싱 노동자, 재료의 전달자 및 공급자, 금융업자, 해상

그림 2.2 Bouchs-du-Rhône 근처의 Saint Blaise의 벽은 기원전 650년에서 625년까지 지어졌다.

> 선원과 조종사, 육지 마차 제작자, 멍에를 든 짐승의 조련사 그리고 운전자들에 대해서는 말할 것도 없었다. 또한 밧줄 제조업자, 직조공, 가죽 세공인, 도로 건설업자 및 광부들도 있었다.[7]

고대 그리스의 건축가들은 사원을 설계할 때 프로젝트 관리자로서 현장에서 실무 역할을 수행했다. 기원전 449년 아테네의 법은 아테네가 내려다보이는 아크로폴리스에 있는 아테나 나이키 신전이 건축가 칼리크라테스Kallikrates가 제시한 정확한 설명에 따라 세워져야 한다고 규정했다. 4열(테트라스타일) 이오니아식 건축(그림 4.1장에 나와 있는 미국 백악관의 노스 포르티코)으로 설계된 이러한 유형의 건축과의 지속적인 연결의 한 예로서, 후면 및 전면 외관 식민지 포티코amphiprosryle를 가지고 있다. 이 법은 또한 다음과 같이 명시하였다.

그리고 그 성소에 칼리크라테스가 명기할 수 있는 어떤 방법으로든 성문을 제공받을 수 있도록 하고, 공식 판매자들은 그 계약서를 레온티스의 비밀리에 두어야 하며, 제사장은 공공 희생의 뒷다리와 가죽을 받을 수 있도록 50드라크마와 10드라를 받아야 하며, 칼리크라테스가 명기할 수 있는 어떤 방법으로든 성전이 세워지고 돌 제단이 있어야 한다. Hestiaios는 15명의 평의회에서 세 사람이 선출되고 계약서에 따라 칼리크라테스와 함께 명세서를 작성해야 한다고 제안하였다.[8]

칼리크라테스는 또한 아크로폴리스에서 파르테논 신전의 Ictinus(그림 2.3 참조)와 공동 건축가로 기원전 447년에 시작되어 그리스 건축의 가장 훌륭한 예 중 하나로 널리 간주되어, 추가 실내 공간과 함께 전통적인 디자인 규칙을 어기고, 이전 표준과 다른 기둥 수인 물래와 외관을 중심으로 프리즈를 가지고 페르시아 제국에 대한 그리스의 승리를 축하했다. 페리클레스Pericles는 피디아스Phidias를 파르테논Parthenon 신전, 프로필레이아Propylaea(관문), 에렉테이온Erechtheion(사원), 아테나 나이키Athena Nike 신전 등이 포함된 아크로폴리스의

그림 2.3 그리스 아테네 위의 아크로폴리스에 있는 파르테논 신전은 기원전 432년에 완성되었다. (출처: pexels.com.)

건물 컬렉션을 총괄하는 최초의 건축가로 지정한 것으로 보인다.[9] 피디아스는 건축가일 뿐만 아니라 유명한 조각가였으며, 파르테논의 대리석 조각상(일반적으로 엘긴Elgin 대리석으로 알려져 있으며, 현재 대영박물관에 소장되어 있고, 그리스 정부에 의해 당연한 권리로서 요구되고 있음), 이후 그는 기원전 435년에 고대 세계의 7대 불가사의 중 하나인 올림피아에 거대한 제우스 동상을 만들었다.

품질관리에 대한 세심한 접근 방식은 돌 블록이 서로 잘 맞도록 매우 매끄러운 평면으로 절단되었는지 확인하는 그리스 절차에서 강조된다. 거의 완벽한 평면으로 조각된 카논('측정' 또는 '규칙'을 의미) 돌에 붉은 색소 주홍색을 적용했다. 그런 다음 카논kanon을 채석된 돌 블록의 표면에 놓고 제거하였다. 주홍색이 없는 표면에 얼룩이 있으면 석재 블록이 충분히 매끄럽고 평평하지 않다는 것을 보여주었고, 석공이 고르지 않은 부분을 잘라내도록 지시받았음을 나타낸다.

이집트인들은 조각된 큰 돌을 옮기기 위해 많은 노예를 사용했지만, 그리스인들은 더 쉽게 처리되는 돌 블록의 방법을 진화시켰다. 예를 들어, 사원 기둥은 일반적으로 편리한 드럼 부품으로 절단한 다음 편백나무로 만든 프리즘 모양의 엠폴리아empolia[10]에 홈이 파인 목재 핀을 사용하여 볼트로 고정한 다음 이 핀은 각각의 각 돌 드럼에서 잘라낸 소켓으로 만들었다. 핀 기술은 드럼을 정확하게 중앙에 배치하는 데 도움이 되었으며 상단 드럼을 몇 도씩 회전시켜 모르타르 없이도 더 많은 설치를 달성했다.

그리스의 도구는 카논 외에 정점에 끈을 매달고 끝에 돌을 얹어 문자 A자 모양의 나무로 만든 측량 수준기, diabetis도 포함되었다. 돌이 너무 한쪽으로 치우쳐 있으면 돌덩이가 평평하지 않은 것으로 볼 수 있었다. Didyma에 있는 아폴로 신전의 발굴을 통해 끼임이라는 석공법이 어떻게 만들어졌는지를 밝혀냈다. 심미적 효과를 위한 이오니아식 기둥의 테이퍼링은 각 기둥 드럼에 자르는 재료의 양과 자르는 위치에 번호를 매김으로써 달성되었다.[11]

그리스인들은 건축 비율의 대가였다. 건물의 길이 대 너비의 비율은 Phi Φ에 근거하여 유클리드Euclid(데이터에 관한 제7장 참조)에서 언급된 소위 '황금 구간'인 1:1.6(또는 그 이상 정확히 1.61803)의 선호 비율을 중심으로 하여 12세기 수학자 이후의 피보나치 수열이라 불리는 숫자 시리즈에 출현하였다. 본능적으로 많은 사람들이 이 비율을 선호하는 것 같고 그것은 자연과 미학과 건축에 대한 인간의 감상인 조화를 추구하는 수년간의 건축 설계에서 비롯되었을지도 모른다. 꽃의 꽃잎 수는 일반적으로 황금 비율을 따르고 각 꽃잎은 햇빛 노출을 최대화하기 위해 회전당 0.61803에 배치된다. 사람의 얼굴, 씨앗 머리, 솔방울 및 껍질은 일반적으로 황금 비율을 따른다. 황금 비율이 공식적으로 기록되기 150년 전에 지어진 파르테논 신전조차도 디자인의 일부에서 그것을 따르는 것으로 보인다. 결코 중요한 디자인 개념은 아니지만, 그것은 우리의 미적 선호에 직결된 것처럼 보인다.[12]

기원전 403년 중국 주나라 때 고공기(공공사업 점검 기록)는 여러 기술 중에서 궁전, 도시, 호 등의 건설을 다루었으며, "하늘은 시간이 있고, 땅은 에너지를 가지고 있고, 물질은 아름다움을 가지고 있고, 일은 기술을 가지고 있고, 이 네 가지를 더하면 그 결과는 품질이다"라고 명시했다.[13]

로마 도로는 로마 제국 주변의 군대와 물류를 이동시키는 데 교통 효율의 증명일 뿐만 아니라 필수적인 정보 네트워크였다. 로마의 가장 유명한 도로 중 하나인 비아 아피아Via Appia는 기원전 312년에 시작되어 로마와 카푸아Capua 사이에 132마일로 이어졌으며, 결국 220마일을 더 연장하여 기원전 244년에 브린디시Brindisi까지 확장되었다. 시인 스타티우스Statius는 95년에 도미티아누스Domitian 황제의 도로 건설 후원의 미덕을 찬양하고 있다.

> 첫 번째 작업은 참호를 표시하는 것이었고
> 측면을 파내고 깊은 굴착을 통해
> 내부의 흙을 제거하는 것이었다. 그리고는 빈 참호에 다른 물질을 채우고
> 돌기둥을 위한 기초를 준비했다.
> 그래서 흙은 단단했고 바닥이 불안정하지 않았다.
> 포장석을 위한 교체 바닥을 만든다.
> 그런 다음 가까운 블록으로 도로를 깔았다.
> 전체적으로 쐐기가 조밀하게 산재되어 있었다.
> 정말 많은 사람들이 함께 일한다![14]

건축 품질유명인들의 로마 스타 중 한 명은 마르쿠스 비트루비우스 폴로Marcus Vitruvius Pollo(기원전 80~70년경 출생, 기원전 15년경 후 사망)로, 흔히 비트루비우스Vitruvius(그리고 레오나르도 다빈치Leonardo da Vinci가 원과 사각형 안에 팔을 쭉 뻗은 벌거벗은 남자 '비우스맨Vitruvian Man'의 그림에서 불멸의 존재)로 알려져 있다. 그는 건설 자재, 건축 설계, 기계 및 건축 물리학의 '우수점' 주제를 다루는 10권의 책을[15] 출판했다.

모르타르에 혼합하기에 충분한 모래의 청결도에 대한 테스트는 "백색 의복에 약간의 모래를 던져서 털어내는 것이다. 의류가 더러워지지 않고 먼지가 묻지 않으면 모래가 적합하다"라는 것이었다.

그는 화재 안전상의 문제로 엮은 욋가지 위에 흙을 바른 초벽에 실망했다. 그것은 '화재를 일으키기 때문에 발생할 수 있는 재앙'이다. 비트루비우스는 목재가 대량으로 부패하여 목재의 품질이 손상되는 것을 방지하기 위해 새로 벌채된 목재의 수액이 '한 방울씩' 흘러내리도록 하는 것의 중요성을 설명했다.

그는 석회와 잔해가 섞인 화산재의 종류에 따라 포졸라나pozzolana라고 불리는 로마 콘크리트가 "건물에 힘을 실어줄 뿐만 아니라 바다에 그 교각들을 건설해도 물속에서 굳어졌다"라고 칭찬했다.

비트루비우스는 자신의 건축서적De Architectura을 아우구스투스Augustus 황제에게 바쳤으며, 그리스인과 에트루리아인들Etruscans로부터 로마인들에게 이르기까지 고안되고 정제된 많은 품질관리 기법들이 숙련된 계약자들과 기술자들에 의해 이루어졌지만 그들의 전문지식은 인정받지 못했고 부유한 로마 시민과 그들의 후원자는 역사에 기록되어 있다.

섹스투스 줄리어스 프론티누스Sextus Julius Frontinus(30~103년 또는 104년)는 74년부터 78년 사이에 로마의 치안판사, 홍보관, 집정관, 영국 총독 그리고 군사 문제와 토목공학을 다룬 저술가였다. 그는 로마의 수로, 드 아쿠아레두 우르비스 로마Pe Aquaeductu Urbis Romae에 대해 길게 썼고, 그의 측량 논문 중 일부도 남아 있다.

그는 수로를 건설하고 유지하는 정확성에 대해 언급했다.

> 도시(외부)가 없는 수로교의 수로는 신중하게 검사해야 하며, (물의) 허용량을 차례로 검토해야 한다. 운반 탱크와 분수의 경우에도 물이 중단 없이 낮과 밤에 흐를 수 있도록 동일한 작업을 수행해야 한다….[16]

프런티누스는 또 로마의 핵심 측량 도구인 그로마groma와 초로바테스chorobates 두 가지를 설명했는데, 이 기구는 이후 현대에 재현되어 설정의 정확성이 입증되었다.

그로마는 수평의 가로대가 막대의 상단에 붙어 있고, 가로대의 양끝에서 배관 라인이 아래로 떨어지는 막대였다. 조수는 의도된 선 방향으로 약 100보 정도를 보내고 막대를 수직으로 고정시킨다. 측량사는 두 개의 배관 라인을 정렬하여 조수에게 두 개의 배관 라인과 조수의 막대가 정렬될 때까지 왼쪽 또는 오른쪽으로 이동하도록 지시할 수 있었다. 추가선은 가로대의 다른 부분을 통해 볼 수 있으므로 직각으로 표시할 수 있다.

초로바테스는 매우 큰 목재 수준기의 한 종류로 측량사의 높이까지 다리의 길이가 약 6m였고, 양 끝에는 배관선이 있고 가운데에는 '카날리스canalis' 홈이 있어 장치가 수평을 이룰 때를 보여주기 위해 물로 가득 차 있었다. 이것은 산비탈을 따라 측정 막대를 들여다보고 수직 높이를 계산하는 데 사용될 수 있다.

디옵터dioptra는 특히 가파른 경사면을 위해 테오돌라이트theodolite처럼 로마 측량사들에 의해서도 사용되었다. 알렉산드리아의 헤론Heron(서기 10~70년)에 의해 묘사된 디옵터라는 각도로, 홈이 파인 막대의 꼭대기에 장착된 작은 금속 원반이었다. 나사를 사용하여 원반을 수평으로 만들 수 있었고, 두 개의 수위를 관찰하고 시야가 있는 회전 막대를 사용하여 측량사는 원반을 회전시켜 두 물체 사이의 각도를 계산하고 삼각 측량을 사용하여 거리를 계산했다.

비트루비우스는 카이우스 세르기우스 오라타Caius Sergius Orata를 지하 난방 시스템인 마루 밑 난방의 발명자로 인정했다. 기원전 95년 오라타는 사업가였으며 굴을 먹는 로마의 풍습을 주목하여 굴을 후치노 호수에 도입했고 물속의 화산 광물은 독특한 맛을 냈다. 오라타는 매우 부유해졌지만 추운 겨울이 되면 굴의 재고가 없어질 수 있었다. 이를 막기 위해 지하 도관 시스템을 갖춘 물통을 고안해 온도를 적정하게 유지하는 벽난로를 만들었다. 마루 밑 난방의 설계는 로마식 건물에서 사용하기 위해 복사되었다고 한다.

서기 1세기경부터 티피타카Tipitaka라고 불리는 불교 경전에는 '유지 보수 및 건설 공무원'의 역할과 의무,[17] 금속 기준[18] 및 벽을 건설하는 강도와 안전성이 언급되어 있다.[19]

건물 붕괴는 반대로 품질관리가 치명적으로 실패한 경우를 보여준다. 서기 27년에서는 아틸리우스라는 자유민이 지은 피데나Fidena의 나무 원형 경기장이 티베리우스Tiberius 황제 휘하의 경기에 5만여 명의 관중이 입장한 후 무너졌다.

> **로마 근처에 있었기 때문에 모든 연령대의 남녀가 그 장소로 몰려들었다. 그래서 재앙은 더욱 치명적이었다. 건물은 밀집되어 있었고, 안쪽으로 떨어지거나 바깥쪽으로 퍼지면서 격렬한 충격을 받았고, 쇼를 집중적으로 보거나 서 있던 엄청난 수의 사람들을 밀어 떨어**

뜨리고 묻었다.

5만 명 모두가 죽거나 불구가 된 것으로 추정되었다. 로마 역사학자 타키투스Tacitus가 썼듯이 원로원의 법령에 따라 재산이 40만 세스테르티우스sescerces(은화)에 못 미치는 검투사들의 공연을 보여줄 수 없었으며, 기초의 견고성을 조사한 것 외에는 원형 극장을 세울 수 없었다.[20] 또한 스포츠 경기장의 상부 관중석 일부인 원형 경기장은 서기 140년에 무너져 1,112명이 사망했다. 약 25만 명의 관중을 수용할 수 있었고 귀족 가문을 위한 하단 데크는 돌로 만들어졌지만 상단 데크는 일반적으로 나무틀이었다.

푸치노 호수는 이탈리아에서 세 번째로 큰 담수호였지만 주변 지역에 홍수를 일으키고 말라리아가 만연한 것으로 유명했다. 로마의 새로운 비옥한 땅을 찾고 있던 클라우디우스 황제는 율리우스 카이사르가 호수를 배수하려는 초기 계획을 되살렸다. 그래서 서기 41년에 11년의 건설 프로젝트가 시작되어 3만 명의 노예가 3마일 지하 터널과 부분적인 암거를 파서 리비강으로 가는 5마일의 새로운 출구를 만들었다. 당시(18세기까지)는 세계에서 가장 긴 터널이었다. 이 프로젝트는 부분적인 성공에 불과했고 하드리아누스Hadrian 황제는 여러 곳의 운하를 더 깊게 하기 위해 굴착 작업을 의뢰했다. 로마 제국의 붕괴와 함께 운하는 잠잠해졌지만, 1862년 알레산드로 토로니아Alessandro Torlonia 왕자의 주요 프로젝트로 다시 부활하여 스위스의 기술자인 장 프랑수아 시장 드 몽트리허Jean François Mayor de Montricher에 의해 호수가 완전히 배수되었고, 지금은 이 지역이 매우 비옥한 농경지다.

로마의 콜로세움은 세계 7대 불가사의 중 하나로 여겨진다. 서기 72년에 시작하여 완공하는 데 불과 8년밖에 걸리지 않은 것으로 추정되며, 외벽이 48m까지 올라가는 등 주요 구조물을 짓는 데 10만m^2가 넘는 석회석과 300톤의 철제 클램프[21]가 사용된 것으로 추정된다. 서기 71년의 유대인 반란이 패배한 후 수천 명의 유대인이 건설에 노예로 사용되었을 가능성이 크다.

건설업계의 전문 인력 부족은 역사적으로 되풀이되는 주제였던 것 같다. 젊은 플리니우스Pliny는 서기 111년에 로마 황제 트라야누스Trajan에게 계약자들로부터 돈을 회수할 목적으로 터키 북부의 공공사업을 조사하기 위해 파견될 측량사를 요청하자, 황제는 이용 가능한 측량사가 부족하다는 것에 대해 불평했다. "로마나 인근 지역에서 진행 중인 공공사업에 대한 측량사가 거의 없다."[22]

같은 해 나중의 편지에서 플리니우스는 트라야누스에게 극장과 대중목욕탕을 완성하는 데 추가 지원을 요청했다.

> 나는 당신에게 극장뿐만 아니라 이 목욕탕에도 건축가를 보내서 이미 지출된 돈을 쓰고 나서, 일을 시작한 대로 어떻게 해서든지 끝내거나, 또는 그들이 필요로 하는 곳을 수리하거나, 아니면 필요하다면 전체 부지를 바꾸든지 둘 중 어느 쪽을 택하는 것이 더 좋은지 알아보도록 요청한다. 이미 지출된 돈을 절약하기 위한 우리의 불안을 피하기 위해 나머지 금액을 형편없는 결과로 작성해야 한다.[23]

그리고 다시 트라야누스는 단호하게 거절했다.

> 그 직업에 경험과 기술을 가진 사람이 없는 지방이 없기 때문에, 당신에게 조언할 건축가가 많이 있어야 한다. 많은 건축가들이 그리스에서 로마로 올 때, 로마에서 사람을 보내는 것은 시간을 절약하지 않는다는 것을 다시 한번 기억하라.

결국 플리니우스가 운하를 굴착하는 방법으로 사판카Sapanca 호수를 바다에 연결하자고 제안했을 때 황제는 이렇게 말했다.

> 당신은 Calpurnius Macer, [현재 불가리아와 루마니아 사이의 지역인 Lower Moesia를 통치했던 Publius Calpurnius Macer 상원 의원]으로부터 측량사를 구할 수 있을 것이며, 나는 또한 그 분야의 전문가를 보낼 것이다.[24]

어떤 이유에서든 운하는 결코 건설되지 않았다. 아마도 측량사는 극장과 공중목욕탕에서 일하도록 지시받았거나 플리니우스는 숙련된 측량사를 찾는 희망을 포기했을 것이다.

그림 2.4에서 보이는 판테온Pantheon은 서기 118년과 125년 사이에 지어진 또 하나의 놀라운 로마식 건물이다. 로마인들은 무거운 재료가 구조물에 미치는 영향을 잘 알고 있었고, 돔의 상단 개구부 쪽으로 이동하면서 점차적으로 가벼운 재료로 돔을 만들었다. 첫 층은 전통적인 석회암 대리석으로 구성되었고 석회암 대리석과 응회암의 혼합물로 구성되었다. 다음 층은 응회암과 벽돌로 구성되었고, 모든 벽돌과 마지막으로 돔의 천장에 있는 부석으

그림 2.4 로마의 판테온은 서기 125년에 완공되었다. (출처: pexels.com.)

로 이루어져 있었다. 이 건물은 서기 609년에 사원에서 산타 마리아와 순교자 교회로 개조되었을 때 전형적인 파괴로부터 추가적인 보호를 받았지만, 그럼에도 불구하고 여전히 세계에서 가장 큰 무보강 콘크리트 돔으로 남아 있다는 것은 놀라운 일이다.

멕시코시티의 북동쪽에 위치한 테오티후아칸Teotihuacan은 서기 100년경에 지어진 놀라운 아즈텍 이전의 피라미드의 본거지로서, 그 당시부터 1400년까지 서반구에서 가장 큰 도시로 여겨졌으며 피크에는 10만에서 20만 명의 주민이 살고 있었다.[25] 테오티후아칸의 아즈텍 이름은 아즈텍인들이 다른 사람들이 도시를 건설했다고 생각했기 때문에 '신들이 창조된 곳'을 의미한다. 스페인 정복자 헤르난 코르테스Hernan Cortes가 그들에게 묻자, 그들은 "우리는 테오티후아칸의 건설자가 아니라, 이 도시는 제2의 태양 시대에 하늘에서 내려온 거인들의 종족인 퀴난나친에 의해 건설되었다"라고 대답했다. 누가 이 도시를 건설했든 건축과 건설의 품질 경험과 노하우를 가지고 있었다.

죽음의 1.7km 거리를 따라 3개의 피라미드 유형이 있다. 태양의 피라미드는 높이가 63m에 달하며, 각 면에 길이가 225m나 된다. 콜럼버스 이전의 신대륙에서 만들어진 가장 큰 구조물 중 하나로 생각되며 서기 200년경에 완공되었다.

서기 315년에 헌정된 콘스탄티누스의 아치는 로마인들이 모방한 고전 그리스 디자인에서 벗어난 전환점이다. 서기 312년 밀비안Milvian 다리 전투에서 콘스탄티누스 1세 황제가 로마를 점령한 막센티우스 황제를 격파한 것을 기념하기 위해 건립되었다. 아치는 부분적으로 다른 기념물의 부조와 조각품을 재활용하는 파사드façades로 인해 빠른 시간 안에 건축되었거나 단순히 새롭게 단장된 기존의 아치였다. 아치의 핵심은 대리석으로 된 석회암으로, 높이는 21m, 폭은 25.9m, 깊이는 7.9m이며 로마에서 지어진 가장 큰 승리의 아치였다. 이 아치는 시간이 지남에 따라 많은 건축 자재를 재사용하는 것을 보여준다. 수 마일 떨어진 채석장 암석을 새로운 건축 현장으로 운반해야 하는 것보다 품질 기준을 충족하는 기존의 가공된 석재를 가져 오는 것이 훨씬 쉬웠다.

그 당시 고대의 품질관리의 어려움은 놀라웠다. 악천후로 인해 일정과 계획이 엉망이 되고, 야생동물과 비우호적인 부족들이 전쟁을 선포하는 등 끊임없이 발생하는 문제 외에도, 먼 거리에서 재료를 얻는 데 상당한 어려움이 있었다. 5,000년 전 스톤헨지 건설업자들은 80개의 내부 푸른 돌들을 160마일이나 떨어진 프레실리Presili 산에서 뗏목으로 운반하거나 끌어서 운반했는데, 각각 3톤에 이르는 무게와 20마일 떨어진 곳에서 30톤에 이르는 외부 사센Sarsen 돌들을 나무 썰매에 끌어서 운반했을 것이다.[26] 먼 거리를 정찰해서 원석을 찾아내고 채석해서 운반할 수 있는 방법을 찾아내는데, 그리고 노동자들을 먹여 살리고 협력할 동기를 부여하는 데 얼마나 많은 시간이 걸렸을까? 채석이나 이동 중에 얼마나 많은 돌이 산산조각이 났거나 부서졌는가? 금속을 구할 수 없는 상황에서, 유일한 도구는 돌의 모양을 만들 뿐만 아니라 파이 모양의 삼 석탑을 위한 장붓구멍과 장부 연결부를 만들었을 암석으로 만든 망치석이었을 것이다. 석공들은 10년 동안 수백 개의 망치돌이 필요했을지도 모른다. 노동자, 공예가, 기획자, 디자이너와 함께 수천 명의 사람들을 먹여 살릴 수 있는 물류 전문가들은 지적이고 사려 깊으며 전문적인 건축가였다. 스톤헨지와 기타 고대 건축물들의 건축 품질은 바람, 비, 추위, 태양, 자재 도난 및 공공 기물 파손의 시련을 견뎌내면서 수천 년을 통해 우리에게 영감을 주었다.

:: 미주

1 Bartlett, C., *The Design of The Great Pyramid of Khufu*. Retrieved from https://link.springer.com/content/pdf/10.1007%2Fs00004-014-0193-9.pdf (accessed 14 May 2014).

2 Smith, C.B., *How the Great Pyramid Was Built* (London: Penguin Random House, 2018).

3 *Vastu Shastras*. Retrieved from www.vastushastraguru.com

4 The Lillian Goldman Law Library, *Code of Hammurabi*. Trans. King, L.W. (2008). Retrieved from http://avalon.law.yale.edu/ancient/hamframe.asp

5 The Bible, 1 Kings 6:7. New International Version.

6 The Bible, 1 Kings 7:9-11. New International Version.

7 Plutarch, *Pericles*, Trans. Dryden, J. (1996), Chapter 12. Retrieved from https://people.ucalgary.ca/~vandersp/Courses/texts/plutarch/plutperi.html#XII

8 Temple of Athena Nike inscription. In *Inscriptiones Graecae* IG I3 35. Trans. Lambert, S., Blok, J. and Osborne, R. (2013). Retrieved from www.atticinscriptions.com/inscription/IGI3/35

9 *Encyclopaedia Britannica*, 'Parthenon'. Retrieved from www.britannica.com/topic/Parthenon.

10 Papadopoulos, K. and Vintzileou, E., 'The new "poles and empolia" for the columns of the ancient Greek temple of Apollo Epikourios'. (2013). Retrieved from www.bh2013.polimi.it/papers/bh2013_paper_229.pdf

11 Rehm, A., *Didyma II: Die Inschriften* (Berlin, 1958-68), No. 48.

12 Meisner, G., 'The Parthenon and Phi, the Golden Ratio'. Retrieved from www.goldennumber.net/parthenon-phi-golden-ratio/ (accessed 20 January 2013).

13 Xiyi., L., (c.1235) *Kao gong ji* (New York: Routledge, trans. 2013).

14 Publius Papinius Statius, *Silvae*, Book IV: 3, the Via Domitiana (Cambridge, MA: Loeb, 2003).

15 Vitruvius, *Ten Books of Architecture* (Cambridge: Cambridge University Press, 2001).

16 *De Aquaeductu Urbis Romae*, Para. 103 Trans. C. Herschel (1899). Retrieved from https://watershed.ucdavis.edu/shed/lund/ftp/Frontinus-Hershcel.pdf.

17 BDK Daizokyo Text Database. *Pāli Tripitaka*. B2025, Chapter 6, p. 135, *The Baizhang Zen Monastic Regulations*. (Trans. Shohei Ichimura). Retrieved from http://21dzk.l.u-tokyo.ac.jp/BDK/bdk_search.php?skey=construction&strct=1&kwcs=50&lim=50

18 BDK Daizokyo Text Database. *Pāli Tripitaka*. B2025, Chapter 5, p. 68.

19 BDK Daizokyo Text Database. *Pāli Tripitaka*. B0192, Chapter 22, p. 157. *A Biography of Sakyamuni*. Trans. C. Willemen. Retrieved from http://21dzk.l.u-tokyo.ac.jp/BDK/bdk_search.php?skey=wall&strct=1&kwcs=50&lim=50

20 Tacitus, *The Annals*, Book 4, p. 62. Retrieved from https://en.wikisource.org/wiki/The_Annals_(Tacitus)/Book_4#62. Translation based on A.J. Church and W.J. Brodribb (1876).

21 See the-colosseum.net. Extra data from Cozzo, G., *Il Colosseo* (Rome: Palombi, 1971). Retrieved from www.the-colosseum.net/architecture/la_costruzione_en.htm

22 Pliny the Younger, *Letters*. Trans. J.B. Firth (1900), Book 10, Letter 18. Retrieved from www.attalus.org/old/pliny10a.html

23 Ibid., Book 10, Letter 39.

24 Ibid., Book 10, Letter 42.

25 The Metropolitan Museum of Art. Retrieved from www.metmuseum.org/toah/hd/teot/hd_teot.htm (accessed October 2001).

26 Mosher, D., 'It's official: Stonehenge stones were moved 160 miles'. *National Geographic Magazine*, 24 December 2011. Retrieved from https://news.nationalgeographic.com/news/2011/12/111222-stonehenge-bluestones-wales-match-glacier-ixer-ancient-science/

CHAPTER 03

중세와 건설품질의 발견시대, 500~1800

CHAPTER 03

중세와 건설품질의 발견 시대, 500~1800

우리는 기록된 역사를 여행하면서 수 세기 동안 굳건히 지속되어온 품질관리 기술과 지식을 사용하여 만들어진 건설 환경에서의 성과들과 우연히 마주치게 된다. 유럽에서는 일단 로마인들이 떠난 후 암흑시대가 로마 건물들의 파괴와 쇠퇴만을 가져왔다는 인상을 주는 오해나 심지어 잘못된 교육이 있었다. 사실 앵글로색슨Anglo-Saxon 문화는 정교한 건축 방식을 가지고 있었지만 주로 목재를 사용했고 이런 전문성을 발휘할 수 있는 유적은 거의 남아 있지 않다. 영국에서 가장 오래된 목재 건물이며, 유럽에서 가장 오래된 목재 건물 중 하나는 에섹스Essex의 그린스테드-주스타-온가Greensted-juxta-Ongar에 있는 세인트 앤드류St Andrew 교회로, 목재 골조는 1063년에서 1108년 사이에 지어졌으며, 적어도 7세기까지 거슬러 올라간다.

서기 537년에 건립 당시 세계에서 가장 큰 건물로 터키 이스탄불의 하기아 소피아Hagia Sophia 성당(그림 3.1)은 처음에는 그리스 정교회 기독교 가부장적 성당이었고, 그 다음에는 오스만 제국 사원이었으며 지금은 박물관(아야소피아Ayasofya 박물관)이다. 그것은 비잔틴 건축의 전형으로 여겨진다. 안테미우스Anthemius와 이시도르Isidore가 건축가로서 설계했고, 건축하는 데 불과 5년이 걸렸으며(그리고 파괴된 이전의 두 교회를 교체하는 데), 건물의 건축을 서두름으로 인해 서기 558년에 지진 발생 후 돔이 붕괴되는 것은 거의 불가피했다.

그림 3.1 서기 537년에 건설된 터키 이스탄불 하기아 소피아 성당 (출처: pixabay.com)

그 돔의 교체는 높이가 6m 더 높아져 너비가 32m, 지면에서 55.6m가 확장되었다(자유의 여신상은 그 안에 들어맞을 것이다). 벽돌과 모르타르로 지어진 이 새로운 돔은 돔의 둥근 부분에서 사각형 모양의 벽으로 하중을 분산시키기 위해 4개의 돔과 지주 사이의 아치형 부분, 즉 둥근 삼각형의 아치형 천장을 처음으로 대규모로 통합했다.

인도에서 바라하미히라Varahamihira는 많은 중요한 일에 대해 저술한 뛰어난 천문학자이자 수학자였다. 6세기 중반에 쓰인 브리하트 삼히타Brihat Samhita 본문에서 그는 사원 안에 필요한 석고의 품질에 대해 썼고, 그것은 '아다만틴 접착제'의 풀로 만들 수 있다고 썼다. "익지 않은 틴두카 과일, 익지 않은 나무 사과, 실크 면화의 꽃, 살라키의 씨, Dhanvana와 Vacha의 나무껍질을 모두 물로 삶아서 물의 양을 8분의 1로 줄인다." 그런 다음 다른 재료들을 첨가하면 최종 결과는 다음과 같다. "이 접착제를 가열하여 사원, 저택, 창문, 시바의 상징, 우상, 벽 및 우물 등에 바르면 수백만 년 동안 지속될 것이다."[1] '크로레'가 천만이기 때문에, 이것은 그가 이 접착제의 품질을 완전히 확신하고 있었다는 것을 암시한다!

고대 힌두교 문헌에는 품질관리를 위한 다양한 건축 자재 기법도 기술되어 있다. 사람의 눈에는 보이지 않는 돌의 미세한 결함은 약초로 만든 물감을 발라 결점이 잘 보이도록 했다. 석기 시대에는 망치로 두드려서 '아이', '젊은', '늙은'으로 분류하여 두드리면 종소리가 나는 '젊은' 돌만을 사용하여 건축에 사용하였다. 마찬가지로 사용을 위한 건축용 돌의 적합성은 그 색깔의 균일성과 선과 반점의 유무로부터 확인할 수 있었다.[2]

가장 오래된 다리는 서기 595~605년 사이에 세워졌는데, 안지Anji 대교는 문자 그대로 '안전한 건널목 다리'를 의미한다. 수나라 때 석공 리천Li Chun에 의해 설계되었으며, 중국 허베이Hebei성 자오Zhao현의 샤오Xiao강 위로 50m에 걸쳐 있었다. 채석한 석회암 석판으로 곡선을 만들고 철제 열장이음으로 접합하여 이동이 가능하도록 만들었다. 폭은 9m이며, 개방적이고 갇힌 디자인으로 무게는 줄였지만 아치의 강도는 그대로 유지했다. 리천의 건설 업적이 입증된 지 70년이 지난 후에 비문이 추가되었다. "이 사람이 수 세기 동안 지속될 작품의 제작에 그의 재능을 적용하지 않았다면 결코 그런 거장이 이루어질 수 없었을 것이다."[3]

서기 632년에 예언자가 죽은 지 20년 이내에 쓰인 코란Quran은 "깨지지 않는 콘크리트 벽처럼 굳건한 전쟁터 형성"이라는 말과 함께 다음과 같은 말을 통해 전투 현장에서의 병사들의 힘에 대한 비유로서 건축 기준을 언급하고 있다.[4]

> **파라오Pharaoh가 말했다. "오, 저명한 자들아, 나 말고는 다른 신이 있다는 것을 나는 알지 못하였소. 오, 하만Haman아, 나를 위해 불을 지피고, 진흙 위에 모세의 신을 볼 수 있는 탑을 만들어라."**[5]

즉, 벽돌은 탑을 만들 수 있을 만큼 충분히 단단하게 구워져야 한다는 것을 의미한다. 온도 측정을 위한 고온계와 열전대 없이도 가마 불의 색상을 모니터링하고 적절한 온도를 판단하여 필요한 표준 벽돌을 생산하는 데는 전문 벽돌공의 기술이 필요했다. 벽돌 제조에 대한 이러한 유형의 전문지식은 역사적으로 훨씬 더 거슬러 올라가, 아마도 기원전 4000년경 메소포타미아에서 로마로, 유럽 전역으로 확장된 후 중세에 다시 나타났다. 요점은 이러한 평범한 건축 제품은 수천 년 전의 햇볕에 그을리고 불에 구운 벽돌로 만들어진 구조물에 의해 증명된 바와 같이 일관된 품질 성능을 보장하기 위해 표준화, 운송 및 배치에서 높은 수준의 품질 생산을 필요로 했다는 것이다.

Tang Lu Shu Yi Za Lu Men(당나라의 법 소개: 기타 범주)은 서기 635~640년 사이에 편찬된 표준화 및 교정 관행을 규정하며, 측정 도구는 매년 8월에 준수 여부를 입증하기 위해 봉인을 고정된 상태에서 점검해야 한다고 명시하고 있다. 봉인이 파손된 경우 공구를 사용해서는 안 된다. 이 표준화는 표준화된 부품으로 조립되는 병마용 갱을 포함하여 제품 자체로 확대되었다.

9세기에는 바그다드Baghdad, 바스라Basra, 다마스쿠스Damascus, 카이로Cairo의 도시를 덮고 있는 칼리프의 이슬람 제국을 가로질러 나카바트naqabat로 알려진 길드guild가 나타나기 시작했다. 공정한 가격과 품질을 보장하기 위해 지역 차원에서 조심스럽게 감시한 나카바트는 각각 주인(무알림mu'allim), 여행자(사니sani'), 견습생(마바디mabtadi)을 두었다. 그러한 나카바트는 19세기에 유럽 산업이 그들 자신의 기준과 과정을 강요함에 따라 서서히 추월당했다.

마찬가지로 길드는 7세기에 인도, 14세기에는 일본(구마이Kumai로 알려져 있음)과 16세기 중국(때로는 후이구안huiguan이라고도 함) 청나라에 나타났다. 유럽에서는 길드가 12세기와 19세기 사이에 나타났다.[6]

전 세계의 길드들은 광범위한 목표를 가지고 있었고 종종 그들 지역 내의 장인과 그들의 가족들을 가르치고 돌보는 자선적인 목표를 가지고 있었다. 길드 품질 기준의 특정 영역은 내부 장식 등 건축 공사의 특정 부분에 대한 계약자로 종사했기 때문에 건축에 영향을 미쳤을 것으로 보인다. 그들의 품질관리는 건축업자들에게 영향을 미쳤을 가능성이 높다.

서양에서 알프라가누스Alfraganus라고도 알려진 아부 알 파르간Abu al-Farghānī은 표면적으로는 바그다드 압바시드Abbasid 궁정의 9세기 천문학자로, 600년 후 콜럼버스Columbus에 의해 지구 둘레의 계산이 항해 탐사의 계산의 기초로 사용되었다. 알프라가누스는 또한 로다Roda 섬의 남쪽 끝에 있는 카이로의 서기 861년경에 지어진 나일강 수위계 건물의 건설 관리자였다. 지하로 내려가는 돌계단을 따라 내려가면, 현대 방문객들은 여전히 강물의 상승과 하강을 측정하는 팔각형 중앙 기둥을 볼 수 있는데, 이것은 다음 계절의 홍수나 가뭄이 농경지와 수확에 미치는 영향을 예언하는 필수적인 과학적 장치였다. 3개의 터널을 통해 지하 저수조에 물을 주입하고 기둥을 19 큐빗cubit으로 나뉘었고 16번째 표시는 최적의 수위로 나타났다. 1,000년 넘게 유지되어온 정교하고 실용적인 구조를 설계하는 엔지니어링의 품질은 알프라가누스의 수학적 기술과 건설 품질관리에 대한 증거다.

서기 960년에 아두드 알-다울라Adud al-Dawla왕은 이란 시라즈에서 북동쪽으로 20마일 떨어진 쿠르Kur강의 반데 아미르Band-i-Amir마을에, 오늘날에도 여전히 서 있는 제방 건설을 의뢰했다.

왕은 19세기 여행자 드 보데De Bode 남작이 지적한 병원부터 대상 숙소(도로변 여관)에 이르기까지 공공사업의 위대한 후원자로 주목받았다. 드 보데는 언급했다.

> 반데 아미르Bend-Amir는 같은 이름Kur의 강에 세워진 21개의 물레방아와 함께 60채의 집으로 구성되어 있다. 여기 10세기에 아미르 우순-데일미Amir Uzun-Deylemi가 건설한 유명한 제방이 있다. 이 제방에서 페루즈Feruz강이 무르갑Murgab(고대인의 폴바르Polvar 및 메두스Medus)과 합류한 후, 그곳에서 족장의 제방Dyke of the Chief을 의미하는 반데 아미르라는 이름이 유래되었다. 13개의 아치로 이루어진 평평한 다리가 개울 위로 던져지며, 그 물은 바로 아래에서 아름다운 폭포를 형성한다.[7]

잉자오 파시Yingzao Fashi(국가 건축 표준)는 고대 중국에서 온 가장 오래된 기술 건축 매뉴얼로, 1100년 궁전 건물의 책임자가 된 리제李濟가 작성하였다. 그는 그의 다양한 기술 도면에서 설계와 시공 원리를 놀랄 만큼 상세하게 설명했다. '처음에는 풀과 쑥, 나중에는 소나무 가지'[8]의 연소로 벽돌과 타일을 불태우면 짙은 연기가 발생하여 벽돌과 타일 표면에 탄소 입자가 함침되어 다공성이 낮아지고 고품질의 벽돌과 타일을 만들어냈다.

페루의 쿠스코Cusco 근처에 있는 삭사이와만Sacsayhuaman은 1100년에 시작되어 13세기에 잉카제국Incas에 의해 확장된 요새다. 그 인상적인 거대한 벽은 겉으로 보기에 흠잡을 데 없이 서로 완벽하게 맞는 변칙적인 모양의 돌로 지어졌다(그림 3.2). 어떤 돌들은 무게가 몇 톤이고 대부분은 여러 면을 가지고 있지만, 어떻게 해서든 채석장에서 운반되어 가장 정밀하게 마무리된 후에 인접한 돌들 옆에 완벽하게 놓여 있어서 그 사이에 종이 한 장도 들어갈 수 없다.

그림 3.2 페루의 Sacsayhuaman 벽은 1100년에 시작되었다. (출처: pixabay.com.)

다양한 이론들이 제시되었고 벽은 순서에 따라 필요한 다음 암석 모양의 목판을 사용하여 만들어졌을 가능성이 가장 높다. 이것은 거칠게 자른 암석 위에 윤곽을 새기는 데 사용되었고, 그다음에 가장자리를 두드려 새긴 선을 천천히 맞추면서 꼼꼼하게 작업했다. 많은 장인들이 엄청난 시간, 힘과 기술이 필요했을 것이며 한 번의 미끄러짐으로 인해 특정 장소에 바위가 버려졌을 것이다. 그러나 이것은 나중에 다른 장소에서 다시 사용되었을지도 모른다. 이 상황을 표현하면 스톤헨지Stonehenge 돌의 총 무게는 약 680톤일 수 있고,[9] 삭사이와만에서는 3개의 벽에서 돌의 무게가 16,626톤일 수 있다.

캄보디아 앙코르 와트(그림 3.3)라는 '템플 시티'는 12세기 후반에 시작되었고, 건설을 위해 5억 1천만 개의 사암 블록을 나르기 위해 22마일의 운하가 건설된 것으로 생각된다.[10] 수리아바르만 2세 휘하의 크메르 제국은 수도 앙코르의 163ha 부지에 사원을 건설하라고 명령했다. 중앙 부지에는 최대 1.5톤의 사암 블록으로 건축되고 광택이 나는 대리석처럼 매끄럽게 만들어진 사원이 있으며 석조 블록 사이에 모르타르 흔적은 거의 없다. 석공에

그림 3.3 캄보디아의 앙코르 와트는 12세기 후반에 시작되었다. (출처: pixabay.com)

대한 기술과 지식은 수천 년 전으로 거슬러 올라간다. 곡물에서 올바른 돌을 식별한 다음 갈라진 구멍을 사용하는 것은 분할할 때 분할면을 만드는 데 상당한 경험이 필요하며, 이 구멍에서 표면을 추가로 작업하여 빌딩 블록을 만들 수 있다.

프랑스의 위대한 고딕 양식의 성당과 교회는 쉬제르 수도원장이 새로운 개조를 시작한 후 파리 북쪽의 세인트 데니스Saint Denis 수도원에서 시작되었다. 목조 대성당은 너무 작아서 정기적인 축제와 잔치를 축하하는 증가하는 신도들에게 적합하지 않았다. 수도원은 루이 6세 왕에 의해 서품된 후 프랑스의 수호성인인 세인트 데니스의 이름을 지니면서 더욱 유명해졌다. 수도원은 일반적으로 그 당시 예수 자신이 봉헌한 것으로 믿어졌기 때문에 쉬제르 수도원장은 단순히 건물을 철거하고 다시 시작할 수 없었다. 1135년에 서부의 정면이 재건되었는데, 2명의 장인 석공이 설계하는 데 5년이 걸렸다. 3개의 문, 3개의 수직 층, 다수의 삼중 아치를 통해 거룩한 삼위일체를 포함하는 디자인의 일부 변화에도 불구하고 접근 방식은 일반적으로 로마네스크식이었다.

쉬제르는 내부가 착색유리를 통해 빛으로 조절해야 한다고 결정되었지만 로마네스크 양식으로 두꺼운 벽을 쌓으면 교회의 동쪽 끝부분에 커다란 착색유리 유리창이 막힐 것이다. 좁은 기둥은 둥근 아치 대신 뾰족한 아치로 지붕을 지탱할 수 있지만, 벽의 안정성을 보장하기 위해 바깥쪽에 공중부벽도 필요하다.[11] 이 디자인 특징은 다른 곳에서 사용되었지만 세인트 데니스는 우리가 많은 성당에서 보았던 높이가 크고 밝은 인테리어를 달성하기 위해 함께 사용하는 최초의 교회였다(1966년까지 성당이 만들어지지 않았다). 쉬제르 수도원장은 제2차 십자군 원정에 간 루이 7세가 없는 동안 프랑스의 섭정으로 불려 갔고, 그래서 교회 개조 공사는 거의 중단되었다. 1151년 수도원장이 사망하면서 본당을 완성하기 위해 1281년까지 남아 있었지만 초기 개조 기술은 프랑스와 이후 대부분의 유럽 전역에서 새로운 '고딕' 스타일이 되었다. 1140년에는 누와용Noyons이 그 뒤를 이었고, 그 다음 라온Laon(1145), 세인트 말로St Malo, 돌데브레타뉴Dol-de-Bretagne–노르망디Normandy(1155), 소이슨스Soissons(1158), 루앙Rouen(1160년에 지어짐, 그림 3.4 참조), 파리의 노트르담Notre Dame(1163), 샤르트르Chartres(1175) 등이 뒤를 이었다. 35년 만에 8개의 새로운 형태의 고딕 양식의 성당이 세워지기 시작했다.

그림 3.4 프랑스의 Rauen Cathedral은 1135년에 개보수가 시작되었다. (출처: pixabay.com.)

많은 성당은 프랑스의 마프트르 드 루브르Maftre d'reuvre(작품의 거장 및 영국의 작품 사무원과 유사한 역할)의 품질관리 역할을 발전시키는 데 도움이 되었다. 1145년 기욤 달랑송Guillaume d'Alançon 백작은 시스터시안Cistercian 수도원으로 페르세인Perseigne 수도원을 세웠고, 클라이르보Clairvaux의 베르나르Bernard는 건축을 돕기 위해 애보트 에라드Abbot Erard의 지시에 따라 12명의 승려, 2명의 초보자, 20명의 대승 또는 평신도 승려를 보냈다. 이 승려들 중 일부는 마프트레스 드 르우브르Maftres d'reuvre였으며 프로젝트 관리, 건축 및 건설 품질에 대한 전문지식으로 유명했다.

앙코르 와트Angkor Wat가 아시아에 건설되고 있던 1179년, 이탈리아의 나비글리오 그란데Naviglio Grande 운하는 올레지오Oleggio 근처의 티치노Ticino강을 밀라노Milan로 연결하기 시작했다. 이 운하는 완성하는 데 30년이 걸렸고 운하는 관개 도관 역할을 했지만 나중에 150km의 서로 연결된 운하를 통해 스위스로 물품을 운송했다. 나비글리오 그란데와 그 상대편들은 밀라노 주변의 완전한 운하 시스템을 제공하도록 설계되었다.

에티오피아Ethiopia에서는 12~13세기 랄리벨라Lalibela 국왕에 의해 11개의 암석으로 조각된 교회들이 세워졌으며, 베트 메단 알레Bet Medhane Alem(세계의 구세주)는 가로 33.5m, 세로 11.5m로 세계에서 가장 큰 암석으로 만들어진 교회로 여겨진다. 건축가들은 천연 암석으로부터 붉은 화산재를 잘라내어 34개의 직사각형 기둥을 벽에 두른 그리스 신전과 더 비슷한 교회를 만들었다. 그것은 기초에서만 자연 암석에 붙어 있다.

영국에서 가장 오래된 거주 주택은 에식스주Essex의 파이필드Fyfield홀[12]로 알려져 있으며 1167~1185년으로 거슬러 올라가며 9세기에 지어진 1개의 목재 기둥이 있다. 그러나 1등급은 켄트주Kent 코담Cobham 근처에 있는 루데스다운Luddesdown 법원에 등재되었다. 또한 정복자 윌리엄William의 이복형인 오도Odo가 1082년에 불명예를 당하기 전까지 소유하고 있었던 것에 근거하여 소유권을 주장하기도 하고, 목재 골조 건물은 일반적으로 조립식 접근 방식을 사용했다. 참나무의 십자가와 벽 틀은 땅에 평평하게 세워졌고, 장붓구멍과 장부 이음매로 고정되었으며, 그것들을 망치로 참나무 못을 두드려 고정시켰다. 때때로 접합부는 빔 주위와 칼라와 서까래 사이에 사용되었다. 일단 세워지면, 프레임의 패널 공간은 초벽(유연한 개암나무 또는 참나무 막대기를 섞어서 점토, 동물 배설물, 짚의 끈적끈적한 혼합물로 덮는다) 또는 벽돌을 사용하여 채워졌다. 만약 그 틀들이 덮이지 않은 채로 남겨졌다면, 튜더Tudor 시대의 많은 것들이 흑백으로 칠해졌지만, 우리는 오늘날에도 여전히 자연 상태에서 그들을 볼 수 있을 것이다. 이러한 중세 건물의 예는 더럼Durham, 요크York, 체스터Chester, 슈루즈베리Shrewsbury, 캔터베리Canterbury, 파버샴Faversham을 포함한 영국의 많은 마을과 도시에서 볼 수 있다.

인도 델리Delhi에 있는 쿠틉 미나르Qutub Minar[13]는 벽돌로 만들어진 세계에서 가장 높은 첨탑이다. 1199년에 쿠트브 웃 딘Qutb-ud-din은 높이가 72.5m인 장엄한 석조탑의 기초를 쌓았으며 이후 200년 동안 그 뒤를 이은 층들이 추가되었다. 밑면의 지름은 14.32m로 상단에서 2.75m로 끝이 뾰족하고 남서쪽으로 63cm 기울어져 있다. 이 디자인은 아프가니스탄의 얌Jam 첨탑을 기반으로 하였으며, 첨탑과 주변 건물은 토착 전통의 건축 기법과 인도의 이슬람 건축의 발전을 보여준다. 내부 통로는 꼭대기로 올라가는 계단을 제공하고 목재 빔을 사용하여 다른 석재 정면의 정교한 조각으로 외피에 연결된다. 하단 3개의 층은 사암으로 만들어졌고 상단 2개의 층은 사암과 대리석의 혼합으로 만들어졌다.

영국의 요크 민스터York Minster 대성당(그림 3.5)[14]은 그 자리에 세워진 교회들을 서기 633년으로 거슬러 올라갈 수 있지만, 현재의 건물은 1225년에 시작되어 1472년에 완공되었다.

월터 드 그레이Walter de Grey 대주교는 1220년경에 기존 교회 위에 남쪽 익랑South Transept 재건을 시작했지만, 건축가가 누구였든지 장미 창을 보는 사람이 볼 수 있는 것처럼 중앙에서 3피트 정도 떨어진 곳에 그것을 건설했다. 10년 후, 북쪽 익랑이 시작되었고 1260년에 완공될 때까지 단 한 명의 숙련된 석공만이 이 프로젝트를 담당했을 것으로 보인다. 또한 약간 중심을 벗어나긴 하지만 좀 더 조심스럽게 숨겨져 있다. 첫 번째 명명된 석공은 '시몬 르 메이슨Simon le Mason'으로, 1291년에서 1360년 사이에 본당을 설계하고 건설했으며, 북쪽 벽은 남쪽 벽보다 1피트 정도 낮았는데, 아마도 그들 사이의 오래된 노먼Norman 본당에서 레벨을 확인할 수 없었기 때문일 것이다. 윌리엄 드 호튼William de Hoton에 의해 교체된 오래된 노먼 성가대석에 눈에 띄지 않게 설치되었다. 새로운 성가대석이 탑과 연결되었을 때쯤에는 3피트 정도 떨어져 있었다. 전체 장관이 웅장하지만 디자인에 대한 통제력 부족과 명백한 기본적인 측량 실수는 예리한 시력을 가진 사람들에게 품질관리 실수를 초래했다. 건축가, 구조 기술자, 건설업자, 농업인 및 견적사 등으로 활동하는 석공 장인도 품질관리 검사원이었고, 요구되는 기준에 따라 완료되어 승인된 작업의 양에 따라 보수를 받았다. 그들은 좋지 않은 품질에 대한 계약상의 받침이 되는 역할을 했지만 의심의 여지없이 약속은 이루어져야 했고 때로는 완료 후 수십 년이 지나서야 결함을 볼 수 있었다. 석공의 표시

그림 3.5 영국 요크 민스터 대성당, 하늘을 나는 버팀목을 보여준다. 서기 627년 이후 한 교회가 이 자리에 있었고 현재 건축물은 1225년에 시작되었다.

는 채석장의 출처를 식별하기 위해 만들어졌으며, 인접한 암석의 정확한 시공을 확인하기 위한 조립 표시, 그리고 은행이 표식을 만들었는데, 이것은 개인적으로도 식별할 수 있는 석공의 표식이었다. '은행가'라는 이름은 석공이 돌을 다듬을 때 사용했던 돌침대나 벤치에서 따온 것이다. 건설 프로젝트에 대한 일상적인 계정은 일반적으로 자신의 이름과 표시로 월별 계정에 서명하는 석공 장인이 관리한다. 일반적으로 석공들이 재료를 저장하고 작업장으로 사용하고 친교를 즐기기 위해 '롯지'라고 불리는 임시 목조 건물이 건축 현장에 세웠다. 세인트 데니스의 쉬제르 수도원장은 수도원에 더 많은 빛이 들어오기를 원했을 때, 구조적으로 완전한 방식으로 그것을 설계하고 건설하는 임무를 맡았을 석공 장인이었을 것이다.

왕 벤체슬라우스Wenceslaus 1세는 1249년 지흘라바Jihlava(현 체코), 산지의 이우스 시민들 Jus civiim et montanorum에 대한 광업 포고문을 발표했는데, 여기에는 광업 등록자의 상세한 검사 책임이 포함되어 있었다. 추가 법률이 추가되었고 1305년에 채광야금법 칙령은 유럽의 중부지역에서 3세기 이상 동안 규제의 기초가 될 포괄적인 채굴 시스템을 만들었다. 토지 등록 기관은 지하에 있는 각 광산을 검사하고 분쟁을 판단하고 귀금속 추출 성능을 감독하는 '최고 산악인'을 임명했다.

역사를 통틀어 많은 인상적인 다리들이 세워졌지만, 1370년에서 1377년 사이에 건설된 이탈리아 트레조Trezzo의 아다Adda강 위에 놓인 다리는 길이가 236피트인 단 하나의 아치형으로 70피트의 높이에 불과하였다. 0.3의 경간 비율은 역사적 기준으로 볼 때 믿을 수 없을 정도로 낮으며, 대부분의 로마 아치는 반원형 비율(즉, 1:1)이다. 아비뇽Avignon의 다리는 0.83의 비율을 가지고 있었다. 트레조 설 아다Trezzo sull'Adda다리는 1796년 영국의 선덜랜드 Sunderland에 같은 경간을 가진 금속 웨어머스Wearmouth다리가 세워질 때까지 400년 이상 동안 가장 큰 단일 경간을 가진 기록을 보유하고 있었다.

영국에서는 리처드Richard 2세 시대에 제임스 할리웰James Halliwell이 1840년에 재발견한 것으로 알려진 할리웰 문서라고도 불리는 레기우스Regius[15] 본문은 아마도 영국 서부의 성직자에 의해 쓰였을 것이며, 성당과 교회 건축에 종사하는 석공의 규칙을 시적 형태로 규정한다. 1390년경 중세 영어로 쓰인 이 책은 석공의 역할과 노동자들을 정직하게 감독하고 그들이 정당한 보수를 받도록 하는 그들의 엄숙한 의무를 명시하고 있다.

이 기하학의 첫 번째 조항;

석공 장인은 반드시 안전해야 한다.

확고하고, 믿음직하고, 진실하고,

그는 결코 후회하지 않을 것이다.

그리고 그 대가를 치르고 동료들에게 돈을 지불하고

그때 희생자들이 다가 오면 [알고 있음]

그리고 당신의 운명에 따라 그들에게 진실로 지불하라. [믿음]

그들이 마땅히 받아야 할 것; [받을 자격이 있다]

그리고 그들의 고용인에게 더 이상은 필요하지 않다.

64페이지의 약 974줄의 대본으로 운영되는 이 책은 건축업자들을 위한 규칙을 성문화하기 위한 가장 초기의 '헌장' 중 하나이다.

영국의 시인이자 철학자인 제프리 초서Geoffrey Chaucer가 마상경기의 작업대 세우기를 감독하면서 왕 업무의 서기로 임명된 것은 같은 해인 1390년이었다. 1390년 7월 1일, 초서가 스미스 필드Smithfield에서 이전 5월의 마상 창 시합을 위한 작업대 건설 비용을 승인하도록 재무부에 위임한 내용은 다음과 같다.

제프리 초서를 위해서 리처드는 하느님 왕의 은총으로, 우리 재정의 회계원과 귀족들에게 인사한다. 우리는 당신에게 명령한다. 우리의 친애하는 제프리 초서, 업무 서기가 그의 직무를 집행하는 데 당신을 소개하는 것이라면, 당신은 그가 우리를 위해 그리고 5월의 스미스필드의 여왕을 위해 지금 통과시킨 스미스필드의 작업대를 위해 지불한 비용을 그의 선서대로 허락할 것이다. 우리 통치 14년째인 7월 첫째 날, 웨스트민스터Westminster에서 우리의 비밀 도장을 받았다.[16]

왕 업무의 서기라는 이 역할은 비용을 지불하고 필요한 기준과 규정에 따라 작업이 수행되도록 하는 의뢰인을 대표하는 건설 프로젝트에 대한 권위 있는 인물이었다. 리처드 2세는 또한 초서를 웨스트민스터 궁전, 런던 타워 및 기타 다수의 왕실 거주지를 위한 왕 업무의 서기로 임명하여 하루당 2실링(연간 36파운드 10실링, 노동자가 1년에 2파운드를 벌고 석공이 1년에 8파운드를 벌게 되는 시기[17])의 임금을 받았다. 1년 후 그는 윈저Windsor성에 있는 성 조지St George왕의 예배당 수리를 관리하도록 임명되었다.

베이징의 자금성은 1406년에서 1420년 사이에 건설되었으며 약 180에이커에 달하는 980개의 건물로 구성되어 있으며 명나라 영락 황제의 관리하에 있었다. 꼼꼼하게 설계하고 시행한 공사는 10만 명의 숙련공과 약 100만 명의 노동자가 필요했으며, 중국 전통 유교 문화하에서 인간과 자연을 조화시키기 위해 노력한 2,500년 된 '아이 칭I Ching' 또는 '변화의 서'에 부합하도록 세심하게 계획되었다. 예수회 선교사로서 피에르 마르티알 시봇Pierre-Martial Cibot 신부는 1785년 자금성을 방문했을 때 다음과 같이 썼다.

> 황제의 궁전은 실제 궁전이며, 그들을 구성하는 무수한 건축물의 광대함, 대칭, 높이, 규칙성, 화려함과 장엄함에 의해 그곳에 거주하는 영주의 웅장함을 증명한다. 루브르 박물관은 주로 북경 궁전의 안뜰 중 하나에 서 있을 것이며, 첫 번째 입구부터 황제의 더 비밀스러운 방의 입구가 많으며 측면 건물은 말할 것도 없다. 우리가 유럽에서 오는 것을 본 선교사들은 모두 북경 궁전의 웅장함과 부와 권력에 감탄했다. 모든 사람들은 그것을 구성하는 여러 부분이 위대한 유럽 건축의 가장 훌륭한 예로서 시각을 매혹시키지 않는다면, 그 전체가 이전에 본 것 중 아무것도 준비하지 못한 광경이 된다고 고백했다.[18]

페루 마추픽추Machu Picchu의 잉카Inca 왕족 사유지(그림 3.6)는 1450년과 1460년경에 지어졌으며, 그 건축물의 약 60%가 지하에서 보이지 않고 깊은 기초가 있는 것으로 추정된다.[19] 잉카인들은 화강암, 반암, 석회암 및 현무암으로 벽을 만들기 위해 청동 도구와 단단한 돌만을 사용했으며 건조 마름돌의 기술을 사용하여 모르타르의 도움 없이 단단히 짜인 벽을 조각했다(그림 3.7). 사카이후아만Sacsayhuaman에서도 사용되었던 수 세기 전의 건조 마름돌의 기술을 사용하여, 이러한 자유롭게 서 있는 벽은 지역 지진에 더 저항력이 강하며, 벽의 돌은 진동에서 약간 뛰어 나오지만 손상되지 않은 채로 남아 있는 것으로 알려져 있다.

200여 개의 건물로 이루어진 도시의 건축물은 해발 2,420m의 암석 지형에 따라 계단식으로 조성되어 있다. 일반적으로 그 집들은 60도 정도의 초가지붕을 가지고 있어서 물이 쏟아져 내리는 것을 막을 수 있었고, 암석의 지하 배수 시설을 만들었다. 사원과 성벽은 화성암으로 지어졌는데, 직사각형 줄의 돌로 깔끔하게 모양을 만들고 모래를 이용해 다듬

그림 3.6 (왼쪽) 1450년에서 시작된 페루의 마추픽추 (출처: pexels.com.)
그림 3.7 (오른쪽) 마추픽추에 조립된 완벽하게 절단된 석재 (출처: pixabay.com.)

어 마무리했다. 바위의 대부분은 안데스Andes산맥에 국한되어 있었지만 일부는 라마에 의해 가져오거나 산비탈로 끌고 올라가기도 했다.

가장 간단한 도구와 기술로 극적인 위치에 건물을 짓는 인상적인 수준은 놀랍다. 도시를 건설하는 속도를 감안할 때, 산꼭대기에 자리 잡은 건축물을 만들기 위해서는 재능 있고 숙련된 기술자들과 건축가들이 필요했고, 놀라운 품질관리 결과를 얻기 위해서는 건축에 매일 긴밀하게 참여하는 건축가가 필요했다. 시행착오를 통해 개발된 기술이 수십 년간의 훈련과 연습을 통해 개선된 후 세대를 거쳐 구두로 전수된 기술에 대한 증거다.

1538년 영국에서는 육군과 해군을 지원하기 위한 요새와 막사 등 군수물자 및 기반시설에 대한 품질관리 임무를 수행하는 수석 기술자로 영국 왕실이 임명한 병기 조사관[20]이 창설되었다. 그 역할은 런던 타워에 본부가 있는 병기위원회에 보고되었다.

무굴Mughal 황제 샤 자한Shah Jahan이 1631년에서 1648년 사이에 지은 인도의 반짝이는 하얀 대리석 타지마할Taj Mahal[21]은 자한이 가장 좋아하는 아내인 뭄타즈 마할Mumtaz Mahal에게 바쳐졌다. 코끼리 1,000마리를 이용해 22,000명의 노동자들이 완성하는 데 22년이 걸렸고, 인도 라자스탄Rajasthan지역에서 아그라Agra로 가져온 반투명 흰 대리석으로 건설되었다.[22] 그 대리석에는 재스퍼jasper, 라줄리lazuli, 사파이어sapphire, 터키석, 옥, 홍옥 및 청금석을 포함한 반투명한 석재들이 상감되어 반사된 빛이 아크arc를 통과하면서 하루 종일 놀라운 효과를 낸다. 아침에는 분홍색, 한낮에는 흰색, 저녁 해질녘에는 금색으로 움직인다. 그러나 현대 산업의 대기오염은 흰 대리석에 큰 피해를 입혔다.

영국 슈루즈베리Shrewsbury 인근 디더링턴Ditherington에 있는 '플랙스밀 몰팅스Flaxmill Maltings'로 알려진 이 초라한 5층짜리 건물은 1796년에서 1797년 사이에 지어졌지만 역사적 중요성이 매우 크다. 증기로 움직이는 방앗간은 원래 아마섬유를 돌려 아마포를 만들고 나중에 양조업을 위한 맥아를 만드는 공장으로 개조되었다. 그것은 세계 최초의 철골 건물이며 따라서 모든 고층 빌딩의 선례이다. 건축가인 찰스 베이지Charles Bage는 목재 프레임과는 달리 철골 프레임을 개발한 윌리엄 스트럿William Strutt이 내화성을 향상시키기 위해 건물에서 디자인한 것에 영감을 받았다. 주철 빔은 주철 기둥에 의해 지지되며, 벽돌 아치 천장과 바닥을 지지하는 빔 사이에서 축 방향으로 작동하는 연철 타이 로드에 의해 함께 묶여 있다. 내부적으로 목재가 거의 노출되지 않아 내화성이 강한 설계였다. 십자형 단면 기둥의 혁신적인 사용은 결함을 더 쉽게 식별할 수 있기 때문에 품질관리를 개선했다.

오늘날의 품질 전문가를 위한 교훈은 하기아 소피아Hagia Sophia, 생드니 수도원St Denis Abbey, 메드하네 알렘 교회Bet Medhane Alem, 플랙스밀Flaxmill에서 사용되는 것과 같은 새로운 디자인 기술이 품질 위험을 평가하고 적절하게 완화되었는지 확인하기 위해 품질관리 전문가 기술을 적용할 필요가 있다는 것을 인정해야 한다는 것이다.

:: 미주

1 *Panditabhushana V-Subrahmanya Sastri, B. Brihat Samhita of Varaha Mihira* LVI.31, LVII 1-7. (Trans. 1946). Retrieved from https://archive.org/stream/Brihatsamhita/brihatsamhita_djvu.txt

2 Nene, A.S., 'Rock engineering in ancient India' (2011). Retrieved from https://gndec.ac.in/~igs/ldh/conf/2011/articles/Theme%20-%20P%202.pdf.

3 Needham, J., *The Shorter Science and Civilisation in China* (Cambridge: Cambridge University Press, 1994), pp. 145-147.

4 The Holy Quran, Chapter (61) sūrat l-ṣaf (The Row), Verse 61:4, Retrieved from http://corpus.quran.com/ translation.jsp?chapter=61&verse=4

5 Ibid., Chapter (28) sūrat l-qaṣaṣ (The Stories), Verse 28:38. Retrieved from http://corpus.quran.com/translation.jsp?chapter=28&verse=38

6 *Encyclopedia of the Social Sciences*, 'Guilds' (New York, 1938), vol. VII, pp. 204-224. Retrieved from https://archive.org/details/encyclopaediaoft030467mbp/page/n3

7 Baron de Bode, C.A., *Travels in Luristan and Arabistan* (1845), vol. 1, p. 171. Retrieved from https://books.google.co.uk/books?id=i_gqUpmQRIwC&pg=PA97&source=gbs_toc_r&cad=4#v=onepage&q&f=false

8 Guo, Q., *Tile and Brick Making in China: A Study of the Yingzao Fashi* (2000). Retrieved from www.arct.cam.ac.uk/Downloads/chs/final-chs-vol.16/chs-vol.16-pp.3-to-11.pdf.

9 Daw, T., 'How many stones are there at Stonehenge?' (2 March 2013). Retrieved from www.sarsen.org/2013/03/how-many-stones-are-there-at-stonehenge.html.

10 Ghose, T., 'Mystery of Angkor Wat Temple's huge stones solved'. *Livescience*. Retrieved from www.livescience.com/24440-angkor-wat-canals.html (accessed 31 October 2012).

11 Calkins, R.G., *Medieval Architecture in Western Europe: From a.d. 300 to 1500* (New York: Oxford University Press, 1998), pp. 172-173.

12 Fyfield Hall. Retrieved from www.fyfieldhall.co.uk/history.

13 Wikipedia. 'Plaque at Qutub Minar'. Retrieved from https://en.wikipedia.org/wiki/File:Plaque_at_Qutub_Minar.jpg.

14 York Minster. 'A brief history of York Minster' (2018). Retrieved from https://yorkminster.org/discover/timeline/

15 Halliwell, J., reproduced by Pietre-Stones (1840). Retrieved from www.freemasons-freemasonry.com/regius.html.

16 Crow, M. and Olson, C.C., *Chaucer Life-records* (Oxford: Oxford University Press, 1966).

17 Medieval prices and wages. Retrieved from – https://thehistoryofengland.co.uk/resource/medieval-prices-and-wages/

18 *Mémoires concernant l'histoire, les sciences, les arts, les moeurs, les usages des Chinois* (Peking, 1782), vol. XIII. Retrieved from https://gallica.bnf.fr/ark:/12148/bpt6k114468v/f8.image.

19 Adams, M., 'Top 10 Machu Picchu secrets'. *National Geographic*, November 2018. Retrieved from www.nationalgeographic.com/travel/top-10/peru/machu-picchu/secrets/ (accessed 31 July 2000).

20 Sainty, J.C., *Ordnance Surveyor 1538 to 1854* (London: Institute of Historical Research, 2002). Retrieved from www.history.ac.uk/publications/office/ordnance-surveyor.

21 UNESCO. *Taj Mahal*. Retrieved from https://whc.unesco.org/en/list/252

22 Visit India. *History of Taj Mahal*. Retrieved from www.visittnt.com/taj-mahal-tours/history-of-taj-mahal.html

CHAPTER 04

현대 건설, 1800~2000: 품질 및 린(Lean) 건설

CHAPTER 04

현대 건설, 1800~2000: 품질 및 린(Lean) 건설

산업혁명이 시작된 이후부터 18세기 말까지 건설산업은 도시가 확장되고 새로운 생활 공간과 작업 공간에 대한 수요가 증가함에 따라 점점 더 큰 도전에 직면했다. 19세기는 재료 품질에 대한 인식이 높아졌고 건축물의 장인 정신의 역사를 통해 하나의 주제로 되돌아갔다.

워싱턴Washington DC에서는 대통령 관저, 대통령의 집 또는 대통령 궁이 다양한 이름으로 불렸으며[1] 원래 1800년에 완공되었다. '백악관'(그림 4.1)의 건설은 1792년 10월 13일 조지 워싱턴George Washington이 첫 초석을 세우면서 시작되었다. 아키아Aquia 사암은 프랑스 엔지니어 피에르 찰스 렌판트Pierre Charles L'Enfant가 조지 워싱턴의 승인을 받아 구입한 후 포토맥Potomac강으로 이어지는 아키아 크릭Aquia Creek에 위치한 정부 섬에서 채석되었다.

아일랜드 태생의 건축가 제임스 호반James Hoban은 로마 건축가 비트루비우스Vitruvius와 르네상스Renaissance 시대의 건축가 안드레아 팔라디오Andrea Palladio로부터 영감을 받아 신고전주의적인 스타일로 건물을 설계했다. 원래는 9칸의 3층으로 만들려고 계획했으나, 11칸의 2층으로 변경되었다.

노예들은 돌을 채석하는 데 사용되었고 1794년 스코틀랜드Scotland의 에딘버러Edinburgh에서 7명의 석공들이 여행했다. 옥센Oxen은 큰 돌을 강 가장자리로 끌어다 바지선에 싣고 40마일을 노를 저어 워싱턴시까지 갔다. 석공장인 콜린 윌리엄슨Colin Williamson은 겨울의 결빙 손상으로부터 다공성 돌을 보호하기 위해 정확한 순서로 조립하고 흰색으로 칠하는

그림 4.1 존 플럼브(John Plumbe)가 촬영한 1846년 최초로 알려진 백악관의 사진 (출처: 의회 도서관/John Plumbe)

것을 감독했다.[2] 이 기법은 건물의 풍화 작용을 하면서도 돌의 틈을 메우도록 설계되었지만 돌의 표면을 정기적으로 하얗게 칠하여 신선하게 유지하기로 결정했고, 1901년 '백악관'이라는 별명이 공식화되었다. 화이트워싱 스톤Whitewashing stone은 메소포타미아Mesopotamia의 서기 3517년~기원전 3358년으로 거슬러 올라가며, 미적 이유뿐만 아니라 회반죽의 내항균성 특성에서 유래할 수 있다. 아누Anu 신에게 바쳐진 우루크Uruk(현대 아르카Warka)의 하얀 사원은 흰색이었고 씻겨 있어서 수 마일 떨어진 곳에서도 볼 수 있었다.[3]

1804년 프랑스에서 출판된 나폴레옹Napoleon 강령은 낡은 봉건 질서를 쓸어버리고 건축가와 건축업자를 포함한 소유주와 그 대리인에 대한 엄격한 책임을 포함했다. "만약 정해진 가격으로 지어진 건물이 건축상 하자, 기초의 하자로 인해 전체 또는 일부가 소실된 경우에는 건축가와 계약자는 10년 동안 책임을 진다."[4] 이러한 책임은 그 후 몇 년 동안 강령의 개정과 함께 확정되었다.

강 아래의 첫 번째 터널은 1825년에 시작된 런던의 템즈Thames터널이었다. 그때까지 터널은 수천 년 동안 건설되었지만 일반적으로 강 밑이 아닌 '절개식' 방법으로 건설되었다.[5] 런던London의 무역은 매일 3,000척에 달하는 큰 배들이 강에 붐비었고 강을 건너 화물을 운반하는 것은 어려웠다. 마크 이잠바드 브루넬Marc Isambard Brunel(Isambard Kingdom Brunel의 아버지)은 혁신적인 쉴드shield 보링을 설계했다. 가로 38피트, 세로 22피트 높이로, 그것은 미래의 모든 터널링 쉴드의 원조가 되었다. 브루넬은 선충들이 단단한 껍데기로 머리를 보호한 채 목재를 헤쳐 나가는 모습을 보고 이런 생각이 떠올랐다. 광부들은 3~4시간 교대로 막장에서 일하면서 암석을 4인치 조각으로 파냈다. 그들 뒤에는 작업자들이 벽돌을 쌓아 견고한 구조를 유지했다. 하지만 작업자들이 직면한 위험은 끔찍했다. 처리되지 않은 하수는 그들의 얼굴에 뿌려지고 메탄가스는 광부들의 램프에서 나오는 불꽃으로 점화될 수 있었다. 1,200피트 터널이 5번 침수되었는데, 터널에서 엔지니어로 일하던 이잠바드 킹덤Isambard Kingdom은 1828년 1월 12일에 겨우 목숨을 건졌다. 이 사업은 재정난에 부딪히면서 7년간 중단되었고, 브루넬이 재무부로부터 24만 7천 파운드의 융자를 확보했을 때야 다시 시작되었다.

1843년, 터널이 개통되기까지는 5만 명의 사람들이 터널을 통과하기 위해 1페니penny를 지불했다. 3개월 후 백만 명이 방문했는데, 이는 그 당시 런던 인구의 절반에 해당한다. 보행자, 말과 마차 터널로 설계된 이 터널은 1869년 지하 열차 네트워크에 추가되었다.

미국 조경 건축의 창시자이자 미국 고딕 부흥의 위대한 옹호자인 미국의 젊은 작가 앤드루 잭슨 다우닝Andrew Jackson Downing은[6] 1847년, 『국가 건축에 관한 힌트』라는 그의 짧은 저서에서 그의 독자와 신진 건축업자들에게 건축의 품질을 높이도록 권고를 자주 했다. 서론에서 주택 건축의 실용적인 고려 사항을 이해하지 못하면 장식적인 아름다움과 고객 만족도가 완전히 저하될 것이다.

> **누수와 불쾌한 냄새, 습기와 연기가 자욱한 주택, 심지어 부분적인 설계상의 실패로 인해 화가 난 사람들은 비례적으로 여전히 남아 있을 수 있는 수많은 장점들에 눈이 멀게 될 것이다. 그리고 건축가는 마지막 증명서에 서명하는 순간, '계약자가 모든 직무를 가장 완벽하고 솜씨 있게 자신의 모든 의무를 다했다'는 사실상 자신의 무능함 선언에 서명하고 무의식적으로 많은 어려움을 겪을 수 있다.**

양철이나 아연으로 만든 지붕은 '품질을 지정해야 한다'고 했고 바닥은 '더 나은 품질'의 계단을 건설하고 '벽돌의 품질'을 선택하는 방법에 대한 추가 조언과 함께 "최고의 품질로 깔아야 한다"라고 했다.[7] 주택과 주변 조경시설을 연결하는 것은 그의 철학에서 중요한 부분이었기 때문에 주택 부지 주변의 토질에 대한 관심은 간과되지 않을 것이다.

1851년, 조셉 팩스턴Joseph Paxton이 디자인한 수정궁Crystal Palace은 제1차 국제박람회를 위해 런던의 하이드 파크Hyde Park(이후 1852년 시덴햄 힐Sydenham Hill로 이전)에 세워졌다. 정교한 '온실'은 500개의 철 기둥으로 이루어진 2개의 평행한 열로 구성되었으며, 각각 2,224개의 천장 거더girder를 받치고 있고, 능선과 고랑 지붕이 있는 30만 장의 유리로 덮여 있으며, 공원 내의 기존 성장한 나무를 둘러싸고 있다.

환기는 수동으로 작동되는 수평 금속 채광용 지붕창의 새로운 설계에 의해, 계약자인 폭스, 헨더슨사Fox, Henderson & Co.가 설계한 바퀴와 코드 메커니즘의 회전을 통해 열렸다 닫혔다 한다. 이 메커니즘은 한 위치에서 24개의 인공호흡기를 작동시켰다.

그 유리는 특별히 1.2m(피트) 길이에 두께 2mm(1/13인치)로 만들어졌는데, 이것은 팩스턴의 4피트 모듈식 설계에 따라 조립 라인에 있는 것처럼 구조물을 만들 수 있었다.

이 경량화 디자인은 폭스, 헨더슨사가 8개월 만에 기계 없이 주로 인력과 마력을 사용해 건설했다는 것을 의미한다. 바퀴 달린 트롤리는 궤도를 레일처럼 사용하여 홈통 위를 이동하고, 이로 인해 유리 끼우는 작업자를 위한 비계가 없어졌다. 80여 명이 일주일에 18,000개의 유리창을 수리할 수 있었고, 이 효율성은 건물 바닥재로 재사용되고 있는 부지로 옮겨졌다. 그것은 표준화의 상징적인 모델이었다. 그것은 건축가와 기술자들 사이에 큰 논쟁을 일으켰고 대중들이 그것을 좋아했지만, 건축 전문가들의 일부 사람들에 의해 비난 받았다. 1851년 5월 1일 빅토리아Victoria 여왕에 의해 정식으로 문을 열었는데, 처음 5개월 동안 600만 명의 관람객이 세계 최대 다이아몬드인 고어누Koh-i-Noor를 포함한 전 세계 13,000여 개의 전시물을 관람했다.

1853년 프랑수아 코아네François Coignet은 파리의 찰스 미셸Charles Michels 72가에 4층짜리 집을 짓기 위해 콘크리트, 철근콘크리트에 철을 사용한 최초의 사람이었다. 안타깝게도 그 건물은 폐허가 되었다.

1854년 스코틀랜드의 토목 기술자이자 영국 기계학회의 제3대 회장인 윌리엄 페어베언 경Sir William Fairbairn은 주철보다 연철의 우수성에 대해 썼고, "주철의 표면 아래에 숨겨져 있을 수 있는 결함을 발견할 수 없음과 함께 가장 예리한 관찰자의 정밀한 관찰을 자주 방해한다"라는 주철의 숨겨진 품질 결함에 대해 경고했다.[8]

영국 그루지야 시대Georgian times부터 인조석이 존재했지만, 영국의 특허를 받은 콘크리트 포장석은 1862년 런던에서 열린 CE 국제 전시회상 메달을 수상했으며, '구 로마 콘크리트나 모르타르'의 모든 지속적인 특성을 지니고 있다고 자랑했다. 모래, 분필 또는 기타 광물 물질로 구성된 이 물질은 규산질 시멘트 재료와 혼합되어 블록이나 몰드로 압착되고 염화칼슘 용액에 담갔다. 그것은 인조석이 진짜 돌을 채석하는 것보다 더 싸다고 주장되었다.[9]

피터 엘리스Peter Ellis는 리버풀Liverpool의 건축가였으며 건설되고 있는 전형적인 사무실 건물에는 작은 고딕 양식의 창문이 있어서 노동자들에게는 실내에 거의 빛이 들지 않는다는 점에 주목했다. 1864년 그는 토마스 앤더슨Thomas Anderson 목사를 위해 오리엘 챔버스Oriel Chambers를[10] 설계했는데, 최초의 유리 커튼 월curtain wall, 철제 액자 등을 갖추고 2년 후 리버풀에 있는 16개의 쿡Cook 가에도 비슷한 디자인을 사용했다. 그것은 그 당시 건축업계에 의해 경멸을 받았지만 시카고Chicago의 초고층 건축가들에게 영감을 주는 데 도움을 주었다.

1869년, 워싱턴 로울링Washington Roehling은 뉴욕에서 제안된 브루클린Brooklyn다리의 수석 엔지니어로 임명되었다. 그는 아버지 존John으로부터 설계를 물려받았으나 불과 1년 후에 잠수병으로 쇠약해지고 마비되는 부상을 입었고, 그의 아내 에밀리Emily는 1883년 체스터 아서Chester Arthur 대통령에 의해 취임할 때까지 일상적인 프로젝트 관리와 건설공사의 품질 관리를 담당했다. 워싱턴이 기념식에 참석할 수 없는 상황에서 에밀리는 공식적으로 다리를 건넌 첫 번째 대통령과 동행했다. 에밀리 로링Emily Roehling은 그 당시 세계에서 가장 긴 경간 현수교와 강철 와이어 현수교의 수석 대리 엔지니어로 인정받았다.[11]

1871년에서 1901년 사이에 필라델피아Philadelphia 시청은 에펠Eiffel탑에 의해 추월되기 전까지 세계에서 가장 높은 건물이었다. 8천 8백만 개의 벽돌로[12] 지어진 벽은 167m 높이를 지탱하기 위해 6.7m 두께로 되어 있다.

1873년 뉴저지New Jersey 출신의 알프레드 홀Alfred Hall에 의해 '벽돌의 착색 과정'을 개선하는 방법에 대한 미국 특허가 출원되었지만 그러나 '벽돌의 품질'에 따라 "유약을 생성하는 납이나 다른 용제를 사용하지 않고 광물 착색 물질을 녹이는 데 필요한 열을 견디는 것"이 관건이었다. 1886년 펜실베이니아Pennsylvania의 헨리 딕슨Henry Dickson에 의한 또 다른 미국 특허는 가마에 담그고 담금질하기 전에 슬레이트slate 폐기물을 분쇄하고 알루미늄 점토와 혼합하여 '매우 우수한 벽돌, 타일 또는 배수관'을 만들 것을 제안했다.

영국에서는 1882년에 계약자가 아닌 고객을 대표하는 현장 감독이 집단 전문협회로서 현장 감독협회가 만들어졌는데, 이 협회는 1903년에 영국 현장감독협회 법인으로 바뀌었고, 1947년에 영국 현장감독 연구소를 바뀌었으며, 마침내 2009년에 영국 건설검사감독 연구소 법인으로 변경되었다. 이들 초기 전문 검사관들은 건설공사에 대한 평가를 수행하였고, 때로는 프로젝트 관리 업무뿐만 아니라 표준과 규격 등이 준수되고 있는지 확인하기 위해 높은 수준의 전문지식을 보유했다.

1885년 시카고에 있는 10층짜리 주택보험 건물(그림 4.2)이 건설되었고(1931년 불행하게도 철거됨) 전 세계 많은 도시의 스카이라인을 지배하는 현대 고층 빌딩의 아버지로 여겨졌다. 파리 에콜 센트럴Eole Centrale에 있는 구스타브Gustave 에펠과 같은 시설에서 교육을 받은 엔지니어/건축가 윌리엄 르바론 제니William LeBaron Jenney는 아내가 새장 위에 무거운 책을 놓는 것을 보고 철골이 고층 건물을 지탱할 수 있다고 생각했던 일화를 전한다.

에펠탑(그림 4.3)은 1887~1889년 사이에 프랑스 혁명 100주년을 기념하기 위해 건설되었다.[13] 기자Giza의 피라미드Pyramid보다 2배 높이로 총 고도가 324m, 4각형 거더 기둥 테이퍼taper와 합쳐져 18,038개의 연철탑을 형성하고, 0.1mm 허용오차에 구멍이 뚫린 250만 리벳rivet으로 함께 고정되었다. 기초는 15m 아래에 도달한 수위 아래로 설정되었으며, 첫 번째 단계에서는 정확한 각도를 설정하기 위해 유압잭과 모래 상자를 사용하여 거더의 기울기를 세워야 했고 기둥은 1mm의 정확도로 정확하게 배치되었다. 크레인은 탑이 꼭대기에 세워지기 전에 엘리베이터가 최종적으로 고정되는 경로를 따라 2단계를 건설하는 데 사용되었다.

모든 철제 구성요소는 파리 외곽의 레발로이스 페렛Levallois-Perret에 있는 구스타프Gustav 에펠의 공장에서 건설되었다. 계약자는 금속 육교 제작에 경험이 있었으며 철제 부품들은 공장에서 너트와 볼트로 함께 고정된 후 각각 현장에서 리벳으로 교체되었다. 완공까지 불과 2년 2개월 5일밖에 걸리지 않았다. 1887년 2월에 300여 명의 유명한 파리의 예술가들과 지식인들은 이 디자인에 대해 '쓸데없고 괴물적'이라고 항의 편지를 썼지만, 이 탑은 이 도시의 상징적인 이미지로 성장했다.

그림 4.2 현대식 초고층 빌딩의 '아버지'. 시카고의 1885년 주택 보험 빌딩 (출처: 뉴욕 월드 - 텔레그램과 태양 신문 사진 모음집(의회 도서관))

그림 4.3 18,000개의 연철 조각과 250만 개의 리벳으로 구성된 상징적인 에펠탑

18세기에 코로보프Korobov에 의해 카슬리Kasli 호수 근처의 남부 우랄지역Urals에 철제 제련공장이 세워졌고, 주철 대포와 대포알 생산용 제련작업을 개발한 최대 야금업자 중 한 명인 드미도프Demidov에게 팔렸다. 18세기 후반에 이르러서는 건축 작품들이 최고 수준으로 제작되어 러시아 건축가 예브게니 바움가르텐Yevgeny Baumgarten의 디자인에서 1898~1899년에 주조된 카슬리 철탑이[14] 1900년 파리 국제 전시회에 전시될 정도로 많은 부분이 제작되고 있었다. 고대 러시아와 비잔티움Byzantium 모티브의 복잡한 디자인은 그랑프리 크리스탈 글로브Grand Prix Crystal Globe와 빅 골드 메달을 수상했다.

20세기에는 철근콘크리트, 유리, 강철, 알루미늄 그리고 급진적인 기술 재료의 발달로 건설이 크게 확장되어 현장 외 제작과 조립의 효율을 높이기 위한 공정이 개선되었다.

1910년에 지어진 일리노이Illinois주 시카고의 로비Robie 하우스는 프랭크 로이드 라이트Frank Lloyd Wright의 '프레리 하우스prairie houses' 중 하나로, 개방적이고 빛으로 가득 찬 넓은 실내 공간으로 찬사를 받았다. 바너드H.B. Barnard 회사가 로마 벽돌로 지었는데, 수직 이음새는 벽돌과 같은 색으로, 수평 모르타르는 전통적인 크림색으로 칠해져 있었다. 그 디자인의 가로선을 가감해보는 것은 눈에도 교묘한 속임수였다. 그것은 미국에서 새로운 형태의 주택 디자인을 확립한 것으로 간주되었다.

라이트Wright가 1935년에 설계하고 자연과 조화를 이루는 일본의 디자인 원칙에 영향을 받은 펜실베이니아의 폴링워터Fallingwater 거주지는 크림색의 철근콘크리트 바닥층이 있는 폭포 위로 캔틸레버식으로 되어 있다. 그러나 이 캔틸레버 바닥은 라이트에게 알리지 않고 캔틸레버 설계에 조용히 추가 보강을 한 자문 기술자들 집단 자체에서 논쟁의 원인이 되었다. 그러나 이러한 강화도 충분하지 않았으며 현대 기술자들은 이것이 실패 한계에 가깝고 추가 빔이 필요하다는 것을 알게 되었다. 기술자들과의 의견 차이는 라이트가 미국 최대 건축가 중 한 명이 되는 것을 막지 못했으며, 1959년 뉴욕의 솔로몬 R. 구겐하임Solomon R. Guggenheim 박물관을 설계하면서 독창적인 나선형의 콘크리트 외관이 독특한 소용돌이 모양의 흰색 리본이 위로 올라가면서 점점 더 넓어지는 것으로 설계하였다.

월도프 아스토리아Waldorf Astoria 호텔은 1930년 3월 17일부터 시작되는 부지의 획기적인 파괴로 새로운 엠파이어 스테이트 빌딩Empire State Building, ESB을 위한 길을 만들기 위해 해체되었고,[15] 하루에 약 1층 정도의 놀라운 속도로 건설되었으며, 1931년 4월 11일에 구조적으로 완공되었다. 예정보다 12일이나 앞당겨 예산 내에서 최종 금 리벳이 제자리에 고정되었다.

혁신적이고 신속한 건설 과정은 스타렛 브라더스 앤 에켄Starrett Brothers & Eken이 기존 장비를 임대하기보다는 모든 핵심 건설 장비를 맞춤 제작하는 새로운 접근 방식을 취하면서 설계가 완료되기 전에 공사를 시작했다는 것을 의미했다. 물류 프로그래밍은 피츠버그Pittsburgh에서 제조된 6만 톤의 강철과 뉴욕으로 정시 운송을 하는 견인차로, 용광로에서 나온 지 80시간 만에 리벳으로 거더를 제자리에 고정시킬 수 있도록 했다.

거리 지하에 벽돌을 보관하고 손수레를 이용해 현장을 돌아다니는 대신, 슈트를 통해 지하실로 배달되었으며, 두 개의 호퍼가 벽돌을 철도 차량에 공급하여 필요한 층으로 수직 운반하기 위해 호이스트를 수평 방향으로 이동시켰다. ESB는 62,000입방 야드의 콘크리트와 20만 입방 피트의 인디애나 석회암과 화강암을 포함하고 있었다. 수도 시스템은 그 당시의 표준과 마찬가지로 지붕 꼭대기 대신에 주요 구조 내부에 지어졌다. 당초 80층 높이에서 착안해 새로 지은 크라이슬러Chrysler 빌딩과의 경쟁에서 디자인이 반복적으로 변형되면서 결국 102층 높이 448m로 1위를 차지했다.

전 세계에는 지난 세기에 지어진 수천 개의 현대식 건물들이 있는데, 이 건물들은 동등한 차원에서 동경과 무시를 동시에 불러일으켰다. 대부분은 눈에 더 거슬리는 재료, 즉 철근콘크리트, 유리, 강철을 사용해왔다.

빌라 사부아Villa Savoye는 1931년에 지어진 가느다란 기둥으로 옥상 정원을 갖춘 멋진 공간이 있는 고전적인 프랑스 빌라의 현대식 스타일이다. 스위스 건축가 겸 도시계획가 르코르뷔지에Le Corbusier(Charles Edouard Jeanneret 출생)가 설계한 콘크리트로 유명한 건물들 중에는 1951년 인도 찬디가르Chandigarh의 의회 궁전인 마르세유Marseille에 있는 시테 라디으즈Cite Radieuse, 1952년에 완공된 뉴욕 UN 본부(그림 4.4)의 공동 건축가(오스카르 니에메예르Oscar Niemeyer와 함께)로 포함되었다. 1954년 론샹Ronchamp의 노트르담 뒤 하우트Notre Dame du Haut, 1959년 동경의 국립 서양미술관, 1967년 취리히Zurich의 여러 색깔의 파빌론Pavillon은 르 코르뷔지에가 죽은 지 2년 만에 완공되어, 그에게 헌정된 박물관으로 여겨졌다.

그림 4.4 르 코르뷔지에와 니에메예르는 1952년에 건축된 뉴욕의 UN 본부를 설계했다. (출처: pixabay.com.)

고대 7대 불가사의는 다음과 같다.

- 기자Giza의 피라미드
- 바빌론Babylon의 공중정원
- 아르테미스Artemis 신전
- 올림피아Olympia의 제우스Zeus 동상
- 할리카르나소스Halicarassus의 묘소
- 로도스Rhodes의 거상
- 기원전 100년 그리스 역사학자 디오도루스 시켈로스Diodorus Siculus(시칠리아의 디오도루스)가 고안한 알렉산드리아Alexandria의 등대

오늘날에는 피라미드만이 살아남고 있으며, 공중정원(그리고 그 존재에 대한 회의론도

있다)을 제외하고는 모두 지중해 동쪽에 부근에 위치해 있었다. 1955년 미국 토목 기술자 협회는 2000년 전으로 거슬러 올라가 미국 토목 공학의 7대 현대 불가사의를 선정했고, 그 1위는 시카고 하수 처리 시스템으로 선정했다. 시카고의 대도시 사람들에게 훌륭한 실용적인 서비스를 제공하지만 미적 관점에서 볼 때 통합을 보증할 만한 외관은 거의 없다. 그러나 미적 외관은 대부분의 고객이 건축 환경 구축에 관심을 갖는 하나의 품질 측면이다. 이 사례는 설계와 건설 의사 결정에 도달하는 데 모든 이해관계자의 의견과 요구사항을 이해해야 하는 어려움을 보여준다. 완벽한 품질을 보장할 수는 없지만 경쟁 품질 특성의 균형을 맞추려면 시간, 신중한 고려 및 고객 만족도를 찾아야 한다. 1968년 상파울루Sao Paulo 미술관 증축은 브라질의 건축가 리나 보 바르디Lina Bo Bardi의 브루탈리스트brutalist 창작품이었다. 4개의 밝은 빨간색 콘크리트 기둥이 바닥에 매달려있는 유리 상자에 싸여 보행자가 자유롭게 아래로 통과할 수 있다.

110층짜리 트윈 타워Twin Towers는 뉴욕의 세계무역센터 단지의 일부였다. 북쪽 타워는 1968년 8월에 시작되어 1970년 12월 23일에 완공되었다(남쪽 타워, 1969년 1월~1971년 7월). 헌납식은 1973년까지 기다렸다. 건축가 야마사키 미노루Minoru Yamasaki는 엘리베이터 교대와 계단을 중앙에 간격이 좁은 관형 기둥이 있는 중앙에 배치하는 혁신적인 구조 설계를 사용하여 사무실 임차인을 위한 개방형 바닥을 만들었다. 관형 설계는 유사한 건물에 비해 강철을 40% 적게 공급했다. 지상에서 20m 아래에 있는 암반에 도달하기 위해 허드슨Hudson강을 막기 위한 '욕조' 설계가 이루어졌으며, 배를 통해 운반된 조립식 부품은 번개처럼 빠른 속도로 건설될 수 있었다. 이들은 당시 세계 1위 세계무역센터(북) 417m, 2위 세계무역센터(남) 415.1m로 세계에서 가장 높은 건물이 됐다. 견고한 설계는 정적 설계 하중에 충분히 강력했지만 타워를 무너뜨리고 2,996명이 사망한 2001년의 테러 공격으로 인한 동적 하중을 견딜 수 있도록 설계되지 않았다.

1971년, 국제 건축가들은 프랑스의 공공 건물 설계에서 경쟁할 수 있도록 허용되었다. 조르주 퐁피두Georges Pompidou 센터는 이탈리아인 렌조 피아노Renzo Piano가 리처드 로저스Richard Rogers(영국)와 잔프랑코 프란키니Gianfranco Franchini(이탈리아)의 도움을 받아 설계했다. 완공하는 데 5년이 걸리는 이 건물에는 공공 정보 도서관이 있으며, 5에이커의 면적과 7개의 층까지 뻗어 있다. 언뜻 보기에는 잊혀진 채색된 발판으로 유리관이 바깥쪽으로 튀어나와 있는 것처럼 보인다. 안팎으로 건물은 구조물의 외부 구조에 모든 내부 서비스를 구축하여 전 세계 박물관 및 문화센터의 건축을 위한 새로운 템플릿을 제공한다.

1986년 문을 연 런던의 로이드Lloyds 빌딩은 에스컬레이터가 중앙을 오르내리는 가운데 내부를 호화로운 개방형 디자인으로 만들기 위해 모든 승강기, 계단, 수도관, 덕트, 기타 건물 서비스를 바깥으로 밀어냈다. 오늘날에도, 그것은 미래지향적으로 보인다. 건축가인 리처드 로저스는 1928년 리덴홀Leadenhall가 12번지에 있는 원래의 보험 건물 입구를 부적절하게 보존을 했다.

1989년에 완공된 루브르Louvre 박물관(그림 4.5) 피라미드는 웅장하고 돌로 장식된 파리 박물관과 대조적인 입구다. 중국 태생의 미국인 건축가 이어 밍 페이Ieoh Ming Pei가 설계한 이 건물은 673개의 유리 패널을 갖추고 있으며, 요트 기술을 사용한 강철봉과 케이블로 제자리에 고정되어 있다. 22m 높이의 피라미드는 라 데팡스La Defense 비즈니스 지구를 포함하는 현대주의의 건물에 지친 많은 파리 사람들과 함께 디자인이 유출되었을 때 충격과 비판을 일으켰지만 피라미드는 매년 800만 명의 관광객과 도시와 함께 성장해왔다. 페이는 그 유리가 가능한 한 선명하게 되기를 원했고 미테랑Mitterand 대통령의 도움을 받아 폰테네블라우Fontainebleau 백사를 사용하여 새로운 제조 공정을 만들었다.

그림 4.5 1985년에 완공된 루브르 유리 피라미드의 상징 (출처: 게르하르트 보그너, pixabay.com.)

화재로 인해 거대한 비트라Vitra 가구 생산 시설의 일부가 소실된 후, 소유주들은 소방서를 세우기로 결정했다. 1993년 독일 바일 암 라인Weil am Rhein에서 완공된 이라크 건축가 자하 하디드Zaha Hadid의 비트라 소방서는 입구 위에 철근콘크리트로 된 오버헤드 윙overhead wing이 인상적인 디자인이다.

오바야시Obayashi 주식회사는 1994년에 기후 변화에 따른 고층 건물의 건설을 보호하고 더 많은 공장 조건을 만들기 위해 '빅 캐노피Big Canopy'[16] 시스템을 만들었다. 가설 지붕 캐노피를 얹은 4개의 타워 크레인 기둥은 건설 중인 구조물의 외부에 설치되어 있으며 2층이 완성된 후 들어올리게 된다. 이 건물은 무게 2,200톤에 달하는 자체 크레인과 호이스트를 보유하고 있으며 '빅 캐노피' 시스템을 사용할 수 있는 10개의 전형적인 타워 블록 중 8개가 있는 40층 구조물의 시공 기간을 6개월 단축할 수 있다고 주장한다. 프리 캐스트pre-cast와 현장 콘크리트의 혼합물이 사용되며 데이터베이스에 연결된 바코드 시스템에 의한 자재 관리 모니터링이 사용된다. 풍속은 66%, 근로자의 열은 10% 감소했다. 한 달 동안 빅 캐노피를 세우는 데 걸리는 시간은 사실상 날씨 장애가 없는 것으로부터의 시간 절약으로 상쇄되는 것 이상이었다.

1998년 독일 작센-안할트Saxony-Anhalt주에서 시작된 마그데부르크Magdeburg 수교는 엘베Elbe강을 건너 엘베-하발Elbe-Haval 운하와 미텔란트Mittelland 운하를 연결한다. 918m의 이 다리는 세계에서 가장 긴 항해가 가능한 수로로서 건설하는 데 6년이 걸렸고, 24,000톤의 강철과 68,000m^3의 콘크리트로 5억 1백만 유로의 비용이 들었다.

이토 도요Toyo Ito가 설계한 2001년 완공된 일본의 센다이 미디어테크Sendai Mediatheque 도서관에는 바닥을 분리하는 기둥이 있어 각도는 다르지만 지진 저항기 역할을 하는 강관으로 구성되어 있다. 이중 유리 외관은 내부 깊숙한 곳에 빛을 허용하며, 밤에는 등불처럼 건물이 환하게 밝혀져 켜진다.

린(Lean) 건설

1976년 헬싱키Helsinki공과대학에서 산업공학 및 경영학 석사학위(기술)를 받은 로리 코스켈라Lauri Koskela는 린 건설의 선도적인 옹호자 중 한 명이 되었다. 1992년 그는 건설의 생산 부분에 초점을 맞춘 '건설에 대한 새로운 생산 철학의 적용'이라는 논문을 발표했다.

그는 나중에 어떻게 그리고 왜 그 설계가 개발되었는지 뒷받침하기 위해 건설은 확고한 이론의 기초로부터 시작되어야 한다는 그의 생각을 발전시켰다.

코스켈라는 건설이 단순히 부품을 작은 부품으로 분해하여 생산으로 전환하기 위해 입력을 취하는 것이 건설이라는 지배적인 정통성에 도전했다. 이 변환 모델은 내재된 어려움을 수반한다. 그는 변수의 수와 무언가를 구성하는 과정에서 해결해야 할 명확하게 정의된 문제의 부족 등을 고려할 때 기본 모델에 결함이 있다고 믿었다. "따라서 토론과 논쟁을 조직화하는 데 좀 더 적합한 방법론이 필요하다. 소프트 시스템 방법론은 이 요구사항을 충족시킨다."[17] 표준 프로젝트 관리를 통한 전환모델은 건설 현실을 다루지 못하고 있다. 프로세스 간 또는 프로세스 내에서 재작업, 사고 또는 지연을 어떻게 관리하는가?

'낭비'라는 일반적인 제목 아래 시간, 비용 및 품질에 미치는 영향은 적절하게 관리되지 않는다. 작업 분류 체계WBS는 유용한 도구지만, 일반적으로 부품의 합계가 고객의 실제 요구사항을 충족하는지 여부는 고려하지 않는다. 전환 모델의 부가 가치는 개념적 접근 방식을 기반으로 하지 않는다.

린 건설은 고객이 실제 가치를 추가하는 방법과 장소를 확인하고, 그 목적을 달성하기 위한 고객의 제약 조건(시간, 비용, 위치 및 품질 기준)을 인정하기 위한 고객의 설계 목적을 철저히 조사하고 이해한다. 건설 제품 및/또는 서비스의 계약자는 고객이 자신의 제약 조건을 이해하도록 도와야 한다. 그들은 비용 견적이 그들이 사용하고자 하는 재료들을 약화시킬 때까지 가장 미적으로 만족스러운 다리를 원할지도 모른다.

코스켈라와 글렌 발라드Glenn Ballard, 그레그 하웰Greg Howell 등 다른 협력자들은 1948년부터 1975년 사이에 도요타 자동차 제조에서 개발된 도요타 생산방식TPS과 유사한 접근법을 개발하는 데 관심이 있었다. 장기적인 지평 철학, 낭비를 줄이기 위한 프로세스 관리, 사람과 파트너의 가치 평가 및 문제 해결을 통한 지속적인 개선을 통해 적시성, 포카 요케poka-yoke, 지도카jidoka 및 기타 '도요타 방식' 요소로 이어졌다.

불행하게도 컨설턴트는 TPS에 대한 전체론적 접근법의 잠재력과 필요성을 이해하지 못한 채 단기적 이익을 위해 일부 개별 기법을 사용하는 고르고 섞는 방식을 채택하기도 했다.

린 건설 접근 방식은 빌딩 정보 모델링BIM, 5S, 가치 사슬 매핑, 제조 및 조립을 위한 설계DfMA 및 LPSLast Planner System(라스트 플래너 시스템)와 같은 자체 도구와 기술을 개발하였다.

변혁적-흐름-가치 목표는 린 건설에서 우선적으로 통합되고 균형 잡힌 반면, 전통적으로 낭비 최소화와 가치 극대화 요소는 표 4.1에서 보듯이 무시된다.

표 4.1 전통적인 건설과 린(Lean) 건설

전통적인 건설	린(Lean) 건설
• 프로젝트 계획은 일반적으로 다음 단계로 넘어가기 전에 순차적으로 수행된다. • 작업은 가능한 한 빨리 수행된다. • 조달은 주로 가격에 기반으로 한 시장 메커니즘을 통해 공급자와 하도급업체를 분간한다. • 대규모 재고는 일반적으로 유지된다. • 목표는 입력을 출력으로 변환하는 것이다. • 제품 설계 및 공정 설계를 별도로 고려한다.	• 공급망 이해 관계자는 프로젝트 계획 초기에 참여한다. • 작업은 '적시'에 수행된다. • 공급망 제공 시간이 최소화되고 공급망은 공급을 최적화하기 위해 제휴된다. • 최적의 재고로 공급을 유지한다. • 목표는 변환-흐름-가치이다. • 모든 라이프사이클(lifecycle) 단계는 제품 및 프로세스 설계에서 고려된다.

작업은 해당 작업을 담당하는 각 개인이 약속한 대로 LPS에 명시되어 있다. 작업을 시작하기 전에 공정의 '마지막 기획자'인 설계자, 현장 감독자, 엔지니어들은 납품 약속을 하기 전에 필요한 조건을 결정한다. 제때 전달되지 못하는 근본 원인을 모니터링함으로써 분석은 프로세스의 전반적인 문제를 입증하고 효과적인 조치가 지속적으로 개선되도록 할 수 있다.

다음 작업을 계속 진행하면 작업 흐름이 개선되고 BIM 모델에 연결된 인력 계획, 적시 납품 및 LPS가 잘못된 구성 요소를 작업 패키지에 배치할 때 발생할 수 있는 오류를 강조할 수 있다.

약 1시간의 주간 회의는 다음 주에 일을 하는 사람들을 모아야 한다. 각 활동은 기획자에 추가되며 이전 주에는 실제로 완료된 작업의 백분율에 대해 평가된다. 왜 활동이 100% 완료되지 않았는지, 그리고 다음 주 동안 학습을 했는지에 대한 근본적인 원인이 밝혀질 것이다.

매일 15분씩 현장 점검을 통해 책임성을 강화하고, 문제점에 대한 논의와 물류 개선을 위한 로드 맵을 수립할 수 있으며, 일일 진행 상황을 업데이트한다. 각 상호작용의 결과를 기록하고 측정 기준을 수집하여 지연의 진행상황과 근본원인을 보고한다.

건설 산업 과정은 비효율적이기로 악명 높으며, 추가 시간, 자재 재고, 우발 상황과 같은 버퍼buffer나 낭비적인 자원을 소비한다. 작업자가 서성거리는 시간을 줄이기 위해 목표를 설정하면 자재를 보관할 수 있는 공간이 줄어들고, 생산성을 높이는 기술과 재작업 및 결함 수준을 규정하면 문제를 해결하기 위한 혁신과 급진적인 린 사고가 추진될 것이다. 그러한 목표는 제안에 더 큰 가치를 부여하고 고객에게 진정한 옵션 중 하나를 선택할 수 있는 기회를 제공한다.

급진적인 린 사고방식의 촉진을 위해서는 공급망이 초기 단계에서 계획과 논의에 관여할 필요가 있다. 협업은 문제를 해결하기 위해 함께 일하는 인간에 달려 있으며, 그것은 전통적인 건설 접근방식의 문화적 변화다. 존 오클랜드John Oakland 교수는 현대의 전사적 품질관리TQM, 통계적 공정관리SPC, 종합적 건설관리의 현대 시대에서 탁월한 품질 전문가다. 오클랜드는 광범위한 연구를 통해 CQI의 출판물인 『21세기 최고의 품질』에서 품질 리더가 되기 위한 품질 전문가의 행동과 가치를 제시하고 있다.

> 비즈니스 내외부의 실질적인 품질 가치를 지속적으로 홍보하고, 변화의 전달을 지원하고, 명성을 구축 및 보호하며, 경쟁 우위(예: 비용, 시간, 고객 친밀감, 서비스 우수성 및 기술 숙달)를 높이고 있다. 성공한 사람들은 선임 팀의 진정으로 귀중한 회원으로 받아들여졌다. 이는 품질 리더가 가져올 수 있는 가치를 진정으로 확신하는 조직의 최고위층으로부터 지원 플랫폼을 제공하기 위해 필수적이다.[18]

린 건설에 관해서 오클랜드는 일본의 제조업과 TPS로부터의 학습을 강조했다. "린 생산의 중심적 이상은 고객이 원하는 것(가치)을 낭비 없이 주는 것이다." 비즈니스 개선 방법론은 프로세스 내부 및 프로세스 간 낭비를 식별하고 부가 가치가 없는 작업 및 활동을 제거하는 데 사용된다.

'린 품질'은 단순히 제품 품질과 고객 만족보다 광범위한 접근법으로 오클랜드에 의해 개발되었다. 린 경영과 품질관리의 서로 다른 개념을 한데 모아 비즈니스와 공급망의 역할을 관리하는 데 도움을 준다. 공급망을 좁히고 관계를 개선함으로써 계약자들은 비용, 품질, 프로그램의 측면에서 위험을 낮추고 결과를 개선하기 위해 공급망과 더 나은 전략을 개발하고 있다. 내부 및 외부적으로 이해관계자에게 공급자-고객 관계에 대한 감사를 나타내는 것은 계약자와 유료 고객 사이이든, 접근을 위해 비계가 필요한 비계 팀과 벽돌공

사이의 서비스 관계이든 관계없이 서비스 정신을 키운다. 벽돌공의 고객 요구사항을 작업 하중이든 접근 요구사항이든 비계공에게 명시적으로 전달하면 전문팀 간의 더 나은 이해와 협업이 구축된다.

대부분의 Tier I 계약자들은 린 건설의 잠재력을 입증하고 건설 공정을 개선하고 낭비(가장 넓은 의미에서 현장뿐만 아니라)를 줄이는 데 초점을 맞추었다. 그러나 현대 건설 프로젝트의 엄청난 도전은 지난 수십 년 동안 프로젝트가 점점 복잡해지면서 때로는 이해 당사자들을 압도하기도 했다. 이것이 바로 전통적인 품질관리의 교훈을 얻고 품질을 다시 건설관리의 핵심으로 끌어올리기 위해 가용성과 능력을 갖춘 기술을 사용해야 하는 이유다.

런던 히드로 공항의 터미널 5 T5(그림 4.6)는 린 건설 방법론을 사용하여 건설되었다. 2002년부터 예산 범위 내에서 43억 파운드의 비용이 드는 16개 주요 프로젝트에 60명의

그림 4.6 런던 히드로 공항 제5터미널, 2008년에 완성된 린 성공 사례(출처: 벨린다 리스팅스, https://unsplash.com.)

계약자가 참여하여 2001년 일정보다 3일 앞당겨 2008년 3월 27일에 완공되었다. 약 1만 7,000톤의 강철은 주 터미널 건물 지붕에 사용되었고, DfMA를 사용하여 1,400개 이상의 사전 조립 부품을 통합한 기계 및 전기M&E 작업이 이루어졌다.[19]

T5는 개항 후 수하물 처리 문제, 300편의 항공편 결항을 비롯해 수많은 우여곡절에도 불구하고 2017년 연간 3,100만 명의 승객이 탑승하는 등 대체로 무난한 성공 사례로 평가받고 있다.[20]

중국은 새로운 경제 강국으로 세계 건설 메가 프로젝트의 선두주자가 되었다. 도로와 해상 노선으로 연계된 연결을 만들기 위한 1조 달러 규모의 '일대일로' 구상은 대규모 프로젝트의 긴 목록을 보여주는 한 예이다. 중국은 현재 38기의 원전이 가동 중이며, 19기가 더 건설 중(2017년 기준)[21]에 있다. 자하 하디드가 설계한 초대형 드론 형태의 베이징-다싱Beijing-Daxing 국제공항이 2014년 착공해 2019년 완공될 예정이다. 8개의 활주로가 있어 1억 명의 승객을 태울 수 있을 것으로 예상된다. 베이징-상하이Beijing-Shanghai 철도는 350억 달러의 비용이 드는 세계에서 가장 긴 고속철도로 2011년 완공되었으며, 총연장 1,318km에 교량 244개, 터널 22개가 있다. 삼협댐 프로젝트보다 두 배나 많은 콘크리트를 사용했으며 연간 최대 8백만 명의 승객을 태울 수 있도록 설계되었다.

50년 동안 논의된 후 마침내 중국의 남북 운하 체계가 2002년에 시작되었다. 완공되면 동부 노선은 길이 1,155km로 23개의 양수장 건설과 453.7MW의 설치 용량으로 148억m^3의 물을 운반하게 된다. 1단계에는 동핑호Dongping에서 웨일린Weilin 운하까지 9km의 터널이 건설될 것이다. 중앙 노선은 길이가 1,267km가 될 것이며, 2030년에 완공되면 최대 130억m^3의 물이 그 길을 따라 흐를 것이다. 해발 5,000m에 이르는 칭하이 티베트Qinghai-Tibet 고원의 서쪽 경로는 2050년까지 완료되어 동티안Tongtian, 야롱Yalong, 다두Dadu강은 중국 북서쪽에 있는 양쯔Yangtze강의 3개 지류에서 500km 떨어진 140억m^3의 물을 가져올 것이다. 2050년까지 총 44억m^3의 물이 전환될 것이며 약 620억 달러의 비용이 소요될 것이다.[22] 그러나 다른 수자원 프로젝트가 계획되지 않는 한, 중국 북부 지역에 필요한 2,000억m^3 [23]의 규모는 여전히 부족할 것이다.

:: 미주

1 The White House Building. Retrieved from www.whitehouse.gov/about-the-white-house/the-white-house/

2 Allen, W.C., 'History of slave laborers in the construction of the US Capitol'. Retrieved from https://emancipation.dc.gov/sites/default/files/dc/sites/emancipation/publication/attachments/History_of_Slave_Laborers_in_the_Construction_of_the_US_Capitol.pdf (accessed 1 June 2005).

3 https://vimeo.com/148629834.

4 Benning, W., *Code Napoléon* (1804; trans. 1827). Retrieved from http://files.libertyfund.org/files/2353/Civil Code_1566_Bk.pdf

5 Brunel Museum. 'The Thames Tunnel' (2018). Retrieved from www.brunel-museum.org.uk/history/the-thames-tunnel.

6 A.J. Downing, who was tragically killed by fire in 1853 on board the *Henry Clay* boat, was the designer behind New York's Central Park, as a radical alternative to a National Mall.

7 Downing, A.J. and Wightwick, G., *Hints to Persons about Building in the Country* (New York, 1847).

8 Fairbairn, W., *On the Application of Cast and Wrought Iron to Building Purposes*. 41st Ed. (1854). Retrieved from https://books.google.co.uk/books?id=ak4OAAAAYAAJ&printsec=frontcover&source=gbs_ge_summary_r&cad=0#v=onepage&q&f=false.

9 Ransome, F., *Patent Paving Stone* (1866) Retrieved from https://books.google.co.uk/books?hl=en&lr=&id=66wQAQAAIAAJ&oi=fnd&pg=PA1&dq=building+quality+inspection&ots=8_-lAY_aPy&sig=cSy6JxSr-psry0CRSIppJetT7oE#v=onepage&q=building%20quality%20inspection&f=false.

10 Grace's Guide. *Peter Ellis* (2018). Retrieved from www.gracesguide.co.uk/Peter_Ellis

11 Logan, M., *The Part Taken by Women in American History* (New York: Arno Press, [1912] 1972), p. 297.

12 Emporis. Philadelphia City Hall. Retrieved from www.emporis.com/buildings/117972/philadelphia-city-hall-philadelphia-pa-usa.

13 Société d'Exploitation de la tour Eiffel. Origins and Construction of the Eiffel Tower. Retrieved from www.toureiffel.paris/en/the-monument/history.

14 National History Foundation. '"Our Ural". Kasli cast iron pavilion'. Retrieved from https://nashural.ru/article/istoriya-urala/kaslinskij-chugunnyj-pavilon/ (accessed 23January 2016).

15 Empire State Realty Trust. 'Empire State Building fact sheet'. Retrieved from www.esbnyc.com/sites/default/files/esb_fact_sheet_4_9_14_4.pdf.

16 Wakisaka, T., Furuya, N., Hishikawa, K., *et al. Automated Construction System for High-rise Reinforced Concrete Buildings* (2000). Retrieved from www.iaarc.org/publications/fulltext/Automated_construction_system_for_high-rise_reinforced_concrete_buildings.pdf.

17 Koskela, L., 'Towards the theory of (lean) construction' (1996). Retrieved from https://pdfs.semanticscholar.org/8e87/bc1a102603e9decedf4bb4650803c90f94e4.pdf.

18 Oakland, J. and Turner, M., *Leading Quality in the 21st Century* (London: CQI, 2015). Retrieved from www.quality.org/file/494/download?token=UFcUGvXy.

19 Laing O'Rourke. 'Heathrow Terminal 5, London, UK'. Retrieved from www.laingorourke.com/our-projects/all-projects/heathrow-terminal-5.aspx.

20 LHR Airports Limited. 'Heathrow facts & figures'. Retrieved from www.heathrow.com/company/company-news-and-information/company-information/facts-andfigures.

21 Gil, L., 'How China has become the world's fastest expanding nuclear power producer' (Vienna: IAEA, 2017). Retrieved from www.iaea.org/newscenter/news/how-china-has-become-the-worlds-fastest-expanding-nuclear-power-producer (accessed 25 October 2017).

22 South-to-North Water Diversion Project. Retrieved from www.water-technology.net/projects/south_north/

23 *The Economist*. 'China has built the world's largest water-diversion project', 5 April 2018. Retrieved from www.economist.com/china/2018/04/05/china-has-built-theworlds-largest-water-diversion-project.

CHAPTER 05

현대의 품질관리

CHAPTER 05

현대의 품질관리

현대의 품질관리는 영국과 국제 품질 표준의 도입, 다양한 인증 제도와 품질 마크, 품질 '전문가'와 건설 품질관리가 정규직 전문가들을 위한 품질 보증 의무로 진화시킴으로써 형성되었으며, 아직 완전히 이용되고 활용되지 않은 거대한 지식 저장고를 만들어냈다.

품질 기준

영국 정부는 산업 전반에 걸쳐 품질 기준을 추진하는 데 선도하기 시작했고, 영국 표준기구(1929년 왕립 헌장 수여)는 마크Mark 위원회를 품질 보증 위원회로 발전시켰다. 영국에서 문서화된 품질 표준의 흐름이 나타나기 시작했다.

- BS 4778, 1971년에 발행된 품질 어휘는 품질을 "특정 필요를 충족시키는 능력을 지닌 제품이나 서비스의 특징과 특성의 총체"로 정의한다.
- BS 4891, 1972년에 출판된 품질 보증 가이드
- BS 5179는 1974년 품질 보증 시스템의 운영 및 평가 지침의 세 부분으로 나뉜다.
- 1978년, 물가 및 소비자 보호부는 자문문서인 품질을 위한 국가 전략을 발표했다.
- 1970년대 전반에 걸쳐 영국 산업을 괴롭히는 무수한 세간의 이목을 끄는 품질 문제는

품질 표준 개선을 위한 분위기를 조성하는 데 도움이 되었으며, 1979년에 처음 출판된 품질 시스템에 대한 BS 5750으로 이어졌다. 하지만 그것은 건설이 아니라 제조에 매우 집중되어 있었다. 다른 산업에서 인기를 끌면서 건축 및 건설 분야에서 많은 사람들에게 '적용할 수 없다'는 꼬리표가 붙었다. 불행하게도 그 상표는 지난 수십 년간 여전히 업계에서 상당한 소수에 머물러 있었다.

- 빌딩 서비스 연구 및 정보협회BRISA 보고서에 따르면 1984년 BS 5750을 빌딩 서비스에 적용하여 이러한 표준을 건설에 어떻게 사용될 수 있는지를 설명하고 헤아리기 시작했다.
- 3년 후인 1987년에 업데이트된 BS 5750이 발행되었다. CIRIA 보고서 74, BS 5750 (1987)의 건설 해석 품질관리－건설 산업을 위한 품질 시스템, 건설에 사용하기 위한 제조 용어의 번역 방법에 대한 해석을 제시했다.

그러한 출판물은 업계에서 사고방식을 바꾸는 데 매우 제한적인 성공을 거두었다. 1987년, BS 5750에 근거하여 ISO 9000의 국제 품질 시스템 표준 시리즈가 도입되었으며, 이후 여러 차례 반복되었다. 표준판의 변경으로 건설이 수용되었으며 전체 세계 인증 건수가 1998년 19,768건에서 2009년 116,672건으로 꾸준히 증가하다가 2017년 65,516건으로 다시 감소했는데,[1] 이는 아마도 인증에 대한 인식 가치 부족에 대한 환멸이 어느 정도 반영된 것으로 보인다.

1989년 영국에서는 BS 8000 시리즈(데이터 품질에 관한 ISO 8000 시리즈와 혼동되지 않음)가 굴착에서 장식용 벽지에 이르기까지 모든 활동을 망라하는 건설 기술에 나타나기 시작했다. 추가의 영국 및 국제 표준이 첨가되었다.

- BS 10005:2005－품질관리 계획 지침
- BS 10006:2003－프로젝트의 품질관리
- ISO 10015:1999 품질관리－건설 프로젝트의 품질 실행에 대한 유용한 조언을 제공하는 교육 지침

그러나 여전히 모범 사례의 건설 품질관리에 대한 보다 실질적인 지침이 필요하다.

품질 계획

건축, 특히 영국의 주택에 대한 열악한 품질 기준은 한결같이 규칙적으로 정부 장관들의 귀에까지 들어갔다. 1938년 루이스 실킨Lewis Silkin 의원은 보건부 장관 월터 엘리엇Walter Elliot 의원에게 "전국적으로 건설업의 큰 폐해를 감안할 때 그가 이 문제를 다루기 위한 건설업계의 노력에 대해 발언할 수 있는 위치에 있는가?"라고 물었다.[2] 엘리엇은 이 문제를 다루기 위해 약 2년 전에 새로운 전국 주택 건축업자 등록 협의회NHBRC가 설립되었다고 말했다.

1952년(수상이 되기 전) 해롤드 맥밀런Harold Macmillan 주택 및 지방정부 장관은 스탠 어베리Stan Awbery 의원으로부터 "건축허가를 받을 때 준공된 건축물이 입주가 준비되면 자격을 갖춘 건축검사관의 시험을 통과해야 한다는 조건을 붙이도록 하라"라는 탄원서를 받았다.[3] 맥밀런은 그에게 전국 주택 건축업자 등록 협의회의 존재가 그 해답을 제공했다고 확신했다.

1967년 아담 헌터Adam Hunter 의원은 딕슨 마본Dr J. Dickson Mabon 장관에게 다음과 같이 말했다. "사설 주택 구입자를 지저분한 건물로부터 보호하는 데 어떤 진전이 있었거나, 어떤 진전이 이루어지고 있는지"라고 진술하라고 요청했다.[4] 다시 한번, 각 장관은 전국 주택 건축업자 등록 협의회가 충분한 보호를 제공했다고 말했다.

1977년 제임스 알렉산더 킬 페더경Sir James Alexander Kilfedder 의원은 레이먼드 카터Raymond Carter 장관에게 "합리적인 기준에 부합하지 않는 주택 건축업자가 건설일로부터 일정 기간 이내에 건물에서 생긴 하자를 반드시 개선하도록 하는 법을 도입할 것"이라고 촉구했다.[5] 말하자면, 장관은 전국 주택 건축 협의회(1973년 전국 주택 건축 등록 협의회에서 이름 변경)의 존재를 감안할 때 중대한 문제가 있다는 것을 인정하지 않았다. 그래서 일부 건축업자와 그들의 작업 품질에 대한 많은 불만이 나타내는 것 같다.

2018년 국회 브리핑 보고서에는 너무 많은 하자와 민원이 보고되는 등 여전히 신축 주택에서 품질이 체계적으로 달성되지 못하고 있다는 답답함이 여실히 드러났다.[6] 이 보고서는 또한 건축 환경 우수를 위한 전 당 국회의원 그룹의 보고서에서 '더 많은 주택, 더 적은 불만'[7]으로 업계를 강타했다. 그들은 다음과 같이 말하고 있다.

- 고객 요구와 업계 납품 사이에 품질 격차가 있다는 것이 우리에게 분명했기 때문에

주목을 받기로 선택한 분야이다.

- … 93%의 구매자가 건설업자에게 문제를 보고하며, 이 중 35%는 11개 이상의 문제를 보고한다.
- 품질과 완성품을 확인하는 시스템에는 인식된 결함이 있다.
- … 2015년 신규 주택에 대한 고객 만족도가 90%에서 86%로 하락했다. 이는 만족하지 못한 약 15,500명의 주택 구입자(2015년 개인 주택 구입자 수에서 제외)에 해당한다.
- 품질과 관련된 또 다른 핵심 쟁점은 이른바 성능 격차다. 많은 목격자들이 우리에게 말했듯이, 새 주택의 설계 에너지 성능과 준공 에너지 성능 사이에는 차이가 존재한다.
- 증거를 제시하는 사람들 중 일부는 품질을 높이기 위해 독립 기관에 의한 현장 검사의 필요성을 지적했다.

의심할 여지없이 건물 품질 기준은 10년 동안의 전국 주택 건축 협의회NHBC 보증제도와 매년 91만 4,000건의 점검이 없었다면 더욱 나빴을 것이다. 매년 수천 건의 분쟁을 해결하고 2017년 8,480만 파운드의 청구금을 지불한 것을 감안할 때, 그것은 '백스톱backstop' 주택 품질관리의 중요성을 보여준다. 그러나 일반적으로 표준 주택 건설 단위의 비교적 간단한 제품이 되어야 하는 것은 오늘날에도 여전히 기본 품질 기준을 충족시키기 위해 어려움을 겪고 있음을 보여준다.

영국 표준 협회BSI는 1942년 영국 정부에 의해 국가 표준 발행을 위한 유일한 후견인으로 인정되었다. '영국 산업 규격 합격품 표시증'이 정식으로 탄생했고 첫 번째 것은 1945년에 구리 파이프 부속품에 대해 발행되었다(그리고 오늘날에도 여전히 발행된다). BSI는 1년 후 영연방 표준회의를 조직하여 국제 표준화 기구ISO를 설립하게 되었다.

영국 연구소(나중에 영국 정부 국립 연구소 또는 BRE가 됨)는 건물과 재료의 결함에 대한 이해와 출판 결과를 개발하는 데 오랜 역사를 가지고 있었다. 1956년에서 1958년 사이에 BRS는 13개의 평판이 좋은 건물에 대한 검사를 실시하여 장인정신을 유지하고 표준을 어떻게 달성할 수 있는지 조사했다.

아마도 사양에 대한 적합성을 측정 가능하게 입증하는 것과는 대조적으로 신뢰성과 연속성 그리고 심지어 미적 매력까지 향한 중심의 논쟁이 있었을지 모르지만, 실제 건설 표준이 원하는 결과를 달성했는지 여부에 대해서는 어려운 검토였다. 이 보고서는 13개 건물에 대해 구체적으로 작성된 영국 표준이 거의 언급되지 않았다는 점에 주목했다. 그것은 실천 강령을 사용하는 장점을 열거하고 특히 벡스힐Bexhill-on-Sea의 드 라 워 파빌리온De La Ward Pavilion에서 혁신적인 설계 및 시공을 탐색했으며, 기록 보관의 지속적인 문제를 강조하여 향후 변경 및 수리를 더욱 복잡하게 만들었다. 위원회는 기록을 안전하게 보관하고 향후 건물 변경사항을 기록하도록 권고했으며, 기록 보존이 개선되지 않을 경우 지속적인 품질 문제와 비용 증가를 야기할 것이라고 경고했다.[8] 60년 전에 쓰인 이 경고들은 오늘날에도 여전히 사실처럼 들리며 BIM(빌딩 정보 모델링)의 중요성을 강조한다.

1962년 영국 생산성 위원회가 창설한 국가 품질 신뢰성 협의회는 국가 정부로부터 자금을 지원받아 품질에 관한 회의를 개최하고 간행물을 제작했다. 산업계는 그러한 생각을 실제로 수용하지 않았다.

그럼에도 불구하고, 합의위원회인 공공 건축 공사부는 건축자재와 방법에 대한 시험과 평가에 대한 국가기관의 필요성을 확인하였고, 이는 1966년(영국 표준 규격 인증처 이후) 합의위원회의 창설을 촉발시켰다.

1968년, 에릭 멘스포스경Sir Eric Mensforth은 기술부로부터 엔지니어링 산업에서 품질을 향상시킬 수 있는 방법을 조사하기 위한 위원회를 설립하는 임무를 부여받았다. 약 800개의 산업, 정부 및 연구 기관들이 자문을 받았다. 핵심 권고안 중 하나는 품질 보증을 선도하기 위한 국가 품질 위원회를 구성하는 것이었지만, 산업계는 다시 열정적이지 않았으며 이 아이디어는 개발되지 않았다.

서독에서는 1951년 이후 랜더Lander(주) 사이의 수준에서 존재했던 건물관리 품질 시스템이 매우 복잡해졌고 1968년 주정부와 연방정부의 합의에 따라 바우테니크Bautechnik 연구소가 설립됐다. 프랑스에서 건축과학기술센터CSTB는 1947년에 시작되어 훨씬 더 긴 역사를 가지고 있었으며, 영국 BRE와 BBA(영국 표준 규격 인증처)와 유사한 새로운 건물 제품과 기술에 대한 평가와 시험을 담당하였다.

영국의 경우 영국 건축가협회FMB 회원 자격은 재무 검사와 기타 회사 및 이사들의 실사를 필요로 한다.[9] 유일한 품질 평가는 진행 중인 작업에 대한 독립적인 점검과 함께 이루어진다.

'트러스트마크Trustmark', '체카트레이드Checkatrade', '트러스트레이더Trustatrader', '승인거래소'는 영국 무역회사들이 가입할 수 있는 계획의 일부에 불과하지만 고객은 어떤 회원 자격이 최상의 작업 품질을 보장하는지에 대해 다소 어리둥절할 수 있다. 또한 전국 건축업자 연맹과 건축업자 및 계약자 조합에서부터 펜스 산업 협회, 영국 건설 철강 협회, 유리 및 창호연합, 목재무역연합과 같은 수십 개의 특정 무역에 이르기까지 다양한 무역 협회가 있다. 회원 자격 기준은 '악덕업자' 회사에 대한 고객의 보호 수준을 나타낸다.

다만 실무에 임해보면 이런 회원증을 보유한 기업이 생산하는 실제 작업 품질에 대한 증거는 미비하다. 이제 전문 인력을 보유한 우수한 회사들이 있을 것이지만, 고객이 정원 펜스를 원하는 소비자든 주요 프로젝트 구성이 필요한 1단계 계약자이든 관계없이 고객의 문제는 단지 작업의 품질에 대한 정의된 기준(금융 안정성, 지속 가능성, 정직성 또는 기타 소위 '품질' 기준이 아님)이 없다는 것이다.

1974년 런던에 세워진 그렌펠Grenfell 타워 화재에 대한 조사는 놀랄 만한 설계, 재료 및 공정 안전상의 결함이 발견되어 중앙 스프링클러sprinkler 시스템이 없고, 계단이 하나뿐이고, 방화문이 없고, 값싸고 위험한 피복재 등 다양한 설계와 품질의 근본 원인에 대한 공개 조사가 시작되었다.[10] 2017년 6월 14일 발생한 화재로 72명이 사망했으며, 현재 진행 중인 조사에서는 수년 동안 이 건물에 대해 수행된 '작업의 품질'을 조사할 예정이다.

2018년 영국 왕립 건축가협회RIBA, 왕립 측량사협회RICS, 왕립 건설협회CIOB는 그렌펠 타워 비극 이후 '품질 구축'의 새로운 중요 기획을 시작해 각 RIBA 작업 단계 0~7에 대한 이른바 품질 위험을 감시할 기록 장치를 개발했다.[11] 문서 묶음에는 기본 품질 체크리스트가 포함되어 있지만 '거부', '보안', '비용 계획 및 재무 평가'와 같은 일반적이고 다양한 항목이 포함되어 있다. 원칙적으로는 훌륭한 계획이었지만 소유자가 국립품질원CQI 및 품질 전문가와 상담했는지 궁금하다. '품질' 기록 장치는 품질, 비용 및 프로그래밍 관리 요소를 포함하는 프로젝트 관리 도구로, '품질' 사용하는 것이 기능 및 성능 결과를 참조해야 한다는 점을 인식하지 못한다.

시범 사례 연구는 2019년까지의 접근 방식을 테스트할 것이며, 이것이 건물 품질관리를 측정 가능하게 개선한다는 목표를 달성하는지 여부를 확인하는 것이 흥미로울 것이다.

디지털 환경으로 확장되는 새로운 품질 인증은 일련의 BSI 규격 협회 검사증의 인증과 함께 시작되었다. 2016년 BSI는 업계 이해 관계자와 협업하여 PAS 1192-2에 대한 BSI 규격 협회 검사증을 출시했다.

Balfour Beatty Plc, BAM Ireland, BAM Construction UK Ltd, Gammon Construction Ltd,

Skanska UK Plc 및 Voestapline Metsec Plc는 이러한 디지털 시대에 비즈니스를 구축하고 세계 시장에 접근하는 데 도움을 주는 동시에 고객들에게 가능한 최고 수준의 파트너와 협력하고 있다는 확신을 주는 인증 획득을 달성한 최초의 기관이었다.[12]

이 BIM 규격 협회 검사증은 검증 체계(PAS 1192-2)를 기반으로 구축되며 완료된 프로젝트의 샘플링, 모니터링 및 측정을 위한 ISO 10004 고객만족도 가이드라인을 통한 고객만족도 평가, BS 11000 협업 비즈니스 관계(ISO 44001)를 통한 추가 평가 매개변수 활용 비즈니스 관계 관리 시스템은 이제 BS 11000[13]을 대체했다. 검증 체계와 마찬가지로 PAS 1192-2에 대한 BSI 규격 협회 검사증은 설계 및 시공 단계의 요구사항을 제시하는 BIM 레벨 2의 중요한 구성요소다.

이후 BSI는 PAS 1192-3 '건축 정보 모델링을 이용한 건설사업 운영단계 정보관리 사양'에 대한 자산관리 BSI 규격 협회 검사증도 도입했다. 이는 자산 관리자가 '자산관리 프로세스에 BIM을 통합하고 자산 정보가 정확하고 최신인지 확인'하고 있음을 보여준다.

BIM 개체용 BSI 규격 협회 검사증은 제조업체 제품의 디지털 버전(예: 창)이 물리적 개체의 정확한 표현인지 검증하기 위해 도입되었다. 제조업체는 건축, 엔지니어링 및 건설(1, 3, 4부)을 위한 BS 8541 도서관 개체에 대해 평가되고 품질관리 시스템에 연결된다.

2018년에는 소비자 시장을 겨냥한 사물인터넷IoT 공간에 업계 최초로 loT 기기용 BSI 규격 협회 검사증이 도입되었으며, BSI도 연결 자율주행차CAV 등 디지털 분야에서 여러 산업 분야에서 표준을 개발하고 있다.

PAS 1192-6: 2018은 구조화된 안전보건 정보의 공동 공유 및 사용에 관한 것으로, 품질관리가 BIM 모델에 유사하게 구조화 및 내장될 수 있는 잠재적인 방법이다.[14]

품질 전문가의 시대

품질 전문가는 일반적으로 건설이나 연구 분야에서 일하지 않았지만 업계는 그들에게 엄청난 감사의 빚을 지고 있다. 지난 수십 년 동안 건설의 생산성이 정체되었음에도 불구하고, 품질관리는 의심할 여지없이 W.E.의 경험, 전문지식, 학습에 참여함으로써 더 나아졌다. Deming, Joseph M. Juran, Philip B. Crosby, Walter A. Shewhart, Armand V. Feigenbaum(미국),

Kaoru Ishikawa, Taiichi Ohno, Genichi Taguchi, Shigeo Shingo, Noriaki Kano, Masaaki Imai(일본), John Oakland(영국) 등이 이에 해당한다.

건설업계는 경영 시스템, 문서관리 및 감사(ISO 9001 표준에서), 검사 및 시험(품질관리 이력에서) 및 적시 납품(일반적으로 JIT 철학과는 달리 제한된 저장공간을 통해) 측면에서 품질관리의 핵심 개념을 받아들인 반면, 문제해결에서 고객만족, 품질 도구, 6시그마, Kaizen(개선) 등을 진정으로 수용하지 못한 것으로 보인다.

저명한 품질 전문가들은 당연히 최종 목표로 고객 만족에 초점을 맞춘다. 이러한 품질관리 철학의 열렬한 지지자로서, 특히 안전과 복지를 위해 낮은 위험의 더 높은 목표로 전환하는 데 약간의 조정이 필요했다. 이 문헌은 건설공사의 품질관리를 개선하면 안전이 직접적으로 향상된다는 전제를 통계적으로 뒷받침하고 있는데, 이는 무엇보다 중요하다.[15] 완버그Wanberg 등은 50,000달러에서 3억 달러에 이르는 32개의 프로젝트를 검토했다. 재작업 및 결함은 안전을 위해 품질 지표 및 기록 가능한 부상률로 사용되었다. 평균적으로 재작업의 400시간마다 통계적으로 한 명의 추가 부상이 보고되었다.

데밍Deming이 "하나님 안에 우리는 신뢰한다. 다른 모든 사람들은 데이터를 가져온다." (비록 그가 강의에서 언급했지만 다른 사람을 인용했을지라도) 그러나 품질 성과 수준을 향상시키기 위해 데이터 증거가 필요하다는 것을 이해하는 데 측정의 중요성을 강조한다. 비즈니스 인텔리전스 대시보드가 존재하는 경우에는 명목상의 부적합 모니터링으로 구성되며, 실제 품질관리 대시보드인 성과 정보 게시판을 건설 회사가 사용하는 경우는 거의 없다.

건설 품질 전문가

1981년 영국 건축 연구소가 27개 건축 부지를 대상으로 10만~1,200만 파운드에 달하는 프로젝트를 대상으로 수행한 설문 조사에 따르면 거의 모든 품질관리 문제가 현장 감독과 현장 대리인 사이에서 해결된 것으로 나타났다.[16] 별도의 검사관이나 품질 전문가가 없었다. BRE에서 지정한 501 '품질 관련 이벤트'에서 다루는 문제는 내림차순으로 다음과 같다.

1. 불분명하거나 누락된 정보
2. 관리의 부족
3. 설계가 잘 되지 않음
4. 낮은 품질의 설계
5. 설계 조정 없음
6. 건축이 어려운 경우
7. 지식의 부족
8. 부실 시공자의 조직
9. 기술 부족
10. 설계자가 재료를 이해하지 못함

가장 성공적인 현장은 문제 해결에 긍정적이고 협의적인 분위기에 의존했다.

오늘날 건설 분야의 품질 전문가는 영국에서 13세기에 처음 언급된 초기의 현장 감독에서 1960년대와 1970년대의 현장 검사관과 오늘날의 품질 기술자 및 관리자로 발전해왔다.

프로젝트마다 그리고 회사마다 특정한 역할들에 큰 차이가 있을 것이다. 따라서 뒤따르는 역할은 일반적이며 건설 계약사업에서 볼 수 있는 책임의 형태를 나타낸다.

품질 기술자

품질 기술자는 주로 대형 건설 프로젝트에 기반을 두고 있으며, 프로젝트 매니저와 긴밀하게 협력한다. 시공 전 단계에서는 하도급업체의 품질관리를 위한 계약업무 정보 또는 시방서 및 프로젝트 품질 계획서PQP를 수립하고, 품질 관리자 역할 및 책임, 하도급업체 및 자재의 관리방법, 요구되는 검사 및 시험 계획서, 부적합 프로세스, 장비의 검교정, 문서관리 및 특수 공정 등을 수립할 수 있다. 제출된 방법 설명서는 계약자 또는 하도급자가 작업의 최종 품질을 어떻게 관리하고 있는지를 주시하면서 확인하고 승인한다.

그런 다음 품질 기술자는 현장에서 검사 및 테스트를 수행하고 합의된 작업 사양 및 방법 설명을 준수한다는 증거를 관찰 및 기록한다. 모든 부적합 사항은 제안된 시정 조치와 함께 제기된다. 일일 감시는 일반적으로 오전 중에 현장을 돌아다니며 자재 납품 및 보관, 일반 관리, 국제 및 영국 표준의 기술 및 자재 표준과 같은 품질관리 문제에 대해 계약자들에게 조언하는 것으로, 메모가 작성되거나 공식적인 현장 보고서가 작성된다. 이 밖에도 품질 기술자가 품질관리 교육과 품질 작업 지시 등을 진행한다. 품질 기술자는 품질 감사원으로 교육을 받고 합의된 일정에 따라 감사를 수행하며 부적합 또는 문제가 발생하면 추가 감사를 통보한다. 그들은 부적합 사항의 조치와 종결을 면밀히 모니터링할 것이다. 일반적으로 해당 프로젝트 관리자가 처리하지만, 고객 불만 처리를 지원하기 위해 요청을 받을 수 있다.

프로젝트 관리자와 품질 관리자에게 제출하는 주간 및 월간 보고서는 결과를 요약하고 권장 사항을 작성할 수 있다.

품질 관리자

품질 관리자는 사업 규모에 따라 다수의 품질 기술자를 서로 다른 프로젝트에 대하여 관리하거나 단독으로 근무할 수 있다. 대형 계약 업체의 품질 관리자는 품질관리 시스템QMS 절차를 유지하고, PQP를 승인하며, 연간 품질 감사 프로그램을 개발하고, 보건·안전 및 환경 관리자와 연락하여 위험과 사업 보증에 관한 공통 영역을 식별하고, 경영 검토(일반적으로 연간)를 관리하여 지난 1년 동안 품질 핵심 성과 지표KPI의 성과를 보고할 것이다. 품질 문제에 대한 교육 및 커뮤니케이션 기획을 개발하고 프로세스 개선을 위한 동향과 패턴을 식별하기 위해 부적합에 대한 근본 원인 조사를 수행한다.

품질 책임자

품질 관리자는 품질 책임자 또는 안전, 보건, 환경 및 품질 책임자SHEQ에게 보고할 수 있으며, 사업 전반에 대한 지속적인 개선 기획을 수립·추진하고 경영진에게 품질 성능에 대해 조언할 수 있다. 품질 책임자는 ISO 9001(평가 방문 시 인증기관과의 정기적인 대화를 담당하는 품질 관리자)에 대한 비즈니스의 품질 매뉴얼 및 QMS 인증(및 재인증)을 관리한다. 품질관리를 위한 예산이 있다면, 해당 부서장은 매월 지출과 재무 보고서에 대한 책임이 있다. 고객 만족도는 개선사항을 파악하기 위해 적절히 처리된 포커스 그룹, 면접, 설문 조사 및 불만사항 요약을 통해 모니터링할 수 있다. 책임자는 또한 품질 정책을 유지하고 직속 관리자인 이사 또는 CEO에게 변경 사항을 권장한다. 종종 품질 책임자 또는 SHEQ 책임자는 운영 또는 사업 책임자에게 보고하는 경우가 많다. 보증과 그 이사들이 품질관리에 많이 노출되거나 경험이 있을 것 같지는 않다. 이는 품질 책임자가 다른 부서장들의 의견을 듣기 위해 고군분투하거나 그들이 사업의 품질관리에 대한 모든 책임을 지고 있지만 변화에 중대한 영향을 미칠 수 있는 권한이 거의 없다는 사실을 알게 되면 부담이 될 수 있다.

품질 이사

드물게 품질 이사를 선임하는 경우에는 CEO의 귀를 기울이고 품질 목표를 가진 사업 전략 및 연간 사업계획에 투입하여 품질관리 이슈의 방향에 전략적으로 영향을 미치는 이사회 차원의 옹호자가 있다. 이사는 채용, 코칭, 성과 평가, 급여 및 보너스를 포함하는 전반적인 예산 및 팀 관리 책임이 있다. 이사는 품질 문제에 관한 회사의 외부 얼굴이 될 것이며 무역 협회 및 전문 회원 단체의 위원회에 참석할 수 있다. 때로는 품질 문제가 프로젝트에 영향을 미칠 경우 언론과 맞서기 위해 밖으로 나갈 수 있으며, 그들의 임무에는 업계 컨퍼런스 및 회의에 참석하고 발표하는 것이 포함될 수 있다.

이러한 역할은 이상적이며 자원이 부족하기 때문에 역할이 중복되는 경우가 많다.

품질팀에는 문서 및 정보 관리자, 관리 시스템 관리자 및 상근 품질 감사자가 포함될 수도 있다.

품질 성과의 원천은 일반적으로 거의 대부분 프로세스 기반이며 기술적으로 기반이 되지 않는 품질 감사에 기초한다. 적색/황색/녹색 또는 1/2/3 감사 등급은 관찰된 증거의 작은 샘플을 기준으로 품질관리 시스템에 중요한 또는 중대한 실패가 있는지 여부를 나타내지만, 편견은 사업이나 프로젝트 목표에 따라 기술적 역량보다는 프로세스 준수에 치우친다.

따라서 이 과정에서 제인 블로그Jane Bloggs가 품질 인식 과정을 수강하는 것에 대한 교육 기록이 보관되어 있어야 한다고 요구할 수도 있다. 기록이 발견되고 그녀가 참석한 경우(종종 출석 서명이 있는 종이 기록) 감사자는 이것이 그 과정을 준수하고 있음을 기록할 것이다. 그러나 과정 출석은 역량 증명서가 아니다. 그녀는 시험이 있었다면 그 과정을 통과했는가? 교육 과정 자체가 사업 목표와 관련이 있을까? 제인의 품질 인식이 눈에 띄게 개선되고 작업에 적용되었는가? 교육 및 역량 평가에 대한 전문지식이 없으면 품질 감사자의 보고서를 훑어보고 교육이 품질관리교육을 제공한다는 인상을 줄 수 있다. 감사 과정은 느리고 관료적일 수 있으며, 주제는 현재의 사업성과 문제와의 연결 없이 ISO 9001 표준의 요소를 다루기 위해 연간 감사 프로그램에서 6개월 전에 무작위로 선택되었을 수 있다. ISO 9001의 모든 요소를 다루는 합의된 감사 프로그램에 적합할 수 있지만, 당시 고위 경영진이 듣고 싶어 하는 관련 문제를 파악하지 못할 수 있다. 모든 품질 감사는 이와 같지는 않지만, 내 경험에 비추어볼 때 우리는 유용한 활동들을 빨리 하는 틀에 빠져들어 과거와 ISO 9001 인증을 지원했지만 현재 사업에 실질적인 가치를 더하지 않는다.

품질 전문가는 상당한 영향력을 가질 수 있지만, 일반적으로 설계/기술, 프로그램 관리, 상업, 금융 및 건설 분야를 담당하는 CEO 및 이사에게 있는 권한은 거의 없다.

그러나 매년 건설 업계는 비용과 일정에 영향을 미치는 중요한 품질관리 문제가 발생할 것이다. 진보적이고 목적에 맞는 건설사업은 품질관리에 대한 깊은 이해를 가진 임원을 두어야 한다. CEO는 그 개인의 뒤에 완전히 자리 잡고 그들의 판단을 믿어야 한다. 품질관리의 가치를 비즈니스 전반에 걸쳐 가시적으로 측정하고 전시할 수 있도록 품질 성과는 사업목표와 명확하게 연관시킬 필요가 있다.

기술의 발전과 정보관리의 근본적인 중요성으로 인해 품질 전문가의 역할은 적응이 필요하다. 향상된 디지털 역량(제10장 참조)을 갖는 것 외에도 디지털 정보 잠재력을 활용하기 위해 품질관리 프로세스를 개발해야 한다. 아만다 맥케이Amanda McKay가 저자에게 말했듯이 "1990년대로 돌아가면 CQI는 '품질을 위한 컴퓨팅'이라는 강좌를 개설했는데, 그 강좌는 그 이후 중단되었지만 오늘날의 기술에 필요한 것이 있다고 생각한다."[17]

국립품질원CQI과 같은 전문 회원단체는 디지털 역량에 대한 다양한 범주의 회원 자격 요건을 검토하고, 그들이 역량 프레임 워크에 적절하게 포함되도록 해야 한다.[18]

:: 미주

1 ISO, *Survey of Certifications to Management System Standards: Full Results* (Geneva: ISO, 2017). Retrieved from https://isotc.iso.org/livelink/livelink?func=ll&objId=18808772&objAction=browse&viewType=1

2 UK Parliament, Hansard, vol. 342, col. 594. 'Oral answers to questions: Housing-Building Standards', 1 December (London: HMSO, 1938). Retrieved from https://hansard.parliament.uk/Commons/1938-12-01/debates/1a2ca5b1-e3a1-4fcb-92a7-18b9a9700d83/BuildingStandards?highlight=national%20house%20builders%27%20registration%20council#contribution-7f3d1aaf-7449-44bf-a527-5aeb28a571f1.

3 Ibid., vol. 452, col. 195. 'Oral answers to questions: Housing-Building Standards', 4 March (London: HMSO, 1952). Retrieved from https://hansard.parliament.uk/Commons/1952-03-04/debates/2ebaeb17-1023-47f8-8132- 82148a497f01/BuildingStandards.

4 Ibid., vol. 755, col. 1415. 'Oral answers to questions: Scotland. Private House Building (Standards)', 6 December (London: HMSO, 1967). Retrieved from https://hansard.parliament.uk/Commons/1967-12-06/debates/ 23b399c4-b8e2-421d-b8ee-300390901fed/PrivateHouseBuilding(Standards).

5 Ibid., vol. 933, col. 1729. 'Oral answers to questions: Northern Ireland. House Building Standards', 23 June (London: HMSO, 1977). Retrieved from https://hansard.parliament.uk/Commons/1977-06-23/debates/9eb4c8b8-63e3-49ae-a37a-54dd823f6af0/HouseBuildingStandards.

6 Wilson, W. and Rhodes, C., 'New-build housing: construction defects: issues and solutions (England)' (London: House of Commons Library, 2018). Retrieved from researchbriefings.files.parliament.uk/documents/CBP-7665/CBP-7665.pdf.

7 All Party Parliamentary Group for Excellence in the Built Environment (APPGEBE), 'More homes, fewer complaints' (London: TSO, 2016). Retrieved from https://policy.ciob.org/wp-content/uploads/2016/07/APPG-Final-Report-More-Homes-fewercomplaints.pdf.

8 British Research Station, *National Building Studies Special Report 33: A Qualitative Study of Some Buildings in the London Area* (Watford: BRE, 1960).

9 FMB, 'Master Builder membership criteria table' (2018). Retrieved from www.fmb.org.uk/about-the-fmb/fmb-master-builder-membership-criteria-table/

10 Grenfell Tower Inquiry. Retrieved from www.grenfelltowerinquiry.org.uk.

11 Building in Quality Working Group, *Building in Quality: A Guide to Achieving Quality and Transparency in Design and Construction* (2018). Retrieved from www.architecture.com/-/media/files/client-services/building-in-quality/riba-building-in-quality-guide-to-using-quality-tracker.pdf.

12 BSI, Statement: exclusive press release to author, 30 July 2018.

13 BSI, 'BS 11000 has been replaced by ISO 44001 Collaborative Business Relationships Management System' (2017). Retrieved from www.bsigroup.com/en-GB/iso-44001-collaborative-business-elationships/

14 BSI, PAS 1192-6:2018 *Specification for Collaborative Sharing and Use of Structured Health and Safety Information Using* BIM (Milton Keynes: BSI Standards Limited, 2018).

15 Wanberg, J., Harper, C. and Hallowell, M.R., 'Relationship between construction safety and quality performance'. *Journal of Construction Engineering and Management*, 139(2013): 10.

16 Bentley, M.J.C., *Quality Control on Sites* (Watford: BRE, 1981).

17 Amanda McKay, Major Projects Director, Balfour Beatty, interviewed by the author, 17 July 2018.

18 CQI, *The CQI Competency Framework*. Retrieved from www.quality.org/knowledge/cqi-competency-framework

CHAPTER 06

품질 정보 모델

CHAPTER 06

품질 정보 모델

품질관리 프로세스의 핵심은 정보이다. 독특하고, 정확하며, 시기적절하고, 완벽하고, 접근 가능하며, 유효하고, 신뢰할 수 있는 정보가 없다면, 이러한 프로세스는 성능을 완전히 입증하지 못할 것이다. 즉, 준공 제품이 설계 사양을 준수하고 '목적에 적합'하다는 것을 의미한다. 올바른 정보는 품질 전문가와 또한 품질관리 정보가 필요한 모든 동료에게 수집되어 제공되어야 하며, 사업상 의사 결정자가 행동할 수 있는 적절한 시기에 제공되어야 한다.

디지털 품질관리는 기본적으로 건립된 구조물의 '성능보증 강화'에 관한 것으로, 시공에 필요한 정보관리 요소인 (1) 인원, (2) 프로세스, (3) 기계, (4) 자재(그림 6.1)로 구분된다.

감사, 검사, 시험 보고서, 부적합 및 기타 무작위 보고서가 마법처럼 올바른 정보를 제공할 것이라고 가정하는 일반적인 방식을 따르기보다는, 품질 전문가는 정보관리 프로세스 내에서 요약되고 우선순위가 매겨진 모든 실시간 정보와 데이터를 보여주는 비즈니스 인텔리전스 대시보드가 필요하다.

이는 정보관리의 기본 원칙을 이해해야 하는 품질 전문가의 역량 기준을 높인다. 이를 위해서는 전문 자격이 필요하지 않을 수 있지만 IT(정보 기술) 및 정보 시스템IS 전문가와 긴밀한 협력 관계를 통해 전문 용어를 배우고 IT 용어를 비즈니스 또는 품질 용어로 변환하기 위해 어리석은 질문을 계속 던진다. 또한 품질 전문가가 광범위한 사업과 특정 프로젝트에 필요한 정보 유형과 출처를 명확하게 조사해야 한다. 이는 품질 전문가가 최선의 결정을

그림 6.1 품질 정보 모델

내리거나 최선의 권고(역량과 특정 상황에 따라 달라짐)를 하는 것을 의미하지는 않지만 의사 결정자에게 더 나은 정보를 제공할 확률을 높인다.

정보관리는 품질 전문가의 직무에서 기본적인 요건이 된다. 디지털 정보가 수집될 뿐만 아니라 자동으로 보고될 수 있기 때문에 품질 전문가는 품질관리와 장애 제거 활동에 관여하기보다는 분석하고 지속적인 개선을 추진하는 데 훨씬 더 많은 시간을 할애할 수 있을 것이다. 그렇다고 해서 그 역할들이 더 쉬워질 것이라는 뜻이 아니라 오히려 다른 우선순위를 필요로 할 것이다. 이러한 정보 분석 및 지속적인 개선 노력은 사업에 훨씬 더 많은 가치를 더하고 측정 가능한 개선 사항을 보고할 수 있을 것이다. 전반적으로 이것은 긍정적인 결과이다.

품질 전문가가 하루 종일 비즈니스 인텔리전스Business Intelligence, BI 대시보드dashboard를 살펴보는 책상 뒤에 갇히게 될 것이라는 우려가 있을 수 있지만 그렇게 해서는 안 된다. 품질 전문가는 여행을 하고, 동료들과 이야기를 나누고, 공급망에 있는 사람들에게 모범 사례를 연구하고, 현장에서 변화를 일으키는 계획을 제안하기 위해 더 많은 시간을 갖게 될 것이고, 지능적인 정보와 더 나은 사람들의 기술이 미래에는 지배적인 역량이 될 것이다.

설계자, 엔지니어, 적산사, 상업 관리자 및 프로젝트 관리자와 협력하면 감사를 둘러싼 품질관리 클립보드clipboard 오명을 상당 부분 제거할 수 있다. 마찬가지로 그것은 사업 내 의사 결정자들에게 영향을 미치고 품질관리 작업이 다른 사업 프로세스 내에 내장되고 이해되도록 하기 위해 더 높은 표준의 관계 구축 기술을 요구할 것이다.

각 성능 속성에 대해 입증 될 수 있는 정보의 예는 표 6.1에 나와 있다. 이상적으로는 표 6.1의 정보가 우선순위로 평가되지만, 예를 들어 하나의 슬래브에 콘크리트를 타설하는 것은 다른 슬래브(예: 주택 건축에서 원자력 발전소까지)와 다를 수 있기 때문에 이는 어려울 수 있다.

이 경우, 이러한 채점 및 우선순위는 각 프로젝트 관리 단계에서 각 구성 요소에 의해 수행될 수 있다.

품질계획서(또는 설계 품질계획서 또는 기타 프로젝트 품질계획서)는 정보관리에 대한 계약별 요구사항을 설정해야 하며, 시공단계계획CPP의 내용과 환경관리계획EMP을 둘러싼 환경관리 전문가와의 명확한 의사소통이 있어야 한다. 품질관리 정보 격차 또는 중복 정보가 없도록 BIM 수행계획BEP에 정리된 설계팀과 모든 정보 요구사항을 조정하는 것이 최선의 관행이다.

표 6.1 성능 속성에 대한 적합성의 증거

성능 속성	세부사항	필요한 정보: 예
인력: 의도된 결과를 달성할 수 있는 누군가의 능력 범위	작업을 수행하고 감독할 수 있는 능력의 증거	• 역량 평가 • 자격, 교육 및 경험을 기반으로 한 임명 • CSCS 운영자 카드
프로세스: 의도된 결과를 제공하기 위해 입력을 사용하는 일련의 상호 관련 활동	(단순한 절차가 아닌) 종단 간 프로세스에 대한 작업 수행 방법에 대한 문서화된 접근 방식	• 관리 시스템 UKAS 승인 ISO 9001 인증 • 콘크리트 타설 공정도 • 굴착 및 거푸집 설치 방법 설명 • 위험 평가 • 검사 및 시험 계획과 기록
자재: 구조물을 만드는 데 필요한 물질 및 시설물	안전, 지속 가능한 사용 등을 위한 재료를 생산하는 방법의 표준	• 계약 사양 • 영국 표준 인증 • CE 마킹 인증서
기계: 건설 플랜트, 장비, 공구	PUWER에 따른 상세 검사부터 사용 전 일일 점검까지 유지보수의 증거	• 검사 증명서 • HGV 연간 시험(예: 이동식 크레인 및 엔지니어링 플랜트)

품질감사의 일환으로 해당 정보를 검토할 수 있었지만, 품질 감사자는 단지 프로세스 관리에만 초점을 맞추고 절차 등 프로세스 문서를 취하는 체크리스트와 질문을 개발하여

기록 내용의 의미 있는 평가보다는 참조된 기록의 완성도를 평가하는 경향이 있다. 감사팀이 업무의 기술적 측면을 이해하지 못하면 녹색 등급의 감사는 거의 가치가 없을 수 있다. 자원에 따라 여러 분야의 감사팀은 더 큰 가치를 추가하고 SHEQ 다중기능을 갖춘 개별 감사관을 활용할 것이다.

감사에만 의존하는 한 가지 단점은 그것이 한동안 일어나지 않을 수 있다는 것이다. 감사 일정은 다음 해 12월에 작성될 수 있으며, 수정 및 변경이 가능하지만 적합성 평가에서 겸손한 도구에 지나지 않는다. 1년간의 품질 감사에 의해 밝혀진 증거는 사업 전반에 걸쳐 어떤 정보가 기록되어 있는지에 대한 '빙산의 일각'인 경향이 있다.

BIM 디지털 엔지니어링 & 디지털 트랜스포메이션, 전 Skanska의 이사인 Mal Stagg는 다음과 같이 말했다.[1]

> **오늘날 마스터 데이터 관리 접근 방식은 회사 전략의 필수 요소가 되어야 하며, 기술 플랫폼, 프로세스/통합의 영향 및 필요한 중요한 행동 변화와 같은 여러 수준에서 정의되고 적용되어야 하며, 이는 우수한 디지털 비즈니스의 기반이다.**

기업이 비즈니스 비전에 맞춰 완전한 마스터 데이터 관리MDM 전략을 채택하지 않는 한, 자연적으로 분산된 IT는 정보관리의 잠재력을 최적화하지 못할 것이다. 전통적인 데이터와 정보는 최종 제품 또는 서비스의 폐기물이었다. 감사원들이 여기저기 냄새를 맡아서 데이터를 제거하지 않는 한 아무도 데이터에 무슨 일이 일어났는지 신경 쓰지 않았다. 이와는 대조적으로, 데이터 전략은 접근하고 공유하는 것이 효율적이도록 데이터를 기업의 소중한 핵심에 배치한다. 합의된 프로토콜은 모든 사람이 표준화된 방식으로 데이터를 관리하는 방법을 알고 있다는 것을 의미한다. 비즈니스 전체에 걸쳐 여러 개의 복사본이 아닌 각 데이터 조각에 대한 단일 정보의 출처가 있다. 여러 개의 사본이 있는 경우 어떤 버전이 실제 버전인가? 습식 서명과 문서에 이름을 부여하는 형태의 구식 통제가 있더라도 이를 수정하거나 실수할 수 있다. 확실한 유일한 방법은 실제 데이터에 라벨을 붙이고 고유하게 저장한 다음 데이터베이스의 고정된 위치에서 회수하거나 공유하는 것이다.

넷플릭스Netflix에 대해 생각하자. 고객은 모두 죠스와 같은 동일한 버전의 영화에 접속하고 있으며 그것은 하나의 출처에서 제공된다. 다운로드하고 오프라인으로 볼 수 있지만 변경할 수는 없다(아마도 어떤 집요하고 기술적인 천재적인 아이들에 의해 가능하지만 어쨌든 그들은 수정된 버전을 넷플릭스에 다시 업로드할 수 없다).

품질 전문가의 경우, 서로 다른 응용프로그램에 데이터 복사본을 분산시키는 것은 추세 및 패턴을 조사하고 식별하는 능력을 저하시킨다. 감사보고서 분야가 벤치마킹 보고서와 검사·시험 계획과 관련되도록 품질관리 데이터를 논리적 방법으로 일괄하도록 요구해야 한다. 감사 보고서에서 회사명을 '사업명'으로, 외부 벤치마킹benchmarking 보고서에서는 '조직', ITP에서는 '회사'로 태그tag가 지정된 경우, 데이터 사용자는 해당 데이터가 관련성이 없다는 응용프로그램 개발자의 변명에 관심이 없으며, 문제의 회사를 찾기 위해 사용자가 앱 개발자의 규약을 기억해야 한다. 품질 전문가가 다양한 데이터 소스에서 기업 성과를 평가해야 한다는 것을 이해해야 하며, IT는 이러한 과제를 데이터 전략을 통해 해결해야 한다는 것은 내부 고객 만족도의 실패다.

디지털 품질관리는 전자 양식의 각 정보가 고유하고 디지털 지문을 남기지 않고는 수정할 수 없도록 이러한 기록을 데이터베이스에 전자적으로 캡처할 수 있는 틀을 만들 것이다. 콘크리트 슬래브에 대한 검사 및 시험 계획서ITP가 온라인으로 완료됨에 따라, 인쇄된 양식보다는 태블릿, 드롭다운 메뉴, 프로젝트명, 시방서 기준, 합격/불합격 허용오차 등과 같은 다시 채워진 정보를 이용하여 오류를 방지하거나 최소한 양식에 오류가 입력될 위험을 줄임으로써 Poka Yoke 모범 사례를 생기게 한다.

정보가 데이터베이스에 업로드됨에 따라 규칙과 프로토콜을 준수해야 하는 그림이 작성되고 있다. 예를 들어, 콘크리트 타설을 위한 절차도는 ITP가 그 과정에서 고정된 단계에서 완료해야 한다는 규칙을 규정한다. 규칙은 ITP가 생성되었을 뿐만 아니라 ITP 내의 데이터가 다른 규칙을 준수하는지 자동으로 확인한다. 이를 통해 실시간 보고가 가능하다. 품질관리 정보의 핵심 부분이 누락되었거나 명백한 잘못임을 발견하는 데 며칠, 몇 주 또는 심지어 몇 년이 걸리는 대신, 데이터베이스에 상호의존적인 정보가 추가되면 즉시 보고될 수 있다.

이러한 품질관리의 표준화는 완전히 완료되지 않은 필드 또는 '10mm' 대신 '10cm'로 기록된 데이터로 수행되는 프로세스에 부적절할 수 있는 종이 양식의 혼란스러운 세계에 규율과 질서를 가져오기 시작한다. 조용히 스캔되는 PDF는 잘못된 배치, 손실 또는 손상의 위험이 있는 단일 종이 사본이 아니라 백업 사본을 제공하는 것 외에는 상황을 개선하는 데 거의 도움이 되지 않는다.

그러한 규칙을 한 번 만들면 최소한의 수정과 프로젝트마다 유사한 작업 활동에 반복해서 적용할 수 있다. 초기에는 활동이나 프로세스에 필요한 각 품질관리 정보를 식별하고 점검 규칙을 만드는 데 인내심이 필요하다. 실수하고, 정보가 누락되고, 결과가 완벽하지 않을 것이다. 그러나 그러한 논리적 접근법은 독특하고 정확하며 시기적절하며 완전하고 접근 가능하고 유효하며 신뢰할 수 있는 정보를 제공하지 못하는 기존의 품질 보증 접근법보다 훨씬 낫다.

시간이 지나면 인공지능과 기계 학습은 일반적인 프로세스에 대한 규칙을 만들고 상호 의존성을 이해하며 상황에 따라 변경 사항을 제안할 수도 있다. 그것은 여전히 몇 년이 걸릴지도 모른다. 할 수 없기 때문이 아니라 악명 높게 보수적인 산업에 대한 투자를 누가 제공할 것인가? 자동화가 증가함에 따라 전통적인 품질 감사에 대한 필요성이 느리고 비효율적인 프로세스에서 거의 실시간으로 보고할 수 있는 프로세스로 바뀔 것이다.

품질 정보 모델은 국제 표준인 ISO 9001-품질관리 시스템의 2015년 판과 호환된다. ISO 9001의 7.5절 문서화된 정보는 2008년 버전에서 '문서'와 '기록'을 교체한 후 표준을 준수하기 위한 정보관리의 요구 사항을 명시한다. 이것은 조직이 문서 중심적인 세계에서 단순히 보고 생각하는 것보다는 정보에 대한 전체적인 관점을 가져야 하는데, 이는 완전히 시대에 뒤떨어진 것이다.

따라서 이 책은 2015년판의 '정보'의 중요성에 대한 강조를 반영하고, 품질관리 계획에서 이에 대해 고려해야 할 필요성을 강조한다. ISO 9001이 모든 산업을 포괄하고 다양한 비즈니스 시나리오를 반영해야 할 필요성을 감안할 때, 품질관리 및 구축을 위해 정보관리를 실제로 구현하는 방법을 자세히 설명하는 이 특정 표준을 예상하기는 어렵다.

2030년 디지털 품질 전문가

시간이 지남에 따라 품질관리의 문서 중심 세계가 잠식되고 거의 사라질 것이다. 향후 몇 년 동안 품질 전문가들은 정보 중심 세계로의 업무 전환에 대비해야 한다.

현재부터 2030년경까지 표 6.2(특정 품질 역할에 국한되지 않음)의 일반 업무를 나란히 비교하면 품질관리 업무에 극적인 변화가 있음을 알 수 있다.

표 6.2 일반적인 품질관리 의무

책임	현재: 문서 중심	미래: AI 중심
품질관리 시스템	• QMS 유지관리: 품질 매뉴얼, 절차서, 작업 지침, 양식, 템플릿 • 프로젝트 품질 계획: 기존의 일반적 템플릿을 기반으로 한 운영 및 유지 관리	품질관리 활동의 90%가 비즈니스 프로세스(독립 실행형이 아닌)에 포함된 완전 통합관리 시스템 PQP는 우선순위가 지정된 품질 위험을 강조하는 BIM 모델에서 구축될 것이다.
감사	내부 품질 감사: 준비, 감사 및 문제 보고서	감사는 계약/작업 정보에 따라 모든 디지털 정보를 검토하여 실시간으로 발견된 등급별 문제에 대해 BI 대시보드에 보고하도록 자동화될 것이다. AR 헤드셋을 사용하여 현장 문제/부적합성을 평가하기 위한 공급 업체 및 계약 업체의 원격 품질관리 검사
교육	품질관리 교육: 툴 박스 토크(tool box talks), 강의실 과정	품질관리의 e-러닝 패키지는 제공 시 기본 기능에 따라 개인별로 맞춤화된다. 툴 박스 토크나 강의실 라이브 훈련은 홀로그램과 온라인 대화형 게임화 프레젠테이션을 통해 진행된다.
의사소통과 인식	커뮤니케이션: 이메일로 전송되는 품질 경고, 뉴스 레터 기고, 인트라넷 기사 및 웹 페이지 업데이트, Yammer 업데이트	표준화된 메시지는 제안된 커뮤니케이션의 초안을 자동으로 작성하는 주제별 품질 문제에 대한 AI 평가와 연결된다. 품질 전문가에 의해 검토, 미세 조정, 승인 및 게시된다. 하나의 메시지가 여러 플랫폼에 즉시 게시된다.
검사 및 시험	• 검사 및 시험: 계획의 생산/승인, I&T 기록 생성/승인 • 장비 교정: 기록 검토 및 승인 • 자재: 자재 일정 검토 및 승인, 현장 자재 납품 및 보관 검사 및 조사	• 특정 공정 및 자재에 대한 일반 ITP는 AI가 설계 패키지별로 맞춤 제작하고 품질 관리자가 검토한다. • 장비 교정 데이터는 AI에 의해 자동으로 스트리밍되고 평가되며 일일 업데이트에 포함된다. • 레이저 스캔은 대부분의 구축된 설계 측정값을 대체할 것이다. 로봇과 드론의 비디오 촬영은 입회점과 필수 확인점을 대체할 것이다. • 센서와 결과를 사용하여 BI 대시보드에 실시간으로 제공하는 자재 검사 및 시험이 자동화된다.
정보관리	문서관리: 관리된 문서가 버전 관리 규칙을 따르도록 보장하는 의무	• BIM 모델에 정보의 품질관리 계층을 추가하고 BEP에 공급하는 데 필요한 기술 • 프로세스를 통해 흐르는 데이터의 품질 보증 평가를 담당하는 품질 전문가
프로젝트 검토 및 승인	프로젝트 문서 승인 과정의 일부인 하청업체 PQP 및 방법 설명 승인	• 블록체인을 통해 완료된 작업의 지불과 연결하는 자동화된 프로세스 • 품질 전문가는 완료된 작업에 대한 품질관리 승인이 일괄적으로 지불을 촉발하는 체인(예: H&S, Env 등)의 한 사람일 수 있다.
문제 해결 전문성	8D, 5S, FMEA, Pareto 등과 같은 품질 도구 핸드북 제작	• IMS에 연결된 지식관리 시스템을 통해 접근할 수 있는 포괄적인 디지털 품질 도구 일체 • 품질 도구를 사용하여 크라우드소싱을 촉진하면 문제 해결이 도움이 될 것이다.
지속적인 개선	부적합(NC) 등록: NC 생성, NC 등록 유지, 근본 원인 분석	소프트웨어는 유형 및 심각도별로 설계 충돌을 대조한다. 결함 및 재작업은 온라인으로 보고된다. BI 대시보드는 NC 결과를 대조하고, 근본 원인을 확인하고, 제안된 시정/예방 조치를 제공할 것이다.

건전한 품질관리 기술 지식에 대한 요구사항은 여전히 존재하겠지만, 품질관리 기술 지식은 주로 미래의 품질 전문가들과 함께 할 것인가? AI의 급속한 발전을 감안할 때 품질관리 기술 지식의 상당 부분이 AI에 편입돼 다른 건설전문가의 접근이 용이해질 수 있다. 그 후 8D, 5 Whys, SPC 등과 같은 문제 해결 도구에 대해 다른 사람에게 교육하는 데 소요되는 시간은 줄어들 수 있지만, 품질 리스크 관리나 새로운 프로세스 및 성과 지표 개발 등의 다른 업무에 시간을 할애할 수 있을 것이다. 아니면 사업 보증과 개선 기능이 함께 제공되는 진정한 다중 숙련된 SHEQ 전문가를 위한 기회가 있음을 발견할 수 있다.

보건안전, 환경관리, 품질관리 등을 AI가 얼마나 자동화하고 지능적으로 분석하고 이해할 수 있느냐에 따라 달라질 것이다. 전통적인 품질 전문가 역할의 많은 어려움이 사라진다면, 아마도 공통적인 SHEQ 업무는 개인이 SHEQ뿐만 아니라 정보 보안, 비즈니스 연속성 및 기타 위험관리 관련 역량에 대해서도 배울 수 있는 더 넓은 기술적 역량을 열어 줄 수 있다. 시간이 말해주겠지만, 품질 전문가들은 미래의 어떤 역할도 AI의 영향을 피할 수 없으며, AI에 휩쓸리는 것보다 미래를 형성하는 것이 더 낫다는 것을 이해할 필요가 있다.

품질 지식경영

지난 수천 년 동안 건설 품질관리에 대해 우리가 배운 것은 무엇인가? 기자의 건축가 헤미우누Hemiunu, 아크로폴리스Acropolis의 피디아스Phidias, 하기아 소피아Hagia Sophia의 엔지니어/건축가 안테미우스Anthemius와 이시도레Isidore, 안지Anji 대교의 석공 리춘Li Chun, 우리가 알고 있는 몇몇 뛰어난 인물들은 단순히 창작품을 디자인하고 지시를 내리는 데 그치지 않았다. 새로운 재료, 건축 기술 그리고 정확한 정보와 효과적인 의사소통의 중요성 그리고 그들이 필요로 하는 품질의 결과를 얻기 위해 필요한 사람들을 위한 기술을 가지고 있었다. 그들은 건설 현장을 거닐며 그곳에서 일하는 남녀들을 알았을 것이다. 그들은 노동자와 노예들로부터 수집된 세대별 전문지식을 듣고 배워서 그들 자신의 건설에 대한 이해를 더욱 증진시키고 일상적인 문제해결에 도움을 주기 위해 그들을 참여시켰을 것이다. 그들은 본능적으로 고객이 그들의 고객들의 욕망을 듣고 알게 됨으로써 무엇을 원하는지 알았을 것이다(아마도 그들이 잘못 알았을 경우 고객의 분노에 맞닥뜨리게 되는 추가적인 인센티브를 받았을 것이다).

품질관리는 건축에 필수적인 고유의 고귀한 기술 기반이었다. 수많은 세대에 걸쳐 습득한 지식으로 젊은 견습생과 교육생에게 전수된 지식은 원재료와 부품의 품질을 평가하기 위한 시도와 신뢰의 작업 방법을 확립했다. 과거의 상황을 감안할 때 품질관리QC는 더욱 중요했다. 현지 출처에서 재료를 식별하면 시간과 비용을 절약할 수 있고 채석, 나무 벌채, 제련, 가마 및 석회 버너 제작을 위한 장소를 찾는데, 불완전한 작업에 시간 낭비를 최소화하기 위해 가장 좋은 사암이나 적당한 크기의 참나무를 식별하는 지식을 가진 작업자들이 필요했다. 우리가 인도에서 언급했듯이 석공들은 금속 망치를 사용하여 건축에 적합한 돌의 소리를 시험하는 데 능숙했다.

자연 환경과 조화를 이루는 건축 환경을 조성하는 데 있어 신중한 사고의 모든 문화를 통해 반복되는 시너지synergy 효과가 있었다. 힌두교 사원 건물은 기원전 3000년에서 서기 600년 사이에 산스크리트어Sanskrit로 쓰인 30권 이상의 책에서 캡처한 프라나prana 또는 보편적 생명력 에너지를 수용하는 바스투 샤스트라Vastu Shastras의 규칙을 기반으로 했다. 중국 유교 문화의 아이칭I Ching 책은 인간과 자연을 가깝게 하고 생활공간에서 긍정적인 효과를 만들어내려는 풍수風水에 영향을 미쳤다. 일본어 표기 체계에서 '집'은 그림 문자(한자), '정원'은 그림 문자를 취하면 '집'이 된다.

고대 관리자들은 자재 운반에 필요한 물류와 자재 취급 및 보관을 위한 최선의 방법을 알아야 했다. 문제는 고대 문화권이 건축 자재에 완벽한 관리 능력을 가지고 있었다는 것이 아니라, 그들이 재료의 강도, 질감, 색상, 내구성을 이해해야 할 필요성을 절실히 느끼게 되었다는 점에 주목해야 한다. 우리는 이제 건설업에서 프로젝트 의사 결정자들이 보여주는 더 나은 훈련된 노동력과 더 높은 수준의 실용적인 건설지식이 필요하다.

이러한 자재 관리 기술은 우리가 품질관리라고 부르는 분야에 속하지만 연구 결과에 따르면 결함이 있는 자재는 생산 비용의 5~10%에 해당하는 비용이 발생한다.[2] 건설 계약자의 이윤은 평균 1.5%이다.[3] 자재 관리 품질에 거의 관심을 기울이지 않고 시간과 프로세스에 따른 낭비의 폭 넓은 재앙에 대해 의문을 제기하는 것은 특별한 일이 아니다. 우리는 자재 관리에 대한 인식을 다시 높이고 모든 형태의 폐기물을 찾아내려는 열정을 재발견하는 직종이 필요하다.

이러한 품질 지식을 포함하려면 비즈니스 지식경영KM 전략이 품질 전문가의 요구 사항을 수용해야 한다. 노나카Nonaka와 타케우치and Takeuchi의 저서 지식창조회사라는 세미나의 책에 기술된 바와 같이 지식은 분석의 기본 단위로서 조직에서 명시적 지식과 암묵적 지식의 차이를 설명한다.[4] 명시적 지식은 매뉴얼, 사양, 보고서, 설계 및 절차와 같은 서면 형식으로 기술된다. 암묵적인 지식은 동료들이 말로 메모를 비교하고 아이디어를 교환하고 제안을 할 때 휴게실에서 일어나는 일이다. 이 교환은 반드시 기록되지는 않지만 성공 방법에서 모든 조직에 중요하다.

암묵적 지식은 실천 공동체CoPs와 경험 공동체CoEs를 통해 촉진될 수 있으며, 동일한 조직의 다른 조직과 외부적으로 양질의 전문가를 연결하여 지식과 지혜의 더 쉬운 교환을 촉진하도록 설정되어야 한다.

CoPs와 CoEs는 검사 및 테스트, 관리 시스템, 데이터 품질, 문서 제어, 구성 관리 및 실험실 재료 테스트와 같은 전문 품질관리 지식을 갖춘 식별된 개인이 생성할 수 있다. 비즈니스 인트라넷Intranet의 프로필 페이지에 간단한 요약을 추가하거나 CoP를 홍보하기 위해 지식관리 소프트웨어를 사용할 수 있다. 주요 주제 전문가는 적극적으로 회의, 프레젠테이션, 점심 및 학습 세션, 화상 토론회 및 기타 접근 가능한 기회를 설정하여 지식을 전파하고 질의응답 세션을 장려해야 한다.

품질 지식은 동료들이 주요 품질 과목에 대한 권위 있는 지문을 쉽게 찾을 수 있도록 성문화할 수 있다. 다시 말하지만 전문 KM 소프트웨어를 사용하거나 하이퍼링크가 있는 인트라넷 웹페이지를 이용할 수 있다. 이러한 표지판도 통합관리 시스템과 종합적으로 연계해 정보·지식을 찾는 방법에 이용자를 위한 '원스톱숍one-stop shop'이 있어야 한다. 권위 있는 본문의 예로는 다음과 같다(영국 및 국제표준IHS[5]과 같은 전문 데이터베이스와의 링크를 통해 찾을 수 있음). 무역 저널 기사, 건설 사례 연구, 온라인 학술 도서관, 내부 보고서 및 전략, CQI 회원 자원 및 서적을 들 수 있다. 그러한 모든 정보의 출처는 저작권법 내에서 접근되어야 한다.

품질 지식관리 시스템은 유지되고 업데이트되어야 할 필요가 있을 수 있으며, 이것은 품질 전문가의 책임이 될 수도 있지만, 이것은 혁신과 최신 버전의 표준을 계속 접할 수 있는 좋은 기회다.

품질 전문가는 동료와 공급망 이해 관계자를 향상시켜 품질지식을 자급자족할 수 있도록 타인을 가르치고, 지도·멘토링할 수 있는 역량을 개발할 필요가 있다. '품질 검증' 프로젝트는 품질 전문가를 구할 수 없을 때 일상적인 의사 결정에 지식을 내장하는 중요한 방법이며, 이는 품질 역량을 전사적으로 확산시킴으로써 오류와 낭비를 감소시킨다.

효과적인 트레이너가 되기 위한 자기 학습과 공식적인 훈련은 실질적인 품질 전문가의 속성이다. 개발할 기술에는 강의실 형식의 교육, e-러닝 패키지 개발, 일대일 코칭 및 멘토링, 현장에서 스탠드업 품질 툴 박스 토크Tool Box Talk, TBT 전달, 바쁜 경영진에게 프레젠테이션 등이 포함되어야 한다. 연습을 많이 할수록 더 좋아지지만, 이러한 의사소통은 사업에서 마음을 사로잡고 품질관리를 위한 추가적인 자원 공급을 지지할 지지자와 옹호자를 얻는 데 중요한 부분이다.

품질관리 지식을 기업의 문화와 가치에 주입하는 것은 큰 과제인데, 특히 기업이 현재 기본적인 ISO 9001 인증에 대해 말만 하는 경우에는 더욱 그렇다. 그러나 품질 KM 계획을 개발하고 품질 애호인인 개인을 식별하여 관리 시스템 및 품질 도구에서 더 어려운 기술뿐만 아니라 고객 서비스 사고방식을 높이고 확산하는 데 도움을 줄 가치가 있다. 다음으로 회의론자와 품질관리 비판자까지도 소리 내어 말하는 것은 그들의 추종자들과 부하들에게 영향을 미치는 유용한 방법이 될 수 있다. 전형적으로 수년 동안 사업을 했을 수도 있는 그러한 핵심 직원들의 이야기를 듣고, 특히 정보 품질과 관련하여 그들의 문제에 대해 이야기하고, 그들에게 가장 영향을 미치는 프로세스를 개선할 수 있는 방법을 확립하는 것은 눈을 뜨게 하는 일이 될 수 있으며, 이는 다른 품질관리 문제에 대한 마지못해 수용하고 지원하게 된다.

비즈니스의 문화적 중심부에 도달하는 것은 무한한 에너지와 인내력을 필요로 하지만 비즈니스에 대한 가치는 구체적이고 측정 가능한 보상을 얻을 것이다. 메시지는 '포기하지 말라'와 '신념을 지켜라!'이다.

Box 6.1 디지털 학습 포인트

품질정보 모델

1. 품질 정보 모델 - 필요한 성능으로 이어지는 인력, 프로세스, 기계 및 자재에 대한 정보를 확인한다.
2. 비즈니스 마스터 데이터 관리(MDM) 전략으로 품질관리 데이터 및 정보 요구 사항을 구축한다.
3. CoP, CoE, KM 소프트웨어 및 인트라넷 웹 페이지를 이용하여 품질지식관리 시스템을 만든다.
4. 교육, 코칭, 멘토링, 발표, 현장 TBT 및 광범위한 커뮤니케이션에 대한 강력한 품질지식기술을 개발한다.

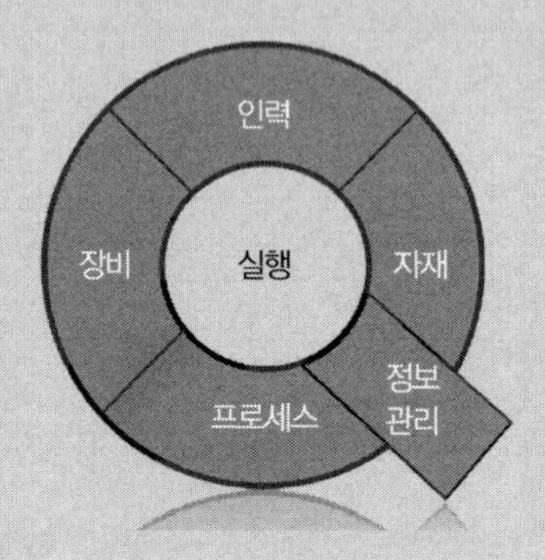

:: 미주

1 Mal Stagg, former Skanska Director of BIM, Digital Engineering and Digital Transformation, interview with the author, 12 July 2018.

2 Josephson, P.-E., 'Defects and defect costs in construction: A study of seven building projects in Sweden'. Working Paper, Department of Management of Construction and Facilities, Chalmers University of Technology, Gothenburg, Sweden, 1998. Retrieved from http://publications.lib.chalmers.se/records/fulltext/ 201455/local_201455.pdf.

3 The Construction Index, 'Construction pre-tax margins average 1.5%'. Retrieved from www.theconstructionindex.co.uk/news/view/construction-pre-tax-margins-average-15 (accessed 28 August 2017).

4 Nonaka, I. and Takeuchi, H., *The Knowledge-Creating Company: How Japanese Companies Create the Dynamics of Innovation* (Oxford: Oxford University Press, 1998).

5 IHS Markit. Retrieved from www.ihsti.com.

CHAPTER 07

데이터 및 정보관리

CHAPTER 07

데이터 및 정보관리

데이터 품질

고대 이집트에서 알렉산드리아의 유클리드Euclid는 기원전 3세기 프톨레마이오스Ptolemy 1세 통치 기간 동안 '기하의 아버지'로 알려진 그리스 수학자였다. 그의 작품 중에서 그는 라틴어에서 문자 그대로 '데이터'로 번역한 『데데오메나Dedomenai』라는 책을 썼다.

데이터Data는 라틴어 datum의 복수형이다. 이것은 '주다'를 의미하는 동사 dare의 과거형이다. 따라서 데이터는 어떤 것이 주어졌을 때와 같이 '주는' 광범위한 의미를 가지며, 그 다음에 다른 것도 주어진다. 우리가 아는 것이 주어진다면, 우리는 그것을 수학적인 문제해결에 사용할 수 있다. 17세기 중엽, 이 단어는 과학 논문에서 영어에 나타나 그 용도에서 발전하기 시작했는데, 이는 당시 사실로 받아들여졌던 경전의 논거나 인용의 기초가 되는 원칙을 가리킨다. 20세기에 이르러 '데이터'라는 단어는 결론을 도출할 수 있는 과학적 관찰을 입증하기 위해 사용되었다. 컴퓨터 시대에 '데이터'는 디지털로 암호화된 정보의 용어로, 즉 컴퓨터가 저장하고 처리할 수 있는 이진 형태로 '1'과 '0'가 사용되기 시작했다.

데이터의 역사가 쓰이면 많은 작가들이 유클리드부터 시작할 것이다. 그가 기하학과 궁극적으로는 과학적 관찰의 기초가 되는 정보의 과정에 큰 영향을 끼쳤지만, 인간의 정보 시스템은 수천 년 전으로 거슬러 올라간다는 사실은 종종 잊어버린다.

1969년 데니스 슈만트-베셋Denise Schmandt-Beset은 매사추세츠Massachusetts주 래드클리프

Radcliffe 연구소에서 연구원으로 점토 물건의 사용을 연구하였다. 그녀는 우연히 이라크, 이란, 시리아, 터키, 이스라엘 전역의 박물관 소장품 중 일부인 기하학적 모양의 작은 점토 공예품을 우연히 발견했다. 아무도 그들이 무엇인지 아는 사람은 없었다. 그녀는 기원전 7500년으로 거슬러 올라가는 10,000개가 넘는 '토큰token'으로부터 방대한 양의 증거를 수집했는데, 그것은 농산물에 대한 회계 데이터의 암호화 시스템이었다.[1]

토큰은 단단한 점토콘, 디스크, 사면체, 구, 원통, 난형 그리고 수령 또는 분배된 물품의 단위를 기록하는 다른 형태였다. 달걀 모양은 기름 항아리를 나타낼 수 있고 원뿔은 곡물을 나타낼 수 있다. 초기에는 십여 개의 모양이 존재했지만 시스템이 정교해지면서 기원전 3500년까지 토큰 수가 350개 이상으로 늘어났다. 모양은 도구와 가구를 포함했고 점점 더 만들기 어려웠다. 곡식의 작은 바구니에 원뿔이 사용된 반면, 곡식의 큰 바구니에는 구체가 사용되었다.

토큰은 변경하거나 조작하기 쉬운 구두 설명에 의존하는 대신 손에 쥐어진 물리적인 존재를 보여주었다. 토큰이 믿을 만한 표현인 만큼 실제 상품이 항상 보거나 이동할 필요는 없다는 뜻이었다. 축제의 예산은 토큰을 사용하여 더하기, 빼기, 곱하기 및 나누기를 통해 계산될 수 있었다. 그들은 데이터가 어떻게 암호화되고 해독될 수 있는지에 대한 새로운 인지 기술을 촉발시켰다. 그것은 석유나 곡물, 옷의 실제 재화는 시간이 흐르면서 추상화될 수 있다는 것을 의미했다. 더 이상 거래를 위해 눈앞에서 실제 상품을 볼 필요가 없었다. 따라서 여전히 밭에서 자라는 수확물은 실제로 밀을 자르기 전에 팔거나 거래될 수 있었다. 4,500년 동안 이 토큰들은 근동near east 전역에서 농업 회계 시스템을 전달하기 위해 사용되었다.

점토 봉투는 이러한 토큰을 담기 위해 나타나기 시작했는데, 봉투에는 기름 세 병을 나타내는 세 개의 작은 달걀 모양과 같은 내용물을 나타내는 기호가 있었다. 구두점을 찍음으로써 점토 봉투에 구체의 한 점은 '1'을 상징했고, 작은 쐐기 모양은 '10'이 되었다. 따라서 22개의 기름 항아리는 젖은 점토에 두 개의 점, 두 개의 음각 쐐기 그리고 타원형의 윤곽으로 쓸 수 있었다.

관료체제는 더욱 복잡해지고 기원전 3000년까지 확실히 당국은 봉투에 적힌 수령자의 이름을 요구하였다. 그래서 소리를 나타내는 표음문자가 만들어졌다.

구전 수메르어Sumerian language로 사람의 그림은 소리 '루lu'를 의미했고 입의 그림은 '카ka'

를 의미했다. 따라서 단순한 남자와 입을 함께 그려서 루카는 루카스라는 이름으로 사용되었다. 이 음반은 숫자의 첫 글자가 되었고 후에 알파벳의 글자가 되었다. 부피가 큰 점토 봉투가 필요하지 않았고 진화하는 상징이 새겨진 점토 작은 판이 되었다는 것은 의심의 여지가 없었다. 그래서 글쓰기는 기원전 3100년경에 탄생했다.

글쓰기는 인간의 기억력보다 더 오래 지속되고 더 신뢰할 수 있는 기록으로 정보를 전달하는 구전 전통을 향상시켰지만, '데이터'를 제공하는 원래 정의를 기억하여 그것을 기록할 때 리트머스 시험이 되어야 한다. 그것이 실제로 유용한 것을 '제공'하는가? 만약 그렇지 않다면 우리가 그것이 필요한가? 논쟁의 여지없이 우리는 지금 데이터에 빠져들고 있으며 전통적인 구조가 디지털 구조로 계속 변화함에 따라 그것은 더 큰 도전이 될 것이다.

오늘날 빅 데이터(그림 7.1)는 이해 관계자에게 유용한 통찰력을 제공하기 위해 패턴, 연관성 및 추세를 식별하기 위해 대규모 데이터 세트를 분석하고 있다.

사실과 데이터는 가끔 혼동되는 용어다. 사실이 틀린 것으로 판명되면 그것은 사실이 아닌 것이다. 그러나 데이터가 올바르지 않은 것으로 판명되더라도 해당 데이터는 정보를

그림 7.1 약 90%의 데이터가 구조화되지 않았으며 데이터 품질은 부적합한 적합성 생성에 큰 영향을 미칠 수 있다. (출처: Joshua Sortino, https://unsplash.com.)

전달하거나 제공하기 때문에 여전히 데이터로 남아 있다. 일반적으로 데이터는 분석되었을 때 정보가 되고 의사 결정에 사용될 수 있다. 종이에 있는 정보는 경험의 맥락에서 사용될 때 지식이 된다. 지식은 누군가 지식을 적용하는 가장 좋은 방법을 알 때 지혜가 된다. 정보기술은 일반적으로 컴퓨터와 연결될 때 사용되지만, 이 책에서는 펜과 종이, 사진 또는 음성이 인공지능 등 정보를 전달할 수 있는 모든 기술을 설명하는 데 가장 넓은 의미로 사용된다.

품질관리의 목적은 설계·사양에서 고객이 정하는 바와 같이 사업의 품질방침을 이행하고, 구축된 성과를 달성하는 것이다. 요구되는 성과가 달성되었다는 것을 입증하기 위해서는 정보가 필요하다. 정보는 서술형 형태의 데이터, 이미지 및 관찰에서 도출될 수 있다. 따라서 정보는 성공적인 품질관리를 위해 필수적이다. 그러나 프로젝트 시작 시 품질 전문가의 정보 요구사항이 적절히 고려되지 않는 경우가 매우 많다.

콘크리트 구조물의 기능과 같은 성능 품질 속성(재무적 또는 프로그래밍적 속성에 쉽게 적용할 수 있지만)을 취함으로써 콘크리트가 규격을 충족한다는 것을 입증하는 데 필요한 정보를 명확히 정해야 한다.

품질 속성을 파악하기 위해 품질 전문가는 품질 정보 요건을 개발할 철근콘크리트 슬래브에 대한 일반적인 검사 및 시험 계획인 현장 엔지니어(또는 현장 시공 책임을 위임받은 자)에게 제안할 수 있다. 표 7.1은 일반적인 예를 보여준다.

현장에서의 완전성과 사용 편의성을 위해, 예를 들어 재료의 지속 가능성, 알베도Albedo 효과, 라이프사이클lifecycle CO_2 배출량 및 열 질량 등과 같은 안전성과 관련된 성능 기준을 추가해야 한다.

ISO 9001:2015 표준은 프로세스, 고객 속성 및 분석에 관한 섹션의 데이터를 모호하게 언급할 뿐이다. 문서 정보[2]에 대한 ISO 지침도 정보관리의 전체 영향과 중요성을 인식하는 데 어려움을 겪고 있는 것으로 보인다. 따라서 QA 소프트웨어 전문가를 제외한 대부분의 품질 전문가들은 '적절한 데이터와 정보를 평가하는 방법'(ISO 9001, 섹션 9.1.3)을 이해하는 데 어려움을 겪을 것이다.

ISO 9001:2015 최신판의 효과에 의문을 제기하는 것은 데이터 품질이 문서화된 정보에 필수적이라는 것을 충분히 인식하지 못하는 것 같다. 드론 GIS 데이터의 기본 데이터를 캡처하고 관리하는 방법은 궁극적으로 BIM 모델의 3D 공중을 나는 표현에서 시각적으로

표 7.1 일반 콘크리트 바닥 슬래브 검사 및 시험 계획(ITP)

프로젝트: 오클랜드 대학교	ITP Ref: XX-OU-FI-005				BIM Ref: Ch-2-J-03		Rev: 1.0
ITP 제목: 철근콘크리트 바닥·슬래브							
품질 성능 속성	일반적으로 잘못될 수 있는 것	정보 IN	검사 및/또는 시험 책임 1-하청업체 2-주계약자 3-고객			허용 기준	정보 OUT
			시험 실시	입회시험	기록 생성		
강도	일관성이 없거나 필요한 강도보다 낮음	계약 사양	1-SmartRock 무선 센서 내장 및 데이터 수집	2-필요한 경우	1-센서 데이터	콘크리트 시방서 확인	
내구성	시간 경과에 따른 환경 피해-균열, 파열 등	계약 사양	1-콘크리트 입방체에 대한 실험실 투수 시험	N/A	1-실험실 데이터	콘크리트 시방서 확인	디지털 시험 기록
정확성	슬래브가 수평이 아님	계약 사양	1-충돌/편차 감지를 위해 BIM 모델로 가져온 레이저 스캔 포인트 클라우드(Laser scan point cloud)	2-필요한 경우	1-업데이트된 BIM 모델	제로 편차	충돌/편차 감지 기록
	슬래브 설정이 잘못됨	계약 사양	1-충돌/편차 감지를 위해 BIM 모델로 가져온 레이저 스캔 포인트 클라우드	2-필요한 경우	1-업데이트된 BIM 모델	제로 편차	충돌/편차 감지 기록
	잘못된 보강	계약 사양	1-충돌/편차 감지를 위해 BIM 모델로 가져온 레이저 스캔 포인트 클라우드	2-필요한 경우	1-업데이트된 BIM 모델	제로 편차	충돌/편차 감지 기록
가스 저항 및 방수	설치 중 멤브레인 손상	계약 사양	1-폐쇄 전 육안 검사	2-필요한 경우	1-업데이트된 BIM 모델	눈에 보이는 손상 없음	디지털 QC 체크리스트 완료
열성능	잘못된 절연 유형 시트 간의 접합 불량	계약 사양	1-폐쇄 전 육안 검사	2-필요한 경우	1-업데이트된 BIM 모델	눈에 보이는 손상 없음	디지털 QC 체크리스트 완료

표시되는 정보의 품질에 매우 중요하다. 데이터가 품질 보증 및 관리되지 않은 경우 디지털 모델과 호환되지 않거나 심지어 데이터가 손상되거나 요구되는 허용오차로 전송되지 못할 수 있다. 이러한 시나리오에서 드론 운영자는 데이터 캡처를 잘 할 수 있지만 QMS가 데이터를 저장하거나 계약자 또는 고객에게 전송할 때 이를 적절하게 보호하지 못할 수 있다.

그러고 나서 계약자나 의뢰인이 데이터 품질을 관리하기 위한 적절한 준비에 착수한다. 이 단계에서 품질 전문가가 참여하는 것은 매우 드물고 대개 IT 부서의 운영자에게 해당하는데, 데이터 효율성에 관한 질문을 하면 사실상 상당히 방어적일 수 있다. 이러한 방어력은 대개 데이터 품질 평가 방법을 이해하는 데 교육이나 경험이 부족하고 품질관리에 대한 이해도가 넓지 않다는 점에 기초한다. 마찬가지로, 방어성의 일부는 더 넓은 기업이 IT보다는 그들 자신의 데이터 품질을 책임져야 한다는 접근방식에서 나올 수 있다. 이 문제를 해결하는 가장 좋은 방법은 데이터의 사업주, IT 및 품질 전문가가 협력하여 데이터의 품질 보증이 프로세스의 일부이자 일부분이 되도록 프로세스 관리에 대한 강력한 접근 방식을 개발하는 것이다. 분석, 표준화, ID 일치 및 해결과 같은 일반적인 데이터 품질 도구를 프로세스 내 품질관리 작업에 적용해야 한다.

데이터를 복사하거나 원래 사용하려는 목적 이상의 데이터를 다시 편집하는 사용자에 의해 잘못 관리되고 있는 경우, 이는 품질 전문가의 범위를 벗어나는 것이다. 핵심은 비즈니스 프로세스로 돌아가서 데이터의 품질에 대한 책임을 누가 지도록 하는 것이다. 그 밖의 나머지 사업자가 사용하는 모든 이용·남용에 대해서는 부적합, 개선의 기회로 표시되거나 검토해야 할 정보보안 문제로 제기될 수 있다. 목표는 관련된 볼륨과 변경 빈도를 고려할 때 달성 불가능한 데이터 품질이기 때문에 완벽한 데이터 품질은 아니지만, 오히려 데이터 품질 수준 기준을 이해하고, 불량 데이터의 영향을 평가하고, 위험을 최소화하는 프로세스 관리에 대한 실용적 접근법을 고안하는 것이다.

그러나 ISO 9001에 특히 좌절감을 느끼는 곳은 기업에 의한 구현에 더 관심이 있는데, 많은 사람들은 이 표준이 실제적인 바닥선 가치를 더할 수 있는 방법을 제대로 찾지 못하고 있다.

솔직히 ISO 9001을 훼손하는 책임을 지고 있는 임원들과 환경관리에서 ISO 14001 및 보건과 안전에서 ISO 45001(구 OHSAS 18001)은 그들 자신의 최악의 적이다. 왜냐하면 그들은 이러한 관리 시스템이 각각의 품질, 환경, 보건, 안전 사업 수행 요건을 충족시키는 데 그들의 일상 문제를 어떻게 해결할 수 있는지 근본적으로 파악하지 못하기 때문이다.

건설 회사의 보통 품질 관리자에게 이는 데이터 품질의 복잡성에 집착하는 것이 아니라, 품질 성과에 직접적인 영향을 미치는 데이터가 사용되는 프로세스에 체계적으로 도전하고 탐구하는 것을 의미한다. 설계 선택이 종종 디지털 모델에 달려 있다는 점을 감안할 때, 그러한 모델로 가져오는 모든 데이터는 품질이 보장되며, 수입을 담당하는 사람들은 데이터 품질 확인을 적절한 관리를 통해 종단 간 프로세스를 가리킬 수 있다고 가정하는 것이 합리적이다.

표 7.2는 품질 전문가가 프로세스를 검토하거나 감사할 때 요청할 수 있는 데이터 품질 지표의 예를 제시한다.

데이터가 연간 약 40%씩 증가함에 따라,[3] 품질 전문가들은 일회성 감사로는 충분치 않으며 이러한 유형의 데이터 품질 측정 기준을 BI 대시보드에 내장하여 추세를 모니터링하고 데이터 품질을 지속적으로 향상시키기 위한 조치를 취해야 한다는 것을 이해해야 한다. 또한 단지 22%의 데이터만이 유용한 태그로 계산되는 상황에서, 생성·복사·전송 및 저장되고 있는 데이터가 실제로 그 사업에 가치가 있는지 의문을 제기할 필요가 있다.

표 7.2 데이터 품질 측정

데이터 품질 기준	품질 측정지표 예제
정확성	기록된 오류에 대한 데이터 비율
일관성	개별 데이터 값이 합계와 일치하는지 확인할 수 있는 규칙이다. 예를 들어, 부서별 직원 수가 비즈니스의 총 직원 수에 합산된다.
완전성	비어 있는 데이터 필드의 백분율대 총 데이터 필드 수
진실성	구조화된 데이터 테스트를 통해 데이터 검증에 필요한 사양을 충족한다. 예를 들어, 데이터를 일일 형식에서 다른 날짜 형식으로 변환할 때 몇 퍼센트의 오류가 발견되는가?
적시성	기대치를 충족하는 데이터의 접근성 및 가용성. 측정 기준에는 서면 표준에 대해 데이터를 사용할 수 있기 전의 지연이 포함될 수 있다.

정보품질

영국은 ISO 19650 시리즈로 변경된 BS 1192 제품군을 통해 BIMBuilding Information Modeling 표준의 채택과 진화를 지원하는 선도 국가 중 하나이다. BIM은 기본적으로 협업에 관한 것으로, 이해 당사자들이 커뮤니케이션과 이해를 개선하는 디지털 모델을 중심으로 한 것이다. '단 하나의 진실의 원천'을 가지면 설계 오류와 오해의 위험이 줄어든다. 문서 중심, 종이 중심의 전통적인 건축의 세계와 비교하면 완벽하지는 않지만 한걸음 더 나아간 것이다.

ClearEdge3D의 책임자인 Adam Box가 몇 년 전에 나에게 설명했듯이, "당신이 서로 동일한 두 개의 학교를 짓고 있다고 상상하라. 더 빠른 시간과 더 저렴한 비용으로 어느 것이 더 좋을까?" 나는 속임수 질문인 줄 알고 '두 번째'라고 대답했다. 그는 이렇게 대답했다.

> **네 말이 맞아. 굴착기와 함께 서서 모든 복잡한 설계 문제를 해결해야 하는 것은 건축을 반복할 때 BIM 접근 방식을 채택하는 것이 실제로 도움이 될 수 있다는 것을 의미한다. 첫 번째 학교를 디지털 방식으로 짓고 컴퓨터에서 모든 실수를 저지르고 어떻게 건설할 것인가를 가장 좋은 방법으로 해결한 다음 사이트에 접속하면 훨씬 더 잘 맞출 수 있는 기회를 갖게 된다.**

BIM 모델의 디지털 '트윈twin'은 변화의 촉매제가 되어왔다. 건설 프로젝트에 더욱 중요해지고 고객들은 설계 및 시공 단계뿐만 아니라 자산 라이프사이클 전체에 걸쳐 자신의 정보 요구사항을 명확히 이해해야 한다는 점을 인식하기 시작하므로 기존의 문서를 디지털 정보로 디지털화하는 요건이 증가하게 된다.

BIM 모델은 업계 표준에 따라 모델과 150마일을 기준으로 솔리브리Solibri와 같은 소프트웨어를 사용하여 품질 보장이 가능하다. 영국 솔리브리의 앤드루 벨러비Andrew Bellerby 상무이사는 건설에서 디지털 미래가 어떻게 발전하는지를 설명했다.

> **솔리브리는 모델 체크 부문에서 선두주자로 향후 5~10년간 인공지능, 머신러닝 등 최신 기술발전과 함께 소프트웨어의 힘을 활용해 데이터 내 BIM 모델 패턴을 통해 보다 스마트한 작업 방식을 개발할 예정이다.[4]**

품질관리는 데이터, 정보, 지식 등에 의존한다. 품질 전문가가 절차를 감사하든, 모든 활동을 통해 일련의 부적합을 분석하든, 정보는 의사 결정을 내리고 전달하는 데 매우 중요하다. 정보는 프로젝트 바퀴를 돌게 하는 기름이고, IT 전문가가 아니라 정보관리의 후견인으로 임명되어야 하는 사람이 품질 전문가여야 한다.

데이터 품질을 확인하는 것과 유사한 방법으로 CARS 체크리스트를 사용하여 정보 품질을 평가할 수 있다(표 7.3). CARS는 신뢰성, 정확성, 합리성 및 지원을 의미한다. 주로 주관적인 목록이지만, 정보의 신뢰성에 대한 지침을 제공하고, 정보 소유자들이 이것을 충분히 숙고했는지에 대해 시험한다.

표 7.3 정보의 CARS 품질 평가

정보 품질 CARS 기준	품질 평가 예제
신뢰성-작성자의 자격 증명, 품질관리 증거	일반적으로 주관적인 평가
정확성-증거 기반, 사실 기반, 최신 정보	영국 및 국제 표준, 실행 규범, 무역 저널에 인용된 과학 논문, 고객 추천이 포함된 사례 연구, 회의 절차, 서적(전문 출판사)
합리성-객관성, 이해 상충 없음, 공정함, 명백한 편견 없음	일반적으로 주관적인 평가
지원-권위 있는 정보 출처	필요한 경우 확인할 수 있는 참고 문헌 또는 출처 목록

설계에서 중요한 정보가 표준을 충족한다고 인용되는 경우 또는 품질 사고에 따른 근본 원인 조사 중에 표준의 최신 버전이 올바른지 확인한다.

품질의 전문직 종사자들은 임원들에 의해 실질적인 권위와 권력을 부여받아야 한다. 그들은 데이터나 정보의 품질이 저하될 경우 작업을 중단할 수 있어야 한다. 그들은 품질의 정보관리를 개선하기 위해 서비스를 구입할 수 있는 소비력을 가져야 한다. BIM 솔루션solution의 품질 보증에 필수적인 회사의 한 전무이사와 대화하면서, 그는 사실상 품질관리 소프트웨어의 구매자나 지정자 중 누구도 품질 전문가가 아니라고 밝혔다. 설계자 및 BIM 관리자들은 일반적으로 그것을 지정하거나 구매한 사람들이었지만, 그는 품질 보증 소프트웨어를 디지털 모델에 추천하는 데까지 관여하고 있는 품질 관리자들을 떠올릴 수 없었다.

품질을 위해 생성된 일반적인 건설 프로젝트 문서 및 기록에는 표 7.4와 같은 문서 및 기록에 대한 전통적인 형식이 포함될 수 있다.

표준 템플릿과 양식에서 레코드를 만드는 수동 프로세스이다. 비즈니스 이름, 프로젝트 참조, 사용자 이름, 사용자 역할 및 날짜/시간과 같이 자동화할 수 있는 동일한 정보를 반복적으로 입력하거나 작성해야 한다. 문서는 인트라넷 문서관리 시스템에 보관될 수 있지만, 데스크톱·노트북·태블릿 및 기타 개별 컴퓨터에는 항상 여러 개의 사본이 존재한다.

품질 관리자일 수 있는 문서 관리자가 믿을 수 없을 정도로 부지런하고 설득력이 없는 한, 그러한 문서의 현재 버전만 사용할 수 있도록 하는 것은 엄청난 시간 투자일 뿐이며, 품질 관리자가 비즈니스 전반에 걸쳐 어떤 버전의 문서가 사용되고 있는지 파악하지 못하기 때문에 즉각적인 규정 준수에 대한 증명은 없다.

21세기에는 대규모 건설 프로젝트에 낭비되는 시간과 발생할 수 있는 잠재적인 오류의 수는 용납될 수 없다. 품질 전문가들은 시공 전에 자신의 정보 요구사항을 작성해야 하며, 그러한 정보를 전체 프로젝트 정보 요구사항에 입력해야 한다.

표 7.4 일반적인 품질관리 문서 및 기록

문서 또는 기록	서식
프로젝트 품질 계획-프로젝트별 정보 및 비즈니스 QMS 변화	워드프로세싱 문서 또는 PDF
도면, 체크 시트 및 계획의 버전을 추적하는 문서관리 기록	스프레드시트
품질 교육 기록-참석자, 수료 및/또는 합격 목록	스프레드시트, 워드프로세싱 문서 또는 PDF
검사 및 시험 계획서	워드프로세싱 문서 또는 PDF
검사 및 시험 기록-특정 시공 프로세스 및 자재에 대한 맞춤화	워드프로세싱 양식, PDF, 사진 및 비디오
품질 감사 기록 및 보고서-고지, 질문 및 검사 시트, 보고서	워드프로세싱 문서 또는 PDF
부적합-통보 및 보고서	스프레드시트, 워드프로세싱 문서 또는 PDF
측정 장비에 대한 교정 기록	워드프로세싱 문서 또는 PDF
자재-기술 데이터 시트, 자재 일정	스프레드시트, 워드프로세싱 문서 또는 PDF
회의 의제, 회의록, 계약/프로젝트 검토를 위한 프레젠테이션, 품질관리 검토	워드프로세싱 문서 또는 PDF 및 PPT와 같은 프레젠테이션 형식
조달 기록-승인된 공급자 목록	스프레드시트

모든 양식 및 템플릿은 디지털이어야 하며, Poka Joke에 대한 필드 드롭다운 메뉴가 있어야 하며 프로젝트 참조 표준화와 같은 가능한 많은 오류를 방지해야 하며, 자동 날짜와 로그인은 사용자 이름을 제공한다. 모든 정보는 모든 사용자가 정보에 접근, 공유 및 분석할 수 있도록 데이터베이스에 저장되어야 한다.

품질 전문가가 설계와 시공의 성능을 평가하기 위해 정보를 끌어내야 하며, 규격 적합성 또는 부적합성을 입증하기 위해 적절히 기록하여 개선 조치를 취해야 한다.

품질 감사에서, 샘플 증거를 수집하여 부적합, 모범 사례, 개선 기회 또는 관찰로 기록된 소견에 대해 특정 프로세스에 대한 적합성을 입증한다.

검사 절차에서, 입회점과 필수 확인점이 문서화되고 사진과 비디오를 포함한 증거를 기록하여 준수를 증명할 수 있다. 시험 결과는 장비 준수를 보여주는 재료와 교정 기록의 품질 성능을 설정한다.

품질관리 시스템은 최종 구축의 품질관리 프로세스를 수립하고, 품질관리 정보의 수집이 이 최종 결과의 품질에 미치는 영향을 기준으로 우선순위를 정해야 한다. 그러나 건설에 가장 큰 위험을 초래할 수 있는 프로세스가 너무 자주 발생하며 공급망 조달은 가장 취약한 프로세스와 정보관리 접근 방식을 가질 수 있다.

발포어 비트티Balfour Beatty 주요 프로젝트의 품질 책임자인 아만다 맥케이Amanda McKay는 저자에게 비트티는 몇몇 현장 감독관들에게 태블릿tablet을 발급해주었다. 그래서 그들은 새로 건설된 작업의 레이저 스캔을 통해 디지털 모델에 요구되는 품질 기준이 충족되었는지 확인할 수 있다. 그녀는 또한 정보관리를 개선하기 위해 긴 공급망과 더 '성격적인 관계'를 가진 Tier 1 계약업체 전반에 걸쳐 더 많은 협력을 촉구했다.[5]

공급망 조달 프로세스는 실사 점검표에 근거하여 공급업체 승인 목록에 오르기에는 너무 빈번하다. 점검 대상에는 재무회계, 이사, 보험, 보건 및 안전, ISO 9001 인증 및 기타 형식적 요건이 포함되지만, 계약자가 특정 인증서를 가지고 있지 않은 경우 사업 관리자가 프로젝트 승인을 받아야 하는지 여부를 결정할 수 있다. 품질 보증QA에 대한 이들의 제한된 지식으로 인해 품질 보증 팀이 도움을 요청할 수 있으며 데스크톱 또는 현장 감사를 수행할 수 있다. 이 시점에서 계약자가 완전히 적합하지 않은 경우가 아니라면 (특히 계약자가 일종의 기록이나 증언을 가지고 있는 경우) 승인될 수 있다. 때로는 전문화된 작업이나 농촌 지역의 프로젝트를 위해 경쟁이 거의 없을 수 있으며, 모든 표준 요건을 충족하지 못하는 계약자가 임명된다. 이로 인해 위험이 증가했지만, 감독을 받고 그들의 정보를 주의 깊게 보장받는다면 이것은 특별히 문제가 되지 않을 수 있다. 그러나 건설업의 혼란스럽고 열광적인 성질은 대개 그들의 정보에 대한 충분한 감독과 품질 보장이 부족하다는 것을 의미한다. 적은 수의 품질 감사와 이들이 증거 표본을 사용하여 설계되었다는 사실은 정보 출력이 준공 최종 제품의 품질에 중요한 현재 진행 중인 계약에서 철저한 감사를 수행할 가능성이 매우 낮다는 것을 의미한다.

Box 7.1 디지털 학습 포인트

데이터 및 정보관리

1. 프로젝트 단계 및 구성 요소에 특정한 품질 속성을 식별한 다음 성능 요구사항을 충족하는 데 필요한 품질관리 정보를 확인한다.
2. 데이터 품질: 정확성, 일관성, 완전성, 무결성 및 적시성을 기준으로 데이터 성능 측정을 만들고 모니터링한다.
3. 정보 품질: BIM 모델을 개발하는 방법을 이해하고 모델에서 품질관리 계층을 만든다. 비즈니스 및 특정 프로젝트 전반에 걸친 품질관리 정보 요구사항에 대해 IT에 대한 수요를 창출한다.
4. 전통적인 품질관리 문서를 디지털 정보로 변환한다.

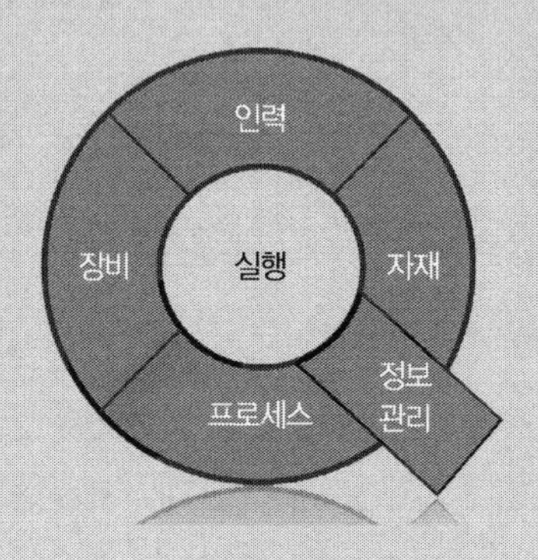

:: 미주

1 Rudgley, R., *Lost Civilisations of the Stone Age* (London: Arrow Books, 1999), p. 49.

2 ISO/TC 176/SC2/N1286, *Guidance on the Requirements for Documented Information of ISO 9001:2015*. Retrieved from www.iso.org/files/live/sites/isoorg/files/archive/pdf/en/documented_information.pdf

3 IDC, *The Digital Universe of Opportunities* (April 2014). Retrieved from www.emc.com/leadership/digital-universe/2014iview/executive-summary.htm.

4 A. Bellerby, interview with the author, 11 July 2018.

5 A. McKay, interview with the author, 17 July 2018.

CHAPTER 08

비즈니스 인텔리전스 및 데이터 신뢰

CHAPTER 08

비즈니스 인텔리전스 및 데이터 신뢰

비즈니스 인텔리전스Business intelligence, BI는 단순히 정보에 접근하고 분석하는 것이다. 컨설팅 기회를 추가하기 전에 소프트웨어 시장에만 220억 달러 규모의 산업을 과장하여 '단순히'라고 말하면 된다.[1] 이것은 많은 사람들이 이야기하는 '빅데이터'지만 종종 언론의 과대 광고에 부응하지 못한다. 건설은 성능 향상을 위해 데이터를 이해하고 사용하는 데 다른 산업에 비해 뒤처져 있다. 건설업계 리더들은 데이터를 사용하는 데 열성적인 지지자가 되어야 하며, 목표에만 집중하는 BI 전략과 건축의 필요성을 이해해야 한다. 그렇지 않으면 비용이 많이 들고 관료적이며 궁극적으로 쓸모없는 보고 접근방식이 될 수 있다. 모든 관리자는 IT 및 공급업체의 가치 데이터를 추가하여 고객을 통찰력 있게 관리해야 한다. 대신 일부 관리자들이 월간 인쇄된 보고서를 훑어보고, 사업 목표의 큰 그림, 핵심 성과 지표KPI를 냉정하게 보지 않고 일부 사소한 문제에 집착하고, 과거에 사업이 어떻게 수행되었고 현재와 예측된 미래에 어떤 성과를 내는지 알려주는 성과 데이터를 요구하지 않고 데이터 언급에 눈을 부릅뜨는 것을 보았다.

Tableau, Microsoft BI, Qlik, Salesforce, Birst 및 기타 여러 소프트웨어 솔루션을 사용하여 모든 비즈니스에서 방대한 양의 데이터를 발굴하고 실현할 수 있다.

끝없는 숫자로 가득 찬 마음을 헤아리는 스프레드시트spreadsheet에서 의사 결정자는 동일한 숫자를 원형 차트, 선 그래프, 꽃잎 차트, 단어 클라우드, 산점도, 타임 라인 및 수천 개의 다른 상상력이 있는 이미지로 시각화된 멋진 기술 색상을 볼 수 있다. 그림 8.1은

그림 8.1 기본 비즈니스 인텔리전스 대시보드는 데이터를 시각화한다. (출처: @franckinjapan)

데이터 소비와 이해를 더 쉽고 빠르게 이해하고 의사 결정을 용이하게 하는 간단한 시각화를 보여준다.

IT 지식이 풍부한 사람이라면 누구나 BI 소프트웨어 솔루션을 사용하여 간단한 내부 데이터 소스에 연결할 수 있지만 대시보드를 설정하려면 전문가에게 문의하는 것이 좋다. 시각화를 시작하기 전에 데이터가 정리되고 논리적 프로세스 단계를 거치는 것이 사실이며 정확한지 확인하는 데 필수적이다(데이터 관리의 혼동을 고려할 때 엄청나게 주의해야 함).

BI 구현에는 세 가지 주요 단계가 있다. 첫째, 데이터를 질의하고 요약하기 위해 IT 기술을 적용하기 전에 데이터를 추출, 통합, 표준화 및 데이터 웨어 하우스로 정리하는 IT 주도형이다.

이는 기업 내에서 사용할 수 있는 과거 데이터를 되돌아보는 BI에 대한 기본적인 '사후 조사' 접근 방식이다. 일반적으로 과거 실적을 사용하여 암울한 미래를 추정하는 데 도움을 주려고 하므로 위험이 따른다. 때로는 과거가 미래를 예측하지만 오늘날 비즈니스 성과에 영향을 미치는 기술의 거대한 변화를 고려할 때 오해의 소지가 있을 수 있다.

둘째, BI를 사용하여 실시간 보고 및 경고를 통해 현재 성과를 비즈니스에 알리는 '현시점' 접근 방식이 있다. 성과 지표가 위반되는 경우, 예를 들어 약속한 자재의 납품 시간이 초과되면 경고를 통해 의사 결정권자는 접근 방식을 재평가하고 새로운 공급업체를 찾을 수 있으므로 지연된 납품을 기다리는 건설 직원에게 영향을 미칠 수 있는 시간 지연을 피할 수 있다. 빠르고 격렬한 건설 현장의 BI 실시간 데이터는 프로그램을 따라잡기 위해 매일 또는 매주 조정할 수 있기 때문에 상당한 차이를 만들 수 있지만, 이러한 접근 방식은 오히려 건설 품질 표준을 충족하거나 개선하는 데 제한될 수 있다.

셋째, BI '예측' 접근 방식은 결과를 최적화하기 위한 권장사항을 제공할 수 있는 비즈니스 모델링 및 예측을 지원한다. 이는 비즈니스 리더에게 새로운 환경과 새로운 환경에 적응할 수 있는 신뢰할 수 있는 옵션이 주어지는 경우(비용, 시간, 재작업 및 결함 측면에서)에 대한 열망이다. 미래를 내다보는 것은 건설업자들이 수천 년 동안 갈망해온 것이다. 그것은 여전히 어떤 방법으로도 완벽한 의사 결정을 보장하지는 않지만 위험을 줄이고 더 나은 결정과 결과를 위한 기회를 증가시킨다.

대부분의 설계 및 건설 사업은 과거 데이터를 시각화하는 첫 단계에 있으며 이 데이터가 BI의 향후 통찰력을 제공하기까지는 갈 길이 멀다. 그러나 여정을 시작하기 전에 목적지는 공장 센서를 사용하여 사전 제작된 품목을 필요한 품질로 납품할 수 있는 공급망의 능력, 예를 들어 콘크리트를 타설하기 전에 구체적인 성능의 품질 결과를 미래 예측에 대한 실시간 보고를 위해 목적지를 명확히 설정해야 한다. 큰 그림과 BI 프로젝트가 궁극적으로 어디로 향하고 있는지에 초점을 맞추면 BI 클라이언트가 하나의 추가 기능으로 시작하는 경우 발생할 수 있는 골칫거리를 최소화할 수 있다.

사실 의사 결정권자가 BI와 직면하는 가장 큰 골칫거리는, 어떤 문제를 해결해야 하는가? 어떤 비즈니스 통찰력이 필요한가? 예쁜 차트를 빠르게 모으기 시작하는 것은 매우 쉽지만 실제로 가치를 더하는 것일까? 그들이 긴급한 사업 문제를 해결하는가?

품질 전문가를 위해 첫 번째 원칙으로 돌아가는 것은 다음 질문을 통해 사려 깊은 과정을 허용한다.

- 사업 목표는 무엇인가?
- 품질 목표는 무엇인가?
- 현재 사업 문제는 무엇인가?

- 현재 품질관리 데이터 소스는 무엇인가?
- 품질 문제를 시각화하고 해결책을 모니터링하기 위해 다른 데이터 소스가 필요한가?
- 향후 어떤 통찰력은 무엇인가?

현재 문제와 과제를 나열하려면 가장 유용한 차트를 구성하기 위해 다양한 비즈니스 의사 결정자의 입력이 필요할 것이다.

품질 전문가는 부적합에 기초한 흔해 빠진 데이터를 찾는 경향이 있을 수 있다. 그러한 데이터는 이전에 표준에 부합하지 않았던 것을 설명하는 데 유용할 수 있지만, 본질적으로 부적합은 뒤처지는 지표로서 무슨 일이 일어날지 예측하지 못할 수도 있다. 직원 수가 500명인 회사의 6개월에 걸친 '교육'에 대한 25건의 부적합 사항은 교육 통찰력에 크게 기여하지 못한다. 내가 근무했던 한 회사에서는 부적합 범주가 37개에 달했고, 매달 소수의 부적합 사항만 포착되고 있기 때문에 의사 결정권자들이 사업 우선순위를 다루지 않는 조치를 취하도록 잘못 지시할 수 있었기 때문에 보고서는 무용지물이나 다름없었다. 귀중한 시간을 차트에 쏟아 붓고 선 그래프의 급증을 매우 기쁘게 가리키거나 큰 '파이 조각'을 본 다음 원인을 이해하려고 노력하거나 까다로운 행동, 품질관리에 대한 깊이 있는 이해 부족으로 인해 비즈니스 월간 보고서에는 이러한 부적합 '추세'에 대한 차트와 토론이 포함되어 있어 눈길을 끌며 보고서 페이지가 빠르게 넘겨진다. 중요한 KPI를 개발하고 데이터 소스를 파악하고 정확한 시각화 대시보드를 구축하는 데 시간을 투자하는 것이 'Q' 아래에 서두르고 경영진이 품질관리를 심각하게 받아들이지 않는 이유를 궁금해하는 것보다 낫다.

가장 유용한 데이터는 정확성, 일관성, 완전성, 무결성 및 적시성이라는 간단한 규칙을 따르는 데이터이다. 센서는 실시간으로 성능 데이터를 제공할 수 있다. 품질 전문가는 센서를 건설 주변에 배치할 때 설계 프로세스의 일부로 신중하게 고려하여 건설 중인 구조물이 어떻게 구성되는지에 대한 유용한 라이브 스트리밍을 제공할 수 있도록 강력하게 요구해야 한다.

GPS(위성 항법장치), RFID(무선 주파수 식별), UWB(초광대역) 및 WLAN(무선 근거리 통신망)과 같은 위치 기반 센서는 환경 및 간섭 수준에 따라 1~4m 이내에서 감지할 수 있다. 이는 차량 경로를 추적하여 현장까지 자재 배송 시간을 추정하는 데 허용되지만 ZigBee 및 초음파가 더 나은 옵션을 입증할 수 있는 몇 mm의 정확도가 필요한 활동에는 신뢰할 수 없다. 그러나 이러한 기술들의 조합이거나 미래의 현장에서 실용적인 승자가 될 수 있는 새로운 신기술일 수 있다. RFID 태그는 재료의 약간 무질서한 이동으로 시간을 낭비하고 특정 재료를 찾는 자원을 낭비할 수 있는 현장 주변의 보강 철근과 같은 재료의 위치를 추적하는 데 유용하다는 것이 입증되었다.

온도 센서는 양생 콘크리트의 수축 균열을 모니터링하여 수동 검사에 의존하지 않을 수 있다. 압력 센서는 파일 기초의 선단 지지력과 같은 프리스트레스트prestressed 공학시험을 다시 되돌릴 수 있다. 다른 빛, 광섬유 및 변위 센서는 데이터 수집을 위한 옵션을 제공한다. 다시 말하지만 이러한 센서는 특정 문제를 해결하기 위해 데이터를 수집하려는 모호한 개념보다는 적극적으로 사용되어야 한다.

우수한 고객 만족 비즈니스 철학에 따라 시각화된 데이터가 해당 개인 사용자와 관련되도록 대시보드를 개인화 할 필요가 있다. 원래 설정에서 대시보드는 사용자를 위해 사용자 지정되어야 하며 이상적으로 사용자는 자신의 상황에 맞게 계속해서 변경하고 진화할 수 있어야 한다. 비즈니스 내의 사용자 연공서열에 적합한 데이터 보안이 유지되도록 권한을 생성할 수 있다.

이러한 예쁜 차트는 데이터를 드릴다운drilled down하여 다른 차트와 시각화를 열어 후속 수준을 통해 더 자세한 정보를 제공할 수 있도록 해야 한다. 결함 범주의 선택은 하위 범주, 프로젝트 지리적 분포, 공급자, 보고자 및 연도 또는 월로 개방될 수 있다.

품질 전문가의 경우 필요한 정보를 BI 전문가에게 설명하는 데 도움이 되는 정보 시각화 로드맵을 이해하는 것이 중요하다. 여기에는 전반적인 BI 구조 및 품질관리 BI가 속할 맥락을 이해하고 다른 데이터 세트, 특히 다른 SSHEQ 분야와의 시너지, 중복 및 관계가 있을 수 있는 부분을 인식하기 위한 접근 방식을 이해하는 것이 포함된다.

기술에 대한 견해가 덜 진보적인 사람들로부터 기업 내에서 BI에 대한 반발·회의적이며 노골적인 반대가 불가피할 것이다. 그들은 쓸모없는 결과를 제공하는 데이터 소스의 결함을 발견할 수 있으며 다른 조치가 있어야 하거나 결과가 왜곡되고 있다고 지속적으로 언급할 수 있다. 핵심은 이러한 회의론자들과 공통점을 찾는 것이며, 열쇠는 사업 목표와 관련된 KPI에 대한 측정을 추적하는 것이 긍정적이고 결과를 제공하는 데 유용하다는 것이다. 그런 다음 회의, 보고서, 성능 검토 및 일상적인 상호 작용 전반에 걸쳐 이러한 조치를 언급하여 직원들에게 이러한 수치가 추상적인 관리 보고서를 위한 것이 아니라는 것을 입증하거나 감사에서 대한 상자에 체크 표시를 하는 것이 아니라 비즈니스 관리를 위한 필수 도구라는 것을 입증하는 것이 중요하다. BI 대시보드는 육성 및 개발되어야 하지만 집착이 되어서는 안 된다. 각 팀 구성원이 결과를 보고 성과를 상기할 수 있도록 비즈니스 관리 시스템의 사용자 접속에 대한 개인화된 로그인의 일부로 나타나야 한다. 또한 실제 조치와 특히 연간 계획 실행에서 개선할 수 있는지 여부에 대한 피드백feedback을 제공한다. KPI는 향후 1년 동안 고정되어야 하지만 BI 대시보드는 드릴다운에서 결과를 구체화할 수 있으며, 사업성과를 보다 잘 이해할 수 있도록 지원할 경우 변경될 수 있다. 추가 데이터 시각화를 통해 특정 KPI에 대한 이해가 향상되거나 일시적으로 성능 저하를 조사하는 데 도움이 될 수 있다. 조사가 완료되고 시정 조치를 취한 후에는 특정 데이터 시각화가 필요하지 않을 수 있지만 사전 예방적·지속적인 개선의 긍정적인 증거로 저장되어야 한다.

BI의 당면 과제는 데이터를 끝없이 쪼개지고 잘려 나갈 수 있지만 비즈니스 문제는 계속 변화한다는 것이다. BI 미래는 현재의 우선순위 문제를 근거하여 가장 유용한 차트가 무엇인지 제안하는 AI의 도움을 많이 받을 것이다.

실용적인 응용 프로그램에는 예측 텍스트를 사용하여 질문과 관련된 가능한 검색 용어를 설정하는 BI 시스템 내의 검색 용어에 대한 실시간 업데이트가 포함될 수 있다. 기계 학습 솔루션은 관련 검색어를 자동으로 예측하고 표시할 수 있다. AI는 끊임없이 변화하는 데이터 소스에서 학습하여 유사한 질문을 제안하고 더 나은 품질의 결과를 제공할 수 있다.

기계 학습에 의한 데이터 정리는 데이터의 간격, 중복 및 오류가 식별되고 인간 개입을 위해 복구되거나 보고되기 때문에 데이터 시각화의 위험을 줄이는 또 다른 영역이다. 검사 및 테스트 계획에 대한 영국 BI 시각화에서 데이터 원본의 날짜가 첫째 달과 둘째 날의 미국 형식으로 입력되어 처리에 결함이 발생할 수 있다. 기계 학습은 인간의 검토 없이 그러한 날짜를 이해할 수 있어야 한다. 마찬가지로, 길이 890m의 현장 오염물질 더미를 조사하기 위한 스프레드시트spreadsheet의 수동 데이터 입력은 테이프 측정에 의해 손으로 측정되며, 지정된 지역 내에 적합하지 않을 수 있으며, 드론에 의한 공중 조사와 교차하여 자동으로 89m로 수정될 수 있다. AI가 매일 더 많이 학습함에 따라 지도자들의 주요 오판으로 누적될 수 있는 일상적인 공사의 작지만 중요한 오류의 수는 줄어들 것이다.

그러나 검색 제안 및 데이터의 자동 수정 외에도 다른 응용 프로그램에서 AI를 사용하여 추세를 식별하고, 그들이 보고 싶은 시각화를 알아내고 다른 누군가가 사라지고 실제 시각화를 구축하지 않고 능동적으로 시각화를 만드는 비즈니스 시스템을 창출할 것이다. AI를 사용하는 자동 BI는 현재의 비즈니스 과제와 관련된 더 적절한 데이터 시각화를 찾고 대상 목표에서 벗어난 동향과 편차를 예측하기 위해 지속적으로 미래를 모색하기 때문에 비즈니스 의사 결정에 일대 변화를 가져올 것이다. 정적 차트보다는 데이터와 더 많은 대화가 있을 것이다. AI가 비즈니스에 어떤 문제가 있는지 파악하고 이를 품질 목표와 연관시켜 사용자와 대화할 수 있는 결과 및 예측을 제공할 것이다.

오늘날 컬러 차트의 전형적인 BI 대시보드는 1930년대에 매력적이던 초기 어린이 만화와 비슷할 수도 있지만, 판타지 세계에서 실제와 같은 풍경을 걷는 가상현실VR 헤드셋을 사용하는 오늘날의 비디오 게임과 비교되는 것은 거의 없다.

BI는 VR을 사용하여 진행하는 비즈니스 결과의 끊임없이 변화하는 환경이 될 수 있다. 자재 보관소를 중심으로 부적합 사항이 강조된 가상의 건설 현장을 거닐면서 목재 폐기물 수준 개선을 위한 제안사항을 확인할 수 있다. AI는 가상 세계에서 빨간색 삼각형을 사용하여 과거 실적이 경계선에 있는 하청업체가 구체적인 기준을 마련해야 하는 위험 항목을 강조 표시할 수 있다. 레이저 스캔 결과에서 즉시 업데이트를 통해 추가 입회 확인점과 추가 검사를 통해 품질관리를 자동으로 조정할 수 있다.

VR BI는 품질 전문가가 비디오나 오디오 소개 또는 설명을 VR 보고서에 추가한 후 고위 의사 결정자에게 일정 간격으로 경고할 수 있는 자체 보고서를 만들 것이다.

이러한 미래의 VR BI는 품질을 관리하고 보고하는 품질 전문가에게 훨씬 더 자극적이고 보람 있는 일이 될 것이다. 또한 이러한 혁신적인 보고서를 통해 기업 의제 품질의 중요성을 높일 것이며, 이는 비중 있는 월간 pdf나 종이 보고서의 몇 페이지보다 더 흥미로울 것이다.

물론 그러한 데이터 시각화에 대한 신뢰와 신뢰의 수준에 대한 도전이 있겠지만, 데이터 소스를 수동으로 연결하는 현재의 문제를 감안할 때, 나는 인간보다 더 높은 품질과 더 신뢰할 수 있는 데이터 시각화를 제공하는 AI에 눈을 돌리고 싶다.

AI와 인간 참여에 대한 더 넓은 쟁점들이 논쟁에 들어간다. 인간의 직관은 강력하지만 반대로 압도적인 증거에 직면하더라도 종종 잘못된 감정적 끌어당기는 것이다. 그것은 21세기 기업과 더 넓은 사회가 이해하고 수용하기 위한 중요한 과제가 될 것이다.

데이터 신뢰

중국의 만리장성 시대로 거슬러 올라가 건설업계를 괴롭혔던 근본적인 문제 중 하나는 아마도 매우 복잡하고 필연적으로 어려운 의사소통을 만들어내는 긴 단편화된 공급망이다. 기본 회의록과 개인의 행동 및 사건에 대한 리콜에 의존하는 엄청난 수의 회의, 모든 종류의 문제, 계약, 보고서 및 사양에 대해 여러 당사자 간에 활발한 e-메일의 줄거리(첨부 파일 포함), e-메일 pdf(일반적으로 녹음되지 않은 전화 통화)에 의존하는 것을 생각해보자. BIM 모델과 비즈니스 인텔리전스business intelligence 성과 보고서의 디지털 데이터 이전의 모바일 텍스트mobile text와 종이 편지인데, 건설업계가 의사소통 실패로 어려움을 겪는 게 이상하지 않은가?

심지어 이러한 BIM 모델을 협업과 집중을 위한 집합점으로 사용하는 디지털 플랫폼도 방대한 양의 데이터가 서로 다른 형식으로 구성되고 여러 위치에 분산된다는 지속적인 과제에 직면해 있다. 이와 같이 모델은 복잡한 건설 프로젝트의 기본적 필요성이지만 정보 요구사항의 기본 데이터는 4가지 바람에 던져진 동일한 데이망에 직면한다.

데이터 신뢰(데이터 안전 피난처라고도 함)는 다른 산업, 특히 의료 분야에서 이해관계자에 의한 데이터를 캡처, 액세스 및 공유하기 위한 단일 위치로 개발되었다.

건설 프로젝트 파트너 간에 보다 쉽게 복구할 수 있도록 프로젝트 구축 데이터를 분류하고 표준화할 수 있는 새로운 가능성을 열어줄 뿐만 아니라 데이터 분석의 더 스마트한 데이터 분석 방법을 개발할 수 있는 플랫폼도 제공한다.

영국 정부의 AI 백서에서는 데이터 신뢰에 대한 사례를 제시했다.[2]

> 특정 영역에서 AI에 데이터를 사용하기 위해 데이터 소유자와 사용자는 현재 사례별로 함께 모여 서로의 필요와 관심을 충족하는 조건에 합의하고 있다. AI가 이를 보다 쉽고 빈번하게 수행할 수 있도록 이들 당사자들이 개별적인 '데이터 신뢰'를 형성하여 관련 당사자들의 요구를 충족시키고 데이터 거래가 신뢰와 믿음으로 진행될 수 있도록 용어와 메커니즘을 개발할 것을 제안한다.
> 이러한 신뢰는 법적 실체나 기관이 아니라 오히려 당사자의 의무를 준수하고 공정하고 안전하며 공평한 방법으로 데이터를 공유하는 반복 가능한 틀에 의해 뒷받침되는 일련의 관계들이다.

현재 계약자, 공급자 및 고객은 건설 활동의 증거로 엄청난 수의 사진과 점점 더 많은 동영상을 촬영하고 개인적으로 저장할 것이다. 그러한 증거는 합의된 시간 범위 내에 작업을 완료해야 하는 긍정적인 이유와 합의된 품질 표준 또는 반대로 표준 이하의 작업의 증거일 수 있다. 사진과 동영상은 공간에서 방향이 지정되지 않으므로 지리적 위치가 정확하지는 않지만 올바른 방법으로 촬영하고 라벨이 붙여지면 중요하고 매우 유용한 데이터 세트가 될 수 있다. 개인 저장보다는 만약 그들이 업로드하고 액세스할 권한이 있는 사람들을 위해 안전하고 보안성 있는 클라우드에 저장된다면, 이러한 이미지를 모아서 특정 프로젝트에 대한 단기 분석과 많은 프로젝트에 대한 장기 반복 사용을 모두 반복할 수 있다. 간단한 인공지능 모델은 라벨이 부착된 양호한 결과와 나쁜 결과의 콘크리트 이미지를 사용하여 콘크리트 입방체 시험 결과 또는 육안 검사를 기다리는 수동 방법으로 식별하는 데 훨씬 더 오래 걸릴 수 있는 새로 타설된 구역보다 표준 이하의 콘크리트를 상대적으로 신속하게 식별할 수 있다. 정밀도와 속도의 증가는 AI가 이미지를 분석하면서 드론이 콘크리트 위를 순항하는 영상촬영을 통해 달성될 수 있다. 라벨이 붙은 콘크리트 이미지의 데이터 신뢰에 더 많은 예가 추가될수록 평가의 정확도가 증가한다.

데이터 저장 및 액세스 방법을 결정하기 위해 보안과 같은 문제를 신중히 고려해야 하지만 이와 유사한 문제가 모든 산업에 직면하고 있으며, 충분한 주의와 우선순위를 가지면 이러한 문제를 극복할 수 있다.

데이터 신뢰의 구조는 명확하고 모호하지 않은 범주로 설계되고 가능한 한 자유로운 접속으로 합리적인 비용으로 유지될 수 있도록 해야 한다. 원자력과 같은 일부 부문은 국가 안보 차원에서 민감한 범주의 방화벽이 필요할 수 있지만 대부분의 데이터는 사업 규모에 관계없이 구매 및 혁신을 장려하기 위해 공급망 전체에서 액세스할 수 있어야 한다.

그러나 모든 기술적 해결책과 마찬가지로 이상적으로 만들어지고 사전 합의된 문제를 해결하는 데 사용되어야 한다. 조기 채택자들이 비행과 건설 현장의 조감도 이미지를 포착하는 데 상당한 가치를 더하는 것으로 밝혀진 드론과 같은 새로운 기술이 등장할 때, 데이터 신뢰는 건축이 가장 효과적인 방법으로 설계될 수 있도록 해결하기 위한 명확한 문제부터 시작할 필요가 있다.

데이터 신뢰는 시간이 지남에 따라 품질 표준의 안정적인 벤치마킹 개발을 지원하여 업계가 투명하고 정량적인 수준의 성과를 영구적으로 개발할 수 있도록 한다. 결과적으로 이는 산업 전반에 걸쳐 지속적인 개선과 혁신을 촉진하는 데 도움이 될 것이다.

예를 들어, 콘크리트 타설 또는 지정된 허용 오차 내에서의 강재 설치를 위해 달성된 품질 수준에 대해 성능을 계산하고 보고할 수 있다. 생산성, 안전, 환경, 프로그램 시간 및 재료에 대한 방대한 데이터 세트는 AI 알고리즘과 보고서를 사용하여 분석할 수 있다. 이러한 보고서는 편견과 오류를 최소화하기 위해 신중하게 만들어져야 하지만 과거 건설 프로젝트에서 업로드된 데이터를 끌어내어 모범 사례를 식별하기 위해 분석할 수 있는 강력한 잠재력이 있으며, 중요한 것은 산업 내에서 이미 수집된 방대한 양의 데이터를 사용하여 과거의 실패를 피하려고 노력한다는 것이다. 앞으로, 특히 확실한 문제를 염두에 두고 데이터를 캡처할 경우, 최고 품질의 데이터를 캡처하고 저장하여 기존 데이터의 정확성과 유용성을 개선할 수 있다.

규제기관과 무역 협회는 독립적인 서비스를 제공하고 데이터의 품질을 감시하기 위해 특정 데이터 신뢰를 보호하는 보호자가 되기를 원할 수 있다. 그러나 업계는 플랫폼을 유지보수하고 보호하는 구조적 비용을 부담해야 한다.

Box 8.1 디지털 학습 포인트

비즈니스 인텔리전스 및 데이터 신뢰

1. 비즈니스 목표에 영향을 미치고 품질 목표, KPIs 및 측정 기준을 개발하여 비즈니스에 가치를 추가한다.
2. BI 소프트웨어 솔루션 Tableau, Microsoft BI, Qlik, Salesforce 및 Birst를 배우고 이해한다.
3. 데이터 시각화를 사용하여 품질 측정을 보여준다. 비즈니스 인텔리전스 /IT팀에 품질 요구 사항을 설명한다.
4. BI 프로세스가 통합 관리 시스템(IMS)의 일부로 매핑되었는지 확인한다.
5. 품질 센서, 플랜트 원격 측정 및 무선 주파수 식별(RFID) 태그에 대한 데이터 소스를 실험한다.
6. 데이터 신뢰를 만들고 협업한다.

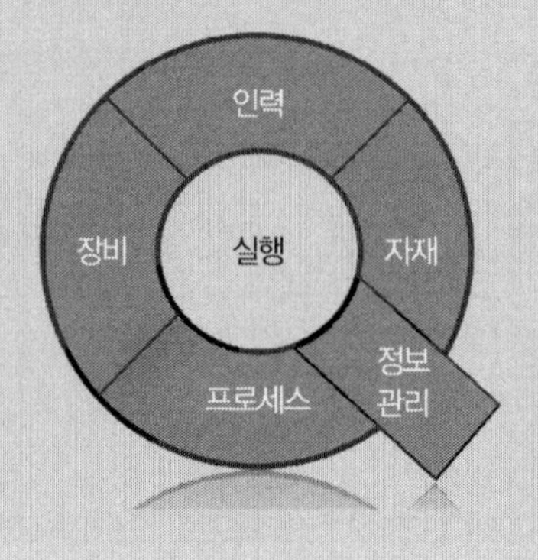

:: 미주

1 Moore, S., 'Gartner says worldwide business intelligence and analytics market to reach $18.3 billion in 2017'. Retrieved from www.gartner.com/newsroom/id/3612617 (accessed 17 February 2017).

2 Hall, W. and Pesenti, J., 'Growing the Artificial Intelligence industry in the UK' (2017). Retrieved from https://assets.publishing.service.gov.uk/government/uploads/system/uploads/attachment_data/file/652097/Growing_the_artificial_intelligence_industry_in_the_UK.pdf.

CHAPTER 09

품질관리 문화와 지배구조

CHAPTER 09

품질관리 문화와 지배구조

일반적으로 기업 지배구조와 그에 따른 품질관리 지배구조는 어떤 의미일까? '지배구조'는 조직이 관리하는 방식으로 정의된다.[1] 기업 지배구조의 목적은 장기적인 성공을 이끌어 낼 수 있는 효과적이고 기업가적이며 신중한 경영을 촉진하는 것으로 정의될 수 있다.[2]

모범 사례 기업 지배구조에는 세 가지 주요 요소가 포함된다.

- 의사 결정 구조
- 프로세스
- 협업

불행하게도 기업들은 이사회, 감사 및 보수 결정, 위원회 구성, 다양한 수준의 유용성 기록 절차를 가지고 있지만, 종단 간 프로세스를 항상 이해하지 못하고 모범 사례 품질 보고나 높은 수준의 협업을 개발하는 경우가 거의 없다. 조직 전체에 걸쳐 모범 사례의 능동적인 지배구조를 가능하게 한다.

사업에서 매일 수천 건의 미시적인 결정이 내려지고 있는 상황에서, 지배구조가 이사회와 감사원의 보고서 결과에 의존한다고 생각하는 것만으로도 의사 결정에 안주하고 불투명해질 것이다. 우리는 "왜 그 결정이 내려졌는가?"라는 질문에 대한 대답을 몇 번이나 들었다. "아, 그건 조 블로그Joe Bloggs였지만 그는 사업을 그만뒀기 때문에 저는 잘 모르겠다."

사후 프로필뿐만 아니라 각 프로세스 및 프로젝트의 개발을 위한 책임감 있는 컨설팅 정보 RACI 차트에도 명확하게 정의된 역할, 책임이 있어야 한다. 감사 추적은 개인이 위험관리하는 방법을 설명하도록 해야 한다. 설계 진실의 단일 출처로 BIM 디지털 모델을 비롯하여 지속적인 개선을 촉진하기 위한 긍정적이고 개방적인 문화를 포함한 기술을 사용하여 협업해야 한다.

좋은 지배구조의 윤리적 측면은 조직 전체에 걸쳐 운영되어야 한다. 이해 상충 방지 및 선언, 기밀 유지, 올바른 행동 및 특권 정보의 적절한 사용은 대표 이사에게만 국한되지 않으며, 이는 결정을 내릴 때 조직의 모든 사람에게까지 확대된다.

품질관리 지배구조의 목적은 '정의된 품질기준을 달성하고 지속적인 개선을 통해 건설 환경의 설계, 시공 및 운영 전반에 걸친 성과를 촉진하는 것'으로 정의할 수 있다. 조직은 품질관리 문제에 대해 살아 숨쉬는 좋은 지배구조를 유지해야 한다.

품질관리를 위한 일반적인 지배구조의 형태는 품질관리 위원회QMC로, 이사회에 보고하기 위해 대표 이사/품질 책임자가 의장을 맡는다(품질관리 책임자가 존재하지 않거나 이사회에 참석하지 않는 경우). 또한 품질 감사 및 부적합 보고서를 입력할 감사 또는 리스크 위원회가 있을 수 있다. 다른 대안으로는 유사한 정보를 받을 수 있는 사업 개선 또는 사업 우수위원회가 있다.

이사회 수준에서 품질관리를 담당하는 사람은 일반적으로 접수 및 마감된 숫자에 대한 부적합 데이터를 포함하는 단기 품질 보고서를 월 단위로 받을 수 있다. 모니터링되는 일부 품질 KPI가 있을 수 있지만 일반적으로 데이터는 뒤쳐지고, 품질 성과에 대한 광범위한 데이터가 아닌, 어떤 부적합 사항이나 개선 기회가 확인 및 보고되었는지 반영한다. 보고서 데이터는 재무, 사업 개발, 인사, 설계와 시공 및 기타 영역을 포함하는 사업 월간 보고서의 한 장을 구성하는 광범위한 SHEQ 월간 보고서 내에 묻혀 있을 수 있다.

품질 전문가가 품질 방침의 진실성과 연간 품질 목표가 달성되었음을 입증하기 위하여 매년 경영 검토MR 보고서를 작성할 수 있다. MR 보고서는 감사, 지속적인 개선, ISO 9001 조사 감사 및 인증, 고객 만족도 및 QMS에 대한 주요 성능 문제를 자세히 다룬다. 이러한 보고서는 항상 텍스트 형식으로 작성되며 공식 경영 검토 회의에서 책임 있는 이사회 대표 이사에게 제출된다. 나는 개인적으로 CEO가 한 번도 고개를 들지 않고 모바일로 바쁘게 타이핑을 하는 동안 36분 동안 계속된 그러한 연례 MR 회의를 직접 지켜본 적이 있다.

그러나 이러한 MR 회의의 회의록에는 인증기관의 간단한 질문을 충족시키기 위한 경영진의 약속, 지속적인 개선 등이 매우 상세하게 기록되어 있을 것이다.

위의 모든 것이 품질관리가 평판이 좋지 않은 이유이며, 프로젝트 입찰에서 매우 작은 상자에 체크 표시를 하는 ISO 9001 인증을 만족시키기 위한 표준 운영 절차일 수 있다. 품질 전문가가 보고 시스템의 설정, 관리 및 모니터링, 보고서 작성 및 권장 사항 작성, 회의 관리에 많은 시간을 할애 할 수 있기 때문에 비즈니스 리더가 어떤 통지도 받지 못하고, 요구되는 품질 성과보다 낮은 근본 원인을 다루는 데 관심을 기울이지 않기 때문이다.

품질관리 지배구조 원리(그림 9.1)는 비즈니스 프로세스, 협업 문화 및 의사 결정 구조를 함께 연계하기 위해 조직에 포함되어야 하며, 여기서 지속적으로 개선하고자 하는 결과를 올바른 리더십과 함께 가져올 가능성이 더 높다. 결정적으로 중요한 것은 지배구조 환경 내에서 품질 위험을 더 잘 이해하기 위해 프로세스와 협업 문화에서 올바른 정보 흐름을 가져오는 것이다.

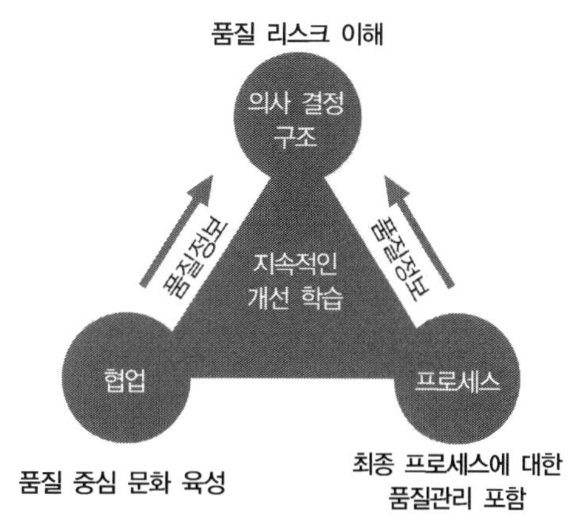

그림 9.1 품질관리 지배구조 원리

프로젝트의 품질관리 정보를 평가하는 것은 프로젝트 관리팀이 모니터링하는 프로세스 메트릭스와 KPI를 갖는 것을 의미해야 한다. 비즈니스 인트라넷의 첫 페이지에 의도적으로 품질을 표시하고 데이터에 대한 더 깊게 분석을 허용하는 맞춤형 BI 프로젝트 대시보드를 사용하면 사용자가 업무 시간에 품질을 가장 먼저 염두에 둘 수 있다.

품질 목표와 연결된 그러한 데이터를 정기 프로젝트 회의에서 두드러지게 검토하고 최고 경영진에게 보고하도록 하면, 고위 경영진들은 그 보고서를 다시 조사하고 질의하여 그 프로젝트의 일상적인 품질 성과에 더 많은 노출이 나타나도록 할 것이다.

비즈니스 문화는 조직에서 일하는 '사람들의 정신'[3] 또는 단순히 '영혼' 또는 'DNA'로 정의될 수 있다. 그러한 정의에서 공통적인 구성 요소는 사람들과 그들이 결과를 얻기 위해 서로 어떻게 상호 작용하는가이다.

새로운 개방 문화를 개발하는 것은 품질관리 지배구조 성공에 매우 중요하다. 조직 전체의 사람들이 프로세스의 결함(프로세스를 개선해야 하거나 프로세스를 준수하지 않는 사람)에 안전하게 도전할 수 있다고 느끼지 않는 한, 품질관리에 대한 긍정적인 태도보다 덜 긍정적인 태도를 보고하고, 부적합 사항을 보고하고 매번 열정적으로 품질을 홍보하면 조직 문화는 비용과 시간에 뜻이 같은 사람을 중심으로 자연스럽게 통합된다. 다시 말해, 품질 전문가들은 비용과 프로그램에 집중하는 전형적인 성과 지표를 유감스럽게 생각할 수 있지만, 조직 문화의 일부로 품질을 홍보하지 않는 한 그 공백은 다른 비즈니스 목표에 대한 끊임없는 잡담으로 가득 차게 될 것이다.

이러한 품질의 문화는 다시 한번 정상으로부터 나타나야 하며, 매일 각 경영진은 필요한 수준까지 완료된 작업에 대한 칭찬하고, 부적합 사항을 긍정적인 학습으로 높이고, 캠페인을 지원하고, 품질에 대한 블로그 게시물을 게시하고, 공개적으로 고객을 환영하는 것으로 보여야 한다. 데이터 품질과 같은 기술 문제를 피드백하고 질의하며, AI가 품질관리 지식과 모범 사례를 높이기 위해 어떻게 사용될 수 있는지 묻는 등 개인적인 품질 사례를 보여주어야 한다. 경영진의 지지는 직원, 컨설턴트, 공급업체 및 하청업체에게 품질이 매우 중요하다는 강력한 신호다.

의사 결정 구조에 전달되는 품질관리 정보는 다양한 형태로 나타날 수 있다. 직원 설문조사의 품질 측정은 품질에 대한 태도를 측정하고 품질 문제에 대한 직원의 '강한 관심'을 이해하기 위한 인터뷰 및 비공식 토론 회의를 통해 후속 조치를 허용할 수 있다. 품질이 한두 가지 질문으로 압축될 수 있는 1년에 한 번 정도만 하는 중량급 직원 조사보다는 설문조사 프로그램인 Survey Monkey[4]를 사용하여 1분도 채 안 되는 짧고 날카로운 온라인 조사를 사용하는 것이 좋다. 설문 조사 결과를 사용하고, 무료 샌드위치와 커피를 마시며, 30분 동안 대화식으로 '점심 및 학습'을 하고 경영진의 Q&A(경영진이 설문 조사에서 밝혀진 문제를 파악하기 위해 질문을 하는 경우)를 추가함으로써 며칠에 걸쳐 품질의 문화 문제에 대한 신속한 보고서를 작성할 수 있다. 최상의 결과는 개선 루프를 완료하기 위한 '당신이 말했고, 우리가 듣고, 여기에 개선 사항이 있다'는 태도로 피드백되어야 한다. 품질 문제가 처리되고 있다는 비즈니스에 대한 자신감을 높이고 지속적인 개선에 대한 긍정적인 접근 방식을 강화하는 것이다.

그 결과, 인지된 품질관리의 차이를 강조하기 위해 프로세스, 팀, 부서 또는 기타 범주에 의해 '하천' 조사 지도를 제작할 수 있다. 범주별 점수 응답을 평균화하여 익명으로 표시함으로써, 조직 내에서 모범 사례의 출처를 가리키기 위해 높은 인식과 낮은 인식으로 지도를 표시할 수 있다.

예를 들어, 직원에게 보낸 설문조사는 다음과 같다.

1에서 5까지의 척도에서, 1은 허용되지 않는 경우, 3은 최소 품질이고 5는 건설업계에서 최고이다. 점수를 매겨주십시오.

질문 1: 인력 채용 과정에 대한 결과의 품질

응답을 수집할 수 있고 전체 평균 점수가 3.6점으로 설정된다.

인사팀에서는 질문 점수가 총 4.1점으로 가장 높았고 현장 관리팀에서는 총 2.3점으로 가장 낮았다.

마찬가지로 다른 질문도 묻고 채점하며, 각 팀의 직원 수에 따라 가중치를 부여할 수 있다.

질문 2: 경영진 리더십 팀의 품질에 대한 약속
질문 3: 현장의 시공 품질
질문 4: 설계 팀의 버전 관리 효과
질문 5: 내부 고객-공급자 관습의 결과

설문 조사 질문은 요구되는 품질관리 및 비즈니스 목표를 지원하는 데 필요한 결과에 따라 하나의 프로세스 또는 품질의 한 측면 또는 하나의 팀에 초점을 맞출 수 있다.

따라서 표 9.1에 표시된 이러한 결과를 통해 조직 내 인식의 주요 차이를 강조하기 위해 그래프를 표시할 수 있다. 그림 9.2는 각 질문에 대한 계획된 점수가 현장 시공팀의 집계된 점수를 어떻게 찾을 수 있는지를 보여준다.

질문의 흐름에 대한 가장 폭넓은 인식은 질문 1과 2이며, 이상적으로는 모든 질문 점수가 가장 높은 점수까지 올라가야 하지만 시간에 따라 최고 점수 및 최저 점수 사이에 있는 점수에 집중하여 개선에 가장 큰 영향을 미치는 것이 더 효율적일 수 있다. 상식과 비즈니스 우선순위가 그러한 결정을 형성할 것이다.

표 9.1 질문 점수의 요약

팀	질문 1	질문 2	질문 3	질문 4	질문 5
자금	3.9	3.9	3.8	3.7	2.9
인력	4.1	3.7	3.6	3.6	3.0
품질	3.8	3.0	4.2	3.3	2.8
현장 시공	2.3	2.5	4.5	3.4	3.1
설계	3.7	2.4	3.7	4.0	3.1
안전	3.5	4.0	3.9	3.5	3.0
보건과 안전	3.4	4.3	4.0	3.7	3.5

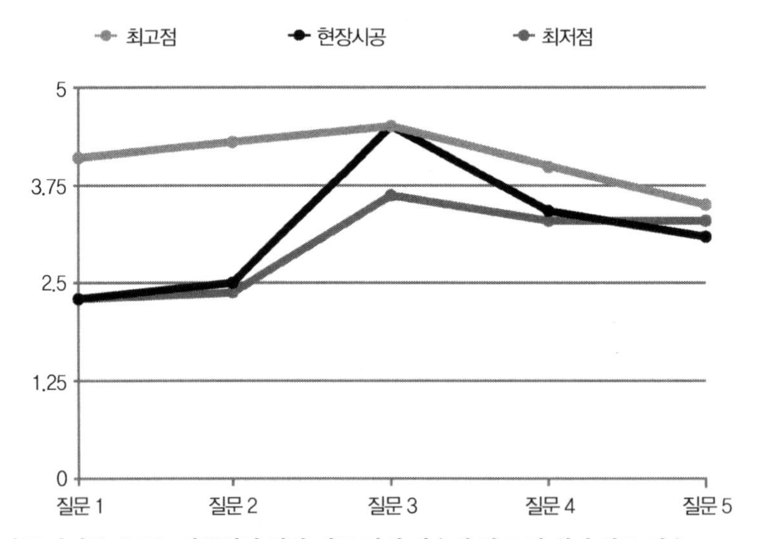

그림 9.2 두 강둑 사이를 흐르는 강물처럼 현장 시공 팀의 점수대 최고 및 최저 질문 점수

품질 전문가가 촉진자 역할을 하는 상황에서 개선을 위해 탐구할 가치가 있는 영역은 다음과 같다.

- Q1: 현장 시공 팀과 인사HR 팀 간의 채용 인식
- Q2: 현장 시공과 보건안전H&S 팀 간의 품질 인식에 대한 경영진 리더십
- Q3: 시공 품질에 대한 건설 현장의 인식과 HR의 인식 차이

하천 측량지도의 개념은 팀 간의 품질관리 지식을 테스트하고 최고 점수를 사용하여 최저 점수를 받는 사람들을 교육하는 등 다양한 방법으로 사용될 수 있다. 한 팀이 가장

낮은 점수자가 있는 곳에서 더 높은 수준의 지식을 가지고 있는 이유를 알아내면 IT 액세스 문제에서 CoP에 대한 시간 약속에 따른 다른 관리 방식에 이르기까지 모든 종류의 개선 사항을 밝힐 수 있다.

모범 사례, 반전된 내부 품질관리 지배구조는 그림 9.3과 같다.

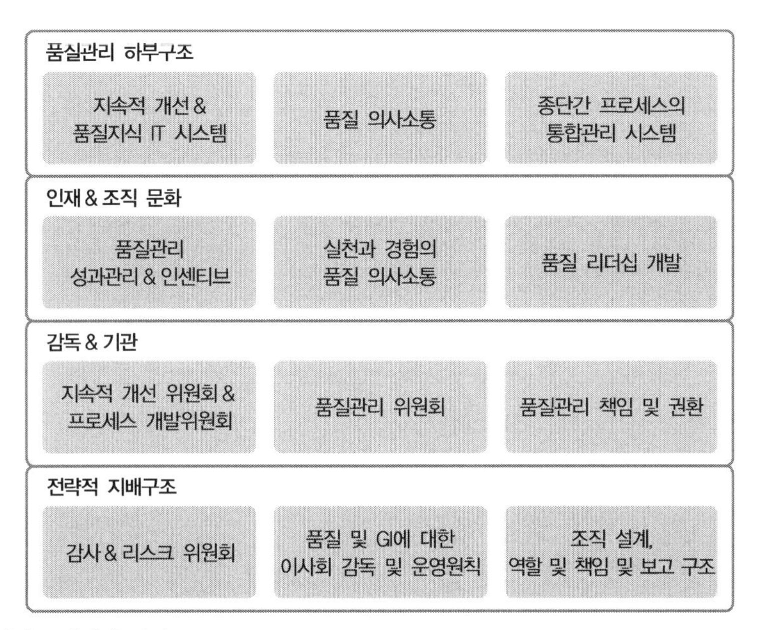

그림 9.3 반전된 품질관리 지배구조

이 모델은 비즈니스 규모, 유형 및 문화에 따라 조정되어야 하며 일부 위원회는 서로 다른 이름을 가질 수 있다. 중소기업에서는 지속적 개선위원회, 공정발전위원회 또는 품질관리 위원회가 하나의 위원회 또는 실무그룹이 될 수 있다.

이 모델은 정부 규제 및 규제기관, 인증기관, CQI CONSIG(건설 특수 이익 그룹) 및 CQI 개별 회원 기준, 비정부 기구NGO, 사이트 주변의 일반 대중과 품질 문제를 강조하는 미디어 및 무역 저널에 이르기까지 다양한 외부 품질관리 견제와 이해 관계자를 보유할 것이다. 외부 불만사항은 외부 기관과 개인에 대한 조치를 강력하게 조사, 개선 및 입증할 수 있는 기회를 제공하는 긍정적인 품질관리 측면으로 보아야 한다. 산업 그룹, 학계 및 비영리 단체로부터 그 사업은 품질관리 지배구조를 벤치마킹하여 접근 방식, 방법 및 리스크 관리를 더욱 개선할 수 있다.

품질관리 인프라는 지배구조에 기대되는 최전선의 어려운 요소다. 지속적인 개선CI 및 품질 지식 시스템은 부적합에 대한 데이터베이스에서 코드화된 지식의 수용체, 대면 전문 지식이 없는 경우 지침과 조언에 접근할 수 있는 KM 모범 사례 연구에 이르기까지 체계화된 지식의 저장소가 포함될 것이다. 품질 도구는 단순한 5가지 이유에서 보다 정교한 린 6시그마Lean Six Sigma와 TRIZ에 이르기까지 문제 해결에 실용적인 도구다. 온라인 학습을 통한 예와 사례연구는 쉽게 접할 수 있어야 한다.

의사소통에는 직원 브리핑과 품질 저하, 품질 경고, 비즈니스 뉴스레터, 인트라넷 뉴스 게시판, 고객 조사 결과, 캠페인 활동, 포스터, 비디오, 프레젠테이션, 점심 및 학습 세션, 직원 제안서 및 소셜 미디어가 포함된다.

품질 정책, 절차, 프로세스 맵, 작업 지침 및 사용자 매뉴얼, 템플릿 및 양식은 통합 관리 시스템IMS의 일부를 구성해야 한다. IMS 및 고품질 KM 시스템은 사용을 장려하기 위해 대화형, 사용자 친화적인 포털과 밀접하게 연결되어야 한다.

사람의 재능과 조직 문화는 지배구조의 고동치는 심장부를 형성한다. 이것이 바로 훈계가 실천되어야 할 부분이다. 품질관리 성과와 인센티브는 그들이 수행하는 업무에서 품질과 CI에 초점을 맞춘 모든 사람들의 일상적 상호작용에 기초해야 한다. 관리자의 직원들에 대한 보상과 인정은 성과급을 포함한 연간 보너스와 함께 상당한 성과로서 상당한 비율로 품질을 가져야 한다. 위임된 수준의 권한은 모든 사람이 자신의 업무를 처음과 매번 제대로 수행할 수 있도록 자신의 품질 '권리'를 이해할 수 있는 자신감을 주기 위해 발표되어야 한다. 검사 및 시험은 품질이 어떻게 관리되고 있는지 고객 입회자에게 정직하게 입증해야 하며 결함을 숨기려고 하지 말고 근본 원인을 수정하기 위해 취한 원인과 조치를 설명해야 한다. 그것은 고객에게 훨씬 더 많은 자신감과 신뢰를 심어줄 것이다.

품질 지식경영 IT 시스템을 지원하기 위해 실천 및 경험 공동체는 문서관리, 데이터 품질 또는 검사 및 시험과 같은 특정 주제에 대해 나열된 '전문가'에 접근할 수 있는 통로다. 이것은 직접 대면하거나 전화나 스카이프로 할 수 있다. 직원들이 해당 개인에게 신속하게 접근하고 문제 해결을 위한 토론과 토론에 참여할 수 있도록 정기적인 세션은 예약 및 공지될 것이다.

품질 리더십은 사람들의 행동에 끊임없이 나타나야 하는 품질관리의 대사적인 측면이다. 그들이 말하는 것뿐만 아니라 그들이 말하는 방식도 그렇다. CEO가 품질 전문가와 함께 공장, 사무실 또는 건설 현장을 돌아다니며 품질의 중요성에 대한 진언을 적극적으로 듣고 칭찬하고 반복하는가? 인턴사원이 미팅에서 품질 문제를 제기하고 조치를 취할 수 있도록 충분한 격려를 받았는가? 그들은 나중에 목소리를 높였다고 칭찬받았나? 비즈니스의 다양성 전반에 걸쳐 성, 성적 특질, 민족성, 나이, 장애에 관계없이 모든 사람을 포함하는 품질 리더십이 분명히 존재하는가?

국제 표준인 ISO 10018, 인력 참여 및 역량에 관한 지침은 조직 내에서 인력 역량 개발에 대한 분석, 계획, 구현 및 평가 프로세스에 대한 유용한 조언을 제공한다.[5]

모든 사람은 초기 입문, e-러닝 모듈, 내부 강의실 과정, 품질관리에 대한 CQI 자격증 및 인증서,[6] BSI ISO 9001 QMS 및 포츠머스Portsmouth대학교의 감사원 석사 과정[7]을 통해 품질 문제에 대한 교육, 학습 및 교육을 받을 수 있어야 한다.[8] TED 스타일[9]의 10분짜리 강연은 품질 전문가들이 주제를 소개하는 효과적이고 매력적인 방법이다.

감독 당국은 데이터베이스를 통해 제기된 주간 부적합 사항, 모범 사례 및 관찰에 초점을 맞춘 다양한 직원들로 구성된 CI(때로는 비즈니스 우수성으로 분류됨) 위원회를 소집한다. 품질관리 위원회는 매월 최소 1명 이상의 임원이 참석하는 회의를 개최해야 하며, 그중 한 명은 회의를 주재하거나 적극적인 역할을 담당해야 한다. 품질에 관한 일상적 권한은 직무 기술서나 게시물 프로필에 기록되어야 하며, 중요한 품질 문제를 해결하기 위해 생산을 중단하는 사람이 있는지 여부를 입증해야 한다. 진보 성향의 기업은 CEO가 서명한 신용카드 크기의 권한 있는 카드를 발행할 수 있으며, 이는 누구든지 심각한 품질관리 실패를 발견하면 업무를 중단하고 보고/조치해야 한다는 것을 의미한다. 프로세스 개발위원회PDC는 매주 새롭고 개선된 프로세스 지도, 절차 또는 기타 중요한 관리 시스템 구성 요소에 따라 별도로 평가할 것이다. 작업 지침, 사용자 설명서 및 양식은 프로세스 소유자의 재량 및 권한에 따라 도입 또는 변경할 수 있다.

PDC는 품질관리, 환경, 안전 및 규제 업무를 제공하기 위해 사업 보증 기능에서 소수의 구성원을 뽑고, 해당 주의 시스템 안건과 관련된 직권 전문가를 불러들일 것이다.

프로세스 소유자는 변경의 이유를 설명하기 위해 참석할 것이며, 필요한 협의가 이루어졌음을 보여주고 향후 근본 원인 조사에 대한 기록을 제공할 수 있도록 기록을 작성할 것이다.

PDC는 관리 시스템에 대한 프로세스 관리 지배구조를 유지하기 위한 제안을 승인하거나 거부한다.

전략적 지배구조는 그림 9.3의 하단에 나와 있다. 품질관리 문제가 있음을 알게 될 때는 이미 너무 늦었을 수 있으며, 조직이 품질 문제가 발생하는 장소와 시기에 대해 찾아 시정 조치를 취해야 한다는 것을 보여준다. 감사 및 리스크 위원회는 품질 리스크를 평가하고 모니터링하여 이사회에 보고하고, 그 다음 안전이 보장된 후 품질을 최우선 항목으로 두어야 한다. 이사회가 품질관리 지배구조에 대해 제시하는 논조는 매우 중요하다. 성과를 축하하고 개선을 위한 영역을 강조함으로써 직원들에게 품질은 비즈니스 DNA의 핵심 부분이라는 단서를 제공한다. 품질이 올바르면 안전도 마찬가지다. 조직의 전반적인 설계 및 역할과 책임은 조직의 정신에 효과적인 품질관리를 '강화'해야 한다.

좋은 품질 지배구조는 기업에 대한 공개를 포함한다. 품질 정책만 발표하면 외부 이해관계자들이 실패하는데, 그 정책이 현실에서 무엇을 의미하는지, 그리고 그것이 어떻게 안전하고 지속적인 개선을 실질적인 방법으로 추진하고 있는지에 대한 설명이 거의 없기 때문이다. 기업별 연간 보고서에는 품질관리 성과 및 성공에 대한 몇 페이지가 포함되어야 하며 결함, 재작업 및 사고에 대해 투명해야 한다. 이것들은 주주들의 민감성에 대해 아무리 불편하더라도 배우는 에피소드들이다.

품질관리 보고는 다음을 위해 사용할 수 있는 기술을 활용해야 한다.

- BI 대시보드는 가장 중요한 문제를 자동으로 표시하는 시각화를 사용하여 성과를 실시간으로 보고한다.
- 경영진들이 현장, 사무실 및 공급망 DfMA 공장을 둘러보고 품질 관련 문제를 '보기' 위한 VR 프레젠테이션
- 이사회 회의 중에 드론 검사를 수행하여 현장의 문제를 비디오로 확인함으로써 현장 품질을 이사회에 제공한다.
- 구조, 보고, 품질 준수 윤리, QMC 주제 토론을 제기하기 위한 간단한 의사소통 및 품질관리 책임을 다루는 게시물 프로필 개선을 포함하는 품질관리 지배구조 관련 앱
- Microburst 온라인 교육 및 e-learning은 2분 정도 걸릴 수 있으며 빠른 테스트 후에 사내 품질관리 자격을 위한 교육 이수 증명서를 제공한다.
- 짧은 영상은 커뮤니케이션을 위해 광범위하게 사용되어야 한다. 사람들은 한 페이지

의 텍스트를 읽는 것보다 30초짜리 짧은 비디오를 볼 가능성이 더 높다. 직원들은 스마트폰과 태블릿을 사용하여 문제를 전달할 수 있는 자신의 동영상을 만들도록 권장하고 교육을 받아야 한다. 그것은 실제로 사무실이나 현장에서 직접 촬영된 동영상이 역효과를 낳을 수 있는 화려한 제작물이 될 필요는 없다.

- 너무 많은 데이터와 정보가 의사 결정권자들에게 전달되어 중요한 추세를 놓칠 수 있는 건조하고 긴 보고서가 21세기에는 우스꽝스럽다. 정보를 필터링, 학습 및 요약하는 AI를 도입하는 것이 문제와 옵션을 식별하는 주요 방법이어야 한다. AI는 직원 e-러닝 수준에 대해 보고하고 부적합 수준에 연결하여 학습할 주제의 개별 교육 패키지를 식별할 수 있다.

품질관리 감사는 위험을 식별하고 요구사항이 충족되었는지를 판단하기 위한 객관적인 증거를 수집하여 QMS의 효과를 평가하는 한 가지 방법이다. 내부 품질 감사는 일반적으로 다음을 선택하여 다음 연도 말에 대한 감사 일정을 수립하여 실시한다.

- 핵심 프로세스를 대표하는 관리 시스템의 요소
- ISO 9001과 같은 조정되거나 인증된 관리 표준
- 경영 검토 결과
- 과거 감사 결과
- 법적 및 규제적 부적합 사항, 불만 사항 및 공급망 문제와 같은 이해관계자의 우려

개별 감사는 다음과 같은 범주에 속할 수 있다.

- 프로세스 소유자 및 그 대리인에 의한 자체 평가
- 증거의 바탕 화면 검토
- 작업 관행에 대한 관찰을 포함하는 완전한 독립적 감사
- 대면 토론 및 인터뷰

각 감사는 사전에 조사된 질문과 지시 메시지로 신중하게 계획되어야 하며, 확인된 위험

을 추적하기 위해 준비된 질문에서 문제를 추적할 수 있는 유연성을 유지해야 한다. 증거가 기록되고 관리 시스템, 관찰, 모범 사례 및 개선 기회에 대한 부적합 사항이 보고될 수 있다. 우선순위가 높은 감사를 수행할 때는 다기능 감사팀을 고려해야 한다. 공정과 기술 역량을 모두 평가하도록 보장하면 공정 평가에 의존하는 것보다 전체 감사가 더 잘 이루어질 수 있다.

AI는 재무 및 리스크 감사를 위해 도입되기 시작했으며 향후 몇 년 동안 감사 절차를 개선하고 가속화할 수 있는 기회를 제공한다. 기록의 증거를 관리 시스템 프로세스와 비교하고 프로세스 운영자로부터 취합한 오디오 및 비디오 증거를 기록함으로써 AI가 개선 영역에 대한 측정 가능한 결과 및 부적합 유형에 대해 보고하는 일반 영어 보고서를 작성할 수 있어야 한다. AI 감사 소프트웨어가 학습 및 개선됨에 따라 감사자 역할이 사라지거나 AI 자체만으로 다른 수준의 감사로 진화해야 한다.

이러한 문제는 품질관리 AI 지배구조로 이어진다. AI 과학의 상당 부분은 블랙박스 사고를 거친 후 결과를 생성하는 AI에 의해 작성되고 자체 학습되는 모호한 알고리즘을 필요로 한다. 이는 상당한 자원 없이 해독하고 증명하는 것이 사실상 불가능할 수 있다. 로봇에 윤리적 블랙박스를 장착하는 방안이 있는데, 이 제안은 운영자들이 왜 사고와 사고가 발생했는지에 대한 설명을 AI에 요청할 수 있게 해줄 것이다.[10] 이는 추가적인 감사 기능을 제공하고 AI에게 의사 결정에 대한 점점 더 많은 자율성을 부여하는 우려를 잠재적으로 극복할 것이다. 품질 감사자는 AI 스트레스 검사 처리 순서를 평가하는 방법을 이해하고, 알고리즘 편견을 극복하고, 이해 관계자를 위한 AI 출력을 해석하는 방법을 이해하고, 결과를 이해하기 위해 재교육이 필요할 수 있다(이보다 까다로운 영역조차도 시간이 지나면 AI 자체로 극복될 것임). 예를 들어, AI가 통계적 공정관리를 통해 콘크리트 입방체 압축강도 시료의 추세 분석을 규정하면 좋은 일이기는 하지만 변동이 사양을 벗어나고 여전히 특정 허용오차 내에 있으면 고객이 확실한 인정에 동의하는가? 이러한 콘크리트 배치를 거부할 경우 프로젝트 기간과 비용은 어떻게 되는가?

Box 9.1 디지털 학습 포인트

품질관리 문화 및 지배구조

1. 품질관리 지배구조 원리에는 의사 결정, 구조 결정, 프로세스 및 협업의 세 가지 요소가 있다.
2. 하천 측량도를 이용하여 품질문화와 벤치마크를 개발한다.
3. 품질관리 지배구조의 구조는 품질관리 인프라, 인재 및 조직 문화, 감독 및 권한, 전략적 지배구조를 포함한다.
4. 기술을 실제 보고에 활용하고 비즈니스 가치를 더하는 의사 결정자에게 지표를 유도한다.
5. 서로 다른 사용자에게 맞춤화된 혁신적인 품질관리 학습을 위해 마이크로 버스트 비디오, 앱 및 VR을 사용한다.

:: 미주

1 *Collins English Dictionary*, 'Data'. Retrieved from www.collinsdictionary.com/dictionary/english/governance

2 ICAEW, 'What is corporate governance?' Retrieved from www.icaew.com/technical/corporate-governance/uk-corporate-governance/does-corporate-governance-matter.

3 kununu, 'What is company culture? 25 business leaders share their own definition'. Blog. Retrieved from https://transparency.kununu.com/leaders-answer-what-iscompany-culture/ (accessed 31 March 2017).

4 SurveyMonkey, Retrieved from www.surveymonkey.co.uk

5 BSI, *BS ISO 10018:2012 Quality Management: Guidelines on People Involvement and Competence* (Milton Keynes: BSI Standards Limited, 2012).

6 CQI, 'CQI Training Certificates in Quality Management'. Retrieved from www.quality.org/CQI-training-certificates-in-Quality-Management.

7 BSI, *Training Courses for ISO 9001 Quality Management*. Retrieved from www.bsigroup.com/en-GB/iso-9001-quality-management/iso-9001-training-courses/?creative=194426026494&keyword=iso%209001%20course&matchtype=p&network=g&device=c&gclid=Cj0KCQjwgOzdBRDlARIsAJ6_HNnegv8lMukZ2lDkUzIAtug-hpa07zbY6-ajRuv53lDJGh2eyUBTWYsaAmJrEALw_wcB.

8 University of Portsmouth, MSc in Quality Management. Retrieved from www2.port.ac.uk/courses/business-and-management/msc-strategic-quality-management/

9 TED-ideas worth spreading. Retrieved from www.ted.com

10 The *Guardian*, 'Give robots an "ethical black box" to track and explain decisions, say scientists', 19 July 2017. Retrieved from www.theguardian.com/science/2017/jul/19/give-robots-an-ethical-black-box-to-track-and-explain-decisions-say-scientists.

CHAPTER 10

디지털 역량

CHAPTER 10

디지털 역량

우리는 그를 John이라고 부를 것이다. 그는 그의 분야에서 매우 경험이 많은 품질 관리자였고 전문 감사자였다. John은 매우 상냥했고 경험이 적은 품질 전문가들을 지도하고 멘토링을 하는 것을 즐겼다. 그는 전통적인 품질 감사에서 오랜 경험을 가지고 있었고 훈련된 접근법에 자부심을 가지고 있었다. 예정된 감사 일주일 전, 그는 현장에 도착하기 전에 체크리스트와 질문을 준비하고 공급 업체에 의해 전달될(일반적으로) 서류 기록의 샘플을 요청했다.

그런 다음 그는 힘들게 감사 결과를 작성하고 그 다음 주에 감사 보고서를 작성한 다음 '적색' 감사로 표시되지 않는 한 팀 외부의 누구도 거의 읽지 않는 여러 페이지의 텍스트로 구성된 보고서를 발행했다. 그는 ISO 9001에 따라 확인란에 표시하기 위해 감사 프로그램에 대하여 계속 진행할 수 있도록 우리 팀에서 신뢰할 수 있는 사람이었다.

내가 공장 바닥과 건설 현장에서 실시간 성과 보고를 개발하자고 제안했을 때 그는 깜짝 놀라지 않았지만 진정으로 당황했다. John에게 주요 의사 결정권자, 공급업체 및 하도급 업체에게 맞춘 비즈니스 인텔리전스 대시보드에서 라이브 성과를 보는 것은 혐오스러운 일이었다. 나는 그가 전에 한 번도 그것을 접해본 적이 없기 때문에 그를 비난할 수 없었지만 그것은 나에게 품질 전문가들 내에서 디지털 역량을 구축하는 것의 중요성을 보여주었다. 디지털 역량은 소유자가 디지털 정보를 살아 숨 쉬고 그 가치와 잠재력을 높이 평가할 수 있도록 보장하는 명시된 역량 수준의 기술이다. 보고서 작성, 기본 스프레드시트 능력,

지속적인 프레젠테이션에 대한 우수한 정보 기술 수준을 갖추는 것은 이 문제에 대한 것이 아니다. 점심시간에 새로운 응용 프로그램을 만드는 것도 슈퍼프로그래밍 기술이 아니다. 디지털 역량은 일반적으로 일과 삶을 통해 흐르는 정보의 근본적인 중요성에 대해 생각하는 방법이다. 업무 수행에 필요한 데이터, 정보, 지식을 어떻게 알아내야 할까? 조직은 정보를 어떻게 취급하는가? 잘 계획된 전략을 가지고 있는가? 어떻게 소셜 미디어 플랫폼을 사용하여 조직 전체에 걸쳐 아이디어와 질문을 안전하고 비밀리에 효과적으로 전달할 수 있는가?

이상적으로는 개인의 교육과 과거의 경험이 디지털 역량에 대한 깊은 인식을 심어주었지만 현재로서는 그럴 가능성이 거의 없으며, 기업은 개인의 현재 역량을 공식적으로 평가하고 개인 개발 과정의 일부로 개선할 수 있는 영역을 식별해야 한다.

JISC[1]은 비즈니스 내에서 필수적인 기술과 역량을 구축하는 데 대한 더 많은 생각을 촉구하는 데 도움이 되는 디지털 역량[2]에 대한 우수한 프레임 워크를 가지고 있다. 교육용으로 만들어진 이 프레임 워크는 비즈니스 세계와 관련이 있다. 그러나 조직이 디지털 역량에 대한 전문적인 접근 방식을 만드는지 여부에 관계없이 품질 전문가는 조직의 품질관리를 최적화하기 위해 자신의 디지털 기술을 개발해야 한다. 이러한 기술에는 다음이 포함된다.

- JCT 숙련도: 업그레이드 및 신작을 최신 상태로 유지할 수 있는 기능과 함께 정보 및 통신 기술, 하드웨어, 응용 프로그램, 소프트웨어 및 서비스를 사용한다. 올바른 작업에 적합한 기술을 선택하는 방법을 이해하고 결과를 얻기 위해 다양한 디지털 도구에서 유창하게 작업한다. 단순한 일상적인 문제를 처리할 수 있는 탄력성Control-Alt-Delete
- 정보 및 데이터 활용 능력: 디지털 정보를 효율적으로 식별, 액세스, 관리, 구성 및 공유하는 방법에 대한 직관적 이해. 정보의 증명과 정보의 복사 및 조작에 대한 정보 재산권의 인정에 기초하여 정보의 출처를 구별하는 능력. 분석을 통해 데이터를 해석하는 방법을 알고, 의문을 제기하고 알고리즘을 이해하고, 데이터 보호 규칙을 준수한다.
- 디지털 생성: 코드, 디지털 작성, 오디오 및 비디오, 웹 페이지, 앱, 대체 작업 및 소셜 미디어 기반 환경에서 제작, 편집 및 게시 프로세스와 같은 디지털 인공물을 설계하고 생성하는 방법을 알고 있다. 사람들이 여행할 때나 집에서 원격으로 일하면서 새로운 아이디어를 통해 혁신을 추구하고 결과를 달성하기 위해 디지털 방식으로 프로젝트를

관리하는 방법을 아는 것이 더욱 보편화되었다. 모범 사례, 새로운 아이디어를 찾고 증거를 공유하기 위한 디지털 연구는 문제 해결을 위한 필수 조건이다.

- 디지털 커뮤니케이션: 비디오, 전화 통화, 웹 채팅, Skype, Yammer(기업용 소셜 네트워크 서비스), 이메일, 문자 및 각 미디어 유형에 대한 지식 에티켓, 사회적 규범 및 개인 정보 설정의 디지털 공간에서 효과적인 커뮤니케이션, 허위 및 사기성 커뮤니케이션을 파악할 수 있을 만큼 충분히 잘 알고 있다. 중요한 기능은 이러한 디지털 공간을 통한 협업이며, 정보 공유는 팀의 생산성 향상을 위해 확립되고 필수적인 부분이다. 정보를 저장하고 '정보가 힘'이라고 생각하는 것은 실패하고 결함이 있는 접근 방식이며 정면으로 대처해야 한다.
- 비즈니스 소셜 네트워크(사회 관계망) 구축 및 유지: Linkedln과 같은 관계를 구축하고 정보와 지식에 접근하는 것은 비즈니스와 개인에게 장기적인 혜택을 가져다주는 참여 기술이다. 유용한 지식을 찾기 위해 누구를 찾아야 하는지 아는 것은 고용주의 조직으로 성숙해가는 데 통과의 권리 중 하나다. 그냥 옆에 앉아 있는 동료에게 눈을 돌리거나 라인line 관리자에게 물어보는 대신에, 온라인에 접속해서 주제 전문가를 찾아내는 것은 정보의 효율적인 전달을 향상시킨다. 적합한 인물을 찾을 수 있는 것은 비즈니스 인트라넷 또는 내부 야머Yammer 네트워크일 수 있지만, 그렇게 함으로써 모든 조직 내에서 디지털 바퀴에 기름을 부을 수 있다.
- 디지털 학습: 자기 성찰을 통해 디지털 학습을 하고 싶은 갈망과 호기심, 멘토 및 멘티가 되고, 디지털 피드백을 요청하고 이에 따라 행동하며 자신의 시간을 효율적으로 관리한다. 디지털 학습의 옹호자이자 챔피언이 되면 기업의 문화가 풍부해지고 안전하게 공유하고 도움을 요청할 수 있다. 온라인상에는 너무나 많은 정보와 지식이 있어서 프로젝트나 작업에 적절하고 유용한 것을 분류, 접근 및 이해하기 위한 체계적인 접근방식을 갖는 것은 정보 과부하의 위험이 있고, 그것이 부정적인 영향을 미칠 수 있는 핵심 능력이다. YouTube, Google 도서, 학술 논문, 뉴스 웹 사이트, 교육 및 자격 취득을 위한 e-러닝의 출처를 알고 있다.
- 디지털 웰빙: 일부는 개인적이고 디지털적인 '브랜드화'에서 반발할 수 있지만, 군중으로부터 눈에 띄는 것이 개인과 기업 모두에게 올바른 방식으로 도움이 된다는 것은 21세기의 사실 중 하나다. 특정 문제에 대한 SME 또는 GTM Go-to-Person이라는 뛰어난

브랜드를 개발함으로써 시간을 절약하고 조직 내의 정보 흐름을 개선한다. 따라서 다양한 플랫폼에서 잘 작성된 프로필, SMART 성과 또는 전문적인 사진으로 자신을 브랜드화하는 방법을 이해하면 보다 쉽게 접근할 수 있다. 마찬가지로 온라인에서 자신을 보호하고 실제 신원을 손상시킬 수 있는 정보를 누설하지 않는 것이 중요하다. 웰빙은 또한 연중무휴 24시간 내내 접근할 수 있고 받은 편지함에 들어오는 모든 전자메일을 차단하지 못하는 업무 압력으로부터 보호하는 것을 포함한다. 정신 건강에 영향을 미치는 스트레스와 불안의 위험을 줄이기 위해 디지털 방식으로 자신을 책임지는 것은 사업에 중요하다. 사이버 괴롭힘과 디지털 갈등에 대응하는 방법을 아는 것은 보통 가르쳐지지 않는 기술이며, 기업은 직원들에게 이러한 문제와 위험을 교육하고 인식시킬 책임이 있다.

원격진료는 1960년대부터 잘 문서화되었고 심지어 2001년에는 환자들을 대상으로 원격면담을 하도록 개발되었다. 건설 프로젝트에서 분산된 공급망과 고객, 설계자 및 주요 계약자의 다양한 이해 당사자들은 지리적으로 다양한 개인, 때로는 전 세계로 확산될 수 있다. 품질 전문가에게 관계를 구축하고 싶지만 기차, 비행기, 자동차에 앉아 있는 귀중한 시간을 포기하고 얼굴을 맞대고 접촉하는 것을 주저하지 않는 것은 난제다.

사무실이나 공장, 건설 현장을 직접 방문해 직접 건설활동을 보고 질의에 답하거나 일상의 문제를 해결하는 데 도움을 주기는 쉽지만 균형을 맞추는 것은 매우 어렵다. 런던의 본사에 일이 쌓이면서 던디Dundee 외곽에 있는 한 사이트를 방문하는 것은 일정의 우선순위가 떨어지기 시작한다.

온라인 '면담' 품질관리를 설정하는 것은 이해 관계자들에게 체면을 차릴 시간을 제공하는 한 가지 방법이며, 보다 쉽게 접근할 수 있도록 사전에 일정에서 효율적인 시간을 만들어준다. 실제 대면 회의, 감사 및 검사를 대체할 수는 없지만 관계를 구축하고 개인이 품질의 전문지식을 전달하도록 한다.

온라인 면담은 비즈니스, 공급망 및 더 넓은 이해 관계자들에 걸쳐 '외부에서 경청'하는 광범위한 관행의 일부분이다. 그것은 브랜드화의 한 형태이지만(아무리 많은 사람들이 아이디어에서 반발할 수 있음에도 불구하고) 비즈니스 내에서 사회화에 대한 기대가 커지는 세상에서 손을 뻗는 것이 중요하다. 팁은 Box 10.1에 나와 있다.

Box 10.1 원격 온라인 면담 팁

밖에 나가서 듣고 있는 것처럼 보여라.

- 품질의 전문 캘린더에 매월 1시간씩 정기적으로 면담을 함으로써 모든 이해 당사자는 Skype를 사용하여 전화를 걸거나 Wi-Fi가 어려울 경우 전화를 걸어 오디오를 들을 수 있다. 규칙적인 시간대를 선택하는 것은 바쁜 사람들의 마음속에 그 활동을 포함시키는 데 도움이 된다. 감독이 적극적이고 공개적으로 동조하도록 하는 것이 비즈니스 문화의 중요성과 일부라는 것을 입증하는 열쇠다.
- 모든 직원에게 초대장을 이메일로 보낼 수 있으며 다른 직원들도 초대 목록에 추가할 수 있다. 전자 뉴스레터, 회사 잡지, 품질 알림 등과 같은 다른 통신 채널은 시간 경과에 따라 면담을 홍보할 것이다.
- 노트북 카메라 앞에서 편안함을 느끼는 연습이 필요하며, 질문이나 의견이 사전 선별되지 않는 한(권장할 필요가 없음) 전화 걸기가 어려운 질문을 제시할 수 있다. 즉시 답을 알 수 없다면 준비하되 정직하라!
- 품질관리 주제에 대한 5분간의 짧은 브리핑으로 면담을 시작하는 것이 바람직하다. 부분적으로는 어색한 분위기를 깨고 부분적으로는 유용한 주제를 전달할 기회를 이용하기 위해서다.
- 면담 내용을 녹음하되 참여자가 모두 녹음이 이루어지고 있다는 것을 처음부터 알 수 있도록 하라. 이를 통해 문제를 방해 없이 캡처할 수 있고 회사 인트라넷에서 사용할 수 있는 유용한 비디오 도서관을 만들 수 있다.

처음에는 다소 부담스러울 수 있지만 대부분의 직원들이 이를 높이 평가하게 될 것이다. 그것은 그들에게 도구를 내려놓고 TV를 볼 수 있는 구실을 제공한다. 품질 전문가들은 실수를 하는 것에 대한 초조함에서 벗어나야 한다. 그것은 일어날 것이지만, 곧 사업의 일부가 될 것이고 큰 관심과 제안 그리고 조용한 감사가 있을 것이다.

반대로, 스카이프Skype에서 프레젠테이션 화면을 공유하는 방법이나 그렇지 않을 때 반복적으로 자신을 음소거하는 방법 등 단순한 디지털 기술을 모르는 수준 높은 품질 전문가와의 엉망인 프레젠테이션은 시청자와 청취자의 인내심을 시험할 것이다. 초기에는 몇 가지 실수를 용서할 수 있지만 청중과 신뢰를 유지하기 위해 온라인 통신 기술과 역량은 빠르게 개선되어야 한다. 사전에 연습하는 것이 전문적인 온라인 존재를 구축하고 다른 사람들을 편안하게 하는 열쇠다. 일부 전통주의자들은 품질의 전문가들이 할리우드 배우가 될 필요는 없고 그들이 옳다고 말할 것이다. 하지만 그들은 형식에 상관없이 매력적이고 상호 작용적인 프레젠테이션을 할 수 있어야 한다.

나는 Skype에서 공유 화면을 이용한 정기 프레젠테이션, 안전 메시지, 대회, 감독 발표 등을 하는 온라인 면담을 본 적이 있다. 때때로 면담은 매우 조용할 수 있고 다른 때는 관객 수가 매우 존경스러울 수 있다.

Skype의 분석을 사용하여 익명으로 표시된 시청 수치를 보고 위치와 팀으로 나눌 수 있다. 참여하는 사이트 숫자를 보는 것은 흥미롭고 특정 프로젝트 또는 사이트에 큰 소리로 외치는 것은 종종 간과되거나 느낄 수 있는 그들에게서 관심과 감사를 강화하는 좋은 방법이다.

온라인 면담은 또한 품질 관리자가 현장이나 지역 사무소에서 충분히 보이지 않는다는 불평에 대한 반발을 불러일으킬 수 있다. 사이트를 기반으로 한다면 품질 전문가는 본사 직원들에게 다시 면담을 받을 수 있다. 회사 문제가 기밀로 유지되어야 하는 곳에서 구체적인 면담을 할 수 있다. 공급자와 하청업체 또는 고객 대표자 그룹 선택을 위해 설치할 수 있다.

그들은 품질 전문가에게 매우 귀중한 학습 원천이 된다. 사람들이 결함이나 재작업 항목을 보고하기를 꺼릴 경우, 그들은 면담에서 그것을 언급하고 품질 전문가가 그 정보를 포착할 수 있거나 온라인 격려를 조금 받을 수 있다면 그 문제를 개인이 기록할 수 있다.

다음 4주 동안 문제가 조사될 수 있고, 다음 면담에서 품질 팀에 의해 '일들이 이루어진다'는 느낌을 강화하기 위해 다시 보고될 수 있다. 문제의 가시성은 지속적인 개선 문화를 강화하는 데 필수적이다.

원격 온라인 전문지식을 위한 또 다른 기회는 사이트 운영자가 품질 전문 사이트 문제와 논의하도록 약속을 조정하는 것이다. 사이트 운영자는 카메라를 사용하여 문제를 시각적으로 강조한다. 시설, 자재 또는 공정 관련일 수 있지만 카메라를 문제점으로 하여 품질 전문가가 전화 상담보다 더 나은 조언과 제안을 제공할 수 있다. 현장에 있는 비디오카메라, 스마트폰 또는 착용 가능한 카메라는 생방송 촬영이나 문제를 녹화한 후 곧 품질 전문가에게 전송할 수 있다.

또한 나중에 재사용할 수 있도록 문제를 기록할 수 있는 또 다른 기회를 제공하여 결함이 있는 부품 공급이나 검사 실패를 통해 품질 전문가가 주제별 통신을 위해 신속하게 비즈니스 인트라넷에 방송하거나 업로드하여 다른 곳에서 발생하는 동일한 문제를 방지할 수 있는 사례 연구 또는 품질 경고를 만들 수 있다.

로봇의 특정 산업 부문에 대한 대량 실업의 끔찍한 헤드라인은 클릭과 휴머노이드를 만들어내는 예술가들에게는 매우 좋지만, 그것은 현실을 지나치게 단순화시키고 수천 년 동안 지속되어온 추세를 선정적으로 만들려고 한다. 즉, 돌로 만든 손도끼, 인쇄기 또는 컴퓨터와 같은 기술은 우리가 새로운 지식을 습득하고 새로운 생산 방법을 발명함에 따라 일부 일자리가 중단되고 새로운 일자리가 창출되는 결과를 낳는다. 그럼에도 불구하고 추정치는 매우 다양하지만 영국의 일자리 중 10~30%는 자동화될 수 있고, 미국의 경우 9~47%가 서로 다른 방식으로 다양한 산업에 영향을 미칠 수 있음을 시사한다.[3] 독일의 제조업에서 나온 일부 연구 결과에 따르면 새로운 로봇을 개발할 때마다 두 개의 일자리가 줄어들 수 있지만 이는 다른 분야의 일자리 증가로 상쇄되는 것보다 더 많다.[4]

건설업은 단순한 계산 작업의 자동화에서 반복 가능한 작업의 자동화로, 그리고 육체노동의 자동화로 기술 변화가 이동함에 따라 이러한 수치의 최상위(약 40%)에 있는 것으로 추정된다. 이러한 무서운 수치는 교육 수준이 높은 일부 건설 노동자가 2030년까지 일자리에 거의 영향을 미치지 않을 것(약 4%)이라는 것을 구별하지 못한다.[5] 따라서 비결은 무료 온라인 강좌를 통해 교육, 훈련 및 자기 학습에 대한 접근을 지원하고 기술과 능력을 향상시켜 향후 기술 변화에 적응하는 것이다. 지금 수작업에 종사하는 사람들이 영향을 받을지 궁금해하기는 어려울 수 있지만, 기다리고 보기보다는 모든 건설 노동자들은 그들의 지식, 기술, 능력을 지속적으로 향상시킬 방법을 찾아야 한다. 이를 위해 영국 정부는 산업 전략에 명시된 바와 같이 다음과 같은 핵심 정책을 통해 새로운 기술에 대한 초기 투자를 촉진할 필요성을 인식했다.

> **디지털 및 건설 교육을 위한 6,400만 파운드의 투자로 시작하여 사람들의 재기술을 습득할 수 있도록 지원하는 새로운 국가 재교육 계획을 만든다. … [포함] 총 3,000만 파운드가 온라인 디지털 기술 과정에서 인공지능과 혁신적인 교육 기술edtech의 사용을 테스트하기 위해 투자될 것이며, 이를 통해 학생들은 이 새로운 기술의 혜택을 받을 수 있을 것이다.**[6]

이 총액은 재무장관[7]에 의해 1년 후에 1억 파운드로 증가되었고 건설업체들은 그들의 새로운 계획을 제시하기 위해 줄을 서야 하고 정부 조치와 협력할 계획을 세워야 한다. 비즈니스 교육과는 별도로 품질 전문가는 자기 학습을 통해 디지털 품질관리 역량을 습득하고 기술 변화의 주역이 되고 기술 변화를 옹호하여 조직에 대한 가치를 높일 수 있는 기회를 더 많이 가져야 한다. 따라서 향후 몇 년 안에 다가오는 자동화의 영향을 받을 가능성을 줄여야 한다.

HR, 즉 기업의 인력 및 인재 부서는 함께 일하는 사람, 보트bot, 로봇 및 AI 실체를 관리하는 디지털 전환을 지원하는 문제에 직면하게 될 것이다. 어떤 작업은 인간과 함께 일하는 인간만을 필요로 할 것이고, 다른 작업들은 로봇이나 보트만 스스로 작동하도록 요구할 것이지만, 때때로 인간은 로봇이나 보트와 '함께' 작업할 것이다. 인간과 대화하는 보트와 로봇으로 의사소통하고 만족스러운 결과를 전달하고 보장하는 데 필요한 기술을 상상해보라. HR이 사람들과 함께 일하는 사람들이 도전적인 환경이라고 생각했다면, 인위적인 노동자들과 섞이는 것은 어려운 일이다.

품질 전문가가 상호 작용하고 참여할 수 있는 새로운 일자리가 창출될 것이다. 증강현실 교육 과정 구축업체, 개인-기계 팀장, 디지털 맞춤, 양자 기계 학습 분석가 및 에지 컴퓨팅 Edge Computing 마스터 등이 2030년까지 비즈니스에 등장할 새로운 역할 중 일부일 수 있다.[8]

미래의 업무 공간은 더 큰 투명성과 함께 나타나기 시작하고 있으며, 이는 협업 성과를 추진하기 위한 전제 조건이다. AI 시스템은 더 많은 데이터를 흡수함에 따라 일반화되고 지능화됨에 따라 먼저 HR 부서 및 라인 관리자와 협력하게 된다. 성과 관리는 전반적인 개인 및 팀 목표와 라인 관리자가 설정한 작업의 일상적인 성취 측면에서 모두 프로젝트 결과의 합에 더하여 측정 가능한 지능적인 활동으로 구성된다.

AI는 프로젝트 결과를 예측하고 예상하는 데 점점 더 능숙해질 것이다. 처음에는 시간과 돈을 기반으로 한 간단한 지표가 될 것이다. 프로젝트 내의 활동이 언제 완료될 것인가? 제한된 정보 및 데이터에 기초하여 일부 BIM 프로그램에 따라 예상할 수 있듯이, 긴 벽돌 벽이나 건물 지붕의 완성과 같은 기본적인 작업만 예측될 수 있다. 그런 다음 더 많은 프로젝트를 통해 학습함에 따라 인적 설계 오류, 재료 결함, 날씨, 열악한 교육 및 질병 수준의 모든 변수가 흡수되기 시작하여 예측의 정확도를 높이고 향상시킬 수 있다. 그러면 현재의 성과는 더욱 투명해질 뿐만 아니라 조직도 프로젝트 완료에 대한 예측을 할 수 있으며, 성과에 지장을 줄 수 있는 개인까지 식별할 수 있다. AI 시스템은 성과 관리의 역할을 맡을 수 있고, 이로 인해 작은 단위로 더 개방적인 방식으로 측정되기를 원하지 않는 일부 개인에게는 불편할 수 있으며, 다른 팀 구성원은 누가 '걸림돌'인지 알 수 있다.

이는 라인 관리자와 감독이 이러한 성과 저하를 훨씬 더 잘 이해할 수 있어야 한다는 것을 의미한다. 개인이 프로젝트 외부에서 적시에 다른 정보를 받지 못하거나 자신의 성과가 최적이지는 않지만 정신 건강 문제와 같은 타당한 이유와 같이 무수한 이유가 있을 수 있다.

그러나 '고용과 해고' 해결책에 도달하는 것은 라인 관리자와 감독의 실패이다. 일반적으로 팀 구성원을 제거하면 팀 역학 관계가 변경되고 팀에 대한 스트레스가 증가하기 때문에 역효과를 낳는다. 새로운 팀원을 모집하면 3~6개월이 지연되는 반면, 누군가를 찾고, 인터뷰하고, 다른 곳에서 통보하고, 부임한 후 새로운 역할을 이해하는 학습 곡선을 갖게 된다. 프로젝트의 경우 이는 결과에 상당한 영향을 미친다. 원래 채용이 잘 이루어졌으면 근본 원인을 진단하고 해결해야 한다. 프로젝트 외부의 정보 지연을 해소하고 정신 건강 문제가 있는 팀원에게 더 나은 지원을 제공해야 한다.

품질 전문가에게 필요한 새로운 기술은 프로젝트 성과에 대한 우수한 인적 정보를 제공하는 데이터 수집 및 조사를 위한 정보 프로세스를 설계하고, 성과 목표를 유지하기 위한 문제를 지속적으로 평가하는 것이다. 또한 AI 시스템과 연계해야 할 필요성과 더불어, AI는 지속적으로 예측을 개선하고 더 많은 데이터를 필요로 하기 때문에 데이터 흐름이 정적이 아닌 확장 및 심화될 것이라는 점을 높이 평가한다.

보트와 상호 작용하려면 적어도 초기에는 더 표준적인 의사소통 방법이 필요할 것이다. 일반적으로 직원 간의 비즈니스 커뮤니케이션은 이메일, Skype와 같은 즉석 교신, 때로는 Yammer와 같은 비즈니스 소셜 미디어 앱을 통해 이루어진다. 인간은 얼마나 자주 그러한 이해를 얻을 때까지 보트에 결함이 생길 모든 종류의 퀴즈, 사회적 논평, 농담과 전문용어를 첨가하는가? 직원들은 보트와 의사소통을 하려면 명확한 지시와 요청이 있어야 하고 사회적 대화는 배제되어야 한다는 것을 배울 필요가 있을 것이다.

AI가 인간보다 더 신뢰할 수 있고 더 잘할 수 있게 되면 어떻게 될까? 보트의 AI가 작업을 보다 효율적으로 수행할 수 있기 때문에 사람들이 중복된다고 상상해보라. 스트레스, 질투 및 피할 수 없는 직장 갈등은 HR 부서와 함께 일하는 품질 전문가들에 의해 신중하고 적극적으로 다루어져야 할 것이며, 그들은 차례로 보트에 의해 부분적으로 운영될 수 있다. AI인 가상 근로자와 관리자가 있을 수 있다. 그들은 사람들에게 지시를 내릴 수도 있는데, 이것은 품질 기술자들이 AI인 라인 매니저를 가질 수도 있다는 것을 의미한다. 센서가 현장의 재료 성능과 공장에서 조립되는 구성 요소에 대한 데이터를 스트리밍함에 따라 품질 보고서가 실시간으로 작성될 것이며, 이를 분석하여 태블릿과 스마트폰의 대시보드에 시각화되어 신속한 의사 결정을 요구하게 된다.

이러한 모든 시나리오는 앞으로 몇 년 동안 빠르게 진행되기 시작할 것이고, 품질 협회의 현명한 회원들은 열린 마음으로 그러한 변화와 도전을 포용할 필요가 있을 것이다. 1개월된 증거에 근거하여 며칠 동안 클립보드를 갈망하고 감사 보고서를 작성하는 등 몸을 움츠리고 뒤로 물러서는 사람들은 오래 살지 못할 것이다. AI의 속도와 정확성에는 다른 종류의 협업, 인공지능 분석 및 보고를 신뢰하고 훨씬 더 빠르게 의사 결정을 내리려는 의지가 필요할 것이다.

Box 10.1 디지털 학습 포인트

디지털 역량

- 인력 역량: 직원이 스카이프를 사용하는 방법을 알고 있는가? e-Learn/IT 안내데스크에 접속하여 확인할 수 있는가? 품질 전문가는 온라인 프레젠테이션을 수행하고 화면 공유, 면담 기록, 문제 해결 등을 수행할 수 있는 능력을 충분히 확신하는가? 품질 전문가가 사이트에서 발생하는 품질 문제를 간결하게 보고하기 위해 동영상을 제작하고 편집할 수 있는가?
- 프로세스: 원격 온라인 전문가가 누가 언제 무엇을 하는지에 대한 문제를 해결하는 과정을 문서화할 가치가 있다.
- 장비: 모든 직원이 노트북에서 Skype(또는 이와 동등한 장치)를 사용할 수 있는가?
- 자료: 방송 후 직원들이 프레젠테이션/녹화된 면담을 어떻게 이용할 수 있도록 할 것인가? 분실 또는 도난을 방지하기 위해 안전하게 유지관리되고 있는가?

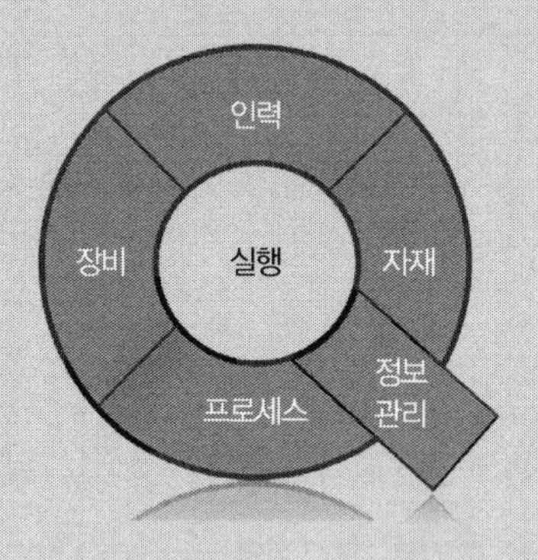

:: 미주

1 Historically, JISC stood for the UK's Joint Information Systems Committee.

2 JISC, 'Building digital capabilities: The six elements defined digital capability model'. Retrieved from http://repository.jisc.ac.uk/6611/1/JFL0066F_DIGIGAP_MOD_IND_FRAME.PDF.

3 Frontier Economics, 'The-impact-of-AI-on-work' (2018), p. 32. Retrieved from https://royalsociety.org/~/media/policy/projects/ai-and-work/frontier-review-the-impact-of-AI-on-work.pdf.

4 Dauth, W., Findeisen, S., Sudekum. J., and Woessner, B., 'German robots: the impact of industrial robots on workers' (2017). Retrieved from ec.europa.eu/social/BlobServlet?docId=18612&langId=en

5 PriceWaterhouseCoopers. 'Will robots really steal our jobs?' (2018), p. 31, Figure 6.6. Retrieved from www.pwc.co.uk/economic-services/assets/international-impact-of-automation-feb-2018.pdf.

6 HM Government. 'Industrial strategy-building: a Britain fit for the future'. White Paper. CM9529. (2017). Retrieved from https://assets.publishing.service.gov.uk/government/uploads/system/uploads/attachment_data/file/664563/industrial-strategywhite-paper-web-ready-version.pdf.

7 Ryan, G., 'Hammond pledges ￡100m for National Retraining Scheme', *Times Educational Supplement*, 1 October 2018. Retrieved from www.tes.com/news/national-retraining-scheme-philip-hammond

8 Cognizant, '21 jobs of the future: a guide to getting and staying employed over the next 10 years'. White Paper (2017). Retrieved from www.cognizant.com/whitepapers/21-jobs-of-the-future-a-guide-to-getting-and-staying-employed-over-the-next-10-years-codex3049.pdf.

CHAPTER 11

웹 기반 프로세스 관리

CHAPTER 11

웹 기반 프로세스 관리

관리 시스템의 원칙은 자신이 하는 일을 쓰고, 자신이 쓰는 일을 하고, 그 다음에 개선하는 것이다. 그런 다음 감사자는 작성된 단어를 보고 이를 실제 세계와 비교하고 객관적인 증거, 토론 및 관찰을 통해 작업의 효과를 평가할 수 있다. 그것은 관리 시스템을 개발, 사용 및 개선하기 위한 핵심 원칙 중 하나이다.

일반적으로 전통적인 품질관리 시스템은 품질 정책, 품질 매뉴얼, 절차서, 작업 지침, 안내서 및 기록 작성 양식으로 구성된다. 그것은 그림 11.1에서 보듯이 비즈니스관리 시스템BMS의 모든 부분에 대한 전통적인 문서 중심 형식을 따른다.

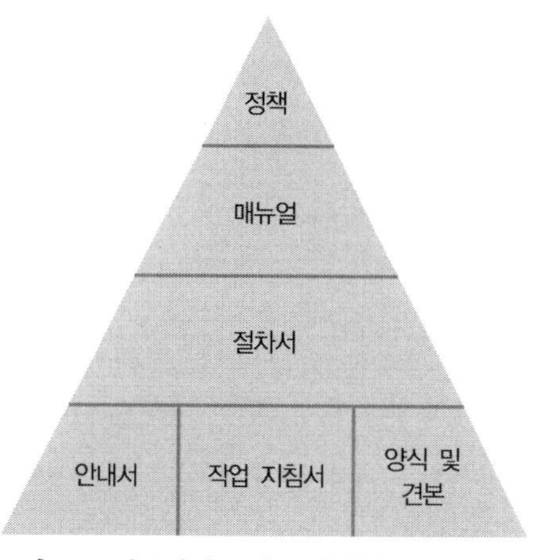

그림 11.1 전통적인 문서 중심 관리 시스템

목표는 '고객 및 해당 법규 및 규제 요건을 충족하는 제품과 서비스를 지속적으로 제공'하고 '고객 만족도를 높이는 것'이다.[1]

현재 관리 시스템의 문제점은 다음과 같다.

1. 문서 작성에서 문서 승인 및 게시에 이르기까지의 시간이 지연된다는 것은 프로세스가 이미 변경되었음을 의미할 수 있다.

2. 작성자가 항상 우수한 작성자는 아니며 형편없는 문서들이 관리 시스템에 입력된다.
3. 인간은 항상 과제를 완수하기 위해 해결 방안과 지름길을 찾으며, 따라서 신중하게 생각한 모범 사례와 실제로 수행되고 있는 것 사이에 불일치가 있는 경우가 많다.
4. 문서 중심의 관리 시스템은 성장하고 증가하는 습관을 가지고 있다. 거의 폐기되지 않으며 몇 년 동안 일부 문서로부터 그들은 여전히 남아 있는 쓸모없는 방법과 다른 부분에는 끝이 없고 불필요한 세부 사항들을 가진 괴물이 될 수 있다.
5. 다시 출판된 문서를 읽는 사람은 거의 없으므로(감사를 준비하고 웹을 끄지 않는 한) 프로세스 소유자가 문서를 검토하거나 감사자가 평가할 때까지 문서가 여전히 최신 상태이고 정확한지 알 수 없다.
6. 일반적으로 계약자의 관리 시스템은 다른 이해 관계자와 분리되어 구축 및 운영될 수 있다. 고객, 대중 및 공급망과 접촉하는 액세스 포인트가 있을 수 있지만 나중에 고려될 수 있다. 성과를 얻기 위한 원활하고 통합된 접근 방식을 지원하는 것은 거의 도움이 되지 않는다.

관리 시스템의 일반적인 활성 요소는 정기적으로 사용되므로 절차와 상관없이 일반적으로 프로세스 동작을 주도한다. 사람들은 정보와 데이터를 기록하고 다른 사람에게 보내거나 그것을 정리하는 것과 관련된 일상적인 일을 개발한다.

잠시 멈춰서 질문을 하자면, 진정한 관리 시스템은 무엇을 위한 것인가? 프로세스 또는 작업을 수행하는 방법, 시기 및 이유에 대한 정보를 설명한다. 사람들은 이 정보가 필요하지만 일반적으로 동일한 정보를 찾기 위해 주변의 동료들에게 귀를 기울인다. 올바른 문서를 찾아서 읽는 것보다 다른 사람과 대화하는 것이 더 빠르고 쉽다. 사람들이 프로세스 또는 IT 작업 흐름 소프트웨어 드라이브의 행복을 이해하고 따를 수 있는 능력이 커지면 일반적으로 작성된 문서는 나중에 이해하기 어려워진다. 빠르게 변화하는 역동적인 비즈니스 세계에서는 기존의 BMS와 그 안에 있는 QMS가 최상의 구축된 관리 시스템을 반드시 따르지 않는 일을 하는 방법을 찾는 사람들과 경쟁할 수 없는 것이 현실이다.

관리 시스템이 일반적 문서를 읽어본 적이 없는(확실히 이해되지 않은) 책임자의 승인된 '습식' 서명을 사용하여 끝없이 출력되던 곳이었기 때문에 쉐어포인트SharePoint와 같은 폴더 시스템이 깔끔한 파일에 전자적으로 문서를 저장하기 위해 도입되었다. 이것은 꽤 많은 나무의 벌채를 완화하는 데 도움이 되었지만(사람들이 여전히 관리 시스템의 일부를 인쇄하면서 돌아다니지만) 인터페이스interface는 하이퍼링크가 있는 1990년식의 외관인 매우 기본적인 경향이 있었다. 여러 번 클릭하여 올바른 문서로 드릴 다운하려면 관리 시스템 구조에 대한 지식이 필요했다. 이러한 시스템에는 검색 엔진이 있지만 키워드가 정기적으로 업데이트되지 않는 한 검색 엔진의 제한된 기능은 동일한 문서의 여러 버전에 대해 많은 히트를 기록할 가능성이 매우 높으며 사용자가 필요로 하는 문서에 대한 결과를 실제로 제공하지 못할 수 있다.

ISO 9001 표준의 2015년 버전은 매뉴얼 및 서면 절차와 같은 품질관리 문서를 폐기하는 것을 허용하여 토론 및 관찰을 통해 수집된 증거로부터 일관성을 평가할 수 있도록 감사관에게 맡겼다. 이 이론은 칭찬받을 만하고 프로세스에서 일부 규율을 허용하지만 감사자가 그들 사이의 일관성을 평가할 수 있는 충분한 직원과 대화할 수 있는 감사 시간이 제한되어 있기 때문에 약하고 비효율적일 수 있다. 문제는 반드시 QMS에 서면 요소를 제거한다는 전제에 있는 것이 아니라, 고위 관리자가 해야 한다고 생각하는 일을 사람들이 지속적으로 수행하고 있는지(활동 결과가 알려질 때까지) 여부를 알기가 더욱 어려워진다는 것이다. 나는 관리 시스템과 그 주변에서 거의 30년을 보낸 사람으로서 이 글을 쓰고 있으며 그들이 일하기를 원한다.

보다 효과적인 현대적인 관리 시스템은 프로세스 관리 체계를 사용하여 비즈니스를 관리하는 방법을 이해하기 위한 보다 논리적이고 완전 통합된 접근 방식을 가능하게 한다. 프로세스와 절차에 대해 많은 혼란이 있다. 프로세스는 값이 추가된 입력과 의도된 결과를 제공하는 출력을 갖는 단계이다.[2] 프로세스 맵(순서도, 그림 11.2 참조)은 각 종단 간 프로세스에서 단계가 무엇인지 시각적으로 보여주고 텍스트 단락을 작성하는 것보다 이러한 단계를 전달하는 더 좋은 방법이다.

절차서는 특정 작업을 수행하는 방법이지만 종단 간 프로세스를 표시하거나 표시하지 않을 수 있다. 프로세스를 처음부터 끝까지 간단한 단계로 유지하고 프로세스의 일부에 추가되는 작업에 대한 세부 정보를 제공하는 절차서를 만드는 것을 명확하게 구분하는 것이 좋다.

그림 11.2 간단한 프로세스 맵 또는 흐름도는 입력을 부가가치 출력으로 전환하는 단계를 설명한다.
(출처: Gerd Altmann, https://pixabay.com/en/users/geralt-9301/)

프로세스 구조의 최상위 수준은 일반적으로 건설 사업을 위한 세 가지 범주로 나뉜다.

- 관리 및 제어 프로세스: 비즈니스 전략, 지배구조, 리스크 관리, 지속적인 개선, 비즈니스 보증 및 규제 업무
- 핵심 프로세스: 설계, 구성, 공급망 구축, 자산 운영 및 해체
- 지원 프로세스: 인력, 재산, 지식, IT, 변화, 비즈니스 연속성, 통신, 데이터 및 정보

이 최상위 수준은 통합 관리 시스템의 전반적인 구성을 설명하는 단일 페이지 그래픽으로 표시될 수 있다.

두 번째 단계는 비즈니스 전략(관리 및 제어 프로세스), 설계(핵심) 및 IT(지원)와 같은 모든 개별 종단 간 프로세스를 개별적으로 계획한다.

세 번째 수준의 프로세스는 사용자 그룹과 함께 워크숍에서 SIPOC 방법론을 사용하여

각 프로세스, 공급자 입력–프로세스 단계–출력–고객을 끌어냄으로써 개발될 수 있으며,[3] 따라서 한 프로세스의 출력이 다른 프로세스의 입력에 연결되도록 허용하고, 각 프로세스에 대해 공급업체 및 고객의 이름을 지정할 수 있다. 이러한 방식으로 비즈니스를 위한 통합된 프로세스 구조를 그릴 수 있다.

매뉴얼과 지침 노트는 여전히 관리 시스템에 배경과 맥락을 제공하는 데 유용할 수 있지만, 지원 정보만 제공할 수 있도록 인터페이스의 즉각적인 시야에서 벗어나야 한다.

직관적인 사용자 인터페이스는 엄격한 연구 및 테스트의 설계를 통해 오래되고 정체된 인터페이스의 문제를 극복하여 예측 텍스트 단어 검색 및/또는 하이퍼링크된 계층 문서를 통해 사용자가 문서를 입력하고 액세스하도록 유도한다. 모범 사례에서는 포커스 그룹이 정보 검색 방법, 사용 단축, 고충점 및 불만 사항, 시스템 이동 경로 등을 통해 기존 관리 시스템에 액세스하는 방법을 기술적으로 관찰할 것을 제안하며, 이것은 사용자들이 시스템에서 직면하는 도전을 이해하고 그들이 원하는 것에 대한 느낌을 얻기 위해 정보 검색 중단 비율을 나타낸다. 사용자 유형은 성별, 연공서열, 기술 분야, 장애 및 기타 부문 청중 유형별로 다양한 사용자 그룹이 시스템을 사용하는 방법을 설정하기 위해 모델링되며 다른 요구를 가질 수 있다. 프로토타입 인터페이스는 출시 전에 동일한 포커스 그룹에 의해 제작, 테스트 및 개선될 것이다.

기존 관리 시스템에서 벗어나 다른 관리 시스템을 배포하는 작업은 하룻밤 사이에 '빅뱅'으로 진행되거나 출시 후 충분한 교육과 지원을 받는 주말 또는 시스템의 일부를 꺼내어 교체하는 전환으로 진행되어야 한다. 후자는 지저분할 수 있지만 새로운 시스템이 완성될 때까지 이미 시대에 뒤떨어져, 실제로 그것을 시작하기에 결코 좋은 시간이 아닌 '포스로드교Forth Road Bridge 페인트칠'이 될 위험이 있다면 필요할 수 있다. 변경 로그는 규제 및 인증 요구사항에 따라 어느 정도 유지되어야 하며 향후 근본 원인 조사에 대한 감사 기록이 되어야 한다.

과거에는 사무실이나 현장 사무실에 있는 경우, 묶인 대량의 서류 절차와 매뉴얼이 선반에 보관되었다. 그러나 공사 현장에서는 증거를 기록하기 위해 서류 양식 뭉치를 들고 다녀야 하므로 그 과정이 작업자의 머릿속에 있어야 한다.

노트북과 태블릿이 도입된 후에도 관리 시스템에 접근하는 것이 훨씬 쉬워지지 않았다. 일부 텍스트 문서의 크기를 고려할 때 단어 검색조차도 시간이 많이 걸리고 올바른 정보를 찾기 위해 하나 이상의 화면에서 여러 문서를 보면서 동시에 시도하는 것은 일반적으로 가치가 있는 것보다 더 많은 문제로 간주된다.

철도 및 원자력 발전소와 같은 고위험 건설 부문은 관리 시스템 구성 요소의 문서화 및 검토에 엄격한 접근방식을 취하지만 프로세스 소유자에게 일상적으로 가해지는 압력은 여전히 콘텐츠가 지속적으로 관련되고 최신 상태인지 확인하기 위한 엄격한 접근 방식을 유지하기 위해 고군분투하고 있음을 의미한다.

고위험 산업의 관리 시스템에 대한 핵심 측면 중 하나는 시스템 내에 매우 상세한 문서 계층을 추가하는 경향을 감안할 때 지나치게 규범적인 시스템을 피하는 것을 목표로 하는 품질 보증 등급 접근방식이다. 그것은 모든 건설 활동이 동일한 위험을 수반하는 것은 아니며 가장 큰 위험이 있는 곳에 최선의 관리를 적용하는 것을 의미한다.

등급화된 접근방식은 또한 더 큰 품질관리 감독과 정밀 조사를 요구하는 활동을 우선시함으로써 품질 보증 자원의 효과적인 사용을 지원할 것이다. 품질보증 등급은 안전/보안/환경/조달 등급과 직접 연계하여 혼란을 방지하고 가장 적절한 등급을 선택할 수 있는 이해하기 쉬운 체계를 수립해야 한다.

프로세스의 기본 단계가 유지되더라도 사용자에게 프로세스를 적용하는 것은 또 다른 과제다. 기술 문제, 인사 문제, 예산, 위기 및 일상적인 관리업무를 다루는 관리자는 팀이 다양한 프로세스 내에서 수많은 활동을 개별적으로 수행하고 있는지 지속적으로 점검할 시간을 가질 수 있을까? 여기서 새로운 기술이 관리 시스템을 교란하기 시작하고 일상적인 활동이 일반적인 관료적 관리 시스템이 허용하는 것보다 더 유연하고 적응력이 있어야 한다는 인식을 갖게 된다.

현장의 최신 기술은 증강현실 절차를 스마트 안경으로 전송하여 작업자들이 눈의 움직임을 이용하여 지시에 접근하고 주변 환경에 오버레이할 수 있도록 진화했다. 밸브 옆의 QR 코드를 보면 헤드업 디스플레이HUD가 압력 다이얼을 확인하고 탭을 돌리는 순서를 덮어씌운다. 아무것도 적을 필요 없이 다이얼의 눈 조절로 사진을 찍을 수 있다. 즉, 작업자는 사무실에서 미리 설명서를 읽고 암기할 필요가 없고, 그 위치로 걸어가거나 얼어붙은 손으로 태블릿을 만지작거리고 머리를 위아래로 흔들며, 먼저 화면과 판막에 초점을 맞추고 단어를 다시 행동으로 옮기려고 한다. 이러한 방식으로 작업하면 1년 동안 오류가 발생할 확률이 여러 번 증가한다.

상류의 고객관리 시스템과 하류의 공급망 관리 시스템이 상위 계약자의 관리 시스템에 어떻게 연결되는지 고려할 필요가 있다. 일반적으로 고객의 자체 관리 시스템에 대해 신중하게 설정된 연결은 거의 없다. 그러나 연결의 프레임워크를 만드는 것은 이치에 맞는다. 고객은 계약자 시스템의 일부에 대한 액세스를 요구할 수 있으므로 핵심 부품만 볼 수 있는 원격 권한이 부여된다. 양 당사자가 승인하는 공동 프로세스를 개발하는 각 특정 프로젝트에 대해 일반적인 프로젝트 계획을 넘어서는 공통 프로젝트 관리 시스템이 만들어질 수 있다.

- 위험관리 처리 프로세스는 확인된 위험뿐만 아니라 고객과 계약자 간에 지속적으로 위험을 관리하는 방법을 이해하는 모범 사례이다.
- 설계 변경관리는 기술을 활용하여 설계 변경을 원활하게 시작하고 제어할 수 있는 중요한 프로세스이다.
- BIM 디지털 모델은 모든 이해 관계자가 접근할 수 있도록 설계에서 진실의 단일 출처가 되어야 하며, 품질관리 문제는 모델에 대한 맥락에서 강조되어야 한다.
- 공동 갈등 해결 프로세스는 의견 불일치가 시작되기 전에 참여 규칙을 승인할 수 있게 하여 갈등을 관리하고 해결하는 방법을 지원한다.

이러한 공동 승인 및 후속 프로세스는 당사자 간의 협력, 신뢰 및 참여를 개선하고 개인 간의 긍정적인 관계를 조성하는 데 전반적인 도움을 주어야 한다. ISO 31000은 위험관리의 기본 원칙에 대한 유용한 참고 자료이다.[4]

프로젝트 품질 계획서PQP는 계약자의 IMS에서 흘러나오고 '특정 프로젝트에 적용할 조치, 책임 및 관련 자원의 시방서'를 설정하기 위해 BS ISO 10005 형식으로 맞춰져야 한다.[5]

관련 특정 프로젝트에서 품질을 어떻게 달성하는 방법을 구체적으로 설정하지 않고 계약자의 IMS와 관련된 다른 문서의 긴 목록을 단순히 명시하는 계약자가 사용하는 많은 PQP 템플릿을 본 적이 있다. 이로 인해 사이트 관리자가 문서로 가득 찬 레버 아치 파일Lever Arch file을 가지고 돌아다니며 품질이 어떻게 관리되고 있는지 전혀 이해하지 못한다. 권장 형식과 구조를 국제 표준에서 찾을 수 있는데, 왜 기구를 다시 발명하는가?

모든 프로젝트 품질 구성요소는 지정된 결과를 달성하는 방법에 대한 리스크 관리에 맞춰져야 하며, 필요한 표준, 프로세스, 리소스 및 방법을 언급하는 데 그치지 말아야 한다. 마찬가지로 계획에는 바람직하지 않은 결과가 완화되는 방법이 포함되어야 한다.

모범 사례를 기반으로 한 PQP 사용이 직면한 가장 큰 문제는 어떻게 유지되어 있는가이다. 내부 감사를 통해 검토 또는 빠른 읽기를 요청하는 것 외에 PQP는 대부분 실제 또는 가상 쓸모없는 것을 수집하며 계획의 소유자는 업데이트, 변경 및 개선 작업을 거의 시작하지 않는다. 성공적인 PQP의 핵심은 필요한 품질관리를 수행하고 프로젝트에 참여하여 프로세스에서 적절한 시간에 표시되어야 하는 관리 시스템에 포함되도록 하는 것이다. 프로젝트 품질관리의 모든 측면을 한곳에 통합하는 것이 유용하지만 성과 특성을 충족할 수 있는 가능성을 최적화하려면 기술 프로세스에 결과를 포함시켜야 한다.

콘크리트 배수로가 일정 수준에서 건설되는 경우, 레이저 스캔은 땅을 굴착할 때 검사 및 시험 계획의 일부가 되어야 하며, 이를 통해 결과를 역추적하고 정의된 허용오차 내에서 자동으로 승인 또는 거부하도록 해야 한다. 요구 사항이 해당 활동에 대한 방법 설명에 포함 된 경우 BIM 디지털 모델에 첨부되어야 한다. 이러한 방식으로 품질 결과는 디지털이며 달성 여부를 쉽게 확인할 수 있으며 향후 검토를 위한 디지털 기록도 생성된다.

인력, 프로세스, 자재 및 기계 측정 기준에서 핵심 성과 지표KPI를 개발하면 관리 시스템을 측정하고 개선할 수 있다. 예를 들어, 프로세스 측정기준은 결함 수를 측정할 수 있지만 제품/일/위치와 같은 추세 특성을 추가하면 더 효과적인 개선을 시작할 수 있는 추적이 가능하다.

이상적으로는 성능측정 A가 X 표준을 충족하면 Y 표준을 측정하는 과정에서 측정 B로 이동하도록 상호 의존적인 측정 체인이 구축된다. 측정 A가 표준을 충족하지 못하면 경보가 발생하여 프로세스를 따라 문제를 신속하게 식별할 수 있다. 측정법은 신중한 고려가 필요하며, 가치를 더하고 그것을 위해 데이터를 수집하는 것만이 아닌 유용한 것을 만들기 위해서는 시행착오가 필요할 수 있다.

디지털 모델에서 충돌 감지의 수, 소유자 및 유형을 측정하고 날짜 및 주별 추세 특성을 추가함으로써 데이터는 누가 설계하고 있는지 및 모델 방법을 통해 학습할 수 있는지 여부에 대한 패턴을 나타낼 수도 있다. 연구[6]에 따르면 고립된 설계 작업, 비 BIM별 교육 및 클라우드 기반 공통 데이터 환경CDEs[7]의 현재 구조가 BIM의 충돌을 쉽게 피하지 못하는 것으로 나타났다. 따라서 측정이 없으면 향후 잠재적 개선과 추세를 파악하기가 어렵다.

팔레트pallet당 손상된 벽돌의 비율로 현장 검사 실패 횟수를 추적하면, 예를 들어 운송 및 취급에서 적절하게 보호되지 않는 자재 공급에 대한 프로세스 관리 문제를 밝힐 수 있다.

소유자가 이메일이나 문자로 받거나 식당에서 친숙한 단어를 통해 친근하지만 즉각적인 자동 알림을 수신하여 자체 평가를 수행하는 경우에는 프로세스에 대한 정기적인 검토를 늘리는 것이 습관화될 수 있으며, 이는 데스크톱, 관찰 또는 동료에게 질문하고 증거를 요청하는 미니 감사로 수행될 수 있다. 이러한 연습은 프로세스를 완전히 파악하고 행동을 변경하거나 프로세스를 다시 작성하기 위한 조치가 필요한 변동을 확인할 수 있는 유용한 방법이다.

통합 관리 시스템IMS은 H&S/환경/품질 전문가 이외의 프로세스 소유자가 소유한 프로세스에 대부분의 SHEQ 활동이 포함되도록 종단 간 프로세스에 최대한 많은 활동을 포함시키려 할 것이다. '권력'을 구축하는 것은 조직 정치의 일부이지만, 이러한 소유권을 포기함으로써 프로세스 소유자에게 더 많은 책임을 지게 한다. 그들은 감사 시간을 포기하도록 강요당하기보다는 SHEQ 서비스를 적극적으로 요청해야 하는 고객으로 보일 것이다. '끄는 힘'은 프로세스 관리가 제대로 이루어졌음을 보여주는 것이다.

IMS 액세스는 데스크톱, 노트북, 태블릿, 스마트폰 및 스마트 안경 등 모든 플랫폼을 통해 가능해야 하며, 이는 관리 시스템의 포맷과 레이아웃이 사용자 친화적으로 유지되도록 시스템을 구성해야 함을 의미한다.

또한 www.designingbuildings.co.uk/wiki/Home의 위키 개념을 사용하여 사람들이 자신의 용어로 정보를 찾고자 하는 방법에 따라 작동한다. 단어나 문구를 검색하고 텍스트 전반에 걸쳐 동일한 사이트 내의 정보 또는 신뢰할 수 있는 외부 소스에 하이퍼링크를 적용하는 것은 사용자 친화적이다. 그것은 표준 및 규정 변경에 대한 정보를 커뮤니티에 지속적으로 제공하는 전문가 공동체에 의해 지속적으로 업데이트 및 유지관리된다. 관리 시스템은 관련성과 유용성을 위해 이러한 종류의 사용자, 지향 정보 및 지식관리 시스템을 채택해야 한다.

그림 11.3의 디지털 건설 관리 시스템DCMS은 건설 계약 업체 비즈니스의 핵심 구성 요소인 프로세스 구조, 디지털 정보 및 IT 시스템을 포함한다.

이러한 구성 요소는 현재 관리 시스템에 비해 다음과 같은 장점이 있다.

1. 프로세스 구조는 시간이 지남에 따라 크게 변화하지 않아도 될 만큼 견고해야 한다. 계층화된 프로세스, 관리 및 제어 프로세스, 핵심 프로세스 및 지원 프로세스 제품군과 연결하는 정책의 기본 구성 요소는 일정하게 유지되어야 한다. 이러한 최상위 계층 프로세스 아래에서는 개별 종단 간 프로세스가 변경될 수 있지만, 중요한 것은 이러한 변경 사항을 최소화하고 지주가 성장하기 시작하는 구조를 경계하는 것이다.

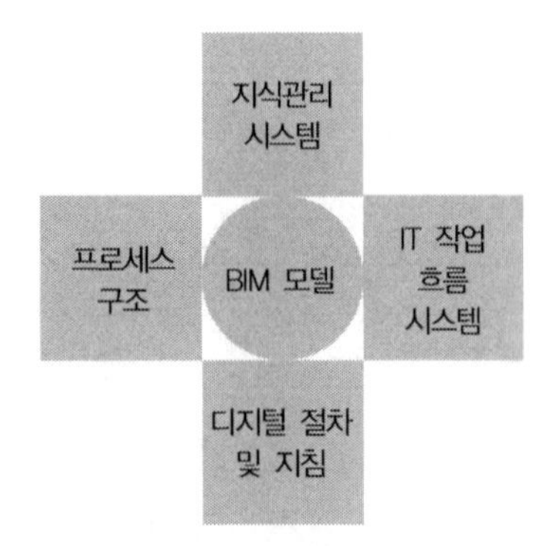

그림 11.3 디지털 건설관리 시스템(DCMS)

2. 지식관리 시스템은 코드화되고 명시적인 지식을 기록할 수 있도록 하기 위해 프로세스 구조에서 유입되어야 하며, 암묵적인 지식은 어떤 단계에서 코드화될 수도 있고 그렇지 않을 수도 있는 조직에 흐를 수 있어야 한다.
3. IT 작업 흐름 시스템은 처리 순서를 표준화할 수 있는 모든 곳에 도입되어야 하지만 여전히 필요에 따라 소프트웨어를 업데이트 및 수정할 수 있어야 한다. Asana, Monthly, Workfront와 같은 작업 흐름 시스템은 작업 수행에 필요한 정보가 시스템에 내장되어 있기 때문에 별도의 양식을 만들고 관리할 필요가 없다. 예를 들어, 채용 '절차'는 소프트웨어에 내장된 프로세스에 따라 적절한 시기에 채용의 세부 정보를 입력하고 승인해야 하는 소프트웨어에 의해 구동된다. 절차적 텍스트와 양식 사이에 오류나 단축의 내재적 위험을 더 이상 참조하지 않는다. 그러나 사용자의 요구와 모범 사례에 따라 신중하게 설계되고 구축되는 작업 흐름에 대한 토대가 있다. 여기서 품질 전문가, 비즈니스 프로세스 분석가 및 IT 전문가가 긴밀하게 협력해야 한다.
4. 작업 지침을 헤드업 디스플레이HUD에 추가하거나 스마트 안경을 도입하여 현장에서 일반적으로 실수하기 쉬운 고위험 처리 순서를 수행할 수 있다. 이를 통해 사용자는 수동 및 절차에 의존하지 않고 수행할 작업을 설명하는 지침에 접근할 수 있다.
5. BIM 모델에는 품질관리, 환경관리, 보건 및 안전, 보안 등에 대한 정보 계층이 내장되어 있어야 한다. 이러한 정보는 가상 구축 자산의 단일 정보 출처를 중심으로 협업할 수 있다. 이것은 무엇이 어떻게 지어지고 있는지를 연결해주는 역할을 한다. SD BIM 모델의 복장 리허설은 현장 건설 방법에 대한 사람들의 역량을 높이는 데 필요한

시간 경과 변화를 보여준다.

DCMS는 비즈니스 및 프로세스 소유자(PO)가 전체 시스템의 변경 및 개선을 추진하는 데 필요한 관리를 위한 보다 동적인 접근 방식이다. PO는 본질적으로 고도로 협업적이어야 하며 지식, 작업 흐름, HUD 지침 또는 BIM 모델 등 종단 간 프로세스 내의 모든 처리 순서를 개괄적으로 설명할 수 있는 권한을 가지고 있어야 한다. 비즈니스 및 모든 프로세스 전반의 정보 흐름을 이해함으로써, PO는 끊임없는 감독 승인에 의존하지 않고도 신속하고 효과적으로 프로세스를 개선할 수 있다(다른 PO와 협의하는 경우).

Box 11.1 디지털 학습 포인트

웹 기반 프로세스 관리

1. 강력한 프로세스 구조를 중심으로 지식, 작업 흐름, HUD 지침 및 BIM 모델을 통합하는 보다 동적인 접근 방식을 만들기 위해 디지털 건설관리 시스템(DCMS)을 개발한다.
2. 사용자 친화적이고 직관적이며 탐색하기 쉬운 관리 시스템을 위한 사용자 인터페이스를 개발한다.
3. SIPOC 방법론을 사용하여 최상위 프로세스부터 시작하여 최하위 프로세스까지 프로세스 맵을 개발한다. 모든 프로세스가 입력으로 흐르는 출력과 연결되어 진정한 IMS를 구축하는지 확인한다.
4. IMS에 하이퍼링크를 내장하여 품질 지식관리 시스템에 연결한다.
5. 사용자의 편의를 도모하고 절차 텍스트를 줄이는 프로세스에 작업 흐름 소프트웨어를 사용한다.
6. 현장에서 위험도가 높은 작업의 작업 지시를 위해 HUD 기술을 조사한다.
7. BIM 모델을 활성 품질/환경/H&S/보안 정보의 계층과 연결한다.
8. 사용량을 모니터링하여 IMS의 열 지도와 비활성 영역을 찾는다. 분석법을 사용하여 개선을 추진한다.
9. IMS를 다른 이해 관계자 관리 시스템에 연결한다.

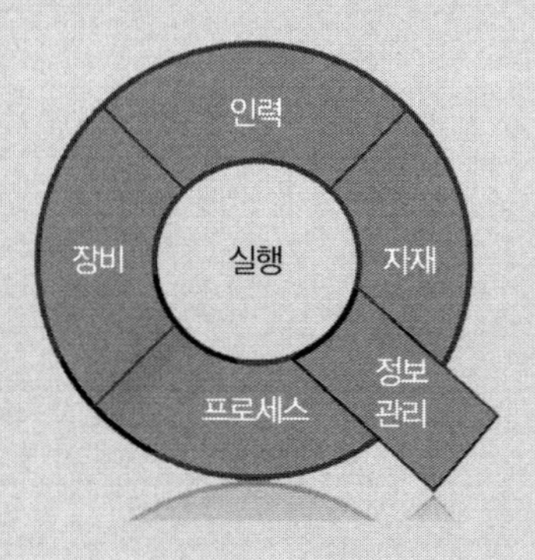

:: 미주

1 BSI, *BS EN ISO 9001:2015 Quality Management Systems: Requirements* (Milton Keynes: BSI Standards Limited, 2015), Section 1, p. 1.

2 BSI, *BS EN ISO 9000:2015 Quality Management Systems: Fundamentals and Vocabulary* (Milton Keynes: BSI Standards Limited, 2015).

3 Davis, W., 'SIPOC management: you're in charge. Now what?' *Quality Digest*, 20 August 2018. Retrieved from www.qualitydigest.com/inside/management-article/sipoc-management-you-re-charge-now-what-082018.html.

4 BSI, *BS ISO 31000:2018 Risk Management: Guidelines* (Milton Keynes: BSI Standards Limited, 2018).

5 BSI, *BS EN ISO 10005-2018 Quality Management: Guidelines for Quality Plans* (Milton Keynes: BSI Standards Limited, 2018), Section 3.2, p. 2.

6 Akponeware, A.O. and Adamu, Z.A., 'Clash detection or clash avoidance? An investigation into coordination problems in 3D BIM', 21 August 2017. Retrieved from www.mdpi.com/2075-5309/7/3/75/pdf

7 McPartland, R., 'What is the Common Data Environment (CDE)?' *NBS*, 18 October 2016. Retrieved from www.thenbs.com/knowledge/what-is-the-common-data-environment-cde.

CHAPTER 12

드 론

CHAPTER 12

드 론

2002년 크리스마스 때 내 아들의 선물 중 하나는 원격 조종하는 작은 헬리콥터helicopter였다. 그것은 내 손바닥에 자리 잡고 있었고 모든 흥미로운 포장과 조이스틱joystick 조정은 흥미진진한 장난감을 암시했다. 헬리콥터는 원을 그리며 빙글빙글 돌다가 충돌하는 경향이 있었다. 점심시간이 되자 헬리콥터는 버려졌다. 그것은 원격으로 조종되는 '장난감'을 날리는 것에 대한 전형적인 반응이었다. 취미에 지나지 않았다. 심지어 전문 취미 활동가들이 별난 괴짜 부류에 어울리는 여름 들판에서 작은 복제 비행기를 어떻게 조종했는지에 대해 놀라워하는 모습도 볼 수 있었다.

나는 BIM Live 2015에 참석하면서 흔히 드론으로 알려진 '무인 항공기UAV'의 열렬한 팬이 되었다. 이때 나는 회의장에서 금붕어 그릇에 명함을 던지고, 일주일 후에 내가 앵무새 A.R.의 새 주인이라는 연락을 받았다. 드론 2.0! 카메라, 3축 자이로스코프gyroscope, 가속도계 및 자력계가 장착되어 있다. 지역 주택과 공원 위를 날기 전 이륙하고, 맴돌고, 배열하고, 선회하는 안정적인 영상들이 인상적이었고 헬리콥터에서 찍은 영화촬영을 연상시켰다. OPS와 비행 기록 장치는 당시 사용 가능한 최고의 장난감 드론 중 하나였으며 미래의 비즈니스 역량을 입증했다. 여러 번 나는 건설 사업의 직속 관리자에게 주변 보안을 위해 또는 시공 검사를 위해 사진과 비디오를 찍는 등 사용 방법을 설명하려고 노력했으나 아무 소용이 없었다.

시대가 바뀌면서 요즘 대형 건설사들은 대부분 고해상도 카메라가 장착된 드론 하청업체를 이용해 건설 현장에 대한 데이터를 수집한다. 드론 비행은 소수의 애호가들을 위한 취미에서 드론의 수가 급격히 증가하고 드론 사용 응용 프로그램이 갑자기 증가함에 따라 중요한 사업이 되었다. 품질 전문가는 데이터 스트림의 중요성을 이해하고 데이터 품질이 관리되고 있는지 확인해야 한다.

비행 중인 드론에 의한 항공 조사(그림 12.1)는 지정된 사이트를 포괄하는 사진, 비디오 및 데이터 포인트 클라우드를 제공할 수 있으며, 이를 통해 프로그램에 대한 구축 진행 상황을 보여주기 위해 사진 측량(측정)을 수행할 수 있고, 공중에서 시각적으로 평가할 수 있다. 대형 부지의 경우, 보행 또는 주행 시간을 절약하고 표면 전체에 걸쳐 정확한 측정을 제공한다.

그림 12.1 비행 중인 드론 (출처: Ricardo Gomez Angel, flickr.com/photos/rigoan)

그러나 드론이 따라갈 수 있는 자율 비행 경로를 설정하더라도 비상 상황 발생 시 조종할 준비가 되어 있는 상태에서 드론 조종사가 시야를 유지하여야 한다.

개인 정보 보호법은 건설 현장 근처에서 일광욕을 하는 일반인을 감시하는 데 드론을 사용할 수 없음을 의미한다. 이미지는 결국 비즈니스 클라우드 내에 저장되며 모든 데이터는 데이터 보호법을 준수해야 한다. 명시적으로 동의하지 않은 사람들의 동영상과 이미지를 부주의하게 수집한 경우에도 그러한 법률을 위반할 수 있으며 품질 전문가는 그러한 법적 제한을 인식해야 한다.

영국에서는 민간항공 관리국CAA에서 발행한 상업 운영 허가PfCO에 따라 '조종 능력'의 입증과 항공 이론(항공술, 영공, 항공법 및 우수 비행 관행)에 대한 충분한 이해, 실제 비행 평가(비행 시험)를 통과하고 비행을 수행하기 위한 운영 매뉴얼이 개발되었다.[1] 또한 특정 모델의 드론을 사용하는 경우, 의도한 조종이 적절하게 안전하다는 것을 입증하기 위해 운영 안전 사례OSC가 요구된다. 조종사 역량은 평가를 수행하는 승인된 국가 유자격 기업 NQFs이 운영하는 과정을 수료하고 통과함으로써 입증될 수 있다.

드론 사고 건수가 2015년 29건에서 2016년 71건, 2017년 92건으로 매년 꾸준히 증가함에 따라 영국 정부는 과실과 남용에 대한 안전장치를 도입해야 할 필요성을 깨달았다.[2] 2016년 영국 교통부 연구결과에 따르면 "항공기 앞 유리는 높은 곳에서 현실적인 속도로 4kg급 쿼드콥터quadcopter 부품과 금속 부품이 노출된 3.5kg급 고정익 드론과의 공중 충돌로 인해 심각한 손상을 입을 수 있다"라고 밝혔다.[3] 2018년 영국에서 도입[4]된 보다 엄격한 규정은 드론이 400피트 이상 공항 경계에서 1km 이내에서 비행하는 것을 제한하는 기존의 지침을 법으로 확인했다. 항공기나 항공기에 탑승한 사람을 위험에 빠뜨릴 수 있는 무모하거나 부주의하게 행동하다 적발된 드론 조종사는 최대 5년의 징역형을 받게 된다. 2019년 11월부터 드론 조종사에 대한 온라인 안전 테스트도 의무화되며 이를 준수하지 않는 경우 최대 1,000파운드의 벌금이 부과된다.

미국에서는 연방 항공 관리국FAA이 드론 등록 지원 사이트를 구축했으며, 여기에는 다음과 같은 내용이 명시되어 있다.

> **FAA는 모든 드론 소유자가 0.55 파운드에서 55 파운드 사이의 무게로 구입한 각 드론을 등록하도록 하고 있다. 무인 항공기 등록 기준을 충족하고 등록하지 않으면 미국 정부의 드론 규제 조항에 정의된 민형사상 처벌을 받게 된다.**[5]

원격 조종사 자격증은 2년 동안 유효하며, 신분 확인 및 FAA 승인 지식 시험 센터에서 항공 지식 시험을 통과해야 한다. 지식 시험은 소형 무인 항공기 시스템, 적재 및 성능, 비행 제한, 무선 통신, 검사 및 비상 절차, 공항 운영 및 보건, 안전 관련 규정을 다룬다.

그러나 일부 대기업은 추가 교육을 통해 이러한 자격증만 시작점으로 삼는다. 리오 틴토

Rio Tinto는 드론 조종사에게 위험 평가, 비행 절차, 기술 매뉴얼을 이해하기 위한 비행 훈련을 받도록 요구한다. 그런 다음 최소 20시간의 비행시간을 얻기 위해 현장 지도 교습 전에 시뮬레이터 훈련을 받는다. 마지막으로 그들은 드론 조종사로 승인되기 전에 최종시험을 치르게 된다.

드론 활용과 함께 사고 위험도 높아질 것이고, 드론 조종뿐 아니라 안전점검을 위한 운용 절차를 준수하고 유사시 어떻게 해야 할지 알 수 있도록 전문교육의 필요성을 이해하는 것이 중요하다. 일본에서는 지난 2017년 기후현 오가키시에서 열린 행사에서 4kg급 드론이 추락해 어린이를 포함한 6명이 경상을 입었다.[6] 메시지는 간단하다. 드론을 사용하기 전에 위험 평가를 수행하고 다른 장비나 도구와 마찬가지로 취급하며, 합의된 운영 절차에 따라 인명 피해·재산상 손해 및 드론 자체에 대한 비용이 많이 드는 피해를 최소화한다.

DroneDeploy는 여러 업종의 드론 비행과 데이터 캡처를 목적으로 하는 소프트웨어 플랫폼이다. 엔지니어링 및 건설 분야의 드론 사용을 이해하고 개발하고자하는 중소기업을 위한 이상적인 스타터starter 소프트웨어다. 드론이 촬영한 영상을 소프트웨어에 업로드되며 다양한 건설 관련 활동을 수행될 수 있다. 토공사의 2D 항공사진의 윤곽을 그릴 수 있으며, 소프트웨어는 측량팀이 현장에 나가지 않고 몇 초 내에 부피를 계산하고 측정을 수행한 다음 현장 사무실로 돌아가 계산을 할 수 있다. 마찬가지로 토목업체들도 DroneDeploy를 사용하여 기존 고속도로에 대한 항공 조사를 수행하여 열화 위치를 파악하고 건설 유지보수 일정을 계획했다.

한 사례에서 Bolton & Menk는 차량과 도보를 이용하여 1주일 동안 미네소타의 Elko New Market시에서 26마일 길이의 도로를 조사했다.[7] 항공 측량은 기존의 검사에 비해 훨씬 더 정확하고 세분화되었다. 아스팔트의 균열이 지도에 자동으로 표시되어 필요한 시간에 대한 새로운 재료 견적을 계산할 수 있다.

ReconnTECH는 지하 시설물의 효율적인 기록을 위해 DroneDeploy를 사용해왔다. 고객은 각 전신주 주변을 조사하기 위해 ReconnTECH를 사용하여 매립된 시설물의 위치를 설정하여 새로운 장치를 전신주에 부착하여 Wi-Fi 핫스팟을 만들었다. 무선 탐지 스캐너를 사용하여 지하 케이블은 페인트 표시를 사용하여 포장 표면에 매핑된다. 그런 다음 이 표시들을 조사하고 GPS 좌표를 위성사진에 수동으로 표시한다.

무선 탐지는 여전히 표면 페인트 표시와 함께 사용되지만 드론은 항공 이미지를 기록하고 페인트 표시를 케이블 경로로 이동시켜 각 전신주 조사 시간을 2시간에서 45분으로 줄일 수 있다. 캘리포니아 전역의 424개의 전신주를 조사하여 50%의 효율 향상을 이룬다면 이것은 엄청난 개선이다.

2016년 McCarthy 빌딩사는 DroneDeploy 소프트웨어를 테스트한 후 20대의 드론에 투자하여 드론 챔피언 프로그램을 만들어 건설 프로젝트에 체계적으로 통합하기 시작했다. 사업 전반에 걸친 대표자 프로그램 위원회는 안전 프로토콜 개발, 운영 절차 및 직원 교육 과정을 4개월 동안 치밀하게 계획했다. 팀은 사내 리스크 관리, 보험 및 법률 전문가들과 상의하여 기술 구현의 모든 측면을 평가했다. 일단 청신호가 켜지면 결과를 최적화하기 위한 표준 접근법이 개발되었다.

각 건설 프로젝트마다 매주 3회 영상 녹화를 하는데, 각 비행시간은 약 20분이 소요된다. DroneDeploy 앱을 사용하면 Autodesk 모델로 데이터를 내보낸 후 시공 진행 상황을 측정할 수 있다. 그러나 McCarthy는 명확한 진행 상황 업데이트를 제공하기 위해 현장 사무실에 표시할 드론 항공 이미지를 인쇄한다. 현장 직원과 하청 업체들도 이 사진들을 이용해 불량한 청소와 자재 정리가 필요한 곳을 파악한다. 데이터 수집의 핵심은 보다 현명한 의사 결정을 가능하게 하는 협업과 이해를 용이하게 하는 것이다.

이미지에 대한 세부 사항이 더 많이 요구되는 복잡한 건설 프로젝트의 경우 Pix4D는 옵션이다.[8] Drone flybys는 여러 각도에서 포인트 클라우드를 생성하여 BIM 모델을 사용하여 준공 현장 데이터를 분석하고 시공 구조물의 결함을 탐지할 수 있다. 건설 현장의 정확도를 높이기 위해 정사 사진을 찍을 수 있다(드론이 머리 위로 날아갈 때 표준으로 촬영하는 약간 늘어난 버전이 아니라 지도에 사용된 것과 동일한 정확도의 실제 직각 항공 이미지). 디지털 모델 슬라이스 및 2D 도면을 사진 위에 겹쳐서 예정된 작업과 준공 상태를 비교할 수 있으므로 문의 및 장애를 위해 태그를 추가할 수 있다.

드론 영상 데이터 품질은 작동하는 높이, 카메라의 모습, 하향 각도 및 드론 속도의 영향을 받는다. 따라서 드론을 비행하여 지붕 전체를 단일 사진으로 캡처할 수 있지만 해당 이미지가 특정 데이터 요구 사항에 필요한 세부 수준을 제공할 것인가? 또한 사진 스티칭 stitching 기법보다 정사 투영을 만들 수 있는 소프트웨어를 사용하는 것이 좋다. 정사 투영은 실제 이미지를 제공하기 위해 머리 위로 날아갈 때 카메라 원근과 지면으로부터의 거리를 보정한다. 때때로 사진 스티칭은 동일한 이미지가 가운데로 잘려나갔지만 가장자리가 실제로 일치하지 않을 때 고통스러울 수 있다.

드론은 크로세레일Crossrail과 같은 밀폐된 공간과 터널에서 최대 50m 높이까지의 샤프트 검사하는 데 사용되어 축 벽에 접근하기 위한 이동식 승강 작업 플랫폼이나 비계가 필요하지 않았다.[9] 드론에 의한 열화상은 건물의 열 손실 및 물 침투에 사용될 수 있다. 적외선 에너지는 환경에서 우리 주변에 있는 전자기 스펙트럼의 일부이며, 우리가 볼 수 있는 소량의 빛 에너지로 육안으로는 대부분 보이지 않는다. 빛은 표면에서 반사되지만 열에너지는 표면에서 반사되어 방출될 수 있다. 방사율은 신체가 발산하는 열에너지의 수준이다. 인간, 동물, 나무 및 콘크리트는 방사율이 높고 열에너지를 효율적으로 발산하므로 열화상에서 밝은 색상으로 표시된다. 그러나 금속은 부식이나 페인트 표면에 의해 영향을 받을 수 있지만 낮은 방사율로 다르게 작용한다. 근접한 두 물질의 온도는 동일할 수 있지만 방사율은 물질과 표면에 따라 근본적으로 다를 수 있다. 열화상은 유리나 벽을 통해 볼 수 없지만 열이 이동하기 때문에 이미지는 에너지 손실이나 변화를 감지할 수 있다.

드론 카메라는 용도와 임무 요구 사항에 따라 선택해야 한다. 시야FOY 또는 지면 범위의 크기, 배율 및 이미지의 세부 사항은 다양하며 초점 길이 렌즈를 선택할 때 균형을 맞춰야 한다. 보이는 이미지는 보통 절대적이지 않고 서로 상대적이라는 것을 명심하라. 대기조건, 물질 유형 및 표면 조건은 표시될 수 있는 온도에 영향을 미칠 것이다.

무지개 색상 팔레트가 가장 역동적이고 매력적으로 보이지만 특정 환경 조건에서는 검은 색, 회색 및 흰색 팔레트가 더 유용할 수 있다. 고온 다습한 조건에서 강렬한 흰색 또는 강렬한 검은 색상 팔레트를 사용하면 미묘한 열 변화를 감지하는 데 도움이 된다. 무지개 색상 팔레트(사용에 따라 여러 버전이 있음)는, 예를 들어 전기 설비와 같이 근접한 물체 사이에 높은 대비가 있는 대상의 유용한 이미지를 제공할 수 있다.

장비는 최대 온도까지 작동하도록 설계되었다. 드론 열화상은 등온선을 사용하여 특정 장비의 온도가 위반되었음을 경고하거나 깃발을 설정할 수 있다. 이는 중요한 장비가 사용되는 현장 위를 비행할 때 유용한다.

드론 지붕 조사를 통해 걸림돌이 발생하는 것을 시각적으로 식별할 수 있을 뿐만 아니라 잘못된 설치로 인한 열 손실도 확인할 수 있다. 그러나 이러한 조사는 시간과 날씨에 의해 영향을 받게 되므로 데이터를 기록할 수 있는 기회에 접근하기 위해서는 계획이 필수적이다. 또한 향후 비교 변화에 대한 벤치마크를 설정하기 위해 기준 지붕 조사를 실시할 수 있다. 새로운 지붕의 경우, 이것은 최근에 건설된 특정 지붕이 어떻게 열적으로 작용하는지를 이해하는 좋은 방법이다.

반대로 드론은 마이크로 드론을 포함하여 다양한 크기로 생산되고 있다. 로보플라이RoboFly의 무게는 1g에 불과하고 집파리보다 약간 크지만 일련의 까다로운 설계 및 제조 문제에 직면해 있다.[10] 그것은 작은 태양광 전지에 전력을 공급하는 레이저 빔으로 무선 비행을 달성할 수 있으며 회로는 빈약한 7볼트를 240볼트로 변환한다. 그러나 배터리 수명은 30분 미만이고 비행 제어 장치는 현재 플랩flap에서 매우 기본적이며 이륙 및 착륙을 위해 날개를 달고 있다. 그러나 로보플라이RoboFly를 만든 워싱턴대학의 엔지니어들은 추가적인 기능을 구축할 것이라고 확신한다. 무선으로 작동하는 공상과학 로봇 파리가 탄생한 것은 이번이 처음이며, 새로 설치된 가스관 누출과 지붕 누수 조사부터 밀폐된 공간에서 자재 재고 조사 및 대기질 테스트에 이르기까지 다양한 업무 배분으로 건설 현장을 비행하며 소형 드론 떼의 가능성을 열어준다. 숙련된 조종사 주변에서 비교적 눈에 띄지 않는 작은 드론을 사용하여 현장 전체의 모든 것을 검사하고 시험할 수 있는 잠재력은 매우 크다. 성가시게 너무 가까이 다가가면 실제 파리와 같은 운명에 직면할 수도 있다.

일부 연구에 따르면 2030년까지 영국 전역에 평균 76,000대의 드론이 비행할 수 있고 GDP에 420억 파운드의 순 영향을 미칠 수 있으며 그중 86억 파운드는 건설 산업으로 기인한다고 한다.[11] 다양한 드론 세트의 기능을 사용할 수 있게 될 것으로 예상되므로 드론이 표준에 따라 완료된 작업의 검사, 시험 및 검증을 수행할 수 있다. 드론이 더 빨리 디지털 데이터를 수집하고 돌아올 수 있는데, 왜 품질 엔지니어를 보내 개인 보호 장비PPE를 착용하고 태블릿이 작동하는지 확인하고 수많은 위험을 지나 현장으로 나가는 이유는 무엇인가? 현장 품질 전문가들이 드론을 주요 자산으로 이해하고 동시에 직무 설명의 일부를 빼앗을 수도 있다는 점을 시사하는 것이다.

DroneDeploy가 2018년 180개 국가에서 실시한 설문 조사에서 다른 부문에 비해 건설 현장에서 드론 사용이 239% 증가했다고 보고한 가운데,[12] 크고 작은 프로젝트에서 드론이 빠르게 보편화되고 있는 것은 분명하다. 건설에서 드론의 주요 사용 중 10%가 품질관리에 사용되는 상황에서 뒤처지지 않으려면 품질 전문가들이 이 기술을 제대로 파악해야 할 필요성을 보여준다. 품질 전문가들이 디지털 역량을 높일 수 있도록 데이터 수집과 처리를 책임지는 드론의 관리자가 되기 위해 빠르게 적응해야 한다는 메시지다.

Box 12.1 디지털 학습 포인트

드론

1. 드론 조종사 자격을 갖춘다.
2. 명확하게 하기: 사용하고자 하는 이미지 데이터는 무엇인가? 데이터 품질을 보장하는 명확한 프로세스가 있는가?
3. 현장에서 품질관리 검사를 위해 드론을 사용한다. 레이저 스캔, 비디오 및 사진, 그래픽 이미지를 포함한 서술 보고서 및 드론 데이터로 결과를 패키지화한다.
4. 품질을 보장하기 위해 드론 데이터의 전송 지점을 평가하고 추적한다. 제조업체의 사용 설명서에서 데이터 관리에 대한 권장 사항을 제공하고 있는가?
5. 품질 감사에서 다음 사항을 확인한다.
   - 드론 사용자 설명서는 버전 관리 및 유지된다.
   - 드론 배터리가 최적 상태이다.
   - 드론 서비스가 수행된다.
6. 데이터를 다운로드하는 데 사용되는 모든 엄지 드라이브(thumb drives) 또는 Wi-Fi의 데이터 보안을 평가한다.
7. 드론 계기판은 원격 측정 시스템을 보여주고 기록하는가? 이 데이터는 향후 사용을 위한 개선 사항을 제공할 수 있는가?

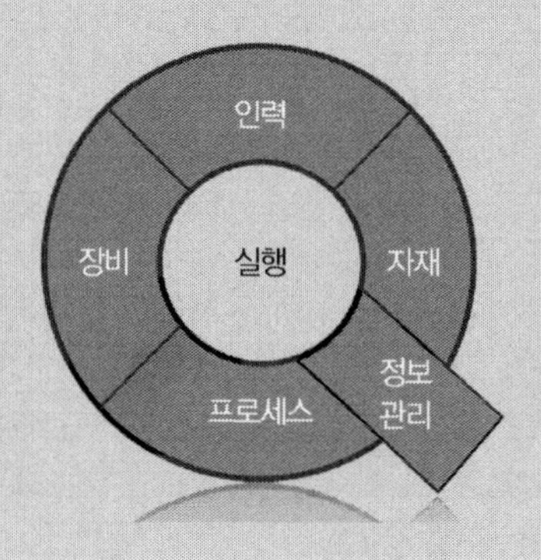

:: 미주

1 CAA, *Permissions and Exemptions for Commercial Work Involving Small Drones* (2015). Retrieved from www.caa.co.uk/Commercial-industry/Aircraft/Unmanned-aircraft/Small-drones/Permissions-and-exemptions-for-commercial-work-involving-smalldrones/

2 *The Daily Telegraph*, 'Drone near-misses triple in two years', 19 March 2018. Retrieved from www.telegraph. co.uk/news/2018/03/19/drone-near-misses-triple-two-years/

3 MAA, BAPLA, DoT, *Small Remotely Piloted Aircraft Systems (Drones) Mid-Air Collision Study* (2016). Retrieved from https://assets.publishing.service.gov.uk/government/uploads/system/uploads/attachment_data/file/628092/small-remotely-piloted-aircraftsystems-drones-mid-air-collision-study.pdf.

4 DoT/CAA, 'New drone laws bring added protection for passengers'. 30 May 2018. Retrieved from www.gov.uk/government/news/new-drone-laws-bring-added-protectionfor-passengers.

5 Federal Aviation Administration (FAA), Dronezone, *Welcome to the FAA Drone-Zone*. Retrieved from https://faadronezone.faa.gov/#/

6 *The Japan Times*, 'Candy-carrying drone crashes into crowd, injuring six in Gifu', 6 November 2017. Retrieved from www.japantimes.co.jp/news/2017/11/05/national/candy-carrying-drone-crashes-crowd-injuring-six-gifu/#.W2lpDy2ZOu4.

7 DroneDeploy, 'Drones raise the bar for roadway pavement inspection', Blog, 2 August 2018. Retrieved from https://blog.dronedeploy.com/drones-raise-the-bar-for-roadwaypavement-inspection-9c0079465772.

8 Pix4D, 'Measure from images'. Retrieved from www.pix4d.com.

9 IW, 'Trial uses drone to carry out Crossrail shaft inspections'. 21 November 2016. Retrieved from www.infoworks.laingorourke.com/innovation/2016/october-todecember/trial-uses-drone-to-carry-out-crossrail-shaft-inspections.aspx.

10 Booth, B., 'Slightly heavier than a toothpick, the first wireless insect-size robot takes flight', *CNBC* News, 3 November 2018. Retrieved from www.cnbc.com/2018/11/02/about-the-weight-of-a-toothpick-first-wireless-robo-insect-takes-off.html.

11 PriceWaterhouseCoopers, 'Skies without limits'. Retrieved from www.pwc.co.uk//intelligent-digital/drones/Drones-impact-on-the-UK-economy-FINAL.pdf.

12 DroneDeploy, *2018 Commercial Drone Industry Trends Report* (2018). Retrieved from www.dronedeploy.com/resources/ebooks/2018-commercial-drone-industry-trendsreport/

CHAPTER 13

건설 장비: 자율주행 차량 및 원격 측정

CHAPTER 13

건설 장비: 자율주행 차량 및 원격 측정

미국, 일본, 영국 및 기타 국가에서 자율 무인 자동차, 택시, 트럭 및 버스는 급속히 발전하고 있다. 필립 해먼드Philip Hammond 영국 재무부 장관은 2017년 정부의 목표는 2021년까지 도로에서 상업적으로 안전 운전자 없이 '완전 무인 자동차'를 보유하는 것이라고 말했다.[1] 정부는 이 산업이 2035년까지 2만 7,000개의 일자리를 지원하면서 경제에 280억 파운드의 가치가 있을 것으로 보고 있다.

'무인' 차량에 대한 무수한 용어로 인해 혼란이 발생할 수 있다. 무인 운전은 다양한 주행 기술에 적용되는 것 같은 비기술적 모호한 용어다. 자동화는 기계에 의해 제어되며, 일반적으로 차량을 제어하기 위해 도로나 그 주변에 기술 보조 장치가 있을 때 적용된다. 또한 제어를 돕기 위해 차량과의 통신이 가능한 곳에서도 협력 기술이 사용되었다. 자율주행은 다른 도로 보조 장치가 없고 차량이 독립적일 때 사용된다. 미국에 본사를 둔 SAESociety of Automotive Engineers는 다양한 수준의 무인 운전 기술을 도입했다.[2]

- 레벨 0: 일부 '경고 또는 개입 시스템에 의한 개선'이 있는 자동화가 없다.
- 레벨 1: 스티어링 및 페달의 특정 기능(예: 크루즈 컨트롤)에 대한 운전자를 지원한다.
- 레벨 2: '손을 떼는' 운전과 같은 추가 기능이 있는 부분 자동화, 테슬라의 자동 조종 장치 등이 있다.
- 레벨 3: 조건부 자동화－특정 조건에서 차량이 차선 변경과 같은 '도로에서 눈을 뗄

수 있는' 주행 기능을 대신할 수 있다.

- 레벨 4: '손을 떼고, 눈을 감고, 때로는 신경 쓰지 않는' 고도의 자동화. 구글의 자율주행차는 2017년 말 이 수준에 있었다. 그러나 운전자는 운전석에 앉아 있어야 하며, 필요한 경우 극한의 기상 조건하에서 운전할 수 있어야 한다.
- 레벨 5: 모든 도로 주행 조건에서 운전자가 필요하지 않다.

대부분의 자동차 제조업체에서 무인 차량에 대해 이야기할 때 일반적으로 레벨 3 또는 4를 언급한다. Honda와 Toyota는 1년 후 볼보와 함께 고속도로에서 자율주행을 목표로 2020년을 목표로 삼았다. 피아트-크라이슬러는 2021년까지 '일부' 자율주행차를 목표로 하고 있으며 포드는 '진정한 자율주행'을 제공하기 위해 2021년에 대해 이야기해왔다. GM은 힘든 일정을 정하는 것에 신중했지만 2019년 이후 언젠가는 '최초 완전 자율주행차 제조사'가 되는 것을 목표로 하고 있다고 말했다. 2017년 테슬라 자동차는 이미 2018년 '완전한 자율주행 능력'으로 자동 조종 기능을 강화했다. 일론 머스크Elon Musk는 2년 동안 로스앤젤레스에서 뉴욕으로 가는 무인 운전이 아직 일어나지 않을 것이라고 말해왔다.

레벨 3, 레벨 4 자동차의 최종 생산과 입증된 상태가 어떻든 간에, 조건이 바뀌지 않는 한 2020년대 초까지 대부분의 주요 제조업체들은 미국, 유럽, 일본의 도로에서 일부 유형의 자율주행 자동차를 갖게 될 것으로 보인다. 수십 년에 걸친 무인 자동차의 기대와 시제품 이후 고무 타이어는 이제 본격적으로 도로에 출시될 것이다.

2018년 Komatsu의 스마트 건설 사업부 사장인 Chikashi Shike는 "앞으로 건설 현장이 무인화될 것으로 예상한다"라고 말했다.[3] 수년 동안의 디지털 건설에 대한 과장된 주장과 과대광고를 감안할 때, 아마도 그가 말하는 '미래'를 의미하는 연도에 대해 어느 정도 주의를 기울여야 할 것이다.

건설 산업의 경우 자율주행 차량은 센서를 사용하여 차량 성능 모니터링을 통해 보다 효율적으로 주행함으로써 중요한 비용을 절감할 수 있다. 타이어 수명이 최대 50% 더 길고 연비가 향상된다. 지형 경로에 대한 지식을 바탕으로 자율주행 차량은 최적의 주행 기술을 계획할 수 있으며, 최적의 효과를 위해 매 초마다 주행거리를 섬세하게 관리할 수 있다. 수동 운전자가 휴식을 취해야 하는 과거에도 계속 작업할 수 있다. 즉, 더 오랜 시간 동안 작업할 수 있고 전반적으로 작업을 완료하는 데 걸리는 시간이 줄어든다. 현장에서 자율주행차는 일반적인 도로 조건과는 다른 문제에 직면하고 있으며 이를 해결하기 위해 적응된 기술이 필요하다.

Komatsu는 현장에서 입증된 자율주행차량 기술로 길을 개척해왔다. 2015년부터 그들은 Skycatch[4]와 제휴하여 건설 현장을 자율적으로 비행하는 Explore 1 드론을 개발하여 디지털 모델에 제공되는 매우 정확한 3D 지도를 제작했다. 이륙, 비행경로 및 착륙이 모두 자동화되어 조종자의 시간을 절약할 수 있다. 그런 다음 데이터는 Komatsu의 로봇 토공 이동 장비를 지시하는 데 사용될 수 있다.

Komarsu의 지능형 굴착기[5] 제품군은 기계가 필요한 수준까지 정밀하게 땅을 파고 트렌치에서 과도한 굴착을 방지하는 것과 같은 최적의 알고리즘에 따라 토사를 이동하기 때문에 생산성[6]을 30% 이상 높일 수 있다. 예를 들어, 지능형 굴착기의 정확성은 남은 '잔여물'을 치우면 되기 때문에, 정확한 등급의 작은 크롤러 도저만 필요하므로 더 큰 굴착기나 도저에 의한 또 다른 제거는 토공 계약상의 다양한 기계에 대한 수요를 줄인다. 결정적으로 Komatsu는 고객 지원에 많은 시간과 노력을 투자하여 지능형 기계의 사용을 최적화하여 우수한 성능을 달성할 수 있도록 지원한다. 강의실 및 현장 교육은 운전자가 가능한 한 빨리 높은 역량을 발휘할 수 있도록 도와준다.

로봇 굴착기가 운전자를 불필요하게 만드는가? 때때는 그렇다. 하지만 같은 사람들은 자율 드론과 무인 덤프트럭의 운전자가 되는 법을 배울 수 있고, 그 사업에 더 큰 가치와 생산성을 더해주고, 땅을 조사한 다음 더 적은 비용으로 더 많은 흙을 더 빠르고 안전한 방법으로 이동시킬 수 있다. 그들의 지식은 여전히 필수적인 것이지만 그들이 그 지식을 사용하는 방식은 바뀔 것이다.

리오 틴토Rio Tinto의 '미래의 광산' 프로그램은 광석과 폐기물을 옮기기 위해 현장에서 사용되는 성공적인 자율주행 차량의 시연이다.[7] 2008년에 처음 시험 운행된 이후, 자율 운송 시스템AHS은 10억 톤이 넘는 자율 운송으로 큰 성공을 거두었다. 호주 필바라Pilbara에서 사용되는 트럭의 1/4은 현재 자율주행 차량이며, 2019년까지 140대의 트럭이 운행될 예정이다.

퍼스Perth에 있는 중앙 운용 본부는 서부 호주 필바라에서 1,500km 떨어진 곳에 있는 거대한 코마츠Komatsu 덤프트럭을 조정할 수 있다. 무선 조정장치는 암 파쇄 기계를 관리하는 데 사용되며 한 명의 운전자는 무인 트럭을 관리할 수 있다. 인간의 능력은 게이머들이 기존의 컴퓨터 응용 프로그램보다 직관적이고 솔직히 더 재미있다고 생각하는 기술에 의

존할 필요가 있었다. 젊은 층의 건설 산업 진출을 장려하고 보다 흥미롭고 자극적인 작업과 함께 산업 내에서 인재 확보 기회를 향상시킨다.

건설 현장은 육체적으로 힘든 곳이 될 수 있다. 비포장 도로 운전은 특히 현대적인 전자식 동력 조향장치power steering를 사용하더라도 운전자의 목, 등, 팔을 사용하고 있다. 현장 밖에서 편안한 좌석에 앉아 '운전'(지구 반대편 또는 몇 백 미터 떨어진 현장 사무실에 있을 수 있음)을 통해 높은 위험 환경에서 신체적 존재를 제거함으로써 운전자의 작업, 삶의 질과 안전을 향상시킨다. 운전자가 차량을 오가는 데 소요되는 시간이 줄어들고 전체 프로세스가 더 효율적이므로 생산성이 향상된다.

볼보 건설 장비는 수백 시간의 실제 테스트를 수행한 LX1 시제품 전기 하이브리드 휠 로더wheel loader를 개발하여 기존 로더에 비해 연비가 50% 향상되고 운전자의 소음 공해가 감소했음을 입증했다.[8] LX1은 보다 효율적인 설계로 인해 더 큰 휠 로더의 작업을 수행할 수 있다. 스웨덴의 한 채석장에서 스칸스카Skanska, 스웨덴 에너지청SEA 및 두 개의 스웨덴 린코핑Linkoping대학교, 말라르달렌Malardalen대학교와 협력하여 2,200만 달러의 연구 프로젝트에서 LX1과 같은 기계를 사용함으로써 에너지 사용량을 71% 줄일 수 있을 것으로 추정된다. 캐터필러Caterpillar와 히타치Hitachi 건설기계도 호주의 광산 채굴사업장에서 자율주행차량 시험 운행에 적극 나서고, 이전에 Google에서 근무했던 노아 레디캠벨Noah Ready-Campbell이 만든 신생 기업 빌트 로보틱스Built Robotics를 통해 메리 앤Mary-Anne으로 불리는 자율주행 트랙로더ATL를 개발함에 따라 건설 현장에서 혁신적인 로봇 기술의 실질적인 발전이 있다.

기후 변화에 관한 정부 간 협의체IPCC의 보고서에 따르면 건물 부문은 전 세계 에너지 소비량의 32%를 차지하고 전 세계 총 CO_2 배출량의 4분의 1을 차지했다.[9] LX1 연료 효율 수치는 산업 전략적인 저탄소 목표의 일부로서 보다 지속 가능한 건설 산업을 발전시키는 데 중요한 역할을 할 수 있다.

볼보는 전기 기술과 로봇 공학을 결합해 자율주행 전기 배터리, 운전실 없는 운반차량 HX2를 개발했으며, 탄소배출량은 95% 감소, 총 소유 비용은 최대 25% 절감될 것으로 예측했다.[10] 머리가 없는 덤프트럭처럼 보이는 이 트럭은 흙 또는 골재를 적재하기 전에 LX1과 나란히 주차하여 지정된 목적지로 이동하여 재료를 운반한다.

볼보 CE는 또한 어린이들을 위한 건설 로봇을 개발하기 위해 레고LEGO와 제휴했다. 볼보 콘셉트concept 휠 로더 ZEUX는 지붕에 '눈'이 있어 아이들의 피드백에 따라 설계되었다.[11] 도로를 건널 때 차량 운전자와 눈을 마주칠 수 있는 것이 관계를 맺는 데 중요하며 차량이 정지할 때까지 속도를 늦추고 있다는 중요한 암시를 준다. 건설 현장에는 도로 횡단이 적지만, 인간과 차량이 상호작용하는 사례는 확실히 많고 불행하게도 사고의 상당한 위험과 함께 있다. ZEUX에서의 인간-기계 상호작용은 장난감 제조업체가 포착하고 싶었던 것이었고, 따라서 '눈' 기능이었다. 일부 사람들은 이것이 장난감을 판매하는 마케팅 전략뿐이고 볼보가 아이들과 함께 브랜드 인지도를 높이기 위한 마케팅 전략이라고 생각하는 데 회의적일 수 있지만, 이것이 건설 산업 성숙의 진화를 강조한다고 믿는다.

ZEUX 로더는 남녀 모두 건설 현장에서 자율주행 전기차를 볼 수 있도록 할 예정이다. 그것은 최첨단 기술의 건설에 대해 생각하도록 어린 나이에 그들을 참여시키고 남성들의 고정관념을 무너뜨려 더 많은 여성들이 업계에 진출하고 인재 풀을 넓히도록 도울 것이다.

건설 장비가 현장에서 어떻게 수행하는가는 공사의 성과에 직접적인 영향을 미칠 수 있다. 프로젝트 프로그램에는 분명히 시간 지연과 위험이 있을 것이지만 건설 장비가 예상대로 작동하지 않으면 굴착, 재료 물류 또는 크레인 이동 등 작업의 품질에 영향을 미칠 수 있다.

원격 측정은 모니터링 데이터가 원격으로 다른 장비로 전송되는 통신의 한 형태이다. 위성항법GPS 기술은 수십 년 동안 건설 차량에 탑재돼 위치를 모니터링하고 위성 항법을 가능하게 했다. 예를 들어, 채석 트럭의 시간당 톤수와 같은 물류에 대한 몇 가지 기본 데이터를 제공하였다. 차량 엔진이 컴퓨터 관리 시스템으로 개발됨에 따라 서비스 진단 및 오염 배출에 대한 정보와 함께 성능 데이터의 유형과 양이 증가했다.

요즘에는 굴착기, 화물차, 갠트리, 이동식 바퀴 및 타워 크레인, 지게차, 도로 롤러, 레디 믹스 콘크리트 트럭 및 토공 장비, 즉 덤퍼, 불도저, 그레이더 및 스크레이퍼를 포함한 다양한 건설 장비 차량에서 실시간 데이터가 지속적으로 스트리밍되고 있다. 기타 기계 및 장비로는 이동식 압축 공기 장치, 역청 혼합 및 배치 플랜트, 콘크리트 혼합 플랜트, 호이스트, 컨베이어 및 이동식 고소 작업대MEWP가 있다.

환경 원격 측정 데이터는 연료 소비량, 유휴 시간 대 작업 시간 및 배출 가스를 다루고, 안전 데이터는 운전 표준 준수를 개선할 수 있으며, 건설 장비 주변의 고위험 구역으로 이동하는 현장 작업자에 대한 근접 경보를 포함할 수 있다. 재무 데이터는 장비의 사용, 중단, 시간 및 효율성에서 얻을 수 있으며, GPS에서 장비가 언제 현장으로 반환되는지 알면 고객에게 자동 청구서를 제공할 수 있다.

품질관리 데이터는 건설 공정의 성능에 미치는 영향을 모니터링하고 최종 구축 환경을 조성하는 데이터이다. 장비의 유지 보수는 측정 기기의 교정을 확인하는 것과 동일한 방식으로 품질 전문가가 전체 품질 감사의 한 요소로 평가해야 하는 유용한 데이터의 한 예이다. 건설 굴착기가 일정 톤수의 자재를 제거할 때 쓰레기 더미 부피와 버킷 하중을 조정하여 측정의 정확도를 향상시킬 수 있다. 마찬가지로, 굴착된 깊이의 지반고는 레이저 스캔 드론 데이터와 비교하기 위해 건설 장비 텔레매틱스telematics로부터 확인할 수 있다.

토공 장비와 달리 발전기와 압축기compressor는 사람이 지속적으로 작동하지 않으므로 성능을 이해하고 즉각적인 경고를 받는 것은 작업 시간을 최적화하는 데 매우 유용하다. 텔레매틱스를 통해 품질 성능 데이터의 원인과 결과를 분석할 수 있다. 현장에서 중요한 순간에 발전기가 고장 나면 결함 및/또는 재작업이 발생할 수 있다. 원격으로 발전기의 성능을 모니터링함으로써 이러한 정전을 최소화할 수 있으며 재급유하기 전에 하루의 작업을 통해 실행 시간이 유지되도록 보장할 수 있다. 콘크리트를 다짐하는 동안 공기식 콘크리트 진동기가 공기 압축기의 고장으로 작동을 멈추면 경화 콘크리트의 품질에 영향을 미칠 수 있다.

기성 콘크리트 혼합 플랜트의 텔레매틱스를 사용하면 후단back-end 시스템 데이터를 정보와 통합할 수 있으며 현장에서 캡처하여 실시간 의사 결정을 알린다. 과거에 레디 믹스 콘크리트 트럭의 배송 티켓은 항상 사라지거나 젖은 콘크리트에 뿌려져 글씨가 지워지는 티슈처럼 얇은 분홍색 종이 뭉치였으나 이제는 보유 차량 관리 플랫폼 내의 안전한 디지털 데이터가 되었다. 실시간 스트리밍은 표준 관리 보고서를 생성하고 미리 결정된 한계에 위반되거나 오류 코드가 감지되면 경고를 촉발할 수 있는 매우 정확하고 다양한 데이터를 제공한다.

레디믹스 콘크리트RMC 트럭 배송은 GPS에 의해 추적되어 현장에 도착 시간을 최적화하며, 심지어 교통 체증과 운전자 휴식 시간을 허용하여 예정된 타설에 대한 콘크리트 혼합 기준이 유지된다. 이 데이터는 나중에 구체적인 시험이 시방 규정에 실패할 경우 배치 플랜트에서 생산부터 타설까지 일정을 디지털 방식으로 조사가 가능하다. 이러한 데이터는 레디 믹스 콘크리트에 적용되고 BS EN 206:2013, BS 8500-1:2015와 BS 8500-2:2015를 결합한 BS EN ISO 9001:2015의 요구사항을 통합하는 레미콘 품질 계획QSRMC 및 제품 적합성 규정에 따라야 한다. QSRMC 규정은 주어진 계약 사양에 따라 제품이 요구될 수 있는 추가적인 콘크리트 특정 보증이다.

이러한 모든 건설 장비 텔레매틱스의 적용으로, 요점은 데이터를 추적하기 위한 것이 아니라 품질 전문가가 이러한 데이터가 존재할 수 있다는 것을 인지하고(또는 프로젝트 초기에 지정하기를 원하는 특별한 경우) 근본 원인 분석RCA과 지속적인 개선을 추진하는 데 유용할 수 있다. 중요한 것은 빅 데이터를 사용하면 품질관리 문제의 위험이 가장 큰 부분을 예측할 수 있다는 점이다. 지능적인 데이터가 더 많이 수집되고, 분석(BI 도구나 AI를 통해)이 좋을수록 과거와 미래의 추세를 쉽게 식별할 수 있다.

시공 인력이 표준 이하의 작업 또는 품질 기준에 대한 위험이 높아지는 이유를 더 잘 이해하도록 지원하면 건설 위험관리가 전반적으로 개선되어 보건 및 안전, 환경, 보안, 비즈니스 연속성 및 기타 비즈니스 보증 위험에 영향을 미칠 수 있다.

Box 13.1 디지털 학습 포인트

건설 장비: 자율주행 차량 및 원격 측정

1. 자율성에 대한 운전자의 능력을 평가하려면 운전 면허증 이외의 입증 가능한 증거가 필요하다. 새로운 '게임' 유형의 운전 자격이 필요한가? 그러나 차량이 레벨 3 또는 레벨 4이고 자율주행이라면 AI의 능력이 인간의 능력보다 더 적합해진다.
2. 건설 장비의 종류별 어떤 원격 측정 데이터를 이용할 수 있는지 파악한다. 데이터 보고서 중 유용한 품질 성과를 보고하는 데이터가 있는가? 만약 그렇다면, 그것이 장비 계약자에 의해 모니터링하고 사용하는지 확인한다.
3. 자율주행 기계가 자율주행을 할 때는 매우 기본적인 의미의 AI 프로세스만 매핑할 수 있다. 입력과 출력 사이의 AI '블랙박스' 작업으로 프로세스를 어떻게 평가할 것인가?
4. 원격 측정에 데이터 품질에 대한 문서화된 프로세스가 있는가? 운전자는 원격 측정 및 정보가 정확한지 어떻게 확인할 수 있는가?
5. 기계들이 제대로 정비되고 있는가? 대부분의 검사는 안전에 중점을 두지만 일부는 사용 가능 여부에 대해 보고할 것이다. 비가동 시간은 낭비다. 장비 계약자는 운전 전에 장비에 대해 어떻게 교육을 받는가?
6. 자재를 이동할 때 장비가 자재를 보호하고 있는가? 예를 들어, 크레인이나 호이스트로 벽돌이나 블록을 들어 올리는 것. 장비로 건설 자재가 장비에 의해 효율적으로 이동되고 있는가?

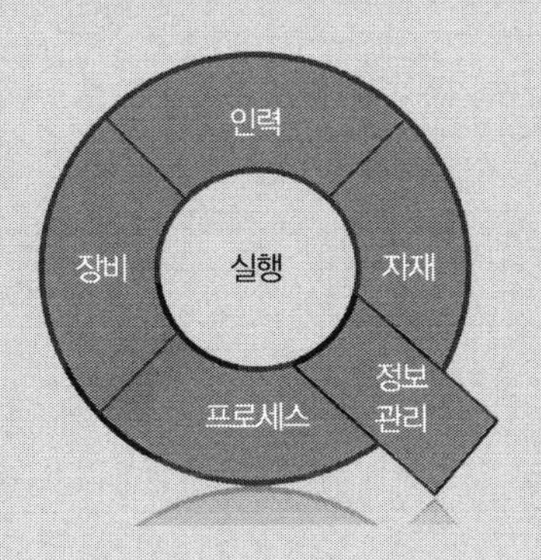

:: 미주

1 BBC News, 'Hammond: Driverless cars will be on UK roads by 2021'. 17 November 2017. Retrieved from www.bbc.co.uk/news/business-42040856.

2 Dyble, J., 'Understanding SAE automated driving: Levels 0 to 5 explained'. *Gigabit.* 23 April 2018. Retrieved from www.gigabitmagazine.com/ai/understanding-saeautomated-driving-levels-0-5-explained.

3 CIOB BIM+, 'Komatsu takes first step to the autonomous construction site'. 17 December 2017. Retrieved from www.bimplus.co.uk/news/komatsu-takes-first-stepautonomous-construction-s/

4 SkyCatch, 'All-in-one drone data solution for enterprise'. Retrieved from www.skycatch.com.

5 Komatsu, 'Komatsu intelligent machine control: the future today'. (2017). Retrieved from www.komatsu.eu/en/Komatsu-Intelligent-Machine-Control.

6 Ibid.

7 Rio Tinto, 'Smarter technology'. (2018). Retrieved from www.riotinto.com/ourcommitment/smarter-technology-24275.aspx.

8 Volvo CE, 'LX1 prototype hybrid wheel loader delivers 50% fuel efficiency improvement'. Press release, 7 December 2017. Retrieved from www.volvoce.com/global/en/news-and-events/news-and-press-releases/2017/lx1-prototype-hybrid-wheel-loaderdelivers-50-percent-fuel-efficiency-improvement/

9 Lucon, O., Ürge-Vorsatz, D. *et al.* 'Buildings', in IPCC, *Climate Change 2014: Mitigation of Climate Change* (Cambridge, Cambridge University Press, 2014). Retrieved from www.ipcc.ch/pdf/assessment-report/ar5/wg3/ipcc_wg3_ar5_chapter9.pdf.

10 Volvo CE, 'Volvo CE unveils the next generation of its Electric Load Carrier concept'. (2017). Retrieved from www.volvoce.com/united-states/en-us/about-us/news/2017/volvo-ce-unveils-the-next-generation-of-its-electric-load-carrier-concept/

11 Volvo CE and LEGO®, 'Volvo CE: Introducing ZEUX in collabortion with the LEGO® Group'. (2018). Retrieved from www.youtube.com/watch?time_continue=25&v=3uJCgt_2Y4o.

CHAPTER 14

로봇 공학, 레이저 및 3D 프린팅

CHAPTER 14

로봇 공학, 레이저 및 3D 프린팅

로봇

로봇 팔이 매달린 호이스트에서 떨어져 철근을 가로질러 단면을 결속하고 와이어를 빙빙 돌린 뒤 절단, 상승 그리고 다음 교차 부분으로 이동하여 작업을 반복하기 때문에 짧은 스타카토staccato 파열의 드릴소리처럼 들린다. 건설 로봇 공학에서 가장 지루한 작업 중 하나인 타이봇Tybot[1]에 오신 것을 환영한다. 근골격계 부상으로 인한 통증이 대부분의 건설 숙련공에게 영향을 미치며(연간 총 8만 건의 자체 보고된 부상 또는 질병 중 52,000건), 이는 건강과 안전을 개선하기 위한 자동화를 위한 준비 과정이다.[2] 작은 철근 결속 작업이나 접근하기 더 어려운 영역의 경우, 숙련공을 사용하여 직접 철근을 묶거나 자동 철근 결속기를 사용하는 것이 가장 저렴하고 쉬운 해결책으로 남아 있을 수 있다(지속적인 건강 위험에도 불구하고). 그러나 철근의 넓은 영역에 대해 로봇 해법을 사용하면 작업자가 다른 작업을 수행할 수 있고 부상 확률을 줄일 수 있으며, 높은 신뢰도 수준을 제공할 수 있으며, 수동 품질관리 검사 필요성을 제거할 수 있다.

하드리아누스Hadrian X,[3] Blueprint Robotics,[4] SAM 100[5]은 모두 벽돌, 콘크리트 또는 조립식 패널을 배치할 수 있는 로봇 시스템이다. 로봇 시스템은 최소한의 기술자 지원 및 지시만으로 표준과 사양을 충족하는 구조를 보다 효율적으로 만들어 대규모 숙련공을 대체한다.

건설을 위해 개발된 로봇의 역사가 있다. 1904년 John Thomson은 풀리pulley와 레버lever[6]

를 사용하는 최초의 벽돌 쌓기 장치에 대한 특허를 받았다. 1967년 Pathe News는 'Motor Mason'을 촬영했으며, 이 영화는 보다 생산적인 벽돌 쌓기의 현대적인 해결책으로 예고되었다.[7] 그것은 손으로 바퀴를 돌려 모르타르를 깔고 벽에 벽돌을 들어 올려 제자리에서 회전시키는 기계로 레일 위를 움직이는 장비였다. 직선 벽에서 효율적으로 작동했지만 귀퉁이를 돌리거나 무늬에 벽돌을 놓을 수는 없었다. 그러나 SAM100은 하루에 최대 3,000개의 벽돌을 쌓을 수 있지만 여전히 기계에 벽돌을 넣고 여분의 모르타르를 제거하는 데 도움이 필요하다.

스위스에서는 2015년 ETH 취리히의 국가우수연구센터NCCCR Digital Fabrication에서 만든 'In-Situ Fabricator'가 바퀴 달린 로봇 팔을 이용해 자유롭게 흐르는 곡선에 벽돌을 쌓지만 아직까지는 모르타르를 적용하지 않아 실용화가 제한적이다.[8] 그럼에도 불구하고 로봇의 자유로운 이동 문제를 해결했으며, 아마도 건설 현장을 돌아다니며 벽돌을 쌓아야 하는 미래의 로봇에 사용되는 기술일 것이다. 2년 후 In-situ Fabricator는 복잡한 모양의 메시mesh 보강 설계를 만드는 과정을 진행했다.[9]

브로크brokk 계열의 철거 로봇은 인공지능과 결합된 원격제어 기술을 사용하여 구조물을 철거하고 제거하는 최적의 프로세스를 효율적으로 계산할 수 있으며, 작업자의 위험을 줄이면서 시간과 비용을 절약할 수 있다.[10]

일본 산업기술종합연구소AIST가 만든 HRP-5P 휴머노이드humanoid 로봇은 석고판(건식벽면)을 집어서 목재 틀에 고정할 수 있다.[11] 이 로봇은 반드시 숙련된 소목장이joiner를 능가할 수 있다는 것이 아니라, 기술이 실행 가능한 대안을 제시하기 시작할 시점에 빠르게 도달하고 있음을 보여준다.

그림 14.1에 나타난 혼다의 ASIMO(세계 최초의 2족 보행 로봇)는 20년 동안 인간형 로봇을 만들기 위한 엔지니어들의 독창성과 연구의 산물이다.[12]

키가 1.3m이고 몸무게가 50kg인 이 로봇은 작은 우주 비행사와 비슷하게 생겼으며 기계 시야를 이용하여 얼굴을 인식하고 도움 없이 주변 환경을 돌아다닐 수 있다. ASIMO는 국내 환경, 특히 일본의 고령화 인구를 돕기 위해 설계되었지만, 인간과 같은 능력이 인상적이며 작업 환경을 탐색하는 로봇이 그리 멀지 않았음을 시사한다. 수십 년 동안의 영화 공상이 도처에서 로봇의 비전을 제공한 후, 마침내 우리는 그것을 현실로 만들기 위한 시발점에 섰을지도 모른다.

그림 14.1 Honda의 친근한 인간형 로봇 ASIMO (출처: @franckinjapan)

기술이 발전하고 건설 현장에 로봇이 등장하기 시작하면서, 아마도 2030년대에는 로봇을 생산하면 단가가 낮아지고 휴머노이드 로봇의 외형이 보편화될 것이다.

이러한 모든 유형의 로봇에서 품질 전문가는 로봇의 기초가 되는 설계 프로세스를 이해해야 한다. 왜 그럴까? 그러한 시스템을 이해하지 못한다면 어떻게 이러한 시스템을 개발하는 데 기여할 수 있는가? 기본 알고리즘과 소프트웨어에 대해 전혀 모르는 경우 품질이 보증된다는 데 어떻게 동의할 수 있는가? 품질 전문가는 프로그래밍을 깊은 수준으로 이해할 필요는 없지만 예상대로 수행되지 않도록 알고리즘의 기본적인 품질관리를 이해할 필요가 있다.

로봇이 특정 작업(예: 벽돌 쌓기)을 수행하기 위해 사람을 대체한 경우, 품질 보증 검사는 사람에게 요구되는 능력과 유사하다. 로봇(및 소프트웨어)이 단일 벽돌을 쌓기 전에 필요한 성능을 제공할 수 있는 '능력'을 갖추고 있음을 증명할 수 있는가?

자격을 갖춘 벽돌공은 벽돌 쌓기에서 레벨 2 자격증 또는 레벨 3 졸업장 및 적절한 건설기능인증제도CSC 카드를 소지할 수 있다. 따라서 계약자가 프로젝트를 위해 벽돌 쌓기 자동화를 제안하는 경우, 입찰 문서의 일부로 하드리아누스Hadrian X의 제조업체인 FBR의 적합 증명서를 포함해야 하며, 그렇지 않으면 계약자가 그 성능을 입증해야 한다. 그럼에도 불구하고 프로젝트 관리팀은 이러한 기계가 작업을 시작하기 전에 필요한 성능을 제공할 수 있는지 사전에 점검할 필요가 있다는 점을 이해해야 한다.

Doxel[13] 소프트웨어는 디지털 모델의 프로그램과 진행 상황을 비교하기 위해 준공된 환경을 스캔하면서 매일 건설 현장을 배회하고 탐색하는 신발 상자 크기의 자율 추적 로봇과 연결될 수 있다. 이 로봇에는 무인 차량과 유사한 고화질 카메라와 'LIDAR(광 탐지와 거리측정)' 센서가 장착되어 있다. 딥 러닝 알고리즘은 시각적으로 접근 가능한 구조 작업, 전기, 기계 및 배관 작업이 완료된 비율을 즉시 계산할 수 있다.

또한 Doxel은 허용오차를 벗어난 작업을 식별하고 훨씬 높은 신뢰성과 정확도로 시각적 품질관리 검사를 수행할 수 있다. 지속적인 평가 및 검사를 통해 현장 관리자에게 진행 상황에 대한 업데이트를 제공하고 리소스를 보다 효과적으로 관리하는 동시에 비용을 절감하고 품질을 개선할 수 있다. 이러한 업데이트는 검사 리드 타임lead time을 6배까지 늘려서 현장 관리의 문제와 문제에 대한 더 많은 경고(및 사고 시간)를 제공할 수 있다.

사례 연구에서 96% 정확도의 완료 시점 비용, 38%의 수동 생산성 증가, 11%의 예산 부족이 입증되었다.[14] 이러한 것들이 최대 개선 사항이라 하더라도 현장에서 Doxel을 조사하고 시험해볼 가치가 있음을 보여준다. 도전은 주변에 있는 사람들의 위험을 최소화하기 위한 평가 및 검사의 타이밍과 로봇이 장애물에 부딪히는 것을 방지하기 위해 현장 관리를 높은 기준으로 보장하는 것이 포함된다.

레이저 스캐닝

최근까지 최고의 측량 장비는 트랜싯transit이라고 하는 전자파 거리측정EDM 시스템과 통합한 토탈 스테이션Total Station이었을 것이다. Total Station은 매우 정확하지만 속도가 상대적으로 느리며 한 번에 하나의 데이터 지점을 캡처한다. 디지털 품질관리 시대에 이러한 추가 시간은 낭비다.

고화질 측량 또는 레이저 스캐닝Laser Scanning은 '포인트 클라우드point cloud'에서 현실 세계의 가상 모델을 만드는 데 사용할 수 있는 물리적 구조에서 공간의 지점을 정확하고 신속하게 포착하는 다중 레이저를 발사하는 과정이다. 레이저 스캐닝 시장은 꾸준히 성장하고 있는 것으로 추정되며, 세계 건설 레이저 시장은 2017년에 24억 달러에 달했고, 2025년까지 33억 달러에 이를 것으로 추정된다.[15]

기록이 제한적으로 사용되는 종이 도면만 수정될 수 있는 혁신 프로젝트의 경우, 레이저 스캐너는 건물의 내부와 외부를 빠르게 기록하여 향후 건물 개선을 위한 기준으로 새로운 BIM 모델을 조립할 수 있다. 새로운 구조의 경우 레이저 스캐닝은 최종 도면과 디지털 모델 설계를 검사하여 최종 도면 승인을 확인하거나 부적합을 식별하는 실시간 정보를 매우 정확하게 검사할 수 있다. 레이저 스캐닝은 일반적으로 건설 프로젝트의 최대 12%까지[16] 소요되는 재작업 비용을 1%까지 줄일 수 있다는 것을 보여주었다.[17]

레이저는 수평으로 회전하고 거울은 레이저를 90도로 반사한다. 기계는 y축을 중심으로 천천히 회전하여 초당 약 100만 점을 구형 모양으로 스캔되어 최대 350m의 범위로 ±1mm의 정확도로 측정된다. 배터리는 재충전하기 전에 반나절 동안 측량할 수 있으며 터치스크린을 통해 직관적인 명령을 내릴 수 있다. HD 카메라는 종종 스캐너에 내장되어 자연광을 포인트 클라우드points cloud에 씌울 수 있는 160메가픽셀megapixel 해상도 이미지를 캡처하여 전체 이미지를 훨씬 더 크게 제공한다. 스캐너에는 일반적으로 정확도 및 신뢰성 향상을 위해 데이터를 보정하고 개선하는 다양한 센서, 경사계, GPS, 나침반 및 고도계가 장착되어 있다.

스캔 효율성을 최적화하기 위해 현장 주변에 작은 기준 구체 또는 둥근 물체가 배치된다. 일반적으로 자몽 크기의 자석이 달린 플라스틱 공은 강철 빔 위에 놓이거나 바닥에 세울 수 있는 작은 받침대가 달려 있다. 이러한 기준 구체는 레이저 스캐너가 다른 유리한 지점으로 이동할 때마다 제자리에 남아 등록 프로세스에 의해 함께 연결되는 스캔 간의 변환 링크 역할을 한다. 사람들이 일하고 있거나 환자가 있는 병원의 기존 건물에 눈에 덜 띄도록 탁구공이 사용되었다. 또한 체커보드chequerboard는 기준 구체와 동일한 기능을 제공한다. 이것들은 벽이나 천장에 임시로 부착된 보드의 흑백 대체 사각형이다.

이 모든 것은 간단하게 들리지만 사람, 차량, 동물 및 날씨의 변화가 있는 현장에서 고객 및 계약 요건을 충족하기 위해 높은 정확도를 달성하는 것은 여전히 경험, 전문지식 및 많은 인내심을 필요로 할 수 있다.

데이터는 스캐너에서 소프트웨어로 가져온 다음 다른 파일 형식의 데이터를 처리, 등록, 확인하고 최종적으로 다른 CAD 프로그램으로 내보낼 수 있다. 처리를 통해 여과는 벽의 미세한 균열과 같은 매우 어두운 이미지를 제거하고(데이터 손실은 없음), 데이터 가장자리를 정리하며, 포인트 클라우드 시각화에서 주의를 분산시키는 공기 중의 먼지와 같이 산재하는 점을 제거한다. 모든 처리 단계에서 데이터를 저장할 수 있다. 스캔 사이에 간격이나 이상 징후가 있고 소프트웨어가 대상을 사용하여 이를 극복하지 못한 경우, 훈련된 눈을 사용하여 동일한 물체를 조립하도록 데이터를 수동으로 조작할 수 있다.

그런 다음 등록은 서로 다른 스캔에서 공간의 동일한 지점을 식별하므로 여러 번의 검색을 통해 스캔을 함께 가져온다. 보기를 사용하면 프레젠테이션이나 회의에 대한 특정 관점 보기를 만들어 전체 검색을 실행하여 특정 관점을 찾는 시간을 절약할 수 있다. 내보내기 작업은 파일 크기에 따라 어려울 수 있으며 설계자는 보낼 모델을 분할하여 다른 프로그램 내에서 다시 하나의 모델로 올릴 수 있다. 또는 3D 정보의 잘린 상자가 모델의 특정 부분으로 전송될 수도 있다. 다른 옵션은 서로 다른 공동 작업을 제공하고 대량의 데이터를 반복적으로 보내는 데 필요한 시간을 줄인다.

현장 환경에 따라 고정식 스캐너부터 모바일 휴대용 스캐너에 이르기까지 다양한 유형의 스캐너를 사용할 수 있다. 결과로 생성된 포인트 클라우드는 여전히 모두 가져와서 등록하여 하나의 전체적인 이미지를 제공할 수 있다. 대규모 건설 현장에서는 파일 크기가 매우 커져 처리하는 데 몇 분 또는 몇 시간이 걸릴 수 있다.

데이터 캡처 및 등록 프로세스의 정확성을 보여주는 보고서를 생성할 수 있다. 미리 선택된 임계값에 따라 색상으로 구분하여 문제를 즉시 강조할 수 있다. 최대 오차가, 예를 들어 5mm이고 전체 정확도가 축구 경기장 크기를 다루는 현장에 대해 평균적으로 2mm 또는 3mm로 보고되더라도 각 기능이 합의된 허용오차 내에 있다는 것을 의미하지 않을 수 있다. 예를 들어, 가로등 기둥은 하나가 아닌 두 개의 별도 기둥으로 표시되거나 스캔 사이에 연석 줄이 잘못 정렬될 수 있다. 이러한 방식으로 데이터 시각화를 수동으로 살펴보면 숙련된 사용자가 품질을 평가할 수 있다. 스캔 관리를 실행함으로써 소프트웨어에서 잘못 정렬된 부분을 제거하고 이미지를 강화하여 클라우드에서 클라우드로 등록을 다시 실행하는 품질관리를 수행할 수 있다.

일반적으로 이것은 체계적으로 기록된 품질관리 결과가 없는 경우일 수 있다. 이는 디지털 정보관리 프로세스를 이해하고 요구 사항 및 품질 임계값을 설정하거나 조언하는 품질 전문가의 중요성을 보여준다. BIM 관리자가 품질관리를 높이 평가할 경우 품질관리 보고서 폴더를 보관하고 품질 감사자에게 등록 프로세스와 최대 및 평균 정확도가 디지털 레이저 스캔 모델의 지정된 허용 범위 내에서 어떻게 강화되었는지 자신 있게 설명할 수 있다. 만약 그러한 기록이 유지되지 않으면 품질 감사자는 품질관리 프로세스에 대한 주관적인 정보를 요청하게 된다. 그것은 항상 해석과 편견의 여지가 있으며 소요된 시간에 대한 정확한 설명이나 오류와 개선의 기회를 보여주지 않을 수 있다. 기록을 유지함으로써 일정을 수립하고 변경 횟수를 정할 수 있으며, 예를 들어 등록 프로세스를 개선할 수 있는 방법에 대한 중요한 정보가 될 수 있다. 이를 통해 BIM 전문가와 소프트웨어 제조업체의 교육을 다시 살펴볼 수 있다. 또한 설계팀 내의 학습 및 품질관리 문화를 강화하여 모든 것이 매일 지속적으로 개선되도록 지원한다.

드론 매핑은 레이저 스캐닝 기술을 하늘로 가져가 비행을 통해 현장을 매핑할 수 있는 기술이다. 정적 사진은 유용하지만 제한적일 수 있으며 드론은 사진 사이를 앞뒤로 움직일 필요 없이 완전한 범위를 제공한다. 스캐닝은 토공사와 같은 많은 양의 재료를 제공할 수 있으며, 측량팀을 보내는 데 드는 시간과 비용을 절약할 수 있다. DroneDeploy와 같은 소프트웨어를 사용하면 필터가 지면의 그림자를 제거하고 체적 계산을 하기 전에 정확한 윤곽선을 설정할 수 있다. 그 과정은 간단하고 간편하며 매우 빠르다. DroneDeploy 앱에는 지정된 비행 금지 구역 내에서 작동하지 않는 보안 및 안전 기능이 있어 사고의 위험을 완화한다.

3D 및 4D 프린터

2004년 사우스 캐롤라이나대학의 Behrokh Khoshnevis 교수는 벽을 인쇄하기 위해 등고선 제작 방식contour crafting이라고 하는 최초의 시제품 3D 프린터를 개발했다. 다양한 실험실에서 많은 실험 연구를 거친 후, 전 세계의 콘크리트 혼합물을 사용하여 건물을 축조함으로써 3D 프린터 기술이 입증되었다.

'Research and Design by Doing' 프로젝트는 2014년에 암스테르담Amsterdam에서 운하 주택을 축조하기 시작한 국제 파트너 팀과 함께 3D 프린트 운하 주택3D Print Canal House을 만들었다.[18] 방은 현장에서 부분적으로 축조된 다음 방이 서로 연결되어 바닥을 만들기 전에 함께 장착된다. 같은 해 중국 회사인 윈선Winsun은 길이 32m, 폭 10m, 높이 6.6m의 프린터를 이용해 24시간 동안 10개의 콘크리트 주택을 각각 3,200파운드에 3D 축조했다고 발표했다. 1년 후 윈순은 250m^{2}의 작은 건물을 17일 만에 축조하여 두바이의 '미래의 사무실'의 계약자가 되었다. 서비스와 인테리어는 3개월이 더 걸렸지만 비교 건물의 인건비가 절반으로 줄었다고 주장했다.[19]

두바이Dubai는 아랍 에미리트 연합국UAE 부통령 겸 두바이 통치자인 셰이크 모하메드 빈 라시드 알 막툼Sheikh Mohammed bin Rashid Al Maktoum과 함께 도시 건물의 3D 프린팅을 위한 야심차고 급진적인 의제를 설정하고, 2018년 '두바이 3D 프린팅 전략'을 출범시켰다. 이 전략은 UAE가 2025년까지 3D 프린팅의 25%가 될 두바이의 새로운 건물에서 기술 선두주자로 부상하는 것을 목표로 한다.[20]

최초의 거주 가능한 3D 건축 주택에 대한 요구는 여러 국가에서 이루어진다. 2018년 네덜란드 반 위넨Van Wijnen건설 회사는 아인트호벤Eindhoven공과대학과 공동으로 아인트호벤 시 인근에 3층, 침실 3개짜리 주택을 축조할 것이라고 발표했다.[21] 외벽과 내벽만 현장에서 축조되고 메어호벤Meerhoven의 도시 공항 근처에 있는 구획에 함께 설치된다. 프랑스 네임즈Names에서는 바티프린트Batiprint 3D[22] 기술을 이용해 시의회와 낭트대Nantes대학교 및 주택조합[23]이 54시간 만에 또 다른 실험용 3D 4개짜리 침실 주택을 만들었다. 17만 6,000파운드의 비용은 기존 재료 및 공정을 사용하는 것보다 20% 더 저렴하다고 주장되었다. 한 가족이 그 부동산에 정식으로 이사했다. 폴리머 기반 소재는 약 100년 된 나무를 손상되지 않도록 감싸고 미관상 쾌적하게 휘어진 벽면을 축조해 이 기술의 성능을 입증했다. 두 층의 팽창성 밀봉 폼은 콘크리트 재료가 최소 철근 위에 축조되는 곳 사이에 간격을 두고 축조되며 폼을 거푸집으로 사용한다. 그러나 이 폼은 우수한 단열재를 제공하기 위해 제자리에 남아 있다.

싱가포르 국립 대학교의 적층 가공 센터AM.NUS는 일부 지역 사회에서 필요한 긴급한 위생 개선을 고려하여 인도의 간이 화장실 축조를 위한 시범 연구를 수행하였다.[24] 결과에 따르면 공사 시간은 5시간으로 절반으로 단축되고 비용은 25% 절감되는 것으로 나타났다.

텍사스주 오스틴Austin에 있는 스타트 업인 ICON[25]은 2018년 3월에 4,000달러 미만으로 24시간 이내에 지어진 600~800평방피트 주택의 축조된 주택을 공개했다.[26] 그들은 볼리비아, 아이티 및 엘살바도르의 소외된 지역 사회를 위한 주거 해결책을 찾기 위해 비영리인 New Story와 협력하고 있다.

스위스 국립 연구 역량 센터NCCR의 DFAB House 프로젝트는 2018년에 80m^2 경량 콘크리트 슬래브를 축조하였으며, 이는 기존 콘크리트 슬래브의 절반 무게이다.[27] 가장 얇은 지점은 20mm에 불과해 사전 제작된 기술의 정밀도와 기능을 보여준다. 그 프로젝트는 다양한 디지털 제작 기술을 실험하고 있다.

2015년 세계 최초의 다리를 축조하겠다고 발표한 후, 2018년 MX3D[28]와 ARUP, 로이드 레지스터Loyds Register, 앨런 튜링Alan Turing 연구소, 오토데스크Autodesk, 파로Faro 등이 이끄는 컨소시엄에 의해 오프사이트offsite에서 정식으로 공개되었다. 스테인리스강과 보행자 다리는[29] 암스테르담의 아우데제잇스 아흐테르부르흐발Oudezijds Achterburgwal을 건너게 된다. 엄격한 안전 요구사항, 중세 운하 벽의 난제 및 12m 경간의 복잡한 기하학적 구조를 충족시키기 위해 수개월의 설계 및 재설계가 필요했다. 교량에 센서 네트워크가 설치되어 횡단하는 사람들로부터 구조물의 변위, 진동 및 변형에 대한 데이터 추세를 비롯해 대기질에 대한 환경정보 및 날씨의 영향 등을 파악해 시간 경과에 따른 교량 상태를 감시할 수 있다. 이 데이터는 설계자에게 교량 자체에 대한 향후 피드백을 위해 교량이 현장에서 어떻게 작동하는지 알려주어, 교량 자체 환경을 이해할 것이다. 결국 물리적 교량의 성능과 디지털 트윈digital twin을 비교함으로써, 향후 3D 교량 설계를 위해 자료를 수집할 수 있다.

4D 프린팅은[30] 3D 프린터 기술을 채택하고 이를 수정하여 재료가 시간 경과에 따른 열, 진동, 소리 또는 습기 등의 변화에 적응할 수 있도록 한다. 이러한 변화는 실리콘 기반 물질로부터 모양과 계산을 변경하기 위해 물리적 및 생물학적 물질에 적용될 수 있다. 자체 조립 프로세스는 로컬 상호 작용을 통해서만 순서가 지정된 구조물을 구축한다. 실제로 이것은 지하 파이프, 작업이 수요에 따라 용량 또는 유량에 맞게 모양이 변경될 수 있음을 의미할 수 있다.

현재 최초의 3D 건설 프린터를 사용할 수 있지만(그림 14.2 참조) 기술은 계속 개선되고 있으며 일부 재료의 환경 친화성에 대한 질문에 만족스럽게 대답할 필요가 있다.

설계가 다른 대형 건물과 구조물은 아직 축조되지도 않았거나 건설 현장에 주문형 부품도 만들어지지 않았지만 몇 년 만에 큰 진전이 있었고 품질 전문가는 앞서 나갈 필요가 있다.

영국의 발포어 비티Balfour Beatty 건설 회사는 3D 프린팅을 사용하여 고객에게 보여주기

그림 14.2 건물 설계 구성 요소의 3D 프린팅은 앞으로 보편화될 것이다. (출처: zmorph3d.com.)

위해 구성 요소의 축소 모델을 만들었으며, 이는 2D 화면의 평균 PowerPoint보다 프레젠테이션에 더 효과적이다.[31] 프로젝트 AME라고 불리는 '가능한 예술'은 굴착기의 탄소 섬유 운전석, 강철 팔arm 및 알루미늄 열 교환기를 3D 프린팅하여 무엇을 축조할 수 있는지 시연했다.[32] 멕시코의 놀랍고 도전적인 '편직 콘크리트knitted concrete' 조형물은 앞으로 건축 환경에 모든 종류의 기이하고 멋진 기술과 재료가 나타날 수 있음을 보여 주었다. ETH Zurich에 의해 만들어진 뜨개질 기계는 콘크리트 층을 추가하기 위해 거푸집 작업의 일부로 사용되는 직물 모양의 쉘shell 디자인을 제작했다.[33]

이러한 프린터가 사용 및 응용 프로그램이 증가함에 따라 품질 전문가들은 품질관리에서 변화를 발견할 수 있다. 콘크리트 슬럼프와 입방체cube 시험은 쓸모없는 것이 될 것인가? 폴리머 재료의 강도를 만족스럽게 시험하고 인증하는 방법은 무엇인가? 건물 코드와 제조 기술 데이터 시트 표준을 준수함을 즉시 입증하고 주변 환경으로부터 배울 수 있는 센서가 축조물에 표준으로 내장될 것인가? 건물 구성 요소 또는 전체 건물이 축조되기 때문에 자동화된 품질관리를 통해 이러한 질문에 대답할 수 있을 때까지, 품질 전문가는 기존의 건물

코드와 품질관리 모범 사례를 3D 및 4D 프린팅 프로세스에 적용할 필요가 있다.

프로젝트 품질 계획서PQP는 3D 및 4D 프린터의 설치 및 사용을 감독하는 유능한 사람의 역할을 정해야 한다. 콘크리트 혼합물은 건축 규정과 계약별 요구 사항을 충족하도록 지정되어야 한다. 콘크리트 혼합물은 작업성, 강도 및 소성 밀도에 대해 평상시와 같이 검사 및 시험해야 한다. 작업 절차서는 로봇, 펌프, 호퍼 및 압출된 콘크리트 재료를 기술적으로 사용할 수 있는 사람이 작성해야 한다.

시멘트 및 골재 호퍼는 필요한 경우 혼합물이 첨가된 스크루 컨베이어를 사용하여 조심스럽게 건조 혼합되기 전에 재료를 따로 보관한다. 혼합물은 펌프에 들어가기 전에 두 번째 스크루 컨베이어를 통과할 때 물이 첨가되어 혼합물을 로봇에 밀어 넣는다. 로봇의 노즐 끝은 압출을 제어하여 지정된 높이에 도달할 때까지 층별로 원하는 모양으로 형성한다. 따라서 설계된 곳에만 축조되기 때문에 낭비가 거의 없는 뛰어난 현장 정밀도를 제공한다. 벽은 콘크리트의 거대한 아이싱 노즐icing nozzle처럼 파이프를 통해 축조될 수 있을 뿐만 아니라 레고 벽돌처럼 개별 구조 부품을 축조한 뒤 조립할 수 있다.

설계 혼합과 관련된 어려움은 압송성pumpability과 구축 가능성 사이에서 균형을 맞추는 것이며, 펌핑된 재료가 필요한 제품 표준을 충족하는지 확인하기 위해 온라인 모니터링이 필요하다.

3D 콘크리트 혼합물의 거품이 나는 마감이 항상 고객에게 미학적 매력을 주는 것은 아니다. 그러나 낮은 비용, 우수한 단열재 및 신속한 구축으로 인해 기업들이 수익을 낼 수 있는 충분한 고객이 생겨날 것이다. 기술이 발전함에 따라 최종 마감이 개선되고 3D 프린팅된 건물의 크기가 커질 것이다.

자동차 분야를 예로 들면, 최초의 시제품 스폿 용접spot-welding 로봇은 1961년 GM 공장에서 서비스를 시작했다. 1960년대 후반과 1970년대 초반까지 대학에서 로봇은 더욱 다재다능하게 개발하여 자동차 제조업체에 더 유용하게 쓰이게 되었다. 1980년대까지 미국의 3대 자동차 제조업체들은 조립 라인의 로봇에 수십억 달러를 투자하고 있었다. 건설이 같은 궤적을 따라간다면 3D 프린터를 비롯한 로봇이 2020년대 초에는 대형 주택 건설 현장, 중반에서 후반까지 대형 인프라 현장에서 흔히 볼 수 있게 될 것이다. SmarTech는 건설 3D 프린팅 시장이 재료 1억 5,000만 달러, 기계 35억 달러, 서비스 및 응용 분야에서 360억 달러로 2017년 7,000만 달러에서 2027년까지 400억 달러로 증가할 것으로 예측했다.[34]

최종 공사의 품질에 영향을 미치는 모든 장비와 마찬가지로, 3D 프린터는 X, Y, Z의 세 축에서 신중한 보정이 필요하고, 압출은 합의된 제조업체의 허용오차 범위에 있어야 하며 설계 사양에 따라 재료를 축조해야 한다. 콘크리트 벽이 몇 센티미터 잘못된 위치에 축조되면 부정확하게 설정된 거푸집 공사에 콘크리트를 부어 넣는 것과 동일한 품질 문제가 발생한다.

품질 전문가는 프린터가 축조를 시작하기 전에 실사의 일환으로 이러한 3D 또는 4D 프린터 보정 기록 및 인증서를 적시에 확인하도록 요청해야 한다. 검사 및 시험은 합의된 측정값에 따라 재료가 올바르게 축조되었다는 증거가 있음을 나타내는 디지털 기록을 기반으로 해야 한다.

Box 14.1 디지털 학습 포인트

로봇 공학, 레이저 및 3D 프린팅

1. 로봇, 레이저 스캐너 및 3D 프린터의 작동 방식을 이해한다. 성능 데이터 중 품질 성능에 대한 보고서가 있는가? 이 경우 로봇 또는 3D 프린터 계약자가 이를 모니터링하여 성능을 향상시키는지 확인한다.
2. 로봇, 레이저 및 3D 프린터의 사용 과정이 문서화되어 있는가? 문서화된 절차에 대한 참조가 가능한 사용자 매뉴얼이 있는가? 현재 사용자 설명서에 대한 링크가 있는가? 조정자는 로봇과 3D 프린터가 필요한 품질 성능을 제공하는지 어떻게 확신할 수 있는가?
3. 레이저 스캔 품질의 등록은 어떻게 관리되고 있는가? 저장된 스캔을 통해 디지털 포인트 클라우드 모델의 변경 사항에 대한 감사 내역이 있는가?
4. 로봇, 레이저 스캐너, 3D 프린터가 올바르게 유지되고 있는가? 대부분의 점검은 안전에 초점을 맞출 것이지만 일부는 사용 가능 여부에 대해 보고할 것이다. 가동 휴지시간은 낭비다. 로봇, 레이저 스캐너 및 3D 프린터는 작동 전에 어떻게 점검되고 있는가?
5. 재료를 펌핑할 때, 로봇은 그 재료를 적절하게 보호하고 있는가?
6. 레이저 스캐너, 로봇 및 3D 프린터의 데이터는 품질이 보장되었는가? 합의된 사양을 충족하기 위해 이해 관계자에게 전송되는 스캔이 목적에 적합한가? 스캔한 데이터는 디지털 자산관리의 일부로 보호되고 사용 가능한가?
7. 로봇, 레이저 스캐너 및 3D 프린터가 지정된 교정 요구 사항 내에 있음을 증명할 수 있는가? 스캔이 생성되기 전에 사용할 수 있는 교정 기록이 있는가?
8. 로봇과 3D 프린터 감독자 및 레이저 스캐너 조종자는 적합한가? 교육/자격 요건을 입증할 수 있는가?

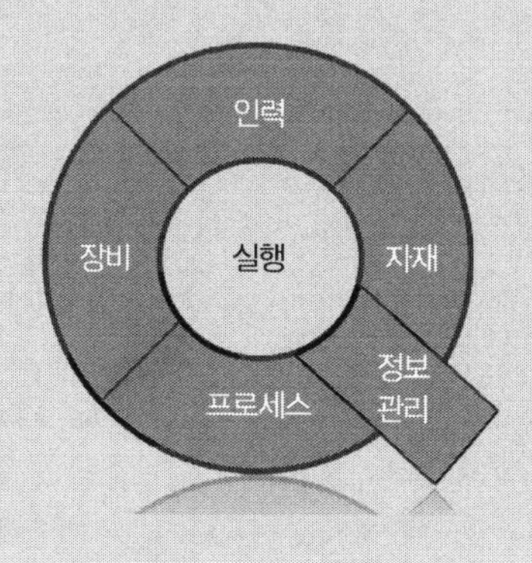

:: 미주

1 Tybot, 'Reliable, flexible, and scalable solution for bridge deck construction'. Retrieved from www.tybotllc.com

2 HSE, *Health and Safety Statistics for the Construction Sector in Great Britain*, 2017 (London: Health and Safety Executive, 2017).

3 FBR, 'Robotic construction is here'. Retrieved from www.fbr.com.au/view/hadrian-x.

4 Blueprint robotics, 'A better way to build'. Retrieved from www.blueprint-robotics.com.

5 Construction robotics, 'SAM100'. Retrieved from www.construction-robotics.com/sam100/

6 Smisek, P., *A Short History of 'Bricklaying Robots'.* 17 October 2017. B1M video channel. Retrieved from www.theb1m.com/video/a-short-history-of-bricklaying-robots.

7 Pathé News, *Mechanical Bricklayer* 1967. 30 April 1967. Retrieved from www.britishpathe.com/video/mechanical-bricklayer.

8 NCCR Digital Fabrication, *In situ fabricator*. 18 June 2015. Retrieved from www.youtube.com/watch?v=loFSmJO3Hhk.

9 NCCR Digital Fabrication, 'In situ fabricator mesh reinforcement'. 29 June 2017. Retrieved from www.youtube.com/watch?time_continue=29&v=TCJOQkOE69s.

10 Brokk Inc., 'The smart power lineup'. Retrieved from www.brokk.com/us/

11 *Now Science News*, 'HRP-5P Humanoid Construction Robot by AIST'. 30 September 2018. Retrieved from www.youtube.com/watch?v=qBvuZ-tUFiA.

12 Honda, 'ASIMO'. Retrieved from http://asimo.honda.com.

13 Doxel, 'Artificial intelligence for construction productivity'. Retrieved from www.doxel.ai.

14 Medium, 'Introducing artificial intelligence for construction productivity'. Retrieved from https://medium.com/@doxel/introducing-artificial-intelligence-for-construction-productivity-38a74bbd6d07 (accessed 24 January 2018).

15 Allied Market Research, 'Construction lasers market by product'. Retrieved from www.alliedmarketresearch.com/construction-lasers-market (accessed September 2018).

16 McDonald, R., *Root Causes and Consequential Cost of Rework* (Catlin Insurance North America Construction, 2015).

17 Leica and Autodesk, 'When to use laser scanning in building construction'. (2015). Retrieved from http://constructrealityxyz.com/test/ebook/LGS_AU_When%20to%20Use%20Laser%20Scanning.pdf.

18 3D Print Canal House. Retrieved from http://3dprintcanalhouse.com.

19 Dubai Future Foundation, *Office of the Future*. (2018). Retrieved from www.officeofthefuture.ae/#.

20 Dubai Future Foundation, 'Dubai 3D printing strategy'. (2018). Retrieved from www.dubaifuture.gov.ae/our-initiatives/dubai-3d-printing-strategy/

21 Van Wijnen, 'World first: living in a 3D printed house made of concrete'. (2018). Retrieved from https://translate.google.com/translate?hl=en&sl=nl&u=www.vanwijnen.nl/actueel/wereldprimeur-wonen-in-een-3d-geprint-huis-van-beton/&prev=search.

22 Yhnova, 'A robot 3D printer is building a house in Nantes'. (2017). Retrieved from http://batiprint3d.fr/en/

23 BBC News, 'The world's first family to live in a 3D-printed home'. 6 July. 2018. Retrieved from www.bbc.co.uk/news/technology-44709534

24 NUS News, 'NUS builds new 3D printing capabilities, paving the way for construction innovations'. 5 July 2018. Retrieved from https://news.nus.edu.sg/press-releases/construction-3D-printing.

25 ICON, 'Welcome to the future of human shelter'. (2018). Retrieved from www.iconbuild.com.

26 ICON, 'New Story+ICON'. March 2018. Retrieved from www.iconbuild.com/new-story/

27 DFAB House, (2018). Retrieved from http://dfabhouse.ch/dfab-house/

28 MX3D, (2018). Retrieved from https://mx3d.com.

29 MX3D, 'MX3D bridge'. September 2018. Retrieved from https://mx3d.com/projects/bridge/

30 Skylar Tibbits, 'The emergence of "4D printing"'. (2013). TED. Retrieved from www.youtube.com/watch?time_continue=1&v=0gMCZFHv9v8.

31 Balfour Beatty, 'Building the future with 3D printing'. 16 November 2016. Retrieved from www.youtube.com/watch?time_continue=86&v=EogNa8LAWQg.

32 Oak Ridge National Laboratory, 'Project AME'. (2017). Retrieved from https://web.ornl.gov/sci/manufacturing/projectame/

33 ETH Zurich, 'Knitted concrete'. (2018). Retrieved from www.youtube.com/watch?v=spPpkPHK7Q0&feature=youtu.be.

34 3Dnatives, 'The 3D printing construction market is booming'. 26 January 2018. Retrieved from www.3dnatives.com/en/3d-printing-construction-240120184/

CHAPTER 15

증강현실(AR), 혼합현실(MR) 및 가상현실(VR)

CHAPTER 15

증강현실, 혼합현실 및 가상현실

증강AR 및 혼합현실MR이 스펙트럼 중간에 있는 실제 환경에서 완전 가상현실VR로 이동하는 스펙트럼이 있다.[1] 슬라이더가 실제 세계에서 이 확장된 현실XR 경험으로 이동함에 따라 차이점은 더욱 세분화될 수 있으며,[2] 이는 다른 기술을 해독하려고 할 때 일반 사용자에게 혼란을 준다.

증강현실Augmented Reality, AR은 실제 세계에 겹쳐진 컴퓨터 생성 시각이다(그림 15.1 참조). 사용자는 전문 하드웨어와 소프트웨어를 사용하여 3D 디지털 콘텐츠에서 이미 무엇이 있고 무엇이 있을 수 있는지를 볼 것이다. AR 디스플레이를 통해 사용자가 AR 렌더링rendering 엔진에 의해 생성되고 콘텐츠 관리 시스템을 통해 보는 디지털 콘텐츠를 관찰하고 상호 작용할 수 있게 한다. 위치를 추적하면 환경이 실제 세계와 동기화될 수 있다. AR 헤드셋을 착용하면 현장을 거닐면서 기초만 쌓은 건설 현장에 겹쳐진 건물의 BIM 모델을 볼 수 있어 현장 건물을 보다 쉽게 볼 수 있고, 더 나은 품질의 피드백을 지원할 수 있다.

가트너Gartner는 2005년 자사의 기술 하이퍼 사이클Technology Hype Cycle에서 AR을 신흥 기술로 선정했지만 판매 가능 제품에서는 큰 관심을 끌지 못했다. 특히 혁신 제품의 비용은 여러 가지 실험을 했지만, Tier 1 계약자들이 이용하는 데 큰 걸림돌이 되었다. 또한 구글 글래스Google Glass(구축에 거의 응용이 되지 않았던)와 같은 초기 기기들은 디지털 콘텐츠만 볼 수 있게 해주었으며, 태블릿이나 스마트폰을 내려다보는 것보다도 동일한 정보를 볼 수 있는 뚜렷한 이점이 거의 없었다.

그림 15.1 증강현실 오버레이는 설계를 현실 세계로 끌어들인다. (출처: Patrick Schneider@patrick_schneider)

2014년 Custom House 현장에서 Crossrail[3]이 5개월 동안 수행한 AR 평가에서는 BIM 모델에 대한 시공 진행 정보 수집을 시범 실시했다. 이 정보는 현장에서 3D AR 모델로 기록되었으며 프로젝트 진행 상황을 모니터링하기 위해 4D 모델과 동기화되었다. 준공 진행 상황에 대해 모델을 업데이트하는 데 필요한 시간을 73% 단축하여 공정 관리에서 상당한 생산성 향상을 보여주었다. 이 작은 연구는 가능성을 보여주었지만, 또한 AR 하드웨어(이 경우 태블릿)에 데이터를 업로드하는 제약 조건과 사용 가능한 앱을 사용하여 데이터를 기록할 때의 정확도를 강조했다.

2018년에는 Microsoft HoloLens, Magic Leap 라이트웨어Lightwear, Epson Moverio(그림 15.2 참조), Google Glass Enterprise Edition(안경의 새로운 비즈니스 버전), Vuzix Blade AR, Meta 2, Optinvent Ora-2, Garmin Varia Vision, ODG R-7 스마트 안경이 모두 다양한 기능과 용모로 개발되었다. 엡슨 무브리오Epson Moverio[4]와 같은 일부에서는 DJI의 드론 카메라와 연결된 헤드 장착 디스플레이를 제공하여 중요한 시야를 유지하면서 드론의 '눈'을 통해 이미지를 보다 쉽게 볼 수 있도록 했다. 이 FPVFirst Person View 컨트롤은 배터리 수명이 6시간인 스마트

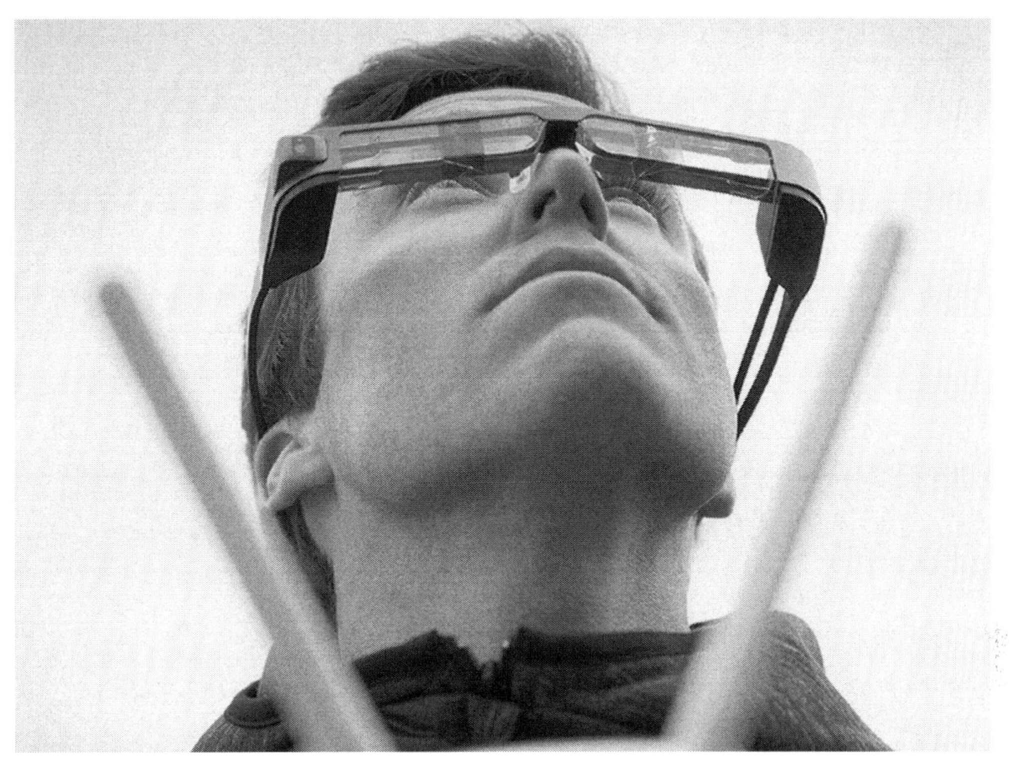

그림 15.2 드론 카메라에 연결된 1인칭 헤드업 디스플레이가 탑재된 Epson Moverio BT, 300 스마트 안경 (출처: Epson)

안경과 추가 사진 및 동영상을 촬영할 수 있는 전면 5MP 카메라를 내장한 Epson의 흥미로운 개발이다.

GE 항공은 조립 라인 작업자를 위해 Google Glass Enterprise Edition과 함께 UpSkill 소프트웨어를 사용하여 거대한 Lever Arch 작업 지침 파일을 스마트 안경으로 대체하였다.[5] 작업자는 교육 비디오를 가져와 안경을 통해보고 원격 전문가를 호출할 수 있다. 이러한 안경을 사용하여 업무 활동을 하는 대신 수동이나 일련의 절차를 찾는 것은 약간의 연습과 자신감이 필요하지만 직관적으로 되고 접근성과 사용에 관한 데이터의 흐름을 생성하여 향후 기술의 개선 효과를 제공한다. 와이파이Wi-Fi에 연결된 토크 렌치를 사용하면 제트 엔진 너트가 토크의 올바른 위치에 도달했을 때 작업자에게 지시를 내릴 수 있다. 그런 다음 사진을 찍고 조사 시 감사 추적을 제공하는 안경을 사용하여 결과 데이터를 기록한다.

DAQRI는 핸즈프리 AR 경험을 제공하는 WorkSense 애플리케이션 제품군으로 스마트 안경[6] 제품을 만드는 데 주력해왔다. 시선은 메뉴 옵션을 열고 닫는 버튼에 초점을 맞추어 앱을 제어한다. 광범위한 고객 조사에서 다음과 같은 5가지 작업에 대한 해결책을 제공한다.

1. 도움을 요청하기 위해 다른 사람에게 문제를 보여준다.
2. 기록을 만들기 위해 환경을 스캔한다.
3. 해당 환경 내의 요소에 태그를 지정하거나 태그 데이터에 액세스한다.
4. 모델링 설계
5. 서면 프로세스 단계를 제공하는 가이드 앱

이 안경은 연습생들이 밸브를 여는 것과 같은 공정의 단계를 설명하기 위해 착용자 앞을 맴도는 작업 지침과 함께 벽에 새로운 오버레이 파이프 구조 설계를 볼 수 있도록 사용될 수 있다.

태그 앱은 건설 현장을 돌아다니는 품질 전문가가 사용할 수 있으며, 공사 완료 후 또는 장애에 디지털 라벨을 부착하여 운영자가 관리 시스템 문서 또는 성능 데이터를 쉽게 찾을 수 있도록 물리적 자산에 연결할 수 있다. 모터 속도, 유량 및 흡입 압력에 대한 실시간 데이터를 보여주는 펌프의 태그를 보면 보고서가 팝업 될 수 있다. 스캔 앱scan app은 카메라 폰을 저글링juggling하지 않고 사진이나 동영상에 눈을 집중하면서 보안경을 벗고 싶은 유혹을 막는 핸즈프리hands-free 방식으로 환경을 영상화할 수 있다. 나는 2015년 스마트 헬멧이라는 초기 DAQRI 제품을 시험해보았는데, 이 헬멧은 안경과 같은 방식으로 작동했지만 통합 안전모를 장착했다. 메뉴 옵션이 열리기 전에 메뉴 옵션을 보는 데 익숙해지는 데 몇 분 정도 걸렸지만 작업 지시를 하고 배관의 밸브를 제어하기 위한 더미dummy 설정을 따르는 데 그리 오래 걸리지 않았다.

AR은 품질 전문가에게 실제 세계를 덮어씌우기 위한 시나리오를 설계할 수 있는 기회를 제공한다. 예를 들어, 현장 관리자에게 품질관리 실수의 영향을 보여준다. 그것은 건설 활동에 대한 검사와 시험 순서를 계획하지 못한 것에 대한 영향을 팀원들에게 보여주는 교육 및 훈련 도구로 사용될 수 있다. 이를 위해 품질 전문가는 AR이 달성할 수 있는 것을 높이 평가하고 시연을 만들기 위한 자금을 요청하거나 로비할 필요가 있다. 가만히 앉아서 그러한 AR 기술이 만들어지기를 바라는 것은 어리석은 짓이다. 우리는 기술 발전의 선두 주자라는 우리의 명성을 불태울 그러한 도구들을 옹호하는 데 적극적이고, 목소리를 높이며,

리더가 될 필요가 있다.

매직 리프Magic Leap는 많은 투자와 언론의 관심을 받아온 제품으로 2018년에야 출시되었다.[7] 그것은 사용자의 눈에 광선을 투사하는 머리에 장착된 가상 망막 디스플레이를 생산한다. '혼합현실Mixed Reality, MR'이라 불리는 AR 버전을 이용하면 매직 리프가 고글에 장착된 6대의 카메라를 통해 눈앞에 떠 있는 자연광에 폭포와 천체 행성의 게임을 위한 실감나는 디지털 영상을 제작할 수 있다. 그러나 고해상도 및 신뢰성은 웹 사이트에서 평면 2D 영상으로 보기보다는 주문 전에 거꾸로 뒤집을 수 있는 훨씬 더 많은 실물 공급 업체 부품을 보기 위한 단계가 될 수 있다.

가상현실Virtual Reality, VR은 플레이어를 데스크톱 화면과 TV에서 플레이어의 행동을 보는 것이 아니라 플레이어를 게임에 몰입시키는 게임 제품으로 시작되었다. AR과 다른 점은 VR이 당신을 우리 주변에서 볼 수 있는 것 위에 단순히 덧씌우기보다는 완전한 인공적인 세계로 데려간다는 것이다. 하지만 그것은 곧 게임 이외의 다른 용도로 사용하기 시작했고 슬금슬금 사업에 뛰어들었다. 헤드셋은 모바일 또는 안전줄로 구성되어 있으며, 모바일 버전은 스마트폰이 헤드셋에 삽입되거나 실제로 자체 안드로이드Android폰 하드웨어가 내장된 독립형 VR 헤드셋이다.

2018년 최고의 비즈니스 VR 헤드셋은 HTC Vive와 Oculus Go(및 Rift)이며 바로 뒤에 삼성 Gear VR 및 구글 Daydream View가 있다. 그러나 이 기술은 오큘러스 퀘스트Oculus Quest가 출시되면서 빠르게 발전하고 있으며, 케이블 연결 없이 더욱 몰입감 있는 경험과 자유를 제공한다. 휴대용 모션 센서를 사용하면 사용자가 디지털 세계의 한 지점을 가리키고 클릭하여 표시를 변경하는 옵션을 열 수 있다.

건설을 위해 VR은 사용자가 실제 크기에 맞게 보고 둘러볼 수 있는 디자인의 완전한 디지털 표현을 제공한다. 과거에는 고객에게 실내 모형을 보여주기 위해 발사 나무Balsa Wood로 실제 모델을 만들었다. 문제는 고객이 원하는 것에 대한 피드백을 제공할 때 이러한 것들이 더디게 만들어지고 비효율적이라는 것이다. VR은 사용자가 색상, 질감, 재료 및 가상 표현의 레이아웃을 변경하기 위해 모션 센서를 가리키고 촬영할 수 있기 때문에 즉시 업데이트 및 변경할 수 있다. 오스트리아에 본사를 둔 ariot.io[8]는 BIM 모델을 AR 환경으로 자동 변환할 수 있으며 센서에서 사물인터넷IoT 데이터를 가져와 시각화를 강화할 수 있다.

몇 가지 주의할 만한 조언이 있다. 이 경험은 구역질과 현기증을 느낄 정도로 혼란스럽고 방향 감각을 잃을 수 있다. 사용자가 발작을 일으킬 수 있는 상태가 있는 경우 VR 헤드셋을 착용하기 전에 의사의 조언을 구해야 한다. 많은 IT 제품과 마찬가지로 장기간 사용하면 눈의 피로와 두통이 발생할 수 있다.

H&S 교육을 위해 VR은 누군가를 잠재적으로 유해한 환경에 놓이게 할 수 있지만 매우 낮은 위험성을 가지고 있다. 교실을 떠나지 않고도 그들은 발이 걸려 넘어질 위험이나 높은 곳에서 안전하게 작업하는 방법을 식별하도록 배울 수 있다. 근로자들은 화재, 비계 붕괴 또는 현장에서의 차량 충돌에 더 잘 대처할 수 있도록 응급 상황에서 훈련을 받을 수 있다. 비즈니스 연속성에서 직원에게 다양한 낮은 확률에서 무엇을 해야 할지 가르치는 것은 삶과 죽음의 차이를 만들 수 있지만, 그러한 흔치 않은 환경에 (너무 늦게까지) 투자하는 기업은 거의 없을 것이다.

VR은 품질관리에서 고객만족도를 높이는 도구가 될 수 있다. 최종 사용자는 설계된 구축 환경에서 경험하고 피드백을 제공할 수 있다. 간호사는 VR 세계에 들어가 새로운 병원 병동을 돌아다닐 수 있으며, 설계자들에게 몰입도가 그림이나 3D 디지털 모델의 플라이 스루fly-throughs에서도 눈에 띄지 않을 수 있는 미묘한 문제를 야기할 수 있는 배치 변경을 선호한다고 설명할 수 있다.

레이튼Layton 건설사가 이 기술을 이용해 앨라배마Alabama주 플로렌스Florence에 있는 병원을 설계했을 때, 그들은 모형 건설비용이 90%[9] 감소하고 최종 사용자들의 만족도가 크게 증가했다는 것을 발견했다. 예를 들어, 간호사들은 분만실에 위치하도록 설계된 산소통이 벽 출구를 막았던 것을 확인했다. 피드백을 통해 설계 변경과 신규 부품의 사전 제작으로 비용을 절감할 수 있었다. 3D Repo에 의한 3D Dynamic VR은 VR 안경을 사용하여 시공순서 시각화와 함께 BIM 모델의 실시간 경험을 제공하여 시공 전문가의 활동 및 위험도에 대한 이해를 높인다.[10] 또한 일반인과 같은 최종 사용자를 위한 3D VR 세계를 만들고 건설 프로젝트를 이해하고 상담하는 데 사용할 수 있다.

품질 전문가들은 잘못된 자재 전달, 이동 및 저장 루틴에 대한 인식을 높이거나 보잘것없는 콘크리트 슬럼프 및 큐브 시험을 수행하기 위한 교육에 VR을 사용할 수 있다. 더 나은 대화형 경험을 위해 공유 VR을 통해 사람들을 모으는 것은 문제 해결 능력을 향상시킬 수 있지만 현재 비용 대 이익을 정당화하는 것은 어려운 비즈니스 사례다.

홀로빌더HoloBuilder는 결함 및 재작업이 필요한 항목의 불량품(펀치리스트) 항목의 지오 태깅GeoTagging으로 건설 현장의 방문을 포착하는 스타트업이다.[11] 비전 기술을 사용하면 수 마일 떨어진 곳에 위치한 이해 관계자와 거리 측정을 수행하고 현장 외부에서 협업할 수 있다. 품질관리 문제를 논의하기 위해 반드시 현장을 방문하지 않고도 원격 품질 전문가와 상담할 수 있다.

BIM 모델이 없는 경우, 매직플랜Magicplan 앱은 기존 건물의 사진을 찍어 상세한 측정으로 기본 평면도로 즉석 전환하는 화려한 AR 기술이다.[12] 스마트 폰 또는 태블릿을 사용하는 이 앱을 사용하면 메모 및 이미지의 위치 태그를 지정하여 결함을 강조하고 작동 지침을 만들고 질문을 나열할 수 있다. 몇 번의 클릭만으로 자재와 작업을 산출하고 지시할 수 있다. 소규모 건물 및 유지관리 업체의 경우 사용하기 쉽고 가격 경쟁력 있는 비즈니스 프로세스의 생산성과 품질 개선을 지원하는 일종의 기술이다.

그동안 VR이 린 6시그마Lean Six Sigma, LSS와 TRIZ 교육[13]에서 유용했던 곳에서는 기본적인 가상현실 경험을 통해 어떤 스마트폰도 여기에 끼워 넣을 수 있는 구글 카드보드Google Cardboard 등 보다 저렴한 유형의 VR 헤드셋과 함께 사용되었다.

ResearchAndMarkets.com은 AR과 VR 시장이 2023년까지 전 세계적으로 944억 달러로 성장할 것으로 추정했고,[14] 이는 더 저렴한 가격과 더 나은 기능을 가져다줄 것이며, 이러한 기술이 건설 품질관리에 침투할 가능성이 높다.

품질 전문가들은 최신 AR/MR/VR 기술에 대한 접근을 요구하는 데 훨씬 더 목소리를 높여야 하며, 왜 위험을 줄이고 품질을 향상시킬 수 있는지에 대한 강력한 비즈니스 사례를 제시해야 한다. 현장에 건설 중인 것과 설계한 것을 비교하고 대조할 수 있는 현장 요원(품질 전문가뿐만 아니라)이 많을수록 품질 결과가 향상될 가능성이 높아진다. 이를 위해 우리는 게임 수준을 높이고 기존 방식으로는 고위 의사 결정권자들이 디지털 품질관리에 투자하도록 설득할 수 없다는 점을 인식해야 한다.

현실 기술이 보편화되는 이러한 사례 시나리오를 입증하기 위해서는 가치를 입증할 데이터가 필요하다. 즉, AR 보기에서 설계와 준공 상태 사이의 잘못 정렬된 것을 발견하는 사례 연구뿐만 아니라 이러한 문제의 수와 유형을 기록하는 것을 의미한다. 이를 통해 비용이 많이 드는 재작업을 피한 한 사건에서 발견된 Rosen-din Electric과 같이 품질 비용을 계산할 수 있다.[15] 우리는 기술을 사용하여 발견된 품질 문제가 공식적으로 기록되어 측정 분석과 근본 원인을 보고할 수 있다는 기대를 높이는 데 훨씬 더 부지런해져야 한다. 그렇지 않으면 데이터가 손실되고 증거가 주관적이 된다.

AR 기술을 최대한 활용하기 위해 5G 네트워크는 현재 모바일 네트워크에서 얻을 수 있는 속도보다 100배 빠른 속도로 상당한 차이를 만들어 낼 것이다. 5세대 이동통신망 시스템은 2G(문자 및 사진 메시지), 3G(동영상 통화 및 모바일 데이터), 4G(게임 및 비디오 스트리밍)에 이은 다음 단계 변화 개선이지만, 평소와 마찬가지로 주요 도시와 도시 지역에 먼저 보급되어 각국의 시골 지역은 대기 상태로 남게 된다. 미국, 일본, 한국, 중국이 2019년에 출시를 주도하고 2020년에는 영국이 뒤를 이을 것으로 예상된다. 5G는 와이파이로 연결된 스마트 안경을 이용해 현장을 돌아다니는 것이 데이터 전송, 업로드, 다운로드에서 거의 순간적이 되어 사업이 무난하고 매력적으로 활용될 것이라는 뜻이다.

Box 15.1 디지털 학습 포인트

증강현실(AR), 혼합현실(MR) 및 가상현실(VR)

1. 증강현실(AR)은 설계된 BIM 모델과 비교하여 구축된 세계에 기능과 통찰력을 추가하고 오류와 결함을 식별하고 계산할 품질 비용을 제공할 수 있는 큰 능력을 가지고 있다.
2. AR과 스마트 안경과 같은 기술을 결합하면 시선은 현장 및 공장에서 작업 지침을 확인할 수 있다. 이러한 QMS '문서'가 버전 관리를 유지하는지 확인한다.
3. 가상현실(VR)은 걸림돌 식별과 같은 시뮬레이션된 품질관리 교육을 제공한다. 따라서 부가가치 교육을 위한 시나리오를 파악하고 비용 효율적인 공급업체를 찾는다. 이러한 교육을 개발하기 위해 로비한다.
4. 고객이 설계 및 시공 시나리오를 보고 전후로 고객 만족도를 측정할 수 있도록 VR을 권장한다.
5. AR, MR, VR 스마트 안경은 새로운 5G 이동통신망이 도입됨에 따라 비즈니스에서 사용하기에 훨씬 더 효율적이고 매력적일 것이다.

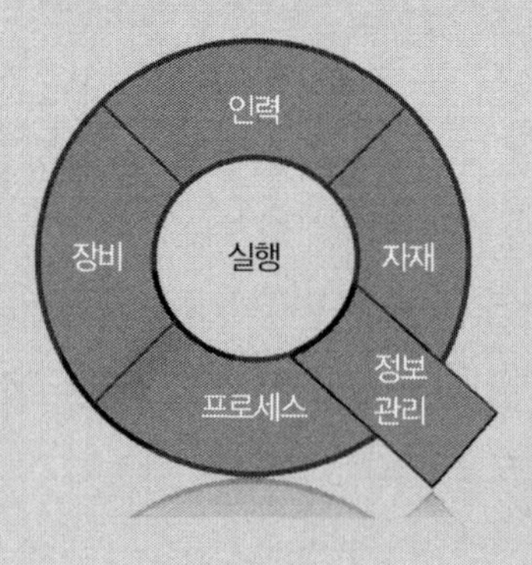

:: 미주

1 Milgram, P., Takemura, H., Utsumi, A. and Kishino, F., 'Augmented Reality: A class of displays on the reality-virtuality continuum'. (1994). Retrieved from http://etclab.mie.utoronto.ca/publication/1994/Milgram_Takemura_SPIE1994.pdf

2 Liu, J., 'The difference between AR, VR, MR, XR and how to tell them apart'. Hackernoon, 2 April 2018. Retrieved from https://hackernoon.com/the-differencebetween-ar-vr-mr-xr-and-how-to-tell-them-apart-45d76e7fd50

3 Crossrail Learning Legacy, 'Augmented Reality trials at Crossrail'. 14 March. 2017. Retrieved from https://learninglegacy.crossrail.co.uk/documents/augmented-realitytrials-crossrail/

4 Epson, 'A bright horizon for FPV'. Retrieved from www.epson.co.uk/products/see-through-mobile-viewer/moverio-bt-300/drone-piloting-accessory

5 Kloberdanz, K., 'Smart specs: OK glass, fix this jet engine'. *GE Aviation*. 19 July 2017. Retrieved from www.ge.com/reports/smart-specs-ok-glass-fix-jet-engine/

6 DAQRI, 'Smart glasses'. Retrieved from https://daqri.com/products/smart-glasses/

7 Magic Leap, 'Free your mind'. Retrieved from www.magicleap.com

8 ariot.io, 'Finally, Augmented Reality for the building lifecycle'. Retrieved from www.ariot.io

9 Angus, W. and Stocking, L.S., 'VR transforms doctors, nurses, and staff into virtual construction allies'. Autodesk. 1 November 2017. Retrieved from www.autodesk.com/redshift/vr-construction/

10 3D Repo, 'Dynamic virtual reality for customer engagement and staff training in construction'. November 2017. Retrieved from http://3drepo.org/wp-content/uploads/2017/11/Dynamic-VR_a4booklet.pdf

11 HoloBuilder, 'Full HoloBuilder feature overview'. Retrieved from www.holobuilder.com/features/

12 Magic-planapp, 'Create a floor plan within seconds'. Retrieved from www.magic-plan.com

13 ASQ Kaushik, S.K.V., 'Virtual reality for quality'. June 2017. Retrieved from http://asq.org/2017/06/lean/virtual-reality-vr-for-quality.pdf

14 CISION PR Newswire, 'Global Augmented Reality (AR) and Virtual Reality (VR) market is forecast to reach $94.4 billion by 2023 - soaring demand for AR & VR in the retail & e-commerce sectors'. 31 July 2018. Retrieved from www.prnewswire.com/news-releases/global-augmented-reality-ar-and-virtual-reality-vr-market-is-forecast-to-reach-94-4-billion-by-2023-soaring-demand-for-ar-vr-in-the-retail-e-commercesectors-300689154.html

15 EC&M, '3D visualization brings a new view to job sites'. 1 October 2018. Retrieved from www.ecmweb.com/neca-show-coverage/3d-visualization-brings-new-view-job-sites

CHAPTER 16

착용 및 음성 제어 기술

CHAPTER 16

착용 및 음성 제어 기술

품질 전문가는 직업의 품질과 효율성을 향상시키는 선구자로서 기술을 받아들이고, 노력하고, 마스터할 필요가 있다. 최근까지 품질 전문가는 일반적으로 손가락으로 키보드를 치거나 마우스를 클릭하거나 화면을 터치하는 방식으로만 디지털 정보에 접근할 수 있었다. 이 프로세스는 비교적 느리고 비효율적이며 운영자를 노트북, 태블릿 또는 데스크톱에 연결한다. 다른 감각과 움직임을 사용할 수 있게 됨으로써 생산성의 선택권과 잠재력이 높아진다. 우리의 목소리와 몸짓은 직장에서의 업무 수행 능력을 풍부하게 한다. 좁은 인공지능 기계와 상호작용은 사무실이나 건설 현장에서 활발하게 사용되고 있으며, 품질 전문가들이 생산성을 높일 수 있도록 하고 있다.

아마존Amazon의 알렉사Alexa나 구글 홈Google Home에 대해 생각해보고 음악을 찾아서 재생해달라고 요청하라. 1초 안에 끝난다. 선반으로 걸어가서 CD를 찾고, 케이스를 열고, CD 플레이어 문을 열고, CD를 열고, 문을 닫고, 재생 버튼을 누르고, 좌석으로 돌아가기 전에 볼륨을 변경하는 것과 비교하면 얼마나 빠르고 쉬운가? 그러나 이것은 우리가 사무실에서 레버 아치Lever Arch 파일(바인더), 책, 보고서 또는 기타 하드 포맷된 정보를 찾기 위해 자주 하는 일이다.

폴더 또는 문서에서 단어 검색을 사용하는 것이 종이를 수동으로 검색하는 것보다 더 좋을 수 있지만(그러나 폴더 온톨로지ontology와 실제로 사용 중인 서버 또는 하드 드라이브에 정보가 있는지 여부에 따라 다름) 적절한 시간에 올바른 정보를 찾기 위해 얼마나 많은 시간을 낭비하는가? 올바른 정보 또는 고품질의 유용한 정보를 찾는 것은 오류를 줄이고 품질관리에서 올바른 의사 결정을 내리는 데 중요하다.

음성 제어는 날씨 설정, 음악 재생 및 할 일 목록 작성과 같은 다양한 정보 작업을 위해 가정에서 널리 사용되고 있다. 전문 분야에서 음성은 훨씬 덜 사용된다(아마도 사람들이 하루 종일 전화와 서로에게 말을 하기 때문에 개방형 사무실 환경과 관련이 있는 것보다는 규칙적인 일상과 동료의 강요를 따르기 때문일 것이다). 그러나 다른 업무를 수행하는 동안 문서를 검색하도록 요청하면 시간이 절약되고 집중력이 유지된다.

앞서 가트너Gartner는 2018년까지 우리의 기술과의 상호작용 중 30%가 음성 제어를 통해 이루어질 것이라고 예측했지만 사업에서는 더 오래 걸릴 것으로 보인다. 그럼에도 불구하고, 품질 전문가는 음성으로 제어되는 AI 제품의 범위 내에서 기회를 탐색할 필요가 있다.[1]

3,500개 브랜드에서 사용하는 알렉사Alexa와 호환되는 2만여 개의 스마트 홈 기기[2]가 4개월마다 1만 개의 새로운 알렉사 기술이 추가되고 있다.[3] 음성 보조 장치를 채택하는 세계 선두 주자로서 미국 인구[4]의 4분의 1 이상이 스마트폰과 연결하는 데 음성 기술을 사용한다.

음성제어 기술의 홈 기기 IoT 시장이 광범위해지면서 비즈니스 장비와 기기로의 이동이 본격화될 것으로 보인다. 로봇, 레이저 스캐닝 장치 또는 3D 프린터 중 어느 것을 명령하든 간에 우리는 기계와의 대화하는 것에 대한 어색함을 버릴 준비가 되어 있어야 한다(때로는 잘못될 수도 있음). IBM의 왓슨 어시스턴트Watson's Assistant는 비즈니스 용어 및 복잡한 상황의 변화를 이해하는 데 신속하게 적응하는 접근 방식을 통해 비즈니스를 위한 AI 시장의 리더로 공표되었다.[5]

'알렉사 포 비즈니스Alexa for Business'는 회의실 예약, 전화 걸기, 번역, 보고서 받아쓰기 및 달력 관리와 같은 간단한 작업에 대한 질의를 위한 통로를 제공할 수 있다.[6] 알렉사Alexa를 통해 다른 전화번호로 전화를 걸지 않고 이름을 사용하여 여러 참가자에게 전화 회의를 할 수 있다. 다른 누군가가 내부에 있는 것처럼 회의실 밖에서 참을성 없이 기다리는 사람들의 줄을 몇 번이나 본 적이 있나? 그런 다음 한두 사람이 서로 다른 방향으로 걸어가며 IT나 관리자 또는 회의실 옆에 앉아 있는 불쌍한 사람과 대화해야 할 곳을 찾는다. 작은 혼돈은 너무 많은 시간을 낭비한다. 대신 기술을 묻는 것이 더 쉽게 답을 얻을 수 있다. 또한 비즈니스 전문 용어와 말하는 사람과 말하는 내용의 음성 인식 기록을 이해하는 훈련을 받을 수 있다. 어떤 사람들은 사생활 문제에 대해 불안해할 것이지만, 이것은 우리가 살고 있는 세상이며 우리 자신과 사업을 더 좋게 만들기 위해 그 가치가 있는 모든 기술을 활용해야 한다.

조용한 환경이 필요하거나 반대로 너무 시끄러운 환경에서 음성 제어가 어려워지면 몸짓 관리가 자체적으로 발생한다. MYO 손목 밴드를 사용하면 손가락을 튕겨서 머리 위 페이지를 넘길 수 있고 팔을 부드럽게 움직여 드론의 높이를 올릴 수 있다. 품질관리의 상당 부분은 합의된 사양에 따라 부분적으로 또는 완전히 완성된 제품이나 구성 요소를 평가하는 품질 전문가에 의존한다. 육안 검사가 필요한 벽돌 벽이나 볼트로 고정된 강철 빔일 수 있다. 어떤 사람들은 날씨가 좋고 부담이 거의 없을 때 하기 쉽다고 제안할 수 있지만 그것은 전형적인 건설이 아니다. 날씨가 추울 수 있고 압박감이 클 수도 있고 육체적·정신적 어려움으로 인해 실수가 발생할 수 있다.

토비 프로Tobii Pro[7]과 같은 시선 추적 안경을 사용하면 안경에 장착된 카메라가 착용자의 시선을 추적할 수 있다. 주의 집중 시간과 보고 있는 위치에 대한 데이터 캡처는 사용자가 보고 들은 것을 디지털 형식으로 보고 들을 수 있는 연구자에게 피드백되어 사용자가 본 것을 말하고 설명함으로써 피드백을 하는 누군가에게 의존하지 않고(모든 내재적인 결함과 편견을 가지고) 진정한 통찰력을 제공한다. 시공에 들어가거나 사용자가 잘못 읽은 측정 장비를 확인하기 전에 구성 요소의 품질 결함이 누락된 상황 인식 이유를 평가하기 위한 근본 원인 조사에 사용될 수 있다.

데이터는 현장 자재 이동에 낭비되는 시간과 같은 작업환경 개선사항을 드러낼 수 있으며, 교육생이 바라보는 위치와 노련한 전문가를 비교한 게이즈 플롯Gaze Plots과 히트맵Heat Maps을 공개하여 성과에 영향을 미치는 인적 요인을 파악할 수 있다. 이러한 기술은 품질 전문가를 평가하고 교육하는 데 매우 유용하므로 더 많은 경험을 가진 사람들로부터 배우는 사람들에게 지식을 전달할 수 있다. 그런 다음 VR 환경이나 현장에서 이러한 교육을 수행할 수 있다.

영국 최고의 Tier 1 계약업체들 중 다수는 안전을 위한 영국 표준을 충족하고 정보와 데이터의 헤드업 디스플레이head up displays를 위한 바이저를 갖춘 하드 모자와 같은 DAQRI 제품(14장에서 설명)의 증강현실 기술을 사용하고 증명했다. 안전모는 생산이 중단되었지만 독립형 스마트 안경은 WorkSense 소프트웨어와 함께 사용할 수 있다. 이 안경은 AR을 사용하여 현장에서 보이는 결함에 태그를 지정하고 BIM 모델을 실제 제작물과 일치시켜 비교 및 대조할 수 있는 기능을 제공한다.

마찬가지로 보잉Boeing은 자사 생산 라인에서 고숙련upskill의 자연광 스마트 안경을 사용한다.[8] 과거에는 작업자가 어떤 전선이 어떤 연결 장치에 들어가는지 식별하기 위해 노트북에 있는 그림을 앞에 있는 전선 묶음과 비교해야 했다. 때로는 최대 100개의 전선이 하나의 연결 장치에 들어가기 때문에 화면을 보고 키보드를 조작하고, 생산 라인으로 다시 이동하는 데 집중해야 하므로 프로세스 속도가 항상 느려지고 실수 가능성이 높아진다. 보잉Boeing 737 항공기에서 생산의 실수는 용납될 수 없다. 그들은 생명을 잃을 수 있다.

스마트 안경을 사용하면 작업자가 작업하는 동안 음성 제어를 사용하여 양손을 자유롭게 사용할 수 있으며, 안경으로 작업자가 보는 영상 이미지를 스트리밍 할 수 있기 때문에 감독자에게 조언을 요청하고 노트북에 로그인하여 동일한 영상을 볼 수 있다. 보잉은 생산 시간을 25% 단축하고 오류율을 거의 0으로 낮추면서 생산성 향상을 측정했다. 제조 및 조립 공정 설계DfMA를 통해 현장 외 사전 제작을 더 많이 사용하여 제조 기술과의 유사성이 증가될 것이다.

이런 기술이 어떻게 건설 품질관리를 개선할 수 있는지 지금 확인해보면 그 직종에 유리한 출발할 수 있을 것이다. 엡손 무버리오Epson Moverio 스마트 안경은 드론과 연계하여 조종자의 역량을 강화한다.[9] 이 안경은 도수 안경 위에 착용할 수 있으며 스마트 안경에도 규정 렌즈를 장착할 수 있다. AR 이미지는 조종자에게 앱을 이용해 스마트폰이나 태블릿에서 주로 볼 수 있는 데이터를 제공하는 전체 헤드업 디스플레이Head Up Display, HUD를 제공하지만 안경은 조종자가 하늘 위의 드론과 카메라 이미지와 데이터를 보여주는 HUD를 모두 보면서 고개를 들고 있을 수 있게 해준다. 휴대용 장치로 제어되는 마우스로 HUD에 범위, 높이, 기록 버튼 등을 겹치면 조종자는 머리를 위아래로 계속 흔들지 않고 더 나은 사용자 경험을 제공하고 드론의 시야를 잃을 위험을 줄일 수 있다.

엑스오아이 테크놀로지스XOEye Technologies의 엑스원XOne 스마트 안경은 다음과 같은 다양한 기능을 갖추고 있다.[10]

- 양방향 오디오 통신 및 협업을 위한 마이크 및 스피커
- 바코드 스캔
- 데이터 측정을 위한 생체 인식, 가속도계 및 자이로스코프gyroscope를 포함하는 센서

제품군

1982년에는 82개의 VHF와 UHF 채널과 FM 라디오를 수신할 수 있는 세이코 TV 손목시계Seiko TV Watch가 출시되었다. 그것은 작은 화면으로 TV 사진을 전송할 수 있었지만 휴대해야 하는 전자제품 상자에 연결해야 했다. 1990년대 후반에 일본의 닛폰 텔레그래프·텔레폰사Nippon Telegraph and Telephone Corp.에서 MessageWatch라는 세이코 손목 컴퓨터와 최초의 전화 시계인 위스토모Wristomo가 출시되면서 기본 스마트 시계가 시장에 등장하기 시작했다. 이것들은 '딕 트레이시Dick Tracy' 시계를 수십 년 동안 기다려온 괴짜들의 상상력을 사로잡지 못했다. 2003년 마이크로소프트는 스팟Smart Personal Object Technology, SPOT을 시계용으로 내놓았지만 다시 빠르게 사라졌다. 2013년 페블Pebble 시계는 소비자들을 크게 흥분시켰지만, 이후 몇 년 동안 그 시계는 부정적인 평판을 받았고 구글의 계열사인 핏빗Fitbit에서 인수했지만 시장에서 사라졌다. 그 이후 핏빗은 건강 추적기Fitness Trackers와 스마트시계 제품으로 시장 부문을 개척했다.

2014년에 지속 가능한 스마트시계 제품을 개발한 것은 애플Apple사였는데, 애플은 2018년에 전년 대비 판매량이 약 2,000만 대로 증가했으며, 2020년에는 전 세계 스마트시계 시장의 거의 50%에 해당하는 3,100만 대까지 증가할 것으로 예상된다. 애플시계는 전화 걸기 및 받기, 게임, 심박수 모니터링, 낙하 감지 및 SOS 호출 및 수백 개의 앱(시간을 알려주는 것) 외에도 산업 환경에 다른 큰 잠재력을 가지고 있다.

워커베이스WorkerBase 스마트시계는 QR코드 스캐너와 800만 화소 카메라를 통해 데이터 수집 기능을 갖추고 있으며 수십 개의 제조 앱이 탑재되어 있다.[11] 부품 제작 장치에 누락된 부품이 있다는 문자 및 음성 메시지를 작업자에게 보낼 수 있으며, 작업흐름 관리 소프트웨어를 사용하여 장비에 대한 예정된 테스트를 수행하는 등 간단한 작업 지침을 제공할 수 있다. 한 명의 작업자가 작업을 완료했음을 확인하면 메시지가 품질 전문가에게 자동으로 전송되어 전체 디지털 감사 추적 및 사진 촬영 기능을 갖춘 검사를 수행할 수 있다. 시간, 비용 및 품질을 보여 주는 상세 보고서는 프로세스를 개선하기 위한 풍부한 데이터 분석 자료가 될 수 있다.

스마트 건설 의류는 특히 건강 및 안전 향상을 목표로 한 시제품으로 서서히 등장했다. 솔파워SolePower는 사용자의 피로와 낙상을 측정할 수 있고, 가시성을 개선하기 위해 조명이

켜지고, 사용자가 위치 제한적 플랜트 구역으로 이탈하는 경우에 조명을 켜서 안전 경고를 보내고, 열 소진 또는 혹한 날씨를 경고하기 위해 온도를 표시할 수 있고, 안전 경보를 보낼 수 있는 위치 센서를 갖춘 자가 충전식 스마트 안전화를 설계했다.[12]

가드햇Guardhat은 근접 판독을 위한 RFID 판독기, 급강하 추적 가속도계, 일산화탄소 가스 감시기를 갖춘 작업자를 위한 단단한 안전모다.[13] 오디오, 비디오 및 SOS 알림의 세 가지 버튼이 있으며 필요한 모든 국제 제조 표준을 충족한다.

벨트에 부착된 기본적인 클립으로 채우게 된 센서도 현장에 떨어져 고통받는 작업자들에게 변화를 줄 수 있는 유용한 데이터를 제공한다. Spot-R 클립은 현장 출석 시간을 자동화하고, 감독자에게 추락 위치를 자동으로 경고하며, 내장된 알람이 비상시 현장 대피에 도움을 줄 수 있다.[14] 데이터는 지정된 사이트에 있는 동안에만 수집된다.

품질관리를 위해 품질관리 사고나 부적합 사항 이후에 사람과 기계의 위치를 아는 전제가 근본 원인 분석에 유용할 수 있지만, 우리가 쉽게 사용할 수 있는 형식으로 데이터 시각화를 제공하는 특정 앱을 설계하고 상업적으로 이용할 수 있어야 한다. 다시 말하지만 우리는 품질관리 시장에 대한 더 큰 관심을 창출하기 위해 제조사의 실용적인 응용을 위한 아이디어를 창의적으로 개발할 필요가 있다.

독일 회사인 ProGlove는 다양한 산업 응용 분야에 사용할 수 있는 다양한 종류의 스마트 장갑을 가지고 있다.[15] 장갑 뒷면에 작은 전자 상자가 장착되어 공장 내부에서 흔히 볼 수 있는 휴대용 스캔 '피스톨pistol' 없이도 바코드 스캔을 할 수 있다. 점멸하는 조명, 촉각 및 음향 신호를 통해 운영자에게 피드백을 제공할 수 있다. 루프트한자Lufthansa는 ProGlove를 사용하여 창고에서 10만 개의 부품을 자재 처리할 수 있도록 지원한다. 복잡한 공급망은 공급자를 떠나는 것부터 창고 및 보관 선반에 도착하는 것, 배송 및 장갑 뒷면의 스캐너를 사용하여 최종 목적지에 이르기까지 과정의 모든 단계에서 추적할 수 있다. 또한 운송해야 하는 새로운 우선순위 배달을 운영자에게 알릴 수도 있다. 스캐너를 찾는 시간을 줄이고 생산성을 향상시킨다. 이러한 장치는 자재 취급을 개선하기 위해 건설 현장에 일상적으로 배치될 수 있다.

이러한 모든 제품에서 사용자의 데이터는 데이터 보호 규정에 따라 꼼꼼하게 보호 및 보존되어야 하며 적절한 수준의 개인 정보를 보장해야 한다. 이상적으로는 모든 근로자에게 개인 보호 장비PPE에 내장된 기본 디지털 장치가 제공되는 것이 바람직하지만 기업에서 데이터를 수집하는 방법, 시기 및 이유에 대해 신중한 상담과 교육이 필요할 수 있다. 보험 회사가 계약자에게 근로자가 이러한 장치를 착용하도록 압력을 가하면 더 낮은 보험료를 제공하고 고용 계약에 더 많은 개인 데이터를 보관해야 하는 경우 근로자들은 탈퇴가 어렵다는 것을 알게 될 것이다. 그러면 기업은 엄격한 기밀 유지와 정보 보안을 유지하기 위해 근로자의 데이터를 훨씬 더 강력하게 보호해야 한다. 이러한 장치가 건설 현장과 현장 외 제조에서 일반적으로 사용되기 전에 가격이 크게 떨어지고 편익을 시험하고 입증해야 한다.

엑소 바이오닉스Ekso Bionics의 외골격 슈트는 건설 근로자 부상과 생산성 향상에 대한 해결책을 제공한다.[16] 엑소 조끼Ekso Vest는 상체 외골격으로 작업자의 팔을 들어 올리고 지지하며 가슴 높이와 머리 위 작업을 보조한다. 그라인더나 회전식 해머와 같은 도구는 지지 외골격을 착용하는 동안 무중력 상태가 된다. 피로가 적을수록 부상 위험이 낮아지고 솜씨가 향상될 가능성이 높다. 모든 건설 근로자가 이 장치를 필요로 하는 것은 아니지만, 일부 작업에서는 분명한 개선 사항이다. 그러나 개발의 다음 단계는 설계 개선과 효과적인 건설 프로세스의 적용을 위해 데이터 피드백을 개선하는 것이다.

마찬가지로 혼다Honda는 ASIMO 로봇 기술에서 파생된 제품으로 보행 보조 장치부터 산업용으로 사용되는 체중 보조 장치까지 다양한 개인 이동 보조 장치를 만들었다.[17] 일본 내 250개 시설에서 사용되는 혼다의 보행 보조 장치는 10년간 공개되지 않은 후 유럽으로 수출 항해 허가증을 제공하는 CE 마킹[18]에 대한 EU 의료기기 승인을 확보했다.

많은 착용기술 제품이 안전에 맞춰져 있지만, 품질관리 전문가는 제조업체가 그러한 제품을 설계하고 건설 회사가 사용을 채택하도록 유도하기 위해 우리의 규율에 더 많은 가치를 부가할 기능과 용도를 협력하고 확인할 필요가 있다. 건강과 안전에 대한 우려는 이러한 제품들이 업계에서 일상적으로 사용할 수 있도록 해주지만, 품질관리 검사와 시험이 어떻게 개선될 수 있는지, 그리고 교육과 관리 시스템에 접근을 돕는 착용 의류를 통한 품질관리를 사전에 확인할 필요가 있다.

Box 16.1 디지털 학습 포인트

착용 및 음성 제어 기술

1. 작업장의 효율성과 효과성을 향상시키기 위해 착용 및 음성 제어 기술을 실험한다. IBM의 왓슨 어시스턴트(Watson Assistant) 또는 알렉사 포 비즈니스(Alexa for Business)를 사용해보라.
2. 토비 프로(Tobii Pro)와 같은 시선 추적 안경을 사용하여 품질관리 교육을 연구하고 개발한다. 어떤 결함이나 오류가 누락되었는가?
3. 관리 시스템 '문서'에 접근하고 태그 결함 및 질의에 태그를 시험하기 위해 다큐리(DAQRI)사의 스마트 안경 사용을 조사한다.
4. 특히 긴 하루 동안 이 기술의 편안함과 사용 편의성에 대해 생각해보라. 사용을 최적화하기 위한 프로세스가 고려되고 문서화되었는지 확인한다. 스마트 안경으로 인한 눈의 피로는 앞으로 몇 년 동안 새로운 '반복적인 부상'이 될 수 있다.
5. 품질 전문가는 착용 응용 분야에서 제조를 통해 무엇을 배울 수 있는가? 스마트 안경, 시계, 장갑 및 외골격 슈트는 산업용으로 사용되며 품질관리 기능을 활용하기 위해 이를 평가하고 개발할 필요가 있다.

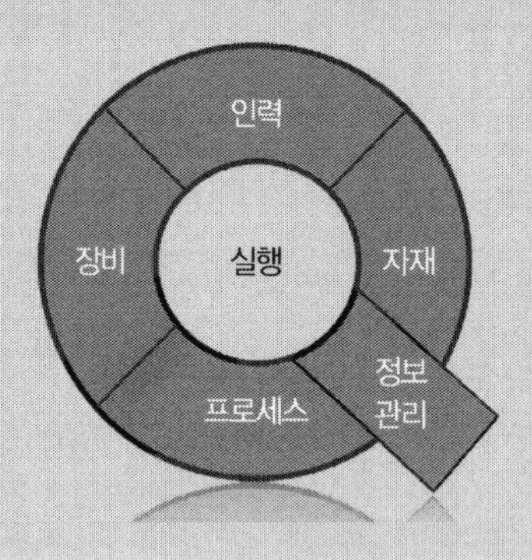

:: 미주

1 Gartner, 'Market trends: voice as a UI on consumer devices-what do users want?' 2 April 2015. Retrieved from www.gartner.com/doc/3021226/market-trends-voice-uiconsumer

2 Karczewski. T., 'IFA 2018: Alexa devices continue expansion into new categories and use cases'. Alexa Blogs. 2 September 2018. Retrieved from https://developer.amazon.com/blogs/alexa/post/85354e2f-2007-41c6-b946- 5a73784bc5f3/ifa-2018-alexa-devices-continue-expansion-into-new-categories-and-use-cases

3 Kinsella, B., 'Amazon Alexa now has 50,000 skills worldwide, works with 20,000 devices, used by 3,500 brands'. Voicebot.ai. 2 September 2018. Retrieved from https://voicebot.ai/2018/09/02/amazon-alexa-now-has-50000-skills-worldwide-is-on-20000-devices-used-by-3500-brands/

4 eMarketeer, 'Alexa, say what?! Voice-enabled speaker usage to grow nearly 130% this year'. 8 May 2017. Retrieved from www.emarketer.com/Article/Alexa-Say-What-Voice-Enabled-Speaker-Usage-Grow-Nearly-130-This-Year/1015812

5 IBM, 'Watson Assistant'. Retrieved from www.ibm.com/watson/ai-assistant/ (accessed 12 April 2018).

6 AWS, 'Alexa for Business'. Retrieved from https://aws.amazon.com/alexaforbusiness/

7 Tobii Pro, 'Eye tracking for research'. Retrieved from www.tobiipro.com

8 Upskill, 'Augmented reality use cases in enterprise'. Retrieved from https://upskill.io/skylight/use-cases/

9 Epson Moverio, 'DJI MAVIC AIR with Epson Moverio BT300 smart glasses-review part 2-flight test, pros & cons'. 28 March 2018. Retrieved from www.youtube.com/watch?v=7u5NvNOdSeg

10 XOi Technologies, 'It starts in the field'. Retrieved from www.xoi.io/solution/

11 WorkerBase, Goods inspection app. Retrieved from https://workerbase.com/industry-software/goods-inspection-app/

12 SolePower, Smartboots. Retrieved from www.solepowertech.com/#smartbootsgraphic

13 GuardHat, 'Overprotective in a good sort of way'. Retrieved from www.guardhat.com

14 Triax, spot-R. Retrieved from www.triaxtec.com/workersafety/how-it-works/

15 ProGlove, 'Ready for 4.0'. Retrieved from www.proglove.de/products/#wearables

16 EksoBionics, 'Power without pain'. Retrieved from https://eksobionics.com/eksoworks/

17 Honda, 'ASIMO innovations'. Retrieved from http://asimo.honda.com/innovations/

18 Honda, 'Honda walking assist obtains medical device approval in the EU'. 18 January 2018. Retrieved from https://world.honda.com/news/2018/p180118eng.html

CHAPTER 17

블록체인

CHAPTER 17

블록체인

전통적으로 지불이나 계약상 약정과 같은 거래는 각 당사자가 보관하는 원장을 통해 유지된다. 블록체인blockchain은 디지털 거래 대장이다(그림 17.1 참조).

그림 17.1 거래의 디지털 거래 대장을 나타내는 블록체인 그래픽
(출처: Pete Linforth, https://pixaba y.com/en/users/TheDigitalArtist-202249/)

문제는 각각의 개별 사본을 통해 가짜 또는 인간의 실수 가능성이 증가하는 반면 블록체인은 완전한 감사 추적이 있는 단일 진실의 원천이라는 것이다. 시간과 날짜 스탬프는 각각의 거래를 기록하는데, 이 거래는 고유한 암호화 번호로 식별되어 변경사항을 확실하게 확인할 수 있고 취소할 수 없으며, 관련 거래 그룹은 블록에 보관된다. 확인 및 조정을 위한 프로세스 내에 수동적인 인적 활동이 없기 때문에 비용이 저렴하다.

이 단일 버전은 수백만 대의 서버에 분산되어 있으며 정확성을 확인하기 위해 정기적으로 모니터링된다. 중앙에서 열리지 않기 때문에 (지금까지) 해킹과 변경이 불가능하고, 이 처리 순서는 약 10분마다 점검하므로 하나의 서버에서 모든 서버에 반영되지 않은 수정사항을 선택한다. 거래들은 원장이 동시에 업데이트되면서 거의 즉각적으로 이루어진다.

현재 은행들은 거래의 버전을 각 끝에서 잠그고 수정하기 전에 한쪽 끝을 고정 해제한 다음 다른 은행에 복사하여 변경을 허용함으로써 보안을 유지하고 있다. 다른 은행들도 마찬가지로 그들의 원장을 업데이트하기 전에 거래가 동결 해제되기를 기다린다.

블록체인은 변호사나 은행과 같은 중개자를 차단하고 거래의 각 당사자는 필요에 따라 직접 접속하여 업데이트할 수 있지만 각 버전은 엄격하게 유지된다. 이 기술은 2008년 비트코인Bitcoin을 비롯한 가상화폐에서 시작되었으며 깨지지 않는 기술임이 입증됐다. 언론에 보도된 모든 손실은 블록체인 기술이 아닌 비트코인을 저장하는 디지털 지갑의 침해에서 비롯된다. 비트코인에 대한 모든 미디어 이야기를 분리하고 신뢰할 수 있는 거래의 기본 기술, 즉 블록체인을 건설업계가 활용할 수 있는 혁신으로 보는 것이 가장 좋다.

블록체인은 보다 지능적인 계약 및 지불 방식을 활용할 수 있다. 건설의 경우 공급망 관리의 블록체인이 후불이라는 영구적인 문제를 처리하는 강력한 방법이 될 수 있다. 영국의 여러 정치 행정 기관들은 많은 공급업체와 하청업체들이 주요 계약업체나 고객에게 서비스를 제공한 후 겪는 지연을 단속하려고 시도해왔다.

1996년에는 주택 보조금, 건설 및 재생법이 도입되었고, 1998년에는 상업 부채(이자) 연체법이 제정되었다. 즉석 지불 강령은 2008년 영국 정부에 의해 제정되었으며 2013년에 상업 부채의 연체 규정이 발효되었다.

2014년 정부가 건설 공급망 지불헌장(2016, 2018년 업데이트)[1]을 도입했지만 실제 헌장에 가입한 기업은 이 책을 집필할 당시 상위의 3개 계약자를 포함하여 49개 기업만 이 헌장에 서명했다. 30일 이내에 지급이 빨라져야 하지만 현실은 평균 42일로 5년 전 40일보

다 늘어난 점을 감안하면 이러한 자발적 헌장이 모든 법제에 미칠 영향은 매우 의심스럽다.[2]

정부의 건설산업 장기 계획인 '건설 2025'는 "금융·결제 관행에 대한 접근성을 해소해 건설 공급망이 번창할 수 있는 여건을 조성한다"라는 필요성과 함께 공급망 지급을 핵심 목표로 삼았다.[3]

분명히 의무적 접근과 자발적인 접근 모두 실패하고 있다. 이것이 블록체인이 솔루션의 일부를 형성할 수 있는 곳이다. 아파트 건물의 주계약 업체에서 일하는 배관공을 생각해보라. 계약은 하청업체가 어떠한 걸림돌을 수행하도록 동기를 부여하고 주계약자가 해당 작업에 대해 완전히 만족할 수 있도록 5%의 유보금을 지급받을 수 있는 계약이 작성될 것이다. 그러나 종종 검사 및 승인 작업에도 불구하고 송장은 주계약자의 상업 및 재무 부서에서 처리되지 않는다. 하청업체(이 경우 배관공)는 끝없는 이메일을 보내고 전화 통화를 할 것이며, 지불에 대한 업데이트를 요청할 것이다.

주계약자가 현금 흐름을 개선하기 위해 유보하는 바람에 이들 협력업체와 하청업체가 모두 대금을 회수하지 못해 엄청난 시간이 낭비된다. 물론 공급망의 현금 흐름은 어려움을 겪으며, 기업들이 다른 일자리와 직원들에게 급여를 지급하고 있지만 그들의 청구서는 미지급 상태로 남아 있기 때문에 기업을 폐업시킬 수 있다. 긴축 시대에 은행들은 신용 한도를 늘리는 데 동의하지 않을 수 있다.

비록 유보가 폐기되고 Build UK, 토목공사 계약자 협회CECA, 건설 제품 협회CPA를 포함한 일부 단체들이 2025년까지[4] 영국에서 유보를 종료할 것을 제안했다고 해도 그것은 여전히 만족스럽게 완료되었지만 제때 지불되지 않은 진행 중인 작업 문제를 해결하지 못하고 있다. 허위 변명에는 새롭거나 사소한 결함이 발견되거나 송장이 내부적으로 추적되는 동안의 시간 지연 또는 권한 있는 사람이 병가/휴일로 자리를 비우거나 업무를 그만두거나 전화를 받지 않아 지급이 지연되는 경우가 포함될 것이다.

영국 건설업계 전반에 걸쳐 매일 겪는 길고 비효율적이며 불공정한 과정 대신 블록체인이 배관공과 주계약자 사이에 계약을 맺고 검사가 승인되는 대로 즉시 대금을 풀어주는 식이었다. 더 이상 서류 송장 발행과 끝없는 지연은 없다. 검사는 현장 관리자 또는 현장 엔지니어가 수행할 수 있지만 품질 전문가도 프로세스의 필수적인 부분이 될 수 있다는 것을 의미한다. 그들은 작업을 검사하거나 검사를 감독하는 최전선에 있는 사람들이 될 것이다. 그만큼 품질 전문가에게는 블록체인에 대한 이해가 중요할 것이다. 이는 검사가 훨씬 더 중요해지고 품질관리 문제가 아닌 재정적 고려 사항에 따라 위로부터 거부 압력이 있을 수 있음을 의미한다. 사업구조에서 품질 전문가의 역할, 신뢰성, 위상이 시험되는 곳이다.

우리는 실제 공사 과정에서 한 발짝 떨어져 있는 이들이 시방서와 대조해 독립적으로 작업을 점검하고 고위 관리자들이 지지하고 신뢰할 만한 판단을 내릴 수 있는 권한을 건설업체들이 부여해야 한다. 그러나 그것은 또한 사업의 전반적인 품질관리를 향상시킬 수 있다. 열악한 품질의 작업을 허용하는 대신 기업은 공급망을 감독하는 품질 보증 프로세스를 개발하는 데 기득권을 가지고 있으며, 이는 협력 관계를 견고하게 발전시키고 공급망이 필요한 품질을 제공할 수 있는 신뢰성을 높일 것이다. 왜냐하면 그 영향은 장기 비용뿐만 아니라 단기 현금흐름에도 영향을 미칠 것이기 때문이다.

하지만 감사 또는 검사된 수준의 신뢰를 제공하기 위해 품질 전문가가 블록체인 기술을 잘 이해할 필요가 있는가? 적어도 블록체인의 인증된 존재와 수용에 대한 증거를 확보할 수 있다는 것은 품질 전문가가 현장 라인 관리와는 다른 독립적인 감사 추적을 만들도록 요구할 수 있다.

블록체인은 업계에서 긍정적인 발전이 되겠지만 기업은 다양한 환경에 어떻게 적응해야 하는지 파악하기 위해 프로세스를 검토해야 한다. 누가 먼저 하느냐에 대한 유효한 질문도 있다. 개별적으로 블록체인은 고객과 상위 계약자가 채택을 추진하기 시작할 때까지 사용이 제한될 것이며, 블록체인이 널리 채택되기는 어렵다. 하지만 관련 분야와 연관된 부문에서 도움이 될 수 있다

부동산을 예로 들어보자. 스웨덴에서 토지 등록 기관인 Lantmateriet는 Kairos Future 컨설팅 회사의 지원을 받고 Chromaway AB, Telia Co. AB 통신 및 두 개의 스웨덴 은행인 SBAB!와 Landshypotek은 서류 작업을 종료하고, 사기를 방지하고, 거래를 훨씬 빠르게 수행함으로써 연간 최대 1억 유로(1억 600만 달러)를 절약할 수 있다고 주장하는 블록체인 기술을 도입했다.

현재 매매 등록까지의 구매 계약 체결은 3개월에서 6개월 사이가 될 수 있다. 구매자와 판매자 모두 일반적으로 대리점에 방문하여 문서에 서명한다. 토지 소유권이 바뀌면 느린 수동 프로세스의 각 단계가 블록체인의 기록으로 대체된다. 블록체인 내에서 디지털 서명이 검증되고 수용되기 위해 구매자와 판매자가 같은 국가에 있을 필요도 없을 수 있다. 디지털 서명을 더 많이 받아들이고 스웨덴 세무당국과의 파트너십을 강화하면서 란트마티

엣Lantmateriet의 블록체인 기술 활용 능력이 커지고 확산되기를 기대한다. 토지 등록은 미국의 소유권 보험회사들이 부동산 1건당 2,000달러 이상의 가치를 갖는 큰 사업으로 이 부문은 연간 150억 달러의 가치를 지닌다.[5]

1970년대에는 전자 데이터 교환EDI이 결제를 가속화하고 컴퓨터 간 거래가 종이 송장을 폐기하는 방법이 될 수 있기 때문에 위조로부터 보호하기 위한 방법으로 알려지고 있었다. 마찬가지로 ISO 15926 데이터 상호 운용성 표준 시리즈는 자산관리에서 데이터 인계 검증 프로세스를 보호하기 위한 수단으로 제안되었다. 이러한 다른 접근 방식에서 문제는 건설 산업에서 특히 낮은 도입률이었는데, 이것은 전형적인 변화에 반하는 것처럼 보인다. 마찬가지로 스마트 계약은 공동 계약 재판소JCT와 신기술 계약NEC 접근 방식에 큰 영향을 미치므로 대대적인 점검이 필요하다.

새로운 프로세스, 계약 및 표준이 널리 채택되지 않으면 긴 공급망 꼬리가 새로운 것에 대한 반발을 불러온다. 블록체인은 확실히 작동할 수 있고 현재의 시스템 오류를 개선할 수 있지만 이를 구현하고 추진하기 위해서는 강력하고 확고한 고객과 주계약자가 필요할 것이다. 우리는 BIM을 통해 고객이 자산관리 정보 측면에서 원하는 것이 무엇인지 항상 확신하지 못하고 있으며 BIM 구현의 많은 부분을 비용, 시간 및 품질 개선을 보는 주요 계약자에게 맡기고 있다는 것을 확인했다. 이번에도 상위 계약자들이 블록체인 채택의 최전선에 서야 기술이 성공할 수 있을 것으로 보인다.

지불은 BIM 모델에 연결되어 스마트 계약 내에서 지정된 작업의 각 부분이 완공되고 승인되므로, 더 큰 작업이 완료될 때까지 기다리거나 임의의 시간 척도(예: 월별)에 따라 송장을 발행하는 대신 지불을 해제할 수 있다. 암호 화폐로 결제가 이뤄진다면 거래처와 주계약자, 공급망의 각 구성원은 각자의 디지털 지갑을 필요로 할 것이다.

블록체인은 또한 자재 공급망에 대한 검증된 감사에서 출처를 신뢰성 있게 식별하는 데 매우 귀중한 기술이 될 수 있다. 목재를 중국의 단독 수목으로 추적하든 덴마크 공급업체의 벽돌로 추적하든 블록체인은 수명주기 추적 가능성을 입증할 수 있다. 전 세계 수많은 공급업체를 통해 재료의 출처를 인증하고 추적을 유지하려는 시도는 어렵고 검증을 저해하는 정보 지연 또는 중단에 노출된다. 보안 태그 내부에 밀봉된 IoT 센서를 장착하면 각 거래를 블록체인에 잠긴 자재, 부분/완제품을 최종 배송까지 추적할 수 있다. 민감한 상품이나 부품은 온도와 진동을 추적하는 센서가 있어 엄격한 운송 표준을 준수할 수 있다.

태그에 그러한 센서를 유지하는 것은 어려운 일이 될 것이며 품질 전문가들은 운송과 배송 중에 그것들이 교정되고 보호되는 방식에 만족해야 할 것이다.

비용과 위험 수준을 감안할 때 이러한 기술 사용의 실용성과 특정 제품 및 구성 요소의 중요성이 처음에는 우선할 가능성이 높다. 공급망을 통한 문제점의 히트맵heat map은 IoT와 블록체인 기술이 가장 많은 가치를 추가하는 곳을 강조하고, 인증이 정확하고 유효한 보다 높은 수준의 보호를 제공할 수 있는 상황을 식별할 수 있다.

브릭체인 파운드리Brickschain Foundry[6]에서는 기업이 이미 사용하는 기존 시스템을 단일 응용 프로그램 프로그래밍 인터페이스API를 통해 중단 없이 건설업계에서 블록체인 기술을 활용할 수 있는 플랫폼을 개발했다. 데이터의 산업용 기초 등급IFC[7]을 안전하게 블록체인으로 가져올 수 있어 보고서를 실행할 수 있으며, 변경할 수 없기 때문에 신뢰할 수 있다. 또한 데이터 상호 운용성과 데이터의 연대순 보고를 보장하며, 이는 건물 관리 프로세스를 통해 시간 내에 변경될 수 없다. 예를 들어, 에어컨 장치를 설치할 때 문의가 생성되면 해당 문의가 블록체인에 내장된다. 다른 프로그램에서 삭제되더라도 블록체인은 누가 언제 올렸는지를 나타내는 사본을 보관한다. 같은 방식으로 파일을 클라우드cloud 시스템에 업로드할 수 있으며 브릭체인에서 이를 모니터링하는 경우 파일을 찾을 수 있는 하이퍼링크hyperlink를 포함하여 해당 업로드에 정보가 기록된다.

스마트시트Smartsheet 내부에서 업데이트되는 품질관리 장애 목록 또는 지적사항은 블록체인 내에서 해당 특정 항목 업데이트를 영원히 캡처하게 된다. 품질 전문가에게 주는 힘은 엄청나다. 특정 시간과 날짜에 지정된 사용자가 장애 목록을 업데이트했다는 증거가 있음을 의미한다. 그것은 집이나 사무실의 방을 마무리하는 현장 감독관에 의한 것일 수 있다. 원래 복사본이 항상 저장되지 않는 한 나중에 해당 장애 양식은 분실되거나 변경될 수 없다. 건설공사의 회계, 능력 및 투명성을 높인다.

모든 법적 분쟁이나 감사에서 이는 다른 시스템에 대한 신뢰를 주는 한곳에서의 실제 기록이다. 이는 해당 질의가 생성되고 주계약자가 그 진위 여부를 다시 확인해야 한다는 증거를 고객에게 제출하는 대신, 양 당사자가 실제로 질의가 청구된 시점과 날짜에 제기되었음을 신뢰할 수 있음을 의미한다. 이러한 점검의 필요성과 시간을 없애고 자신감을 만들어낸다.

빌드코인BuildCoin재단은 스위스 추크Zug에 본사를 두고 있으며 브라질 상파울루시가 대규모 건설사업의 타당성 조사를 위해 전 세계 엔지니어들에게 비용을 지불하기 위하여 사용할 계획인 '비영리 블록체인 생태계'이다.[8] 프랑스의 엔지니어나 주제 전문가SME는 참여 초대장을 받을 수 있으며 수락하면 빌드코인의 서비스에 대한 비용을 지불받을 수 있다. 그런 다음 공동체는 다른 프로젝트에 사용할 엔지니어를 결정하는 데 도움이 되는 다수의 의견을 제공하는 빌드코인의 작업에 찬성 또는 반대 투표를 한다. 이것이 성공하기 위해서는 엔지니어가 디지털 화폐를 사용할 수 있도록 암호 화폐가 폭넓게 수용되어야 한다. 상파울루시가 납세자 돈에 의존하지 않고 서비스 비용을 지불할 수 있지만 이 형태로 지급하면 실제로 구매에 다시 사용할 수 있는 수단이 될지 여부에 대해 주제 전문가에게 상당한 위험을 초래한다는 것을 의미한다. 반면에 타당성 조사에 대한 지불이기 때문에 프로젝트가 승인되면 SME의 위상과 프로필이 높아지고 추가 작업 기회도 증가한다.

제프Jeff와 데이비드 베른스David Berns가 운영하는 블록체인 L.L.C.[9]는 리노Reno 동쪽에 새로운 '스마트 시티'를 건설할 목적으로 미국의 타호-레노Tahoe-Reno 산업센터에서 1억 7천만 달러에 67,000에이커의 토지를 구입했다.[10] 계획에는 블록체인 기술을 사용하여 아파트, 주택, 상점, 학교 및 사무실을 짓는 것이 포함된다. 그들의 대담한 계획은 정부, 은행 또는 기업이 관여하지 않고 금융 및 블록체인으로 물리적 자산을 생성하기 위해 이해 관계자 그룹 간의 협력을 요구한다. '우주의 블록체인 센터' 조성을 목표로 하는 향후 지켜볼 만한 기업이다.

네덜란드 정부도 블록체인 프로젝트를 주도하는 데 앞장섰다. 유엔UN, 세계은행 및 유럽 연합EU 등과 협력하여 블록체인 기술을 설명하는 무료 서적 출시부터 유독성 폐기물 운송 및 의료 과정의 허가에 이르기까지 수많은 파트너십을 개발해왔다.[11]

BREBritish Research Establishment(영국 친환경 건축인증 민간기구)는 블록체인을 조심스럽게 환영하며 기술의 초기 단계이지만 건설 산업을 긍정적으로 교란시킬 수 있는 가능성을 감안할 때 면밀히 감시해야 한다고 강조했다. 그러나 성공을 보호하기 위해 블록체인을 커버하기 위한 새로운 지배구조 및 입법의 필요성을 올바르게 표시한다.[12]

Box 17.1 디지털 학습 포인트

블록체인

1. 블록체인은 거래의 디지털 대장이자 하나의 진실 원천이다.
2. 블록체인 기술을 사용하여 검사는 공급 업체 또는 하청 업체에 대한 대금이 지급될 수 있다. 품질 전문가는 새로운 재정적 영향을 고려할 때 작업을 수락하거나 거부해야 하는 영향과 잠재적 압력을 고려해야 한다.
3. 블록체인을 사용하여 공급망을 통해 재료의 원산지를 안정적으로 확인할 수 있다.
4. 센서와 함께 사용되는 블록체인은 운송과 보관을 통해 자재와 건설 부품을 추적할 수 있다.
5. 블록체인은 투명성과 책임성을 높이는 디지털 서명을 통해 감사에 대한 새롭고 강력한 접근 방식을 제공할 수 있다.

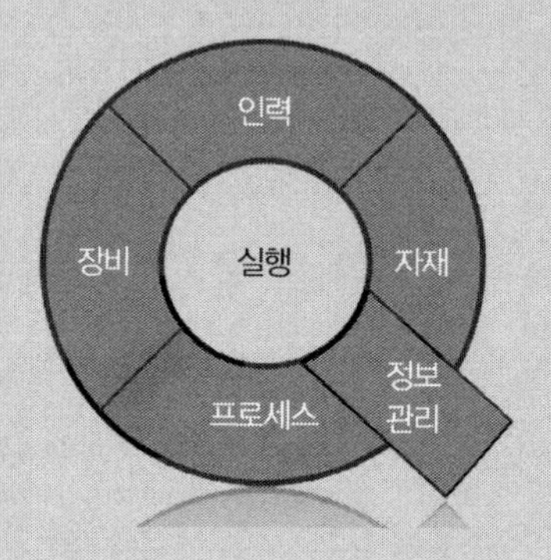

:: 미주

1 Construction Supply Chain Payment Charter. Retrieved from http://ppc.promptpaymentcode.org.uk/ppc/cscpc_signatory.a4d

2 Funding Options. Retrieved from www.fundingoptions.com/latest/

3 Department for Business, Innovation & Skills, *Construction 2025: Strategy*. 2, July 2013. Retrieved from www.gov.uk/government/publications/construction-2025-strategy

4 *Construction Manager*, 'Construction bodies call for an end to retentions'. 24 January 2018. Retrieved from www.constructionmanagermagazine.com/news/construction-bodies-call-end-retentions/

5 IBIS World, 'Title insurance in the US: US industry market research report'. September 2017. Retrieved from www.ibisworld.com/industry-trends/specialized-marketresearch-reports/advisory-financial-services/specialist-insurance-lines/title-insurance.html

6 Brickschain, 'Connect everything to everyone'. Retrieved from www.brickschain.com

7 buildingSMART, 'IFC overview summary'. Retrieved from www.buildingsmart-tech.org/specifications/ifc-overview

8 Buildcoin Foundation. Retrieved from www.buildcoinfoundation.org

9 Blockchains L.L.C. Retrieved from https://blockchains.com

10 News4, 'Blockchains L.L.C. proposes "Smart City" east of Reno'. 1 November 2018. Retrieved from https://mynews4.com/news/local/smart-city-to-be-build-at-tahoe-reno-industrial-center

11 Dutch Government. 'Blockchain projects'. Retrieved from www.blockchainpilots.nl/results

12 BRE Group, 'Blockchain feasibility and opportunity assessment 2018'. January 2018. Retrieved from https://bregroup.com/wp-content/uploads/2018/02/99330-BRE-Briefing-Paper-blockchain-A4-20pp-WEB.pdf

CHAPTER 18

인공지능(AI)

CHAPTER 18

인공지능(AI)

2015년 더블린Dublin에서 열린 BIM 컨퍼런스에 참석했는데, 발표자 중 한 명이 모바일을 들고 "음, 이제 우리 모두 AI를 가지고 있습니다"라고 말했다. 솔직히, 나는 아이폰에 내 사진을 올려서 검색어를 입력하고, Return 키를 누르면 인공지능을 이용한 모든 결과를 보여줄 수 있다는 것을 깨닫지 못했다. 물론 개들을 대상으로 한 결과는 몇 장의 콜리collie 사진을 놓쳤고, 어떤 이유에선지 알 수 없는 이유로 자전거 사진 한 장을 가지고 돌아왔지만, 결국 내가 직접 태그를 달지 않은 채 수천 장의 사진에서 개를 찾아낸 시간의 90%가 정확했다. 그때는 정말 똑똑한 소프트웨어가 건설을 새로운 기회의 땅으로 끌어들일 수 있는 큰 잠재력을 발견했을 때였다. 나는 열렬한 기술 독자 중 일부는 수년 동안 전화기의 AI에 대해 알고 있을 것이라는 것을 인정하지만, 건설업계에는 그 사실을 알기 위해 어려움을 겪고 다가올 영향을 인식하는 데 많은 부분들이 있다.

인공지능은 음성 인식, 시각적 이해 및 의사 결정과 같은 인간과 유사한 작업을 수행할 수 있는 컴퓨터 시스템의 학술 이론 및 실제 개발이다.

알란 튜링Alan Turing은 훌륭한 영국 컴퓨터 과학자이자 수학자로서 제2차 세계대전 중에 영국 정부의 블레츨리 파크Bletchley Park에 있는 암호 해독 센터에서 일했던 암호 전문가였다. 영국의 암호 해독 센터에서 튜링의 중요한 역할은 초인공지능을 만들어 에니그마Enigma 기계에 사용되는 독일 암호를 깨뜨려 결국 전쟁을 단축시켰다.

1950년에 그는 컴퓨터가 질문에 대한 답을 제공하는 데 성공적으로 인간을 모방할 수 있는지를 알아보기 위한 방법으로 튜링 테스트Turing Test로 알려진 '이미테이션 게임'을 제안했다.[1] 튜링은 심문자가 별도의 방에 있을 때 텔레프린터를 통해 질문을 하고 답변을 타이핑할 것을 제안했다. 테스트는 기계의 응답이 지적 지능과는 반대로 감정적인 지능과 자연스러운 반응을 통해 심문자가 인간이라고 생각하게 만들 수 있는지 여부다. 수십 년 동안 컴퓨터 과학계는 인간의 두뇌 프로세스를 모방하여 AI를 제한적으로 개발하려고 노력했다. 1990년에 로드니 브룩스Rodney Brooks는 '코끼리는 체스chess를 하지 않는다'라는 제목의 논문을 발표하면서 보다 유행을 따른 고도로 구조화된 하향식 접근법 대신에 신경망을 이용하여 AI 학습에 대한 상향식 접근법을 제안했다. Brooks는 데이터 패턴data pattern을 찾아냄으로써 AI가 개발에 더 큰 진전을 보일 것이라고 제안했는데, 이는 맞는 것으로 판명되었다. 따라서 예를 들어, 구불구불하게 손으로 쓴 1에서 10 사이의 숫자를 결정하게 될 때, 신경망은 2, 3, 8 또는 9처럼, 확률을 사용하여 위쪽으로 향한 작은 루프loop의 그림에 백분율을 할당할 것이다. 하단에 연결된 다른 루프를 인식하면 8에 대해 확률이 가장 높은 것으로 계산된다. 그러나 이런 일이 발생하기 전에 루프라는 것을 이해하기 위해 마찬가지로 루프의 각 부분에 확률을 할당해야 한다. 이를 위해 이미지를 정사각형 픽셀pixel로 나누어 전체 범위의 옵션option에서 시작한다. 그런 다음 픽셀이 1에서 10까지 각 숫자의 가장자리를 구성하기 위해 다르게 색칠되는 경우, 특정 숫자에 가장 높은 확률을 할당할 때까지 신경층을 통해 공급되는 유사 항목의 확률을 할당한다. 첫 번째 층은 숫자가 기록된 28×28 격자와 같은 모든 픽셀의 입력이다. 두 번째 층은 규정된 가중 규칙에 근거하여 가장자리를 처리할 수 있고, 세 번째 층은 패턴을 처리할 수 있으며, 마지막으로 네 번째 층은 1과 10 사이의 숫자를 인식하는 것이다. 문제를 해결하기 위한 많은 설계 요인에 따라 다소 많은 계층이 있을 수 있지만 이것이 일반적인 개념이다.

모든 계산을 하기 위해서는 사람들의 필체의 변화를 고려할 때 그것은 작동할 수 있는 일련의 예시들이 필요하며, '있는 그대로'라고 생각하는 것, 즉 8을 환기시키기 전에 그 층들을 통해 확률을 걸러낼 것이다.

그러나 컴퓨터가 스스로 학습하기 위해서는 '정답'이 무엇인지 알 수 있도록 훈련이 필요하다. AI를 가르치기 위해서는 먼저 손으로 쓴 다른 8이 8이고 실제로 9로 그려진 매우 유사한 모양이 아니라는 것을 아는 것부터 시작하는 데 도움이 필요하다. AI는 알고리즘을 사용하여 확립된 훈련 데이터로부터 학습함에 따라, 점점 더 많은 데이터 예로부터 확률을 계산하면서 새로운 데이터에 대해 스스로 학습할 수 있다. 읽을 수 있는 손으로 쓴 문자는 우편물 처리 과정에서 봉투의 주소를 읽는 기계가 수동으로 분류할 필요가 없도록 하는 중요한 해결책이다.

알고리즘은 계산을 위한 규칙 집합이며, 이 경우 가중치와 편중을 사용하여 궁극적으로 확률을 결정한다. 이제 완벽하지는 않겠지만 계층과 계산이 복잡할수록, 더 많은 데이터를 배울수록 정확도가 높아지고 필기 숫자가 1에서 10 사이인지에 대한 99% 이상의 정확한 결과가 나올 수 있다. AI의 하위 집합으로서 머신러닝machine learning이라는 데이터를 통한 학습이다. 머신러닝 안에는 비정형 데이터 또는 분류 표식이 없는 데이터를 학습하기 위한 새로운 기술을 사용하는 딥 러닝Deep Learning이 있다.

비슷한 방식으로 컴퓨터 신경망은 고양이 또는 개를 인식하는 법을 배울 수 있다. 각 이미지는 가장자리를 구성하고 패턴을 만들고 모양을 만드는 수백만 개의 컬러 픽셀로 나뉜다. 그 수염은 고양이의 것이 아니라 개의 것이다. 그것은 고양이의 꼬리가 아니라 개의 꼬리이다 등등. 이 개념은 엄청난 양의 다른 비디오 증거로부터 학습한 후, 굴착기에 너무 가까이 걸어가는 사람의 동영상에 위험 요소를 계산하기 위한 알고리즘이 적용될 수 있다. 마찬가지로, 오디오 녹음은 음절로 결합되는 소리로 분석될 수 있으며, 따라서 단어와 문장 또는 간단한 문구로 결합될 수 있다. 데이터 예가 많을수록 스코틀랜드의 글래스고Glaswegian 방언에서 나이지리아의 아레와Arewa에 있는 북부 하우사Northern Hausa 방언에 이르기까지 전 세계 182개의 인공지능 방언과 구문을 학습하는 정확도가 높아진다. AI는 아직 세계를 장악하려는 마음을 가진 공상과학 로봇이 아니라 미적분학이다.

약한 인공지능AI이라고도 알려진 협의의 인공지능Artificial Narrow Intelligence, ANI은 알고리즘과 딥 러닝을 사용하여 가장 성공적인 인공지능 유형으로, ANI가 분명하고 명확하게 정의된 목적 내에서 놀라울 정도로 인상적인 결과를 도출할 수 있다. 제2차 세계 대전에서 레이더 개선을 도왔던 Bell 연구소의 배경을 가진 캔사스 출신의 아서 사무엘Arthur Samuel은 하룻밤 사이에 IBM 주식의 상승을 돕는 체커 컴퓨터 게임을 만들었다. 그는 1959년 컴퓨터의 한계로 볼 때 컴퓨터를 통해 게임을 하고 자신의 실행으로 배우는 것을 가르쳤다. 이것은 놀라운 성과였다. 수십 년 후 IBM의 슈퍼컴퓨터인 딥 블루Deep Blue는 1997년에 세계 체스chess 챔피언 게리 카스파로프Garry Kasparov를 이겼고, 4년 후 로드니 브룩Rodney Brook의 자회사인 아이로봇iRobot사는 상업적으로 사용할 수 있는 자동식 진공청소기인 룸바Roomba

를 개발했다. 2008년 Apple의 아이폰iPhone에는 처음으로 음성 인식 앱이 포함되어 있으며, 구글Google과 아마존Amazon에서 개인 단말 응용 소프트웨어인 시리Siri로 진화한 후 학습 확률에 따른 거대한 데이터 패턴을 사용하여 각각 Assistant와 Alexa를 빠르게 따라갔다.

IBM의 Watson(Deep Blue의 후속) 컴퓨터 시스템은 2011년 미국 제퍼디Jeopardy! 게임쇼에서 전설적인 챔피언인 브레드 러터Brad Rutter와 켄 제닝스Ken Jennings를 물리쳤고, 인공지능 바둑 프로그램인 알파고AlphaGo는 2016년 5번의 바둑경기에서 18번의 세계 챔피언인 이세돌을 물리쳤다.

2018년 구글 듀플렉스Google Duplex[2]는 LA타임스가 제시한 AI 비서를 이용해 전화로 식당 예약을 하는 것이 대화의 일시중지 및 음, 아를 포함하여 '거의 흠잡을 데 없는' 것으로 소개되었다. AI를 매일 사용할 수 있는 다운로드 가능한 앱과 저렴한 소프트웨어를 통해 점점 더 확장되고 있는 ANI의 특정 용도는 계속 증가하고 있다.

그러나 강력한 AI라고도 하는 인공 일반지능Artificial General Intelligence, AGI은 인간 정신의 작용을 모방할 수 있는 소프트웨어를 만드는 것이 매우 어렵기 때문에 다소 어려워졌다. 그러나 일단 달성되면 스스로 학습하는 것으로부터 지능을 높일 수 있다. AI의 다음 단계는 초인공지능Artificial Super Intelligence, ASI이며 이는 인간의 마음보다 더 진보될 것이다. 또한 ASI는 AGI가 달성된 직후 엄청나게 빠르게 도달할 수 있다. 지능의 증가는 수확 가속의 법칙Raw of Accelerating Returns이라고 불리는 기하급수적인 속도로 발생할 수 있기 때문이다. AGI가 ASI로 도약하는 데 몇 시간에서 몇 칠 또는 몇 주가 걸릴 것이라는 예측의 범위는 하룻밤 사이에 이상적 암 치료에 대한 공상 과학소설 예측으로 이어지며 스티븐 호킹Stephen Hawking 교수와 테슬라Tesla의 일론 머스크Elon Musk와 같은 저명한 사람들의 끔찍한 경고로 이어진다. 특이점으로 알려진 이 급증 현상은 AI 기능의 다양한 요인에 따라 2020년대 중반에서 2045년까지 발생하지 않을 것으로 예측되었다.

단기적으로, 매년 AI가 기업에 영향을 미치고 직업 유형과 세계 경제에 계속해서 영향을 미칠 것이라는 데는 의심의 여지가 거의 없다. 미국과 중국이 막대한 투자를 하고 영국과 프랑스가 크게 뒤처지지 않는 가운데 세계 AI 선두주자가 되기 위한 경쟁이 2018년부터 본격적으로 시작되었다. 마크롱 대통령은 프랑스 정부가 2022년까지 4년간 15억 유로를 AI 연구에 투자할 것이라고 발표했다.[3] 영국에서는 인공지능 알파고를 개발한 딥마인드DeepMind사의 공동 창업자인 데미스 하사비스Demis Hassabis 박사의 조언을 듣기 위해 새로운

AI 정부기관이 신설되었고, 디지털, 문화, 미디어 및 스포츠 부서의 새로운 AI 위원회는 AI 자문 회사, 코그니션 X CognitionX의 공동 창업자인 타비사 골드스타웁Tabitha Goldstaub이 의장을 맡을 예정이다. 산업 전략은 또한 영국을 '인공지능과 데이터 혁명의 전면에 내세울 것'이라는 명시적 목표를 가지고 AI와 빅데이터를 향후 몇 년 동안(청렴한 성장, 이동성의 미래, 고령화 사회의 요구 충족과 함께) 미래의 4대 과제 중 하나로 만들었다.[4] 2018년 내내 쏟아진 보고서에는 AI 환경에 대한 거대하고 영향력 있는 개요와 '영국에서 AI의 캄브리아기 대폭발'이라고 불리는 AI 솔루션을 개발하는 1,000개 이상의 회사 목록이 포함되었다.[5]

IBM이 발표한 바에 따르면, 제조업에서 성과가 우수한 산업 제품 회사의 설문 조사에 참여한 CxO의 89%가 AI/인지적 품질관리에 투자할 것이라고 밝혔다.[6]

다국적 회계 감사 기업인 프라이스워터하우스쿠퍼스PriceWaterhouseCoopers, PwC는 AI가 2030년까지 세계 경제에 15조 7,000억 달러까지 기여할 수 있으며, 그중 4분의 1은 품질 개선에 기여할 것이라고 예측했는데, 에너지와 운송 부문의 자동차, 금융 서비스, 기술, 소매업, 통신 분야에 초점을 맞추고 있지만 건설에 대해서는 구체적으로 언급하지 않았다.[7]

실제로 맥킨지McKinsey는 지난 3년 동안 투자로 AI를 채택하는 데 건설이 최하위임을 발견했다.[8] 건설업에서 AI를 초기에 사용한 것은 납품 시 대안을 검토하고 최적화된 권고안을 제시하는 등 프로젝트 관리에 있었다. 그 밖의 개발에는 현장 작업자에 의한 불안전한 행동을 식별하기 위한 이미지 인식, 맞춤형 교육 설계 및 센서 데이터를 이용한 예방적 건물 유지관리의 우선순위 지정 등이 포함된다. 다른 산업과 비교할 때 이는 간단한 테스트 사례들이지만 많은 다른 산업에는 AI가 학습할 수 있는 대규모 데이터 세트가 있는 반면 건설은 엄청난 양의 정보를 가지고 있지만 디지털 형식으로 지정되어 접근할 수 있는 경우는 드물다.

건설은 이메일, 냉수기 교체, 전화 통화, 중요한 설계 계산서 등의 수많은 정보 조각들로 이루어진 산업이지만 종종 불완전하거나 명백한 잘못된 정보로 결정이 내려지고, 비용이 많이 들거나 비효율적인 결과를 낳는다. AI는 이전 교육 데이터를 기반으로 더 나은 정보를 제공하고 의사 결정권자에게 권장 사항을 제시하는 데 중요한 역할을 할 수 있다. 설계에서 중요한 결정을 내리는 회의에서 유사한 설계 문제에 직면한 많은 다른 프로젝트를 기반으로 AI 옵션 집합을 갖게 되면, 시간이 지남에 따라 옵션이 위험을 최소화하고 성공을 증가시킬 확률을 높일 것이다.

태국에서 두 번째로 큰 부동산 회사인 아난다Ananda 개발은 지난 7년간 1,000% 성장했다. 무인 자동차와 연결된 AI, IoT 및 로봇 공학과 같은 도시 설계 기술을 활용하여 다른 비즈니스 모델을 만들고 있다. 아난다 개발은 기차역 근처에 초고층 빌딩을 건설함으로써 막대한 수익을 올렸다. 일반적으로 사람들은 직장에 출근하기 위해 기차역에서 300m 이내에 살 수 있는 프리미엄을 지불한다. 방콕의 무더운 더위 속에서 멀리 걸어가는 것은 정말 꺼림칙한 일이 될 수 있다. 그러나 아래층에 있는 엘리베이터를 타고 내려가 에어컨이 장착된 무인 택시를 타고 사무실이나 공장까지 효율적으로 이동할 수 있다면 역과 가까운 아파트에 대한 수요가 줄어들기 시작할 것이고, 아난다 개발에게 땅값이 싼 곳에 고층 아파트를 지을 수 있는 기회를 열어줄 것이다.

사업 전략의 이러한 변화는 AI가 수백만 개의 데이터 프로필을 사용하여 멀리 떨어진 지리적 구매자 구매 측면에서 성공적인 결과의 가능성을 평가하고 신뢰할 수 있는 무인 자동차가 장기 투자를 실행하는 데 사용할 수 있는 시기를 평가하는 것을 기반으로 한다. 그것은 모두 자산관리의 위험에 관한 것이다. 아난다 개발은 건설 관리의 새로운 해결책을 찾기 위해 흥미로운 기술적 변화를 수용하기 위해 직원들에게 투자하고 있다. 그들은 새로운 아이디어를 수용하고 사업에서 기술을 사용하는 방법을 모색하는 직원이 전면적인 혼란에 대해 자연스럽게 반발할 수 있는 직원으로부터 사업을 예방할 것이라 본다. 또한 부동산 구매자에게 디지털 서비스를 제공함으로써 빅 데이터를 활용한 아파트 내 사물인터넷IoT 등 재산의 매력도를 높인다.[9] 기술 간에 이러한 점들을 연결하는 것은 변환이 미래에 효율성 향상을 최적화하고 AI를 통한 학습을 가속화하는 방법이다.

클래쉬 MEPClashMEP는 기계 학습machine learning을 사용하여 기계, 전기 및 배관 시스템의 3D 모델을 개발하기 위해 캘리포니아에 기반을 둔 Building System Planning사에서 개발한 생성 설계 소프트웨어이다.[10] 건물 설계에서 케이블 연결 시작점과 끝점을 지정하여 작은 덕트에 케이블을 너무 많이 배치하지 않도록 하는 등 컴퓨터 설계 방식과의 충돌을 피할 수 있다.

Autodesk의 BIM 360 프로젝트 IQ는 연결된 데이터 및 기계 학습을 사용하여 프로젝트 위험을 예측할 수 있다.[11] 비디오, 오디오, 사진 및 시공 문서의 데이터 소스를 통해 Project IQ는 위험 완화 조치에 대한 권장 사항을 제시할 수 있다. 소프트웨어는 철근콘크리트 슬래브의 물 침투 위험 수준을 확인하고 부적합 및 재작업 수준과 같은 미해결 문제 수준에서 가장 위험한 하청업체를 식별할 수 있다. 그런 다음 BI 플랫폼은 보고서 데이터를 시각화하고 '위에서부터 쪼개가며 데이터를 본다'라는 의미의 드릴다운drill downs 방식을 허용하여 프로젝트 관리자가 하도급 업체의 특정 문제에 도달하여 더 높은 위험으로 간주되는지 알아낼 수 있다.

Smartvid.io는 사진 및 동영상을 검토하여 안전 위험을 낮출 수 있는 소프트웨어로 딥러닝 모델을 사용한 학습 기술인 VINNIE Very Intelligent Neural Network for Insight & Evaluation를 사용하여 시공 데이터에 자동으로 태그를 지정하고 고객에게 안전 조치를 제안한다.[12] 교육 데이터를 통해 현장에 있는 누군가가 올바른 개인 보호 장비PPE를 착용하고 있는지 여부를 조회할 수 있으며, 필요에 따라 관리자가 평가 및 시정 조치를 수행할 수 있도록 사다리가 묶여 있지 않은지 확인할 수 있다. 이 소프트웨어는 또한 이미지에 무엇이 있는지 이해하는 데 매우 능하며, 그 이미지에 귀속된 매뉴얼 표식에 의존하는 전통적인 검색과 비교된다. Smartvid.io는 덕트duct나 문과 같은 물체를 인식할 수 있고, 검색할 때 해당 이미지를 불러올 수 있어 더 풍부한 검색을 제공할 수 있다. 프로젝트에 수십만 장의 사진과 동영상이 있는 경우, AI를 이용한 지능형 검색 기능을 사용하면 프로젝트 팀 주변의 정보 흐름을 크게 개선하고, 다음 날 PPE를 착용하지 않은 사람들을 픽업하는 팀과 같은 작업 흐름workflow에 투입할 수 있다. 마찬가지로 음성 인식을 통해 품질 엔지니어가 매일 현장을 돌아다니며 동시에 촬영되고 있는 사진과 관련된 문제를 구두로 포착한 다음, 사무실에서 보고나 검색을 위한 구두의 단어를 텍스트로 번역할 수 있다.

볼보Volvo 건설 장비는 미리 탑재된 앱이 있는 태블릿, 가속도계, 전면 및 후면의 적외선 매트 온도 센서, GPS 안테나 및 선택 GPS 이동국rover 등으로 구성된 아스팔트를 다짐하는 도로 롤러roller에 사용할 Density Direct 시스템을 개발했다.[13] 롤러가 아스팔트 위를 지나갈 때마다 재료의 밀도를 판독하여 전체 표면에 걸쳐 필요한 재료 강성을 보장할 수 있다. 인공 신경망은 롤러가 재료 위에서 진동하면서 밀도 계산을 할 때 지속적으로 학습하는 데 사용된다. 이것은 다짐의 척도인 1970년대에 개발된 기존의 다짐 측정값보다 더 나은 결과를 낳는다.

학술 연구에 따르면 AI는 골재와 같은 기본 자재의 건설 공급에 실제로 사용될 수 있음을 보여주었다.[14] 등급화 특성을 정량화하기 위해 인공 신경망ANN을 개발하면 골재를 다양한 유형과 크기로 분류할 수 있다. 골재가 컨베이어 벨트를 따라 움직일 때 레이저 스캐너는 각 석재의 3D 이미지를 생성한 다음 2D '웨이블릿wavelet'이 이미지를 평가한다. 그러면 AI는 질감 특성을 식별하고 각 석재를 다른 분류로 분리할 수 있다.

다른 산업과 비교할 때 건설은 AI 도입에 있어 사실상 최하위권이다. 이것은 모든 기술적인 것들에 대한 업계의 보수적인 성격의 전형이다. 그러나 건설에서 AI의 잠재력은 매우 크다. 예를 들면 다음과 같다.

- 자재 납품을 위한 물류 계획
- 프로젝트 위험 예측
- 시공의 결함 식별
- 숙련된 노동력 부족의 잠재적인 프로젝트 분쟁과 '고충점'을 사전에 파악
- 직원의 이직
- 조직의 설계 최적화[15]

업계는 방대한 양의 데이터, 정보 및 지식을 수집하지만 이를 사용하는 데는 매우 비효율적이다. AI는 데이터 소스의 저장소를 통해 패턴과 추세를 추적할 뿐 아니라 모든 데이터를 유출하고 이해하기 시작하는 제안과 옵션을 제공할 수 있다.

그러나 업계는 더 나은 방법으로 데이터, 정보 및 지식을 정리할 의무가 있다. 30~40년 경력을 가진 사람들이 얼마나 자주 그 산업을 떠나는데, 기업들은 그 모든 지식과 전문지식을 '다운로드'하지 못하는가? 출구 인터뷰는 30분짜리 회의가 아니라 AI에게 실제 사례를 가르칠 수 있도록 각자가 겪었던 이야기와 문제를 기록하는 일련의 인터뷰가 되어야 한다. 예를 들어, 12개월에 걸쳐 반은퇴 패키지를 제공하고 해당 전문가에게 파트타임으로 돌아오도록 비용을 지불함으로써 교육 및 멘토링을 통해서만 전달되는 것이 아니라 기록될 수 있는 구조화된 방식으로 지식을 전달할 수 있다. 만약 기업들이 방대한 데이터 뱅크 사이에서 협업한다면 동일한 문제를 반복해서 해결하는 데 많은 시간과 비용을 절약할 수 있다.

우리가 건설에서 AI를 받아들이는 것은 직감적으로 옳다. 인간으로서 우리는 훌륭하고 놀라운 기반구조를 만들어냈지만 모든 새로운 경외심을 불러일으키는 설계와 함께 복잡성의 규모가 커진다. 우리는 훌륭한 설계를 실행하는 것이 시간, 돈 및 자원 면에서 너무

낭비적이라는 것을 계속 발견하고 있다. AI는 우리가 건설에서 갈망하는 효율성을 극적으로 달성하기 위한 해결책을 제공할 수 있다. 단 한 사람도 설계, 시공 및 운영의 모든 단계에서 필요한 지식을 항상 유지할 수 있는 것은 아니다. 초대형 프로젝트에서는 수십 년이 지나도 사람들은 오고 갈 것이다. AI는 상수가 될 수 있다. 그것은 공급망 내에서 개인, 합작 회사 내부에서 현재 생성되고 피할 수 없는 사일로silo를 제거할 수 있으며 보다 과학적인 접근을 위해 혼란을 통해 볼 수 있다. 우리는 모델의 설계, 시공 및 운영에 내재된 수많은 문제와 결정으로 무언가를 효율적으로 구축할 것으로 기대할 수 없다.

매일 수천 명의 사람들이 불완전한 지식과 정보를 바탕으로 결정을 내리고 있다. 우리는 Bechtel AI, Costain AI, Balfour Beatty AI, Royal BAM AI가 만들어지면서 각각 자신의 지식 기반을 동화시키고 자신의 기업 가치와 비전에 맞는 의식을 진화시키는 Tier 1 계약업체들 사이에서 새로운 AI 시스템을 보게 될 가능성이 높다. 또한 이러한 AI 시스템의 최소한 요소들이 고객들을 위한 합작 투자 해결책을 강화하게 하기 위해 협력할 가능성이 높다.

품질관리는 8개 분야8D 모델, FMEA(고장 형태와 영향 분석), TRIZ(창의적 문제 해결 기법에 대한 러시아어), FTA(결함수 분석), DoE(실험계획법) 등 수십 개의 품질 도구를 통해 제조 문제 해결에 중요한 역할을 해왔다. 그러나 건설은 과거의 기본적인 프로세스 매핑process mapping, 파레토와 5 Whys를 과감히 시도하지 않았으며, 보통 고위 경영진의 의사 결정에 적극적인 사용을 통해서가 아니라 품질관리 워크숍에서만 이루어진다. 우리는 선진적인 문제를 해결하기 위해 자동차 분야에서 일반적으로 사용되는 보다 정교한 도구를 사용하도록 장려해야 한다. 품질관리 AI는 장기 일기 예보, 원자재 가격, 직원 역량 기록, 공장 원격 측정, 재료의 공급망 제공 및 드론 데이터의 외부 데이터를 통해 무수한 입력을 합리화하고 처리함으로써 문제 해결의 경계를 넓히기 위해 필요하다. 설계 관리자 및 건설 감독에게 건축적 특징의 재료 선택에 대한 통찰력을 제공한다. 복잡해? 그렇고말고. 그러나 새로운 전기 자동차 또는 원자로의 구성 요소가 얼마나 복잡한지 생각해보라. 그렇기 때문에 업계에서는 어려운 문제를 해결하기 위해 AI를 수용하고 형태를 만들고 형성할 필요가 있다.

AI에 대한 도전

도전은 이미 나타나기 시작했다. ISO 9001:2015는 '리더십'과 '인간 참여'를 포함하는 원칙에 기초하고 있지만, 인간 대신 AI가 그 과제를 수행하고 있는데, 이 핵심 국제표준이 어떻게 적용될 것인가? AI가 자동으로 의사 결정을 내리거나 인간을 가르칠 때 ISO 9001에 대해 곤란한 문제가 발생한다. 건설 회사의 최고 경영진은 임원 수준의 AI를 포함할 수 있다. 홍콩의 한 벤처 캐피탈 기업인 Deep Knowledge Ventures는 Vital(생명과학 발전을 위한 투자 도구 검증)이라는 알고리즘을 이사회에 임명한 것으로 보인다.[16] 그것은 투자 문제에 대한 의결권을 가지며 역사적 데이터 세트를 사용하여 인간 분석가가 놓칠 수 있는 경향을 발견한다. 인간 감독이 건설 사업을 계속 담당하더라도 라인 관리 내에 AI를 임명하여 직원에게 조언을 제공할 수 있다. 품질 전문가는 AI 품질관리 조언이 어떻게 전파되고 사용되고 있는지, 현재 최고 경영진의 인력 참여의 실마리를 이해해야 하는 것과 같은 방식으로 감사해야 할 것이다. 표준의 5.3절과 관련하여 AI의 역할은 어떻게 구성되고 문서화할 것인가? 7.1.2절은 품질관리 시스템을 구현하기 위해 '필요한 사람'을 요구하지만 AI가 사용되는 경우 표준은 그러한 사건을 다루지 않는다. 7.1.6절은 조직이 '프로세스 운영에 필요한 지식과 제품 및 서비스의 적합성을 달성하기 위해 필요한 지식'을 결정해야 하지만 어떤 품질관리 정보가 필요한지를 결정하는 것은 AI일 수 있다.

설계 활동의 20~30%가 AI에 의해 수행될 수 있다고 제안되었다. AI가 풀 수 없는 결정을 포함하여 번개처럼 빠른 '블랙박스' 활동을 수행한 경우, 설계에 관한 8.3절은 어려움에 처하게 된다. 설계를 변경했을 수 있는 의사 결정에 대한 추적 기록은 어디에 있는가?

경영 검토에 관한 조항 9.3절은 AI가 보고에 중요한 입력 변수가 될 수 있고 공정 변경 측면에서 결과물 구현에 책임이 있을 수 있다는 것을 이해할 필요가 있다. 또는 경영 검토를 대신할 수 있는 성과를 지속적으로 평가하기 위해 AI 검토가 필요한가?

이는 건설 사업이 사업 프로세스와 조직 내에서 AI가 사용되고 있는 ISO 9001을 준수할 수 있는지 여부를 평가하는 방법을 이해하려고 할 때 표면으로 침투하기 시작하는 몇 안 되는 질문들이다. AI가 ISO 9001과 함께 고려될 때, 2020~2022년에 예정된 다음 표준 버전은 이 중요한 기술(및 이 책에서 논의된 다른 기술 혁신)이 어떻게 채택되어야 표준의 목적에 적합하고 유용하게 유지될지를 평가해야 한다고 제안하고 싶다.

AI가 품질 기준을 높일 수 있는 기회는 매우 크다. AI는 특히 TRIZ와 같이 복잡한 경우 문제 해결의 시기 및 방법에 대해 작업자에게 조언할 수 있다. 이는 그러한 도구를 보다 효율적으로 사용하는 데 귀중한 자산이 될 수 있으며, 사례 연구를 제공하거나 계산을 수행하고 검사 및 시험 결과가 미칠 영향에 대한 답변을 제공할 수 있다. AI는 인간의 유무와 목격자 위치 대신 카메라와 센서를 통해 증거 기록과 함께 다음 건설 작업으로 넘어갈 수 있는 기회를 제공할 것이다.

고객에게 제공되는 AI 산출물에는 BIM 모델, 예상 자본적 지출CAPEX, 운영비용OPEX 및 운영 성과가 포함되며,[17] 구상부터 양도까지의 투명성 확보, 고객 만족도 향상 등이 포함될 것이다. 앞으로 어려운 과제는 누가 이 프로세스 동안 관련된 데이터를 소유하느냐 하는 것이다. 고객은 지적 재산권과 데이터를 소유하고 있다고 가정하지만 계약자가 BIM 모델 설계에서 사전 조립 부품의 표준화 프로세스와 복제를 사용하지 못하도록 할 수 있다. 의심할 여지없이 업계 변호사들로 하여금 손을 비비며 해결하길 원하게 만들 질문이다.

AI(및 기계 학습)의 근본적인 질문은 그것이 올바른지 어떻게 알 수 있는가? 누가 AI를 확인하는가? AI가 점점 더 많은 자동 결정을 내릴 때, 이 블랙박스의 점검과 균형은 어디에서 최상의 옵션을 예측하고 사람의 개입 없이 작업을 수행하는지 알 수 있는가? 알고리즘, 과거 데이터 및 확률의 불안정한 혼합은 그것이 어떻게 그 결과에 도달했는지에 대해 때때로 해독할 수 없음을 의미한다.

일부에서는 사실상 AI를 검사할 수 없고 그것을 신뢰하는 법을 배워야 한다고 주장했지만, 품질 전문가가 AI 전문가에게 설명을 요구하는 시험이 있다. 첫째, 단위 시험은 AI 모델을 통해 데이터의 흐름이 논리적으로 나타나는지 평가한다. 그것은 예외를 식별하고 조사해야 할 단점을 다시 보고 할 수 있다. 둘째, 사용 중인 모델에 따라 성능 시험을 다양한 방법으로 수행할 수 있다. AI가 값을 예측하는 경우, 아마도 기온이 결정된 값 아래로 떨어질 때 새로 타설한 콘크리트에 대한 위험이 증가한 경우 평균 제곱 오차MSE는 모델이 틀릴 수 있는 평균량을 제공한다. MSE 값이 높을수록 모델의 성능이 저하된다. 또 다른 측정 방법은 R-제곱 점수이며 이러한 시험과 및 점수에서 잘못된 부정과 거짓 긍정도 있을 수 있지만, 품질 전문가는 이러한 점수 및 수학 시스템의 전문가일 필요는 없다. 요점은 AI 생성 또는 구매를 담당하는 사람에게 질문하고 AI 시험 방법 및 기준에 대한 답변을 요구하는 것이다. 현재로써는 이런 일이 일어나지 않으며 IT 산업의 기술적 모든 것에 대한 방어력을 감안할 때 잘 다루지 않으면 갈등의 영역이 될 수 있다. 품질 전문가는 AI가 "예, 괜찮습니다"라는 모호한 약속을 받아들이지 않고 허용 가능한 단위 및 성능검사를 통과했는지 지속적으로 추궁하는 데 적극적이지만 예의가 있어야 한다.

결과적으로 감사 보고서에 나타나는 품질관리 AI 질의(및 부적합)는 IT 및 정보 시스템 리더에게 쉬운 영어 회신으로 번역될 수 있는 AI 공급 업체의 답변을 요구하도록 유도하는 데 도움이 될 것이다. 우리는 난독화에 직면하여 확고해질 필요가 있지만 문화적 근본 원인은 IT/IS 리더들이 그들 자신이 단서를 가지고 있지 않을 수도 있다는 사실을 직시하고 싶어 하지 않는 것과 더 관련이 있다. 시간이 지나고 AI 표준과 시험이 만들어짐에 따라, 이러한 방어력은 통과되겠지만 앞으로의 논쟁에 대비할 것이다.

궁극적인 시험은 AI가 내린 예측 및/또는 실제 결정을 실제 결과와 비교하는 것이다. 상황은 그 과정에서 여전히 변화할 수 있지만, 무엇이 제대로 되었는지, 또 무엇이 잘못되었는지를 예상대로 분석함으로써 AI가 학습하고 인간이 AI를 신뢰할 수 있게 된다.

결론

전 세계 조사에 따르면 AI에 대한 투자는 신중하게 프로젝트를 관리할 때 새로운 기술을 가장 먼저 이용하는 사람 또는 기관에게 재정적인 이익을 가져다주는 것으로 나타났으며 83%가 보통 또는 실질적인 이익을 얻는 것으로 나타났다.[18] 프로젝트 관리에서 AI의 진화는 단계별 AI가 데이터 세트와 채팅봇 도우미의 통합에서 프로젝트 일정에 대한 지능적인 조언 및 의사 결정에 대한 프로젝트 자율성을 향한 프로젝트 위험에 이르기까지 발전할 수 있음을 시사한다.[19] 건설 분야에서 AI를 시작하고 빠르게 확장하고 기술의 표준 보유자가 되려면 품질 전문가는 AI가 해결할 수 있는 문제를 파악하고, 비용이 많이 드는 프로젝트 개요를 개발하고 실제 건설 현장에서 AI 해결을 시험하기 위한 지원을 얻어야 한다. 이를 위해서는 우리가 알고리즘을 부가가치 구축으로 전환될 수 있도록 접촉해야 한다.

Box 18.1 디지털 학습 포인트

인공지능

1. AI의 다른 유형 간의 차이점 이해: 협의의 인공지능(ANI)=약한 AI, 범용 인공지능(AGI)=강력한 AI, 초인공지능(ASI). 우리는 세계를 점령하는 로봇과는 거리가 멀다!
2. 시공에 사용되는 AI는 프로젝트 위험을 예측하기 위해 데이터와 기계 학습을 연결하는 것이다(예: Autodesk Project IQ).
3. 위험관리는 기능에 위치 태그를 지정하고 결함의 품질관리 추세 및 패턴을 식별하는 방법을 배우는 smartvid.io 유형 소프트웨어를 통해 지원된다.
4. ISO 기준의 다음 버전인 ISO 9001: 2025는 AI 브리지를 통과해야 하므로 향후 인증에 미치는 영향에 대해 생각하기 시작한다.
5. AI의 예측 및 예측 능력은 향후 몇 년 동안 빠르게 증가할 것이다.

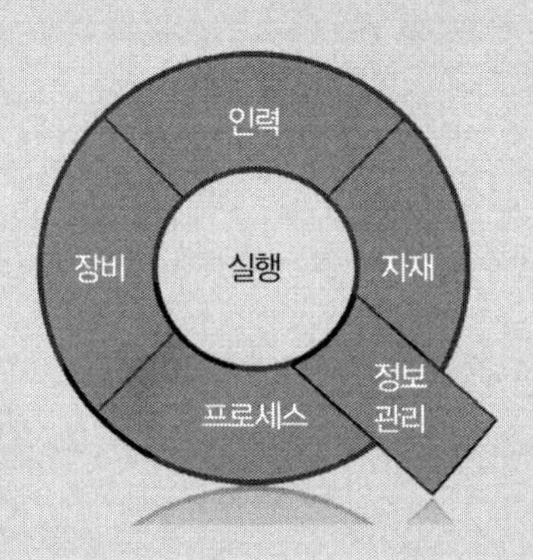

:: 미주

1 Turing, A.M., *Computing Machinery and Intelligence*. (1950). Retrieved from https://academic.oup.com/mind/article/LIX/236/433/986238

2 Leviathan, Y. and Matias, Y., 'Google Duplex: an AI system for accomplishing real-world tasks over the phone'. Google AI Blog. 8 May 2018. Retrieved from https://ai.googleblog.com/2018/05/duplex-ai-system-for-natural-conversation.html

3 Gershgorn, D., 'AI is the new space race: Here's what the biggest countries are doing'. *Quartz*. 2 May 2018. Retrieved from https://qz.com/1264673/ai-is-the-newspace-race-heres-what-the-biggest-countries-are-doing/

4 UK government, 'Industrial strategy: building a Britain fit for the future'. White Paper, p. 10. CM9529. (2017). Retrieved from https://assets.publishing.service.gov.uk/government/uploads/system/uploads/attachment_data/file/73043/industrial-strategywhite-paper-print-ready-a4-version.pdf

5 Big Innovation Centre/Deep Knowledge Analytics/APPG on AI, 'AI in UK-Artificial Intelligence Industry Landscape Q3/2018'. (2018). Retrieved from http://analytics.dkv.global/data/pdf/AI-in-UK/AI-in-UK-Full-Report.pdf

6 IBM, 'The artificial intelligence effect on industrial products'. Retrieved from https://public.dhe.ibm.com/common/ssi/ecm/17/en/17013217usen/industrial-products-ai_17013217USEN.pdf

7 PriceWaterhouseCoopers, 'Sizing the prize: What's the real value of AI for your business and how can you capitalise?' (2017). Retrieved from www.pwc.com/gx/en/issues/analytics/assets/pwc-ai-analysis-sizing-the-prize-report.pdf

8 McKinsey & Co, 'What AI can and can't do (yet) for your business'. (2018). Retrieved from www.mckinsey.com/business-functions/mckinsey-analytics/our-insights/what-ai-can-and-cant-do-yet-for-your-business

9 *The Nation*, 'Meeting the demands of posh condo buyers'. 9 July 2018. Retrieved from www.nationmultimedia.com/detail/Real_Estate/30349402

10 Building System Planning Inc., 'ClashMEP'. Retrieved from https://buildingsp.com/index.php/products/clashmep

11 Autodesk, 'BIM 360 Project IQ'. (2016). Retrieved from https://knowledge.autodesk.com/support/bim-360/learn-explore/caas/video/youtube/watch-v-nuWlpqevfIk.html

12 Smartvid.io, 'Tap into the power of AI (artificial intelligence) to reduce risk on your projects'. Retrieved from www.smartvid.io

13 Volvo CE, 'Compact assist for asphalt with Density Direct'. Retrieved from www.volvoce.com/united-states/en-us/products/other-products/density-direct/

14 Kim, H., Haas, C.T. and Rauch, A.F., 'AI based quality control of aggregate production'. (2003) Retrieved from www.semanticscholar.org/paper/Artificial-Intelligence-Based-Quality-Control-of-Kim-Haas/6c0d58e953b8546fb9f86223c6ebefd78df6d423

15 Blanco, J.L., Fuchs, S., Parsons, M. and Ribeirinho, M.J., 'Artificial intelligence: construction technology's next frontier'. McKinsey. (2018). Retrieved from www.mckinsey.com/industries/capital-projects-and-infrastructure/our-insights/artificial-intelligence-construction-technologys-next-frontier

16 *Business Insider*, 'A venture capital firm just named an algorithm to its board of directors-here's what it actually does'. 23 May 2014. Retrieved from www.businessinsider.com/vital-named-to-board-2014-5?IR=T

17 World Economic Forum, *Future Scenarios and Implications for the Industry*. (2018). Retrieved from www3.weforum.org/docs/Future_Scenarios_Implications_Industry_report_2018.pdf

18 Loucks, J., Davenport, T. and Schatsky, D., 'Early adopters combine bullish enthusiasm with strategic investments'.

In *State of AI in the Enterprise*, 2nd edn. (Deloitte, 2018). Retrieved from www2.deloitte.com/insights/us/en/focus/cognitive-technologies/state-ofai-and-intelligent-automation-in-business-survey.html

19 PriceWaterhouseCoopers, 'AI will transform project management. Are you ready? Transformation assurance'. (2018). Retrieved from https://news.pwc.ch/wp-content/uploads/2018/04/AI-will-transform-PM-Whitepaper_EN_web.pdf

CHAPTER 19

첨단 재료 과학

CHAPTER 19

첨단 재료 과학

품질 전문가들은 1980년대부터 건축자재의 품질보증을 주도해왔으며, 수 세기 동안 건축자재의 품질관리에서 사무직원의 역할을 담당해왔다. 대부분의 건설 현장에서 작업 직원의 수가 감소함에 따라 최근에는 사용된 재료의 품질을 모니터링하고 관리를 하기 위해 품질 전문가의 지원을 받아 현장 관리자들에게 배당되었다.

재료의 구매 프로세스, 운송 및 보관에 대한 평가에서부터, 목적에 적합함을 입증하기 위한 재료 자체의 인증에 이르기까지, 품질 전문가들은 자재가 필요한 표준과 규격을 충족하는지 확인하는 책임을 강화할 필요가 있다. 첨단 재료의 과학은 기계, 물리, 화학, 제조 특성에 대한 새로운 특성 개선과 함께 빠르게 발전하고 있다.

전통적으로 현장의 건설자재 품질관리는 육안검사 및 재료시험 검토가 포함되었다. 이미 건설 현장에 등장하기 시작한 드론이나 증강현실 등 우리가 논의했던 일부 하드웨어와 소프트웨어 제품과 달리 첨단 소재는 상업적 생존을 향한 여정을 이제 막 시작한 것이다. 그럼에도 불구하고, 전통적인 재료에 대한 대안의 긍정적인 예가 나타나고 있다.

슬럼프 테스트는 금속 콘을 사용하여 굳지 않은 콘크리트 시료의 작업성과 연경도를 측정하고, 금속 막대를 사용하여 콘크리트를 탬핑한 다음 콘을 제거한 후 슬럼프를 측정한다. 콘크리트 공시체는 보통 7일과 28일에 압축강도기에서 강도를 측정하기 위해 시험된다. 현장 콘크리트의 경우, 기술자는 슈미트 리바운드 해머와 Windsor Probe 시험을 사용하여 압축 강도를 결정할 수도 있다. 이러한 (및 기타) 시험의 문제점은 시험 결과가 시료 영역의 스냅샷일 뿐이므로 부족한 콘크리트 배치가 결과에 큰 영향을 미칠 수 있다는 것이다. 종종 이러한 결과는 현장 콘크리트가 경화되기 시작한 후에만 이용할 수 있으므로, 기준 이하로 판명되면 수리나 교체가 매우 어렵다.

풀타임 테스트 작업을 제공하면서 많은 양의 콘크리트가 쏟아질 때 이것들은 디지털 시대의 오래된 시험 방법들이다.

제2차 세계대전 이후 콘크리트에서 강도의 증가와 온도의 사이에는 확실한 관계가 있는 것으로 이해되었다. 따뜻한 날씨에 콘크리트는 추운 날씨보다 더 빨리 강도를 얻는다. 일정한 간격으로 굳지 않은 콘크리트의 온도를 측정함으로써 측정기는 콘크리트의 강도를 신뢰성 있게 추정할 수 있는 '성숙도 수'를 결정할 수 있다.

스마트락SmartRock 무선 센서는 철근에 부착된 혁신적인 방안으로 스마트폰 앱을 통해 콘크리트 온도, 성숙도, 강도를 실시간으로 모니터링한다.[1] 이 유형의 센서는 벽이나 슬래브에 있는 정확한 영역에서 정확한 결과를 제공하며, 그 결과는 몇 년 동안 지속될 수 있어 예측 유지 보수를 수행할 수 있다. 그들은 시험을 위해 시료를 준비하고 시료를 실험실로 운반하여 시험한 후 그 결과가 보고되기까지 기다리는 시간을 줄인다. 다른 콘크리트 시험 기법은 현장에서 신뢰할 수 있는 결과를 제공하지 않을 수 있으며, 기존 시료 번호에 대한 센서의 위험과 대략적인 위치의 모니터링은 오류와 실수를 유발할 수 있다.

벽돌공사의 경우, 실험실 환경과 현장에서 수행되는 다양한 기본 시험에는 압축강도 시험기, 담수에 의한 흡수성 시험 및 백화시험, 색상, 크기 및 모양에 대한 육안 검사가 포함된다. 특정 유형의 Schmidt 해머를 사용하여 현장 강도를 시험할 수 있다. 디지털 방식은 Fraunhofer 건축물리연구소가 개발한 WUFI Warme Und Feuchte Instationar[2](온습도 시뮬레이션)와 같은 소프트웨어를 사용해 시료를 시험하여 벽 내부 표면의 표면 응결, 곰팡이 발생 및 백화의 위험을 측정할 수 있으며 외부 표면의 결빙 위험을 측정할 수 있다. 루시디온 Lucideon은 1927년에 지어진 벽돌공장이 주거용 숙박시설로 개조된 후에도 현대에 사용하기에 적합한지 평가하기 위해 런던 배터시Battersea 발전소 공사의 시험 컨설턴트로 사용되었다(매우 성공적이었음).[3]

재료 성능에 관한 스마트 데이터를 제공하기 위해 센서와 소프트웨어를 사용하는 것 외에도 단계 변화를 일으키는 새롭고 더 발전된 재료가 개발되고 있다.

그래핀graphene은 지금까지 시험한 것 중 가장 강력한 물질인 육각 프레임 작업으로 배열된 탄소 원자의 단일 층이다. 그것은 1962년 전자현미경으로 처음 관찰되었고 독일의 화학자인 한스 피터 보엠Hans Peter Boehm에 의해 정식으로 이름이 붙여졌다. 그러나 2004년 게임Geim 변화 연구를 발표한 것은 맨체스터 대학의 노벨상 수상자인 안드레 가임Andre Geim과 콘스탄틴 노보슬로프Konstantin Novoselov였다

엑서터Exeter대학교는 그래핀을 혼합 재료에 포함시켜 그래핀 콘크리트를 만들 것을 제안했는데, 이는 실용적인 콘크리트를 만들기 위해 필요한 혼합 재료의 양을 절반으로 감소시켰다.[4] 그렇게 하면 탄소 배출량이 446kg/ton 감소한다. 그래핀 콘크리트의 제안자들은 훌륭한 전기 전도체로서 눈과 얼음을 녹일 수 있는 도로나 심지어 벽에서도 태양 전지판에서 나오는 전하를 저장하기 위한 배터리로 사용할 수 있는 가능성에 대해 논의했다. 수세기 동안 계속되는 문제는 손상되고 균열을 일으키는 콘크리트였다.

겐트Ghent대학교는 자가 치유 콘크리트의 잠재적 해결책을 연구하고 있다.[5] 한 가지 방법은 균열로 스며드는 물과 접촉하여 반응하는 박테리아 포자를 추가하는 것이다. 박테리아는 탄산칼슘을 침전시켜 균열 하나하나를 채워줄 것이다. 다른 해결책으로는 혼합물에 첨가된 캡슐 내부의 하이드로 겔 또는 탄성 폴리머 소재를 사용하는 것이 포함된다. 이러한 모든 실험용 재료의 해결방안은 기존의 콘크리트보다 비용이 많이 들지만 장기적으로 보면 유지관리 비용을 줄임으로써 비용을 절약할 수 있다. 콘크리트 균열을 채우는 동일한 박테리아도 아칸소Arkansas대학교에 의해 토양 결합제로 시험되고 있다.

아이러니하게도, 비트루비우스Vitruvius(2장)가 '바다에 교각들이 건설될 때도, 물속에서 딱딱하게 굳었을 때도' 포졸라나Pozzolana 콘크리트의 강력한 영향에 대해 논했을 때 과학자들은 왜 포졸라나 콘크리트가 2,000년 동안 내구성을 유지했는지 이해하기까지는 시간이 걸렸다.[6] 화산재에는 미네랄 알루미늄 토버모라이트tobermorite를 함유하고 있는데, 이 토버모라이트는 바닷물과 접촉하면 양생 과정이 진행되면서 석회 안에 결정체가 형성되어 압축 강도를 향상시킨다. 바닷물에 지속적으로 노출되면서 알루미늄 토버모라이트는 시간이 지남에 따라 계속 성장하여 균열이 생기지 않도록 하였다. 이 발견은 오늘날 해양 콘크리트 구조물에서 과학을 사용할 수 있는 기회를 촉발시켰다.

호주에서는 쌀겨를 유리 가루와 결합하여 탄소가 전혀 없고 에너지가 적은 건축용 벽돌을 만드는 곰팡이가 실험되었다. 벽돌은 내화성이 있고 흰개미 손상에 덜 취약하다. 호주의 주택 소유자들은 매년 15억 호주 달러 규모의 흰개미 침입으로 고통받고 있다는 점을 감안

할 때 이것은 쉽게 무시할 수 있는 새로운 자료가 아니다. 쌀겨와 유리 가루는 폐기물이므로 이 기술을 개발하는 데 지속 가능성에 대한 관심이 더욱 높아지고 있다.[7]

베트남 정부는 건설 중인 점토 벽돌을 대체하고 가마에서 발생하는 가스를 줄이기 위해 불연소, 재 및 소각재 벽돌의 개발을 장려해왔다. 야심찬 계획은 2020년까지 최대 40%의 비소성 벽돌을 사용할 것이라는 기대에 부응하지 못하고 있으며, 점토 소성 벽돌은 주요 건축 제품으로 남아 있지만 진흙 벽돌(흙, 모래, 실트의 혼합)은 서서히 보편화되고 있다. 세계는 2007년부터 베트남 정부가 새로운 벽돌을 승인하는 건축기준을 발표하기를 기다려 왔기 때문에 여전히 도전은 남아 있다.

Arizona주 Phoenix시 재료 엔지니어 Charles McDonald는 재생 타이어 고무를 사용하여 표면 패치 재료를 개발하였다.[8] 건설은 50년 동안 유리병과 일회용 플라스틱을 첨가하는 다른 혁신적인 재활용과 함께 이른바 '습식 공정'을 사용하여 도로의 아스팔트에 혼합물로 자동차 타이어를 재활용하고 있다. 이를 통해 매립지의 폐기물 발생량을 줄이고 아스팔트 품질도 향상시킨다. 호주 로얄멜버른공대RMIT의 수석 공학 강사인 아바스 모하제라니Abbas Mohajerani는 담배꽁초를 아스팔트에 첨가할 수 있다는 것을 발견했는데,[9] 담배꽁초를 혼합한 아스팔트는 강도가 높아져 많은 교통량에도 견딜 수 있을 뿐만 아니라 열전도도 낮춰준다. 더운 기후에서는 도시가 일반적으로 건축 환경에 열을 흡수하여 '도시 열섬UHI 효과'로 고통을 받는다. 담배꽁초와 같은 다른 제품을 아스팔트에 추가하도록 혁신함으로써 열을 더 빨리 발산시키는 개선이 이루어질 수 있다.

모스크바에 있는 국립과학기술대학교MISiS는 새로운 등급의 강철을 소규모로 제련하기 시작했다.[10] 진공 유도 용해로는 새로운 유형의 합금을 제공하고 철금속과 비철 금속을 개량한다.

이러한 새로운 재료의 대부분은 상업적으로 실행 가능하지 않거나 틈새 사용만을 찾을 수 있으며, 모든 새로운 재료와 마찬가지로 광범위한 사용을 위해 승인되기 전에 극복해야 할 상당한 규제 장애물이 있다. 그러나 건설 현장에서 정기적으로 새로운 재료를 발견하는 데는 시간이 걸릴 수 있지만, 품질 전문가들은 새롭고 생소한 제조업체의 검사 및 시험 권장 사항의 형태 변화에 대비해야 한다.

나노nano 기술은 분자 수준에서 공학으로 분자제어 없이 더 큰 개체를 사용하여 위에서 아래로 또는 화학 분자 인식을 통해 조립함으로써 아래에서 위로 구성 요소를 구축한다(그림 19.1 참조).

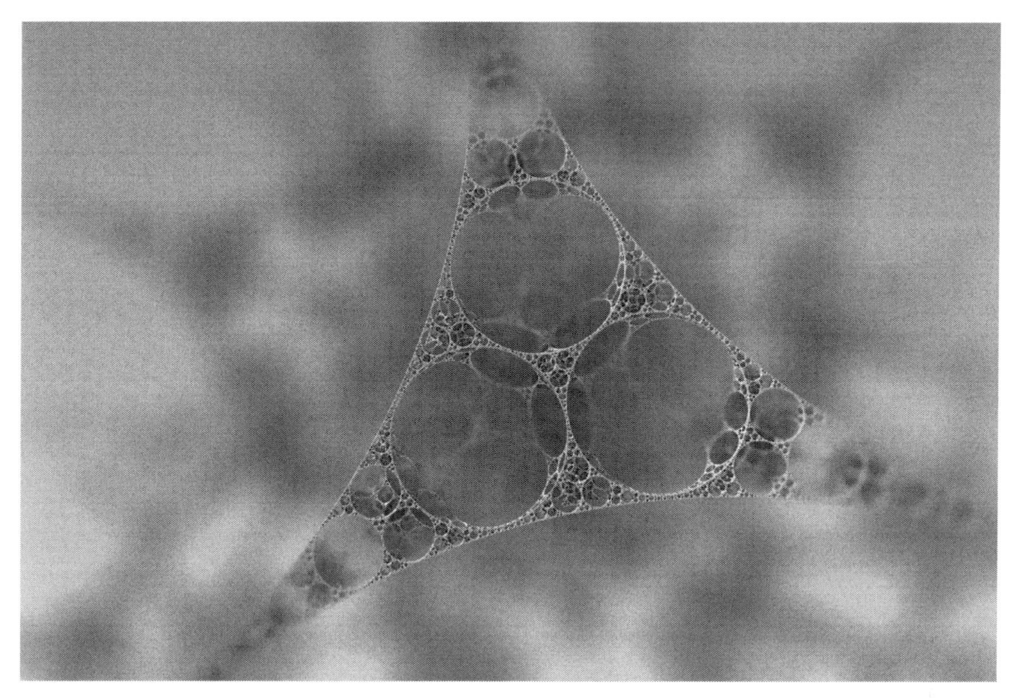

그림 19.1 작은 부품을 생산할 수 있는 나노기술 (출처: Pete Linforth, https://pixabay.com/en/users/TheDigitalArtist-202249/)

나노기술은 1 내지 100nm의 범위에 있으며, 여기서 1 나노미터는 10억분의 1미터이다. 만약 그것이 상상하기에 너무 어렵다면, 그것은 지구에 대한 강철 볼 베어링과 거의 같은 비율이다. 자체 청소 코팅은 언론의 관심을 끈 나노 세계의 초기 '핀업pin-ups'이 되었다. 이산화티타늄TiO_2, 산화알루미늄Al_2O_3 또는 산화아연ZnO의 나노 입자를 건축용 도자기나 유리에 코팅하여 표면을 청소한다. 예를 들어, Ti02는 자외선에 노출되면 비에 의해 씻기기 전에 오염이나 먼지를 먹어 치운다. 산화알루미늄Al_2O_3은 표면의 흠집을 방지하는 데 사용되며 산화아연ZnO은 자외선UV 손상으로부터 코팅을 보호할 수 있다. 이 모든 나노 입자는 곰팡이와 곰팡이 발생으로부터 보호하는 데 도움을 준다.

탄소 나노 튜브nanotube의 열적 특성은 세라믹스를 향상시키고 균열 발생을 방지하여 콘크리트의 내구성을 높일 수 있다. 마찬가지로 나노실리카nanosilica도 콘크리트를 강화시키는 것으로 입증되었다.[11]

특정 효과를 얻기 위한 설계에 사용할 수 있는 혁신적인 건축 재료가 많이 있다. 품질 전문가는 미적 품질 향상에만 국한될 수 있지만 시험방법과 요구되는 기준을 충족하는지 여부를 이해할 필요가 있다.

헝가리 건축가 아론 로손치Aron Losonczi가 개발하여 헝가리에서 생산되고 있는 투명콘크리트Litracon(리트라콘)는 기존 콘크리트에 혼합된 작은 광섬유를 사용하여 반투명 효과를 낸다.[12] 액체 화강암은 30~70%의 재활용 산업 기반 제품을 사용하며 일반 콘크리트와 같은 방식으로 부어진다.[13] 그것은 매우 높은 내화성을 가지고 있으며, 바닥과 벽을 수리하기 위해 손이 닿지 않는 곳에 설치할 수 있다.

투과성 또는 투과성 콘크리트는 지하수와 혼합되거나 우수 배수로로 물이 스며들 수 있도록 한다.[14] 모래는 없고 접착력이 높은 페이스트만 사용하여 더 큰 골재를 함께 결합하면 물은 $200L/m^2/min$의 속도로 다공성 물질을 통해 흐를 수 있다. 낮은 밀도와 압축강도이지만 포장과 같은 특정 용도에 대해서는 여전히 생산할 수 있다.

1930년대 독일에서는 '투명 알루미늄'이 논의되었지만 SF 영화 스타 트렉Star Trek에서나 앞으로 존재할 수 있는 전혀 금속이 아닌 화학식 AlON로 알려진 알루미늄, 산소, 질소로 구성된 산질화알루미늄aluminium oxynitride이라고 불리는 세라믹이다. 그것은 믿을 수 없을 정도로 단단하며, 시험에서 1.6인치의 AlON은 소위 방탄유리 3.7인치보다 50발의 소총을 발사하는 탄도 시험에서 더 나은 성능을 보였다.[15] 실제적으로 말하면, 기존 재료에 비해 가격이 비싸지만, 유리창의 긁힘과 파손에 대한 저항성이 훨씬 높다.

지구에 악영향을 미치는 기후 변화의 위협이 증가함에 따라 나노기술은 식물기술에서 차용하고, 탄소를 스스로 소비할 수 있는 탄소 고정 폴리머의 발명을 사용하여 새로운 보호 코팅을 개발할 수 있는 잠재력을 가지고 있다. 마이클 스트라노Michael Strano 교수, 박사 후 과정 관선영Son-Yeong Kwan 등이 이끄는 MIT 화학 엔지니어들이 설계한 이 폴리머는 주변 빛과 반응하여 공기로부터 이산화탄소를 흡수하여 화학물질이나 기계적 응력이나 열의 추가 없이도 스스로를 강화하고 복구하는 것으로 입증됐다.[16] 다음 단계 프로그램은 그것을 더 발전시키기 위해 미국 에너지부U.S. Department of Energy의 후원을 받고 있다.

에어로겔은 겔의 밀도가 낮고 고체인 극한의 건조한 물질 특성을 가지고 있다. 가장 잘 연구된 것은 전형적인 푸른 색조를 가진 실리카 에어로겔이며, 때로는 꽃을 보호하는 분젠 버너 위의 미디어 사진에 나타나기도 한다. 그것들은 열전도율이 가장 낮은 '다공성 물질' 나노 구조의 경량 고체로 기존의 유리섬유나 발포 단열재보다 2~4배 정도 단열성이 있다는 것을 의미한다.

밀도가 0.020gcm^{3}인 에어로겔을 사용하여 미켈란젤로의 다비드를 만들었다면 무게가 2kg에 불과하다는 주장이다.[17]

첨단 재료는 비용에 대한 문제에 직면하지만 이는 시멘트 생산을 위한 석회석과 점토 또는 지면에서 석재를 채취하기 위한 노천 주조 채석장의 환경 파괴에 대한 경제적 비용이 거의 들지 않기 때문이다. 원료 사용의 오염과 추출에 대한 환경세가 더 높아지는 공정한 경쟁의 장이 마련될 때까지 첨단 재료를 시장에 내놓는 것은 여전히 어려울 것이다.

Pavegen은 2009년부터 존재해왔으며 사람의 발걸음으로 전기를 발생시키는 스마트 바닥 소재이다.[18] 운영 데이터는 사용자가 걷는 핫스팟을 설정할 수 있으며, 수집된 에너지를 주문형 조명 및 광고로 변환하여 피크 시간을 포함한 발걸음 속도를 추적할 수 있다.

태양광 도로Solar Roadways는 첨단 기술과 일부 재활용 재료를 사용하여 현재 형편없는 도로 표면에 대한 최상의 해결 방안을 만든다(그림 19.2 및 19.3 참조).

강화유리 육각형 모양의 패널은 콘크리트 또는 아스팔트 대신 놓인 태양 전지판 위에 있다. 가열 요소가 내장되어 있어 노면에 얼음이나 눈이 들어가지 않도록 할 수 있으며, LED 조명을 사용하여 사고 경고가 있는 운전자를 위해 다양한 메시지에 적응할 수 있는 선과 표지판을 표면에 만들 수 있다.[19] 수집할 수 있는 데이터는 지표면 유지 관리 상태, 교통 상황, 날씨 및 사고를 모니터링하는 데 매우 유용할 것이다. 현재 이 제품들은 자동차 전용도로와 주차장에 설치되었고 미국의 고속도로 기준을 충족시키기 위해 실험실에서 테스트를 거쳤다.

프랑스 노르망디에서는 세계 최초로 태양광 도로 표면이 1km의 시험단계로 건설되어 투루브르-오-페르슈Tourouvre-au-Perche 마을에 전기를 공급하고 있다. 아스팔트 표면에는 와트웨이Wattway(태양광 도로)[20]로 기존 도로 표면에 붙여 만든 초박형, 옥외형, 미끄럼 방지 광전반 패널이 있어 2,800m^2 면적을 시험할 수 있다. 프랑스 북부의 음울한 하늘 아래에서 생성되는 전기는 적당하지 않았지만 패널은 2016년 설치 이후 잘 유지되었다. 태양광 도로, Wattway 및 기타 유사 제품들의 가격은 생산량이 증가하면 크게 떨어진다.

이러한 태양광 도로 표면의 설계가 고속도로의 모든 에너지, 안전 및 유지 관리 문제를 해결할 수는 없지만 요점을 놓치고 있다는 비판이 있었다. 우리가 직면하고 있는 무수한 환경 및 건설 문제에 대한 전반적인 해결책의 일환으로, 재료와 기술의 혁신적인 공학을 사용하는 이 제품들은 세계의 문제를 해결하는 데 도움을 줄 수 있다. 각 제품은 지역적

그림 19.2 아이다호(Idaho)주 샌드포인트(Sandpoint)를 위한 Solar Roadways® 개념 설계
(출처: Solar Roadways®)

그림 19.3 Solar Roadways® LED 시 (출처: Solar Roadways®)

조건에 따라 적절히 고려되어야 하며 스마트 시티 창출의 도전에 부응하기 위해 우선순위를 정해야 한다. 높은 연구개발비 때문에 지속 가능하지는 않지만 많은 기술 제품과 마찬가지로 발전하면서 수요가 증가함에 따라 단위 생산 비용이 떨어질 것이다. 스마트 도로가 자율주행 차량을 만나면 안전과 환경 해결의 기회가 늘어난다.

Box 19.1 디지털 학습 포인트

첨단 소재 과학

1. 무선 센서와 소프트웨어는 콘크리트와 벽돌의 전통적인 품질관리 시험의 대안을 제공할 수 있다. 이러한 데이터 스트림이 프로젝트 사양을 어떻게 충족하는지 알아보아라.
2. 그래핀 콘크리트, 새로운 등급의 강철, 나노 기술, 에어로겔 및 탄소 나노 튜브와 같은 새로운 첨단 소재가 사양에 나타날 것이며, 품질 전문가는 이러한 사양이 어떻게 충족되는지 이해해야 한다. 운송, 취급, 보관 및 설치 시 제조업체의 지침을 준수하고 있는가?
3. 태양광 도로 표면, 스마트 바닥재 및 도로와 같은 기술은 새로운 기능을 제공하며, 설치 시 품질관리 시험은 기존의 콘크리트 및 아스팔트 표면보다 정통적이거나 더 정교할 수 있다.
4. 스마트 시티는 품질관리에 여러 가지 영향을 미칠 수 있는 기술 조합으로 등장할 것이다. 두 가지 기술 또는 고급 재료를 함께 사용하면 기술을 별도로 사용하는 것과 비교하여 명시된 성능에 영향을 줄 수 있으므로 위험 평가가 필요하다.

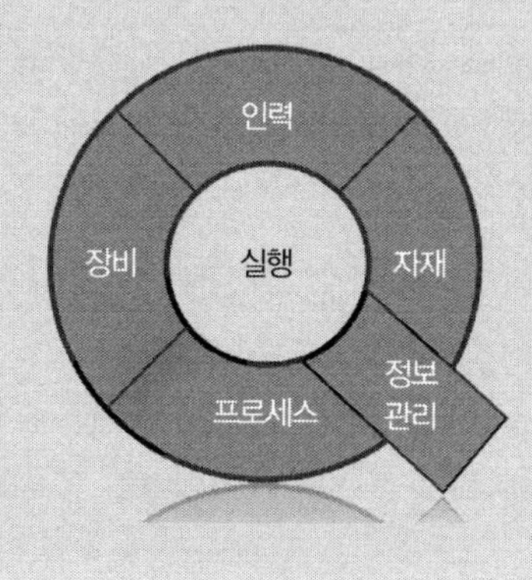

:: 미주

1 Giatec SmartRock. Retrieved from https://info.giatecscientific.com/smartrock-buildfaster-safer-economically?campaignid=1018931886&adgroupid=60394335511&adid=294714198411&utm_campaign=SmartRock+Niche&utm_medium=search+ad&utm_source=Google+Ads&utm_term=smartrock&utm_content=&gclid=CjwKCAjwjIHeBRAnEiwAhYT2hxd88CdQ2131fCX3MAFH2p6at2DnAmlk5nrlnYS7S6GBgOAOWv2jaRoC1VYQAvD_BwE

2 The Fraunhofer Institute for Building Physics WUFI. Retrieved from https://wufi.de/en/

3 Lucideon Limited, 'Brickwork evaluation of Battersea Power Station'. (2014). Retrieved from www.lucideon.com/construction/insight-hub/case-studies/brickwork-evaluation-of-battersea-power-station

4 Dimov, D., Amit, I., Gorrie, O., Barnes, M., Townsend, N., *et al.*, 'Ultrahigh performance nanoengineered Graphene-concrete composites for multifunctional applications'. (2018). Retrieved from https://onlinelibrary.wiley.com/doi/full/10.1002/adfm.201705183

5 Snoeck, D., Van Tittelboom, K., Wang, J., Mignon, A., Feiteira, J. *et al.*, 'Self-healing of concrete'. Ghent University, 27 March 2014. Retrieved from www.ugent.be/ea/structural-engineering/en/research/magnel/research/research3/selfhealing

6 *ArchDaily*, 'Scientists uncover the chemical secret behind Roman self-healing underwater concrete'. 5 July 2017. Retrieved from www.archdaily.com/875212/scientists-uncover-the-chemical-secret-behind-roman-self-healing-underwater- concrete

7 Huynh, T. and Jones, M., 'Scientists create new building material out of fungus, rice and glass'. (2018). Retrieved from https://phys.org/news/2018-06-scientists-materialfungus-rice-glass.html

8 U.S. Department of Transport. (2014). Retrieved from www.fhwa.dot.gov/pavement/pubs/hif14015.pdf

9 RMIT University, 'How brickmakers can help butt out litter'. 27 May 2016. Retrieved from www.rmit.edu.au/news/all-news/2016/may/how-brickmakers-can-help-butt-out-litter

10 MISIS, 'Metalloinvest and NUST MISIS to launch laboratory for development of new steel grades'. (2017). Retrieved from http://en.misis.ru/university/news/science/2018-01/5143/

11 Quercia, G. and Brouwers, H.J.H., 'Application of nano-silica (nS) in concrete mixtures'. (2010). Retrieved from www.researchgate.net/profile/George_Quercia_Bianchi/publication/257029738_Application_of_nano-silica_nS_in_concrete_mixtures/links/00b7d5243e5e804358000000.pdf

12 Litracon. Retrieved from www.litracon.hu/en

13 IMG. 'Liquid granite' Retrieved from www.img-limited.co.uk/product/liquid-granite/

14 National Ready Mixed Concrete Association. Retrieved from www.perviouspavement.org/index.html

15 Surmet's ALON®, 'Transparent Armor 50 caliber test'. (2011). Retrieved from www.youtube.com/watch?time_continue=4&v=RnUszxx2pYc

16 Chandler D., 'Self-healing material can build itself from carbon in the air'. Cambridge, MA: MIT. 11 October 2011. Retrieved from http://news.mit.edu/2018/self-healing-material-carbon-air-1011

17 Aerogel.org. Retrieved from www.aerogel.org/?p=3

18 Pavegen. Retrieved from www.pavegen.com/what-we-do

19 Solar Roadways. Retrieved from www.solarroadways.com/Home/Index

20 Colas Group, WattWay, 'Wattway, the Colas Solar Road'. 10 November 2016. Retrieved from www.youtube.com/watch?time_continue=2&v=OI9fSnBig3s

CHAPTER 20

미래기술

CHAPTER 20

미래기술

인간이 없는 건설 현장 및 설계 사무소에 도착하기 전에 우리는 아직 상상조차 하지 못한 기술과 공상과학 같은 하드웨어와 소프트웨어를 다루는 인간의 디지털 능력을 높이면서 실험과 몇몇 기술 동향의 숨 막히는 여행을 할 것이다.

기술이 어떻게 변화하고 진화할지는 예측하기 매우 어렵지만, 품질관리와 비즈니스 결과를 최적화하기 위해 품질 전문가가 어떻게 가장 잘 적응해야 하는지에 대한 7가지 분명한 주제가 있다.

- 디지털 역량
- 인력 기술
- 데이터 폭발적 증가
- 비판적 사고
- 생각하는 기계
- 첨단 재료
- 인공지능AI

디지털 역량

급변하는 변화를 수용하고 새로운 기술에 대해 끊임없이 배우는 것은 품질 전문가가 그들 주변에서 일어나는 일에 대한 합리적인 수준의 이해에 자신감을 유지한다는 것을 의미할 것이다. 이를 위해서는 우리는 정기적으로 기술 블로그를 읽고 스마트폰에서 새로운 앱을 사용하고, 젊은 사람들digital natives(디지털 네이티브)과 그들이 사용하는 기술에 대해 이야기하고, 기기를 구매하거나 실험하고, 호기심 많은 마음을 가지고, 원가 내에서 건축물을 건축해야 하며, 고객 만족을 달성할 수 있어야 한다. 이것은 품질 전문가에게 좋은 도움이 될 것이다.

기술에 영향을 미치는 변화의 사회적 영향은 더 광범위하며 품질 전문가는 이를 인식해야 한다. 장기적이고 영구적인 일자리는 더 드물게 될 것이며 성과 결과에 따라 프리랜서로 일하면서 더 많은 임금을 받는 고정 계약이 될 것이다. 기술 변화로 정규직의 필요성이 없어지기 때문에 품질 전문가들은 70세나 75세까지 더 오래 일하는 작은 계약 포트폴리오를 가질 가능성이 높다. 업무의 성과 결과는 자동으로 기술에 의해 측정될 것이고 사람들이 며칠을 버틸 수 있는 은신처는 줄어들 것이다. 이 기술을 이해하는 것은 품질 전문가가 그들의 게임과 그들의 가치를 고용하는 사업에 대한 가치를 높여야 한다는 것을 의미한다.

향후 몇 년 동안 일자리가 영향을 받을 것이라는 다양한 보고서와 함께 시스코Cisco와 옥스포드 이코노믹스Oxford Economics는 미국의 일자리가 타격을 입을 것으로 전망하고 있다. "430만 명의 근로자가 전출될 것이며, 추가로 일자리가 붕괴되어 220만 명의 노동자가 2027년까지 총 650만 명의 노동자가 일자리를 옮길 것이다."[1]

건설 일자리의 경우, 이 전망은 비율 면에서는 11% 하락하지만 전체 건설 산업 가치의 30% 상승으로 투자 규모는 크지만 일자리는 줄어든다는 것을 시사한다. 더 높은 숙련된 직업들은 10년 동안 최대 6%의 성장을 보일 것이다. 품질 전문가를 위한 메시지는 특히 디지털 능력을 우선시하는 것이다.

건설에서 BIM 디지털 모델링은 8차원의 품질관리가 될 기회를 만들었다. 수 세기에 걸친 2D 논문 이후 BIM은 가상 3D, 시간(스케줄링)은 4D, 비용(프로그래밍)은 5D이다. 업계[2]의 다른 업체들은 6D의 지속 가능성과 7D로서의 설비 관리를 제안했지만, 프로젝트 라이프사이클 정보[3]는 6D가 되어야 한다는 제안이 있었다. 치수의 번호 매김에 관계없이,

확인된 결함과 재작업을 입증하기 위한 품질관리 데이터의 계층, 데이터 품질, 재료 성능 데이터 및 기타 품질 정보에 대한 품질 점수, 품질 전문가의 전문지식과 소유권을 요구할 것이다.

이러한 디지털 기술은 2010년 Scott Macleod와 Karl Fisch가 Shift Happens라고 부르는 퍼져나간 동영상에서 강조되었는데, 이 동영상은 그 해에 초등학교에 입학하는 아이들 중 65%가 결국 아직 존재하지 않는 완전히 새로운 직업으로 일을 하게 될 것이라는 제안으로 화제를 모았다.[4]

디지털 역량은 우리가 보는 사물과 우리가 상상하는 세계에 걸쳐 데이터와 정보의 렌즈를 통해 세상을 보는 것을 수반한다. 실제 시공을 생성하고 운영하는 데 필요한 정보와 관련하여 시공 및 품질의 모든 측면을 보고 있다. 우리는 품질관리와 품질 결과를 보증할 수 있는 방법을 이해하는 유일한 방법으로 서면 관리 시스템, 감사, 검사 및 시험의 스타카토staccato 도구만을 사용한다는 틀을 깨뜨릴 필요가 있다. 우리는 성능 품질을 판독하고 증명하기 위해 모든 측면과 사람, 프로세스, 기계 및 재료의 모든 각도에서 정보를 요구할 필요가 있다.

우리의 유비쿼터스ubiquitous 스마트폰은 착용할 수 있는 기술로 대체될 것이며, 특히 스마트 글라스는 안경 내부의 헤드업 디스플레이에서 앱을 열고 닫는 것을 응시하는 것과 같은 새로운 기술이 필요할 것이다. 그들은 건설에 대한 우리의 이해를 증진시킬 증강현실과 가상현실을 둘 다 등장시킬 것이다.

인력 기술

부록 1은 2030년의 일반적인 품질의 전문가 역할 프로파일을 제공한다. 물론 이것은 역할의 연공서열에 따라 다르지만, 미래에 우리 직업에 필요한 새로운 기술, 지식 및 능력에 아이디어를 제공한다. 품질 능력은 진화하고 적응할 필요가 있기 때문에 우리는 작업자들이 필요한 수준의 품질을 제공할 수 있는 지식, 기술 및 전문지식을 가지고 있는지를 평가하기 위해 건설 작업에 대한 인력의 능력을 새롭게 검토해야 한다.

IT, 정보화 시스템, 재무, 설계, 건설 및 HR의 다른 기술을 이해하는 데 훨씬 더 많은 시간을 투자하면 복잡성과 프로세스 흐름에 대한 이해가 향상되고 비즈니스에 가치를 더하는 개선 사항을 식별할 수 있는 기회가 열릴 것이다. 그것은 또한 우리가 더 사교적이고, 외향적이고, 호기심을 가질 필요가 있기 때문에 대인 관계를 강화시킨다. 우리는 이전과는 다른 방식으로 네트워크를 구축하고, 건설 내외의 광범위한 사람들과 연결하여 우리와 다른 산업들 사이에 신뢰와 신뢰의 유대가 이루어지도록 해야 한다. 그런 다음 우리는 그 신뢰를 이용하여 유용한 정보에 접근할 수 있고, 우리가 프로세스 맵의 표면을 파악하고 비즈니스 내부에서 무슨 일이 일어나고 있는지 깊이 이해할 수 있다. 이는 모범 사례를 통해 지속적인 개선을 확인할 수 있는 기회를 창출하여 혁신을 촉발한다.

데이터 폭발적 증가

데이터의 양은 계속해서 기하급수적으로 증가하고 있어, 품질 전문가들이 모든 데이터를 수동으로 관리하고 조작할 수 없게 되었다. 아주 적은 양의 데이터라도 완전히 이해되고 이용되고 있지 않다는 것이 점점 더 명백해지고 있다. 정답은 AI를 사용하여 데이터를 수집하고 필터링하여 품질 전문가에게 조치할 수 있는 옵션을 제공하거나, AI가 주어진 매개변수 내에서 자동 일치 결정을 내리는 것이다. BI 대시보드는 미래를 더 예측하고 나타낼 것이다. 과거의 데이터와 정보에 대한 현재의 서투른 스냅 샷 차트는 수십 년 전의 축구 통계와 리그 표를 보는 것과 같이 유쾌하고 애절한 취미에 지나지 않을 것이다. AI 데이터 채굴은 스프레드시트, 데이터베이스, 개별 노트북 및 불명확한 소프트웨어 패키지에서 찾아볼 위치를 알려주지 않고 기업 내의 모든 데이터 소스를 검색하는 사전 예방적 역할을 할 것이다. 알고리즘은 실시간으로 최고의 통찰력을 제공하기 위해 내부 및 외부 소스를 식별하고 연결한다.

품질 전문가는 이러한 예측과 예측을 읽고 경영진의 결정을 권고하는 데 민첩해야 한다. 그것은 그들을 의사 결정에 더 가까이 다가서게 만들지만 또한 빠르게 움직이는 건설 사업의 최전선에 있게 한다. 만약 그들(그리고 그들의 AI)이 그것을 심각하게 잘못 이해한다면, 품질관리의 중요성은 계속해서 줄어들 것이다. 이로 인해 경영진이 C-suite 사업 내에서 최고 품질 책임자CQO를 최고 전문가로 만드는 것으로 이어질 것이며, C-suite는 실제 BI

통찰력이 품질 전문가를 의사 결정의 핵심에 두는 이점을 입증하기 때문에 상당한 권한을 갖게 될 것이다.

데이터 저장은 무료 및 무제한이 될 정도로 훨씬 저렴해질 것이다. 모든 기계, 장비 그리고 많은 물리적 물체에는 데이터를 스트리밍하기 위한 센서가 장착될 것이다. 의복이 더 똑똑해지고 인터넷에 연결될 것이다. 2030년까지 기반시설은 벽, 바닥 및 천장에 센서가 내장될 것이며, 이를 통해 예측 유지 보수가 가능하지만 구축 시 테스트를 받아야 한다. 이러한 테스트는 스마트 안경을 통해 품질 전문가에게 보고하고 AI에 연결하여 완벽하게 수행되며, 고장난 센서는 굳지 않은 자기 치유 콘크리트Self-Healing Concrete에 내장되기 전에 이를 감지한다. 데이터 폭발적 증가는 그러한 AI가 없는 인간을 압도할 것이며, 이와 같이 품질 전문가는 데이터를 조작하고 우선순위를 정하는 데 도움이 되는 알고리즘과 응용 프로그램의 오류 위험을 최소화하기 위해 AI를 테스트하는 방법을 배울 필요가 있다.

오늘날 데이터 품질은 일반적으로 소유권이 없기 때문에 프로세스의 초기에 데이터의 품질 보증을 내장하고 정확성, 일관성, 완전성, 무결성 및 적시성을 테스트하지 못하고 있다. 품질관리는 소유권을 가져가고 IT와 소프트웨어 전문가, 데이터 사용자 간의 연결을 통해 데이터 품질 보증의 보호자가 되어야 한다.

데이터가 폭발적으로 증가함에 따라 기반 구조가 어떻게 보였는지 시간을 거슬러 올라가야 한다면 건설 현장을 재현할 수 있게 될 것이다. 만약 질문이나 조사가 있다면, 사진 측량법을 이용하여 철근콘크리트 캔틸레버를 바닥 덮개 뒤로 사라지기 전에 잠시 조립할 수 있다. BIM 디지털 모델은 건설 중에 찍은 레이저 스캔, 사진 및 비디오와 함께 제작될 때의 모습을 3D 복제할 수 있다. 소프트웨어는 3차원 영상을 재현하기 위해 정식으로 태그를 달지 않더라도 사진을 검색하고 찾을 수 있으며, 가상현실에서도 더 많은 질감과 디테일을 제공할 수 있다.

중요한 근본 원인 조사의 경우, 그러한 이미지는 당시에 놓쳤을 수 있는 중요한 단서를 제공할 수 있으며, 나중에 보고서에 사용되거나 비디오 교육에 사용될 수 있다.

비판적 사고

비판적 사고는 BI의 증거를 평가함으로써 품질 전문가가 우리가 직업으로서 더 나은 가치를 창출할 수 있는 방법에 차이를 주는 보다 통찰력 있는 판단을 제공할 수 있게 한다. 비판적 사상가들은 결론이나 권고에 도달하기 전에 합리적이고 논리적으로 생각을 연결하고 가설을 엄격하게 테스트할 수 있는 능력을 가지고 있다.

전통적 사업부 전반을 서로 다른 이해관계자들 사이에서 살펴보고, 다른 산업에 대한 벤치마킹과 많은 외부 요인의 영향을 이해하는 것이 품질 전문가에게 핵심이 될 것이다. 우리는 전통적으로 많은 사람들보다 점을 연결하는 데 더 나은 전통을 가지고 있지만 미래에는 이 기능이 훨씬 더 중요해질 것이다. 품질관리는 수십 년 동안 문제를 해결할 수 있는 도구와 방법을 제공해왔고, 직업상 비판적 사고는 문제 해결에 통합될 수 있는 자연스러운 기술을 발견해야 한다.

환경관리, 건강, 안전 및 웰빙, 정보 보안 및 비즈니스 연속성 분야에서 우리의 사촌들과 긴밀히 협력하는 것은 위험을 낮추는 공통의 주제가 그들 사이의 중복과 복제를 이해해야 할 필요가 있기 때문에 계속해서 성장할 것이다.

AI는 아이디어와 과제를 요약하는 중요한 사고 과정을 도울 것이다. 그것은 상황에 맞는 적절한 문제 해결 도구를 선택하고 TRIZ나 Lean Six Sigma와 같이 복잡하기 때문에 현재 도전이 될 수 있는 계산과 평가를 수행하는 데 도움이 될 것이다. 이것은 건설에 대한 품질관리의 가치를 향상시킬 것이다. 그러나 이러한 문제 해결 도구의 핵심 이론을 학습하는 것은 AI가 설계자와 건설 전문가의 업무 현장에 실질적으로 어떻게 지원할 수 있는지 조언하는 데 품질 전문가가 더 나은 위치에 놓이는 것을 의미할 것이다. AI가 품질 문제해결 도구에 접근할 수 있도록 AI를 포착함으로써 품질 전문가의 새로운 영향을 고려할 때 품질 전문가가 실수를 저지르고 건설 프로세스에 영향을 미칠 위험이 증가한다. 하지만 만약 AI가 이용된다면, 그 책임은 누구에게 있는가? 인간인가 아니면 AI인가? 그것은 품질 전문가들이 AI가 사용될 때 보험에 대해 문의할 필요가 있다는 것을 의미한다.

비판적 사고는 지식의 상황을 보고 비즈니스 지식을 체계화하고 구조화하는 지식관리 시스템을 추진하는 주체가 되는 것을 의미한다. 문제는 지식 근로자가 하루 평균의 36%까지 올바른 정보를 찾는 데 소비할 수 있다는 것이다.[5] 이러한 지식 네트워크를 통해 품질 전문가는 이용 가능한 정보를 보다 잘 볼 수 있으며 적절한 정보를 적시에 적절한 사람에게 제공 할 수 있는 AI를 사용한 시스템 설계에 대해 숙달할 수 있다.

품질 전문가는 암묵적 정보와 지식의 교환을 풍부하게 하고 다른 사람들이 찾을 수 있도록 체계화를 장려하기 위해 실무 커뮤니티와 경험 커뮤니티에서 긍정적인 역할을 수행해야 한다.

생각하는 기계

Amazon 등이 건설 산업에 참여하여 거대한 유통 센터를 건설함에 따라[6] 로봇, 드론, 자율주행 차량, AR 및 기타 모든 기술을 현장에 제공한다. 그들은 본능적으로 오래된 문제를 해결하기 위해 최신 도구를 사용하기 때문에 혼란스러운 계획과 수작업을 할 시간이 없을 것이다. 이 새로운 취업자들은 설계와 건설 과정의 과학적 계획과 프로그래밍에 나머지 산업을 끌어들이는 데 도움이 될 것이다.

3D 프린터는 곧 건설 현장에 나타나기 시작할 것이며, 처음에는 소형 부품을 인쇄할 것이다. 인쇄 속도가 빨라지고 가격이 떨어지면서 도어 및 창 손잡이, 간판, 탭, 우편함 프레임 등과 같은 단순 반복 가능한 부품의 경우, 3D 프린터가 자재 보관소 안에 들어가 대량 생산해 운송과 탄소 배출량을 줄이는 데 도움이 될 것이다. 시간이 흐르면서 철근을 묶고 벽돌을 쌓는 로봇과 콘크리트를 벽에 배관하는 3D 프린터가 보편화 될 것이다. 채택이 증가함에 따라 그러한 기계의 기능성 또한 증가할 것이다. 3D 프린터로 제작한 사전제작은 공장에서와 마찬가지로 건설 현장에 나타날 수 있다.

현장에 있는 이들의 기술 능력과 관련된 훈련과 교육 기록을 요청하는 것과 같은 방식으로, 우리는 '목적에 맞는' 프로그래밍을 보여주는 인증서를 요구하고 이해해야 하며, 품질 전문가가 감사를 수행할 수 있도록 로봇의 품질을 구축할 필요가 있을 것이다.

건설 현장에서 사용되는 토탈 스테이션Total Station을 처음 보았을 때, 스테이션이 나중에 현장 사무실에서 다운로드하기 위해 데이터를 어떻게 수집하고 있는지 알 필요는 없었지만, 그것이 검교정이 완료되었는지와 보고된 내용이 믿을 수 있다는 수준의 확신을 주기 위해 기록이 존재하는지 이해하고 싶었다. 나는 전문가는 아니었지만 측량사의 질문을 통해 그들이 기계에 대한 확신을 보여줄 수 있는지 충분히 깊이 조사할 수 있었다.

휴머노이드Humanoid 로봇은 2020년대에 사업에서 등장할 것이며 2030년대에는 조립식 재료를 들어올리고 옮기고 장착하는 건설 현장에 등장할 것이다. 이들은 현장에서 자율

굴착기, 로더, 트럭, 크레인처럼 일반화돼 현장 작업자의 수가 급감하고 그 결과 안전성이 향상된다.

하늘을 나는 자동차는 공상과학 영화와 프로토타입으로 아직 남아 있지만, 제작 중인 드론의 수는 매년 빠르게 증가하고 있으며, 그 기능성은 그들이 수행할 수 있는 제작 작업이 더 길어질수록 더 빨라지고, 더 멀리 그리고 더 오래 비행함으로써 증가하게 될 것이다.

품질 전문가는 현장 검사 수행 방식을 향상시키고 해당 검사에 대한 이미지와 데이터를 기록하기 위해 내일이 아니라 현재 이 기술을 이해해야 한다. 이것은 다른 분야에서 드론을 어떻게 사용하고 있는지 우리에게 더 큰, 실제적인 고마움을 줄 것이다.

첨단 재료

센서는 콘크리트에 내장될 뿐만 아니라 소프트웨어를 갖춘 민감한 측정기가 조적 작업을 평가할 것이다. 그러나 이러한 기존 재료 성능의 디지털화는 실험실에 나타나는 새로운 고급 재료만큼 큰 효과를 거두지는 못할 것이다. 이는 그래핀graphene, 에어로겔aerogel 및 탄소 고정 폴리머의 강도, 내구성, 가소성, 열 전도성 및 경도의 재료 특성을 개선할 것이다.

이러한 새로운 동적 특성(일부는 나노 수준에 있음)을 완전히 이해하고 간단한 용어로 설명할 수 있는지 확인하는 것은 품질 전문가의 검토 사항의 일부가 될 것이다. 제조업체의 지침을 검토하고 검사 및 시험 인증서의 진위를 점검할 것이다.

태양광 포장과 도로를 통해 건설자재의 기술을 결합하면 전통적 품질관리의 경계를 허물 수 있다. 다양한 환경에서 다양한 재료를 사용하는 것이 운영 성능에 미치는 영향을 어떻게 해결할 수 있는가? 온도나 습기에 노출될 때 변하는 재료를 4D 인쇄하려면 보다 정교한 품질관리 방법이 필요하며, 실험실이나 제3자 인증에 대한 의존도가 높아져야 한다.

인공지능(AI)

휴머노이드 AI는 아직 멀었지만(그림 20.1), 지금은 더 평범한 AI 소프트웨어가 우리와 함께하고 있다. 기본 인공지능의 잠재력을 상상하려면 무엇이든 (X)를 가져 와서 AI를 추가해야 한다. 'X+AI'은 신생 기업과 신기술의 거대한 터전을 만들어낼 것이다. 현장 주변의 내장형 센서로부터 AI 보고의 기회를 활용하고 품질관리 작업에 대한 AI 결정을 내리는 것은 우리를 AI 기능의 선봉에 서게 할 것이다. AI는 영국 기관이 통신이 필요하다고 판단하지 않았음에도 불구하고 강철 빔 품질에서 발견된 재료 결함에 대한 서면 품질 경보를 자동으로 발송한다. AI의 블랙박스가 중국의 철강 공급업체의 공장에서의 결과로부터 그것을 결정했다.

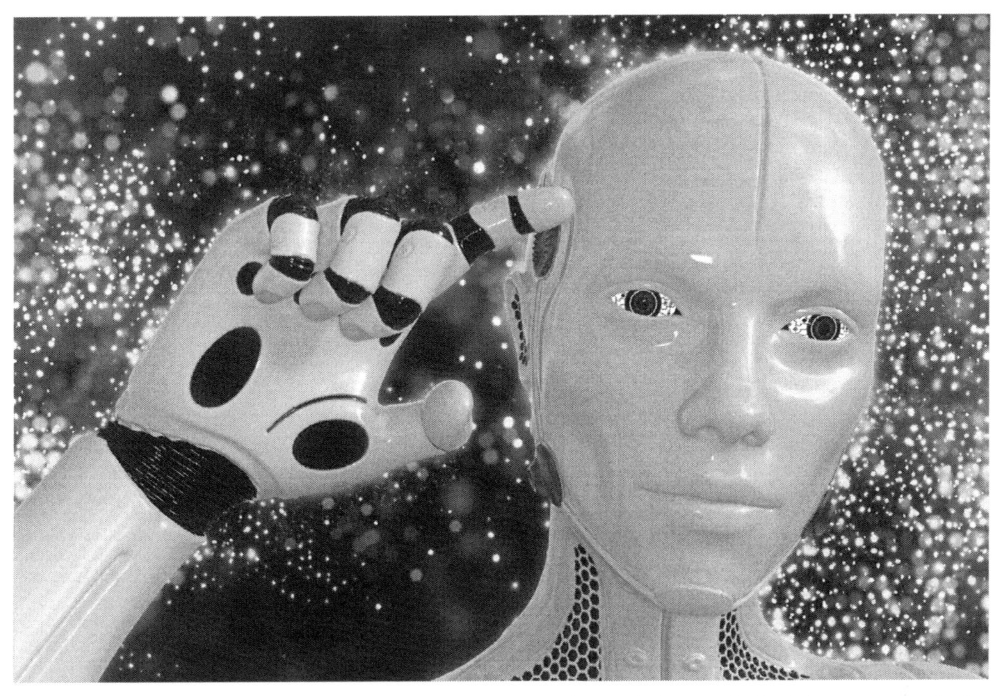

그림 20.1 휴머노이드(humanoid) AI는 등장하기까지 수십 년이 걸릴 수 있지만 더 평범한 AI 소프트웨어는 오늘날 품질관리를 도울 수 있다.
(출처: Pete Lin forth, https://pixabay.com/en/robotcybor gandroidrobotics-3737276/)

ISO 9001은 향후 시나리오에 적응하기 위해 미래판에서 업데이트될 것이라고 예상되지만, 변화의 속도와 때때로 현장에서 일어나는 상황을 반영하는 국제 표준의 변화 속도와 시간 지연을 고려할 때 AI 출현을 위해서 품질 전문가는 지금 주목할 필요가 있다.

경영진은 감사 점수와 실제 현장 결과의 예측 정확도에 대한 AI 성능 통계에 쉽게 액세스하거나 AI 성능 통계를 제공받을 수 있다. AI가 보고서의 정확도에 점수를 매길 것이기 때문에, 품질 전문가의 이름을 보고서에 넣으면 가치가 높아질 수 있다.

이 7가지 테마는 향후 몇 년 내에 급증할 것이며, 많은 계약업체들이 지적한 것보다 품질 전문가에 의한 더 많은 준비가 필요하다.

기술적 변화에 대한 우리의 대응은 정보관리의 근본적인 요구사항을 접근방식의 핵심에 두어야 하며, 위험 수준을 이해하기 위해 품질보증 등급의 접근방식을 사용하는 것이 우리가 정보에 입각한 결정을 내리는 데 도움이 될 수 있다.

우리는 기술적인 도전이나 멸종 위기에 직면하여 앞으로 나아갈 필요가 있다.

:: 미주

1 Cisco & Oxford Economics, 'Modeling to inform the future of work'. (2017). Retrieved from www.cisco.com/c/dam/assets/csr/pdf/modeling-inform-future-work.pdf

2 Zhu, H., 'BIM: A "model" method'. The BIM hub. 17 October 2015. Retrieved from https://thebimhub.com/2015/10/17/bim-a-model-method/#.W8R6Oy_MxQI

3 NBS, 'BIM dimensions-3D, 4D, 5D, 6D BIM explained'. (2017). Retrieved from www.thenbs.com/knowledge/bim-dimensions-3d-4d-5d-6d-bim-explained

4 Fisch, K., *Shift Happens* video. 12 July 2010. Retrieved from www.youtube.com/watch?time_continue=21&v=SBwT_09boxE

5 Schubmehl, D., 'Unlocking the hidden value of information'. IDC Community. 14 July 2014. Retrieved from https://idc-community.com/groups/it_agenda/bigdataanalytics/unlocking_the_hidden_value_of_information

6 Wilmore, J., 'Will Amazon enter the construction jungle?' *Construction News*. 8 May 2018. Retrieved from www.constructionnews.co.uk/analysis/cn-briefing/will-amazonenter-the-construction-jungle/10030732.article

CHAPTER 21

디지털 품질관리 로드맵

CHAPTER 21

디지털 품질관리 로드맵

부록 2는 2030년 우리가 어디에 있고 어디로 가고 있는지에 대한 저자의 해석을 바탕으로 가상의 장면을 설명하고 있다. 시간은 언제나 그렇듯이 내가 설명한 방식으로 건설이 기술을 채택하고 활용하는지 여부를 알려준다.

그렇다면 여러분은 어떻게 품질 전문가로서 지금 여러분이 도달해야 할 곳으로 갈 수 있을까? 사업의 규모와 재정 상태, 디지털 욕구, CEO와 CIO(또는 동등한 것)의 리더십과 비전 그리고 디지털 품질관리를 추진하기 위한 품질 전문가 자신의 개인적 가치, 신념 및 요건으로부터 많은 변수가 생길 것이다.

하지만 나는 대부분의 장애물을 피하고 공정한 역풍을 타고 앞으로 나아가는 길에 집중할 것이다. 그것이 합리적이든, 가능하지 않든, 완전히 미친 것이든, 독자는 판단할 수 있지만, 다른 사람들은 일어날 수 있다고 생각하는 것에 대해 논쟁할 수 있다. 나는 내가 생각하는 일이 일어나야 한다고 주장하고 있다.

다음은 완전한 디지털 품질관리를 목표로 하는 디딤돌이다. 참고로 부록 4는 6~19장의 모든 이전 디지털 학습 지점의 요약을 포함한다. 품질 전문가는 한두 단계의 길을 가고 싶어 하거나 여정의 어려움을 인식하고 단계적으로 수행하고 다음 디딤돌로 이동하기 전에 도전 과제와 성과를 평가하고 따져본 후 다음 단계를 향해 나아가기를 바랄 수 있다. 언제나 그렇듯이, 위험을 평가하는 것은 의사 결정을 내리기 위한 열쇠이고 여정이 결코 끝나지 않는다는 것을 기억하라! 행운을 빈다.

1단계 리더십

> 모든 성공적인 품질 혁명에는 고위 경영진의 참여가 포함되어 있다. 우리는 예외가 없다는 것을 알고 있다.
>
> — Joseph Juran, 조셉 주란[1]

중간 관리자 수준에서 진전이 있을 수 있지만 가능성은 거의 없으며 매우 어려울 것이다. 무엇보다도 경쟁 우위에서 불이익을 당하는 문제와 디지털 품질관리를 진지하게 받아들여야 할 것으로 보는 동료들의 실패가 그것이다.

사장은 CEO를 의미하는 선상에 있어야 한다. 불행히도 CEO들은 구글 검색엔진 결과의 회귀 속도에 주목한다. 아무리 디지털에 정통하고 열정적인 CEO라도 은행과 주주, 소송, 재무감사 보고서, 홍보 사고 등을 우선시해야 한다. 해결책은 이사회에서 옹호자를 찾는 것인데, 이사회는 다른 이사들과 고위 경영자들, 성가시고 의혹을 갖는 이사들 간에 제휴를 맺고, 연간 사업 계획에 디지털 목표를 몰래 들여 넣고/또는 디지털 품질관리가 두 배의 수익을 낼 수 있다는 것을 증명하기 위해 10초간의 매우 간단한 인터뷰로 CEO를 코너에 몰아넣을 것이다(아직 그렇지 않음. 필사적이고 최후의 수단이며 권장하지 않음).

일단 인수가 이루어지면 더 많은 예산, 더 많은 직원 및 더 나은 기술 활성화를 통해 자원을 활용할 수 있다. CEO들에게 말하지 마라. 하지만 그들은 끔찍한 일이 일어나지 않는 한 일반적으로 프로젝트나 사업 계획에 깊은 관심을 갖기 위해 시간을 허비하지는 않는다. 일단 확실한 사업 목표나 승인된 프로젝트를 통해 리더십이 어떤 모양과 형태로 확보하게 되면 품질 전문가가 나서서 운영하게 된다.

한 가지 팁은 예산에서 '필요한 결과를 제공하는지 확인하기 위해 예산 지출을 평가하는 항목'인지 확인하라. 우리가 실제로 달성해야 할 목표를 달성하고 있는지 여부를 파악하지 않고 돈을 쓰는 것은 너무 쉽다. 그 '주식 취득'은 그것이 적절하게 이루어지려면 자금 그 자체도 필요할 것이다.

2단계 사업목표 및 계획

좋은 일들은 계획할 때만 일어나고, 나쁜 일들은 저절로 일어난다.

— Philip Crosby, 필립 크로스비[2]

사업목표는 정보관리 전략에 대한 헌신을 기술할 필요가 있는데, 이는 인적 역량을 개발하기 위한 조직개발OD을 수용하는 보다 광범위한 진보적 전략의 일환이다. 이러한 몇 가지 중요한 사업목표에서 품질 목표는 품질관리 결과물을 통해 필요한 건설 서비스의 성과를 어떻게 달성할 것인지를 정할 필요가 있다.

사업목표는 '모든 건설 프로젝트에 대한 디지털 모델에 대한 세부 수준 300을 생성하는 것'일 수 있으며, 하나의 품질 목표는 '각 디지털 모델 내의 건물 성능에 영향을 미치는 특정 정보의 95% 품질을 보장하는 것'일 수 있다. 그러한 조치는 전반적인 목표를 향해 나아갈 목적으로 합의된 사업 기준선에서 작성된다. 디지털 성숙도가 높고 사업이 전년 대비 개선된 모습을 보인다면 정보의 질은 95%를 넘어설 수 있지만, 기업이 레벨 1 BIM으로 디지털 여행을 막 시작한 경우 정보 품질의 70%를 선택할 수 있다. 사업만이 무엇을 목표로 하는 것이 타당한지 알 수 있을 것이다. 그러나 그것은 정보관리의 중요한 중요성을 고려할 때 어떤 종류의 목표를 선택해야 한다.

계획, 어떤 사업 계획이라도 짧아야 한다. 계획의 작성자, 한두 명의 괴팍한 동료 및 작성자의 라인 관리자 외에는 짧은 내용이 아닌 한 그 빌어먹을 내용을 읽을 수 없으므로, 몇 주 동안 수십 페이지를 쓰고 Word에서 클립아트clipart의 복잡성을 익히는 데 몇 주를 보내는 것은 헛된 일이다. 그것은 믿을 수 없을 정도로 전문적으로 보일지 모르지만 대부분의 현대 사업에서 바쁜 의사 결정자는 그것을 읽고 소화하지 못할 것이다. 시간이 없다.

이 계획은 문제, 해결책, 비용 및 개선된 비용 절감 효과(돈 및/또는 시간에 관계없이)와 품질에 대한 세부적인 설명을 필요로 한다. 상세한 것이 요구되었다면, 부록을 만들고 거기에 스프레드시트, 도표 그리고 끝없는 수다에 대한 세부사항을 붙이되, 그렇지 않으면 그것을 한 페이지에 기술하여 누구든지 무엇을 요구하고 무엇을 대가로 받을 것인지 파악할 수 있도록 한다.

3단계 고객의 소리

> Kaizen에 대한 경영진의 모든 노력은 고객만족이라는 두 단어로 요약된다.
>
> — Masaaki Imai, 마사아키 이마이[3]

그렇다. 그 오래된 진부한 이야기는 여전히 옳다. 고객이 어떻게 생각하는지 알아보라. 제품이나 서비스가 아무리 우수하더라도 개선해야 할 불만과 아이디어가 여전히 남아 있을 것이다. 귀중한 30분 동안 달콤한 대화를 통해 고객과 직접 대면하라(한번 그들이 이야기를 시작하면 모든 사람들이 그들의 의견을 묻기를 좋아하기 때문에 결국 1시간 이상을 줄 가능성이 있다).

최종 외부 고객의 요구사항을 이해하면 설계 검증의 유효성을 확인할 수 있는 수단이 된다. 그러나 내부 고객의 요구 사항을 결정적으로 이해하는 것도 그만큼 중요하다. 아이디어에서 구축 환경까지 확장되는 선순환 고리는 외부 고객에게 전달될 때까지 내부 고객과 내부 공급 업체를 반복적으로 연결하는 계약자의 내부 프로세스를 항상 통과한다. 그 과정에서 외부 고객과의 프로젝트 검토 및 증인 보류 지점과 같은 수많은 상호 작용이 있을 수 있다.

품질의 관점에서 최종 목적지로 어디를 향하고 있는지 알아보라. 고객은 수많은 데이터와 정보를 명시적으로 설명하지 못할 수도 있지만 해결책을 찾기 위해 고객 만족도가 어떻게 보이는지 명확히 이해해야 한다.

4단계 품질 데이터 및 정보

> 정보 처리 시스템으로서의 조직은 중요하고 위험하며 위협이 되는 문제(아이러니하게도 유효한 정보가 절실히 필요한 경우)에 대한 잘못된 정보와 중요하지 않은 일상적인 문제에 대한 유효한 정보를 생성하는 경향이 있다.
>
> — Chris Argyris, 크리스 아르기리스[4]

디지털 품질관리는 품질관리의 디지털화와 달리 정보관리가 프로젝트 기획의 핵심에 있고 프로젝트의 수명주기 전체에 걸쳐 그 중요성이 관리되어야만 이루어진다.

즉, 프로젝트 요구사항을 취하고 다음 사항을 준수함을 입증하는 데 필요한 모든 정보를 식별한다.

- 프로젝트 프로세스를 포함한 사업의 처음부터 끝까지 프로세스
- 계약 사양, 작업 정보, 재료 및 프로세스 표준(계약에 따라 필요한 결과, 특정 재료와 프로세스를 규정하는 규범적 사양 또는 사용해야 하는 특정 브랜드 제품 및 서비스에 대한 사양에 따라 성능 사양이 있을 수 있음)
- 2D, 3D 및 4D(시간) 표현을 허용하는 디지털 설계 모델

일반적으로 PQP/DQP를 작성하고 설계변경 관리, 재료 표준, 관리 시스템 감사, 문서관리 등을 위한 ISO 9001에 따른 절차로 제한되는 기존의 건설 품질보증뿐만 아니라 등급화된 정보의 종합적인 품질관리가 필요하다.

오히려 프로젝트에서 정보와 데이터가 필요한 곳이라면 성능 요구사항을 충족한다는 증거를 포착하기 위해 검사 및 시험 과정을 점검하기 위한 등급별 품질관리 접근법이 있어야 한다. 정보는 일반적으로 설계자, 계약자 및 공급망 전체에 걸쳐 누락, 단편화 및 구조화되지 않는다. 정보관리에 대한 종합적이고 철저한 접근방식은 비록 4위의 하청업체가 작은 부품들을 만드는 것일지라도 그것이 가장 필요한 곳에서 우선순위화된 정보가 생성되고 관리되도록 보장할 필요가 있다. 그것은 성능이나 안전에 중요할 수 있다.

초기에 확보된 정보와 데이터는 그 당시에 사용 가능한 기술에 맞아야 한다. 따라서 드론의 항공 데이터는 일시적인 것으로 간주되며 저렴하기 때문에 활용하기 쉬울 수 있고, 도로 교량의 특히 접근이 불가능한 부분에 스캐닝laser-scanning 로봇을 의뢰하여 보다 유용한 데이터를 포착할 수 있다. 그러나 요점은 필요한 정보를 계획하고 데이터를 효율적으로 흡수하는 데 사용할 수 있는 경제적인 기술을 파악하는 것이다.

부록 3은 정보 요구사항에 대해 더 깊이 생각할 수 있도록 철근콘크리트 벽체의 단순 시공에 대한 품질정보 접근 방식을 제시한다. 입찰 과정과 간단한 상업적 점검으로 모든 측면에서 선택된 하청업체의 품질이 보장될 것이라고 가정하는 대신, 품질 전문가는 그것을 시작하기 전에 필요한 작업에 대해 성과를 달성할 수 있음을 보여주는 증거를 더 확실하

게 찾아내야 한다.

시간이 지남에 따라 AI를 사용하여 문서를 '읽고' 평가 및/또는 감사에 대한 후속 질문을 제공하면 품질 정보 준수의 증거에 대해 더 많은 조사를 제공할 것이다.

디지털 품질관리가 이용 가능한 데이터 산더미와 함께 시도되고 테스트된 접근 방식이 될 때까지, 초기에는 완벽하지 않더라도 입증된 성능에 더 가까이 다가갈 수 있는 차선책에 만족해야 할지도 모른다.

5단계 지능형 분석

> **데이터를 가지기 전에 이론을 세우는 것은 중대한 실수다. 감각적으로 사람들은 사실에 맞는 이론 대신 이론에 맞게 사실을 왜곡하기 시작한다.**
>
> — Sir Arthur Conan Doyle, 아더 코난 도일 경[5]

재료 등에 대한 품질, 센서, 발전소 원격 측정 및 RFID 태그 등에 대한 데이터 소스를 실험하여 효율성을 결정하고 BI와 함께 '가능한 기술'의 아래 위치를 구축해야 한다.

데이터와 정보가 수집된 상태에서 분석은 모두 너무 쉽게 틀리기 쉬운 핵심 단계다. '데이터 침체'의 위험으로 인해 품질 전문가에게 영향을 미치는 정보의 홍수에 어려울 수 있으며 현재는 실수가 발생할 가능성이 높다. 패턴과 추세에 대한 데이터와 정보 결과를 분류, 필터링 및 선별하는 것은 어려울 수 있으며 잘못된 가정과 맹목적인 골목길로 이어질 수 있다. 경영진에 대한 어떤 결론과 권고에도 통보와 건강 경고가 수반되는 것이 중요하다.

나는 BIM을 레벨 2로 끌어올리기 위한 실행 계획을 연구하고 개발하느라 수개월을 보낸 후 감독의 분노를 샀지만, 이러한 경고 없이 CDE(공통 데이터 환경) 비용에 대해 아무런 근거도 없이 순수한 가정을 했을 뿐이다. 감독은 내 계획을 CEO에게 되뇌었고(아마도 몇 분 이내에) CDE 비용은 분명히 보고되지 않았다. 나는 이미 지역 이사와 합의하여 자금 문제를 해결했지만 내 계획은 명확하지 않았다.

그때 그러한 두려움을 고려할 때 가장 간단한 방법은 신뢰할 수 있고 통찰력 있고 진실할 수 있는 동료들의 두 번째 모습(그리고 세 번째와 네 번째 모습)을 갖는 것이다. 데이터와 정보에 의해 어떤 패턴과 추세가 드러나고 있다고 생각하는지 성찰하기 위해서는 솔직한 피드백이 필요하다. 무뚝뚝하고 냉혹한 답변을 준비하지만 그러한 피드백은 필수적이다. BI 대시보드에서 데이터와 정보를 요약하기 위한 제안 및 제안을 하는 사람이 몇 명이든 관계없이, 편중 위험을 줄이고 품질 성과에 대한 의미 있는 경향과 패턴의 보고를 강화하려면 가능한 경우 AI를 이용해야 한다.

AI 전문가와 협력하여 알고리즘의 힘을 사용한 프로젝트의 우선순위 요소를 보고하는 방법을 식별하면 사람의 눈만 사용해도 놓칠 수 있는 중요한 정보를 발견할 수 있다. 처음에는 인내심을 가져라. AI 전문가들이 BI 대시보드 내에서 강조될 유용한 분석을 밝혀낼 알고리즘을 만들려면 해결해야 하는 문제점이 무엇인지 이해하는 데 시간이 걸린다.

6단계 보고

> **첫째, 선택권이 주어지면 80%의 사람들이 명확한 영어로 작성된 문장을 선호하고 문제가 복잡할수록 선호도가 더 높아진다. 그러나 둘째, 교육 수준이 높을수록, 전문지식이 많을수록 일반 영어에 대한 선호도가 높아진다.**
>
> — Christopher Trudeau, Thomas M. Cooley Law School, Michigan[6]

데이터와 정보에 관한 이야기는 간단하고 이해하기 쉬워야 한다. 영어 사용자에게는 쉬운PLAIN 영어이다.

프로젝트의 모든 지점에서 디지털 정보와 데이터를 사용할 수 있는지 확인하여 실시간 비즈니스 인텔리전스 보고를 대시보드로 활성화하여 고객, 설계자 또는 계약자 대표인지 여부에 따라 더 나은 의사 결정을 내릴 수 있다. 이러한 방식으로 모든 이해 관계자가 단일 성과 정보의 출처를 이용할 수 있으며, 신뢰도를 구축하고 실제 성과에 대한 합의 가능성을 높일 수 있다.

일반적으로 대시보드는 프로젝트 목표 및 KPI와 관련되거나 관련되지 않을 수 있는 특정 보고서에 기초하여 작성된다. 그러나 이것은 간단한 데이터베이스, 몇 달 지난 정보 또는 개별적 편견에 맞는 데이터에서 쉽게 찾을 수 있는 매트릭스를 추적하는 바보의 게임이 될 수 있다. 그러나 아주 예쁜 파이 차트, 선 그래프, 수치의 표는 보드 보고서를 다채롭게 장식할 수는 있지만 달성한 결과의 품질에 대한 명확한 증거를 제공하지는 못한다(4단계의 Chris Argyris의 그림 참조). 대시보드가 가치를 더하기 위해서는 우선순위가 지정된 성과에 집중하는 것이 필수적이다.

따라서 품질 전문가는 비즈니스 목표에 영향을 미치고, 품질 목표, KPI 및 측정 기준을 개발하여 비즈니스에 가치를 더하는 것을 목표로 해야 한다. BI 소프트웨어 솔루션(Tableau, Microsoft BI, Qlik, Salesforce 및 Birst)을 배우고 이해함으로써 비즈니스 인텔리전스/IT 팀에게 품질 요구 사항을 쉽게 설명할 수 있다.

중장기적으로 품질의 전문가들은 건설 빅 데이터로부터 더 큰 통찰력을 얻기 위해 데이터 트러스트의 형성과 함께 능동적으로 만들고 협력하는 것을 목표로 삼아야 한다.

아, 그리고 집행 보고서를 위한 한 페이지를 기억하라(예, '불가능'하다).

7단계 학습 및 개선

생각 없이 배우면 노동력이 없어지고, 배우지 않고 생각하는 것은 위험하다.

— Confucius, 공자[7]

우리는 실수를 할 것인가? 그렇다. 그게 문제인가? 꼭 그렇진 않다. 이것은 품질관리에 대한 새로운 접근 방식이며 최소한의 위험을 원한다면 시도되고 시험된 기존의 건설 품질보증에 대한 접근방식의 부가가치를 거의 추가하지 않는다. 당신은 믿을 수 없을 정도로 바쁠 수 있고 인상적으로 보일 수 있지만 근본적으로 건설 품질관리에 필요한 것을 전달하지 못하는 다양한 보고서를 작성할 수 있다. 수동 품질 감사로 표면을 긁고 수동으로 보고된 소수의 비적합성을 조사한다고 해서 구축 환경의 성능 결과 목표에 대한 위험이 크게 감소되지는 않는다.

방어, 오만, 무관심, 오해와 무지가 있겠지만 강하고 단호할 것이기 때문에 길은 험난할 것이다. 빠르게 학습하고 DQM 접근 방식에 대해 확신하라. 건설은 프로세스, 인력, 기계 및 재료 그리고 무엇보다도 정보관리에서 다른 산업들에 비해 수십 년 뒤쳐져 있다. 우리는 우리에게 한 단계 변화를 주기 위해 다른 산업과 분야의 모범 사례와 아이디어를 채택하고 자체 품질관리 원칙을 디지털 시대로 빠르게 발전시켜야 한다. 그렇지 않으면 우리는 멸종위기에 처하게 된다.

인공지능은 우리에게 오는 데이터와 정보의 양을 고려할 때 우리가 어떻게 개선하고 배울 수 있는지를 보여주는 하나의 기둥이다. AI는 단지 스마트 소프트웨어일 뿐이고 우리는 그것을 설계하고 건설의 품질 요건을 충족시킬 필요가 있다. 프로젝트별 데이터 축적량이 많아지면서 건설업계 전반의 협업형 데이터 트러스트의 개발은 물론 개별 사업용 AI도 빠르게 배우고 성과를 높이는 데 도움이 될 것이다.

이 시기에는 변화의 양이 엄청나게 많을 수 있으며 새로운 업체들이 산업에 진입하여 훨씬 더 나은 생산성과 더 높은 수익을 통해 거꾸로 뒤집을 위험이 있다. 건설의 중심에서 디지털 품질관리를 사용함으로써 우리는 여전히 우리가 설계하고 건설하는 방식을 변화시킬 수 있고, 현재의 계약자들이 지속 가능한 미래를 가지고 있으며, 품질 전문가들이 의사결정에 더 큰 영향력을 행사하도록 보장할 수 있다.

:: 미주

1 Witzel, M. and Warner, M. (eds), *The Oxford Handbook of Management Theorists* (Oxford: Oxford University Press, 2013).

2 Crosby, P., *Quality Is Free: The Art of Making Quality Certain* (New York. Mentor, 1980).

3 Imai, M., *Kaizen: The Key to Japan's Competitive Success* (New York. McGraw-Hill, 1986).

4 Argyris, C., *Management and Organizational Development: The Path from XA to YB* (New York: McGraw-Hill, 1971).

5 Conan Doyle, A., 'A scandal in Bohemia'. *The Strand Magazine*. (1891). Retrieved from www.gutenberg.org/files/1661/1661-h/1661-h.htm

6 Trudeau, C.R., *The Public Speaks: An Empirical Study of Legal Communication*. (2012). Retrieved from https://works.bepress.com/christopher_trudeau/1/

7 Confucius, *The Analects Book 2*. Trans. J. Legge. (475-221 bce). Retrieved from https://ebooks.adelaide.edu.au/c/confucius/c748a/index.html

부록

부록 01

품질 전문가 역할 프로필, 2030

A. 관리 시스템

1. 최신 기술 속성을 프로세스에 포함시켜 비즈니스 가치를 측정 가능한 수준으로 창출하는 ISO 9001:2025 인증 주도
2. 작업자를 안내하기 위하여 구두의 작업 지시를 제공하는 증강현실AR을 사용하여 가상 통합 관리 시스템을 관리
3. 기계 학습ML을 사용하여 승인을 위한 프로세스에 대한 자동화된 변경 사항을 검토
4. 정보와 지식의 '원스톱숍one-stop-shop'을 위한 태그가 붙은 지식관리 비디오, 이미지, 보고서 및 표준에 연결된 프로그램 및 코드 프로세스 흐름
5. 설계와 대조되는 제작된 레이저 스캔으로 강조 표시된 결함 및 오류를 해결하기 위한 품질관리 계층을 갖춘 BIM 디지털 모델을 프로그래밍

B. 감사, 검사 및 감시

1. 제안된 설계 변경사항을 감사하기 위해 가상현실VR 헤드셋과 몰입형 포드pod를 사용한다.
2. 현장에서 구축된 것과 BIM 설계를 감사하기 위해 증강현실을 사용한다.
3. AR 헤드셋을 사용하여 현장 문제를 평가하고 부적합 사항을 검토하는 공급 업체 및 계약 업체의 사무실과 공장에서 원격 품질관리 검사
4. 현장에서 품질관리 검사를 수행할 수 있는 드론 조종 면허
5. 부적합에 대한 자동 경고와 함께 실시간 성능 데이터를 스트리밍하는 매립된 센서가 제공하는 재료 검사 및 시험

C. 정보관리 및 보고

1. KPIs에 대한 관리 보고서와 프로젝트 및 비즈니스 목표를 위한 실제 진행 상황에 대한 데이터를 연결, 벤치마킹, 자르고 조합하는 비즈니스 인텔리전스BI 도구를 관리한다.
2. BI 대시보드에 연결된 공장 및 장비에서 기계 정보 제공을 위한 텔레매틱스telematics를 이해한다.
3. 인공지능을 사용하여 연구 및 보고를 수행한다.

D. 팀

1. 음성 인식 AI를 사용하여 다음을 수행한다.
   - 품질 팀원의 맞춤형 교육 패키지 관리
   - 성능 기능 검토
   - 객관적인 설정 및 검토 관리
   - 결석, 비용, 채용 및 IT 요청을 승인

E. 보안 및 비즈니스 연속성

1. 시스템이 정리되는 동안 계속 작업하기 위해 사이버 및 정보 위협을 이해한다.
2. 현장 운영자의 모바일 매핑 솔루션mapping solutions을 사용하여 비상사태에 대한 관리 시스템을 실시간으로 업데이트한다.
3. 위의 표준 및 사양을 충족하는 작업 완료 시 공급자 및 계약자에게 지급을 승인하는 블록체인 기술을 이해한다.

F. 학습 및 품질 도구

1. 스마트 안경/휴대폰/태블릿을 통해 품질 도구(6 Sigma 등)를 직원들에게 실시간으로 원격 교육한다.
2. 품질관리 지식과 이해에 대한 기본 평가에 따라 모든 팀원을 위한 e-러닝 패키지를 맞춘다.
3. 작업장 및 품질 도구 상자 대화를 원격으로 진행하고 물리적 위치가 동일하지 않을 때 운영자와 상호 작용하는 방법을 이해한다.
4. 게임화 기법을 이용한 품질관리 교육을 설계한다.
5. 문제 해결의 품질 문제에 대한 크라우드소싱crowdsourcing을 이해한다.

부록 02

2030 건설 현장 디지털 품질

영국 체스터Chester에 사는 디지털 품질 전문가인 제니퍼Jennifer에게 2030년은 또 하나의 일상적인 날이다. 그녀가 현장 사무실의 보안 출입구를 향해 걸어갈 때, 핸드백에 휴대전화를 넣고 가는 것만으로도 자동화된 벽이 미끄러져 열린다. 그녀가 도착하는 순간부터 카메라는 그녀의 모든 단계를 따라가며 불과 1년 전에 도입된 시스템을 사용하여 그녀가 안전하게 지낼 수 있도록 한다. '적극적 개입'은 부상의 위험을 예측하고 맴돌기, 안전 드론이 개입하여 자신, 다른 사람 및 기계로부터 인간을 보호하도록 지시할 수 있다. 이 시스템을 사용하는 200개의 건설 현장에서 사망자나 중상자는 없었으며 수천 년 동안 지속되어온 피할 수 있는 사고로 인한 끔찍한 산업 노동자의 고통을 종식시키는 시스템으로 환영받았다.

아침 커피를 마시면서 제니퍼는 초박형 접이식 스마트 기기에 액세스하기 위해 디지털 비즈니스 두뇌가 자동으로 전송한 품질 성능 보고서를 검토한다. 보고서는 설계 및 시공 프로세스 전반에 걸쳐 센서로부터 생성된다. 중국 공장에서 제조되고 있는 배관 구성품에 대한 품질관리 데이터는 결함 수준이 규정된 허용 한계를 초과했음을 나타낸다. 보고서는 로봇에 의해 배치가 재라우팅되고 소프트웨어 오류가 감지되어 제거되었음을 확인했다. 그러나 공장 품목들은 품질 성능 대시보드의 공급업체 감시 목록에 확실히 포함되었다.

그녀의 PPE에는 시선을 통해 데이터와 정보에 접근할 수 있는 스마트 안경의 탈착 기능을 포함한다. BIM 모델, 디지털 영국 및 국제 표준, 내부 보고서, 품질관리 시험 점수, 설계 사양 및 예년의 노트북과 스마트폰에서 사용할 수 있었던 기타 '문서'는 안경에서 실시간으로 볼 수 있다. 그러나 그것은 더 이상 문서의 형태로 보관되지 않고 오히려 디지털 데이터로 나타난다. 문서화된 보고서는 시공 지식 데이터베이스의 다른 위치에 있는 디지털 저장된 조각으로부터 작성된다. 안경을 쓰면서 그녀는 자신의 스마트 재킷과 바지의 색을 필수

형광 노란색으로 바꾸고 자신을 보호하기 위해 천을 빳빳하게 만드는 옵션을 본다. 그녀는 교체 시기를 감시할 센서와 발과 다리를 보호하기 위한 에어백이 장착된 안전화를 신는다. 그녀가 걸을 때 운동 에너지는 무선으로 모바일을 충전하므로 요즘에는 전원 충전기와 케이블을 더 이상 사용하지 않는다. 안전모에는 온도, 일산화탄소, 낙상 및 안전 드론이 그녀에게 도달하기 전에 끼어들어 잡을 낙하물을 식별하기 위한 센서와 같은 다양한 센서가 있다.

현장에서는 건설 AI 두뇌가 계산한 효율적인 공정에서 로봇이 첨단 자가 치유 콘크리트를 붓고 인공 벽돌을 깔고 있었다. 그 현장에는 로봇을 감독하는 소수의 여성과 남성들이 있었다. 토사 운반용 전기 트럭과 굴착기는 운전자 없이 제니퍼를 조용히 지나가고 있다. 현장 밖에서 조립된 부품이 납품된 후 로봇이 부품을 수집하고 조립할 수 있도록 준비한다. AI 두뇌가 사전 승인한 자동 목격자 보류 지점을 승인하는 제니퍼의 눈앞에서 둥근 건물이 빠르게 형성되고 있다. 내장형 센서는 콘크리트를 붓고 배치 공장의 센서 측정치와 일치시켜 일관성을 보장하기 위해 콘크리트를 테스트하고 있다.

제니퍼는 일주일 전 그녀의 관리자에게 자동 알림을 보낸 후 그녀의 스마트 시계로 모니터링되는 스트레스와 불안 수준이 허용할 수 없는 수준에 도달했다고 경고했다. 현장에 돌아와 기뻤다. 그녀의 매니저는 그녀에게 3일의 휴식이 필요하다고 이야기했다. 그녀는 마지못해 동의했고 어떠한 유혹도 막기 위해 그녀의 업무 기술은 단절되어 있었다. 그녀의 고용주에게는 정신적인 행복이 최우선 관심사였다.

그 마을의 주민 센터는 지역 주민 전체에 크라우드소싱crowdsourcing으로부터 자동적으로 승인되었다. 인공 공동체 협의회는 회의 장소가 필요하다는 지역 주민들의 소셜 미디어 토론이 증가했음을 지적하고, 이후 추가 토론과 토론을 위해 자동으로 세 가지 디자인 옵션을 제시하였다. 지난달에 투표가 실시되어 대다수의 찬성으로 가결되었다. 설계는 대부분의 부품을 외부에서 제조할 것을 요구했고, 그 후 중국에서 즉시 생산이 시작되었다. 이전 확인된 슈퍼마켓의 부지는 철거되고 건설 자원이 배치되기 전날 자율 차량과 무인 항공기가 지상에 준비되어 인간 감독관이 도착할 준비를 마쳤다. 제니퍼는 대부분의 공룡 슈퍼마켓이 블록버스터Blockbusters 비디오 가게, Toys R'Us와 BHS는 그녀의 두 엄마가 결혼 20주년을 맞이하기 직전에 사라진 것과 같은 방식으로 사라졌다고 생각했다.

프로젝트 품질 계획은 AI 두뇌에 의해 개발되었으며 프로젝트 관리 시스템에 내장되어 벽의 매크로부터 재료의 나노 수준까지 모든 수준에서 검사하고 시험하였다. 제니퍼의 귀에 경보음이 울렸고 그녀는 머리 위 디스플레이를 응시했다. 로봇이 잠글 수 없는 바닥 빔이 붙어 있는 것에 대해 센서가 작동되어 있었다. 이것은 단순한 공정상의 문제 이상일 것이다. 그렇지 않았다면 드론이 도움을 주었거나 현장 감독관이 그녀 대신 연락을 받았을 것이다. 이것은 관련된 품질 문제임에 틀림없다고 그녀는 생각했다.

제니퍼는 조용히 모바일 기기에 대고 말했고 드론이 착륙하여 그녀가 들어갈 수 있도록 했다. 안전조끼가 그녀를 감싸고 있었는데, 그녀 주위에 숨겨진 에어백 세트를 감싸고 그녀를 1층 건물로 옮기기 전에 좌석에 고정시켰다(사람은 더 이상 건설 현장 주변을 걷는 것이 허용되지 않았다). 그녀는 밖으로 나갔다. 로봇은 쓸데없이 빔을 잡아당기고 인내심을 가지고 지시를 기다리고 있었고 제니퍼는 품질 경보의 원인을 알 수 있었다. 빔의 끝부분이 약간 손상되었고 그 위에 떠 있는 붉은 삼각형 홀로그램은 권장 한도를 초과했지만 계약 사양 한도에 있음을 보여주었다. 그것은 그것의 배치를 허용할지 말지에 대한 결정이 필요했다. 그녀는 육안으로 검사했지만 약간의 긁힘만 있을 뿐 별다른 손상은 없는 것으로 보였다. 제니퍼의 헤드업 디스플레이HUD는 양보에 동의한 경우 빔 내부의 데이터 판독값과 건물 설계에 대한 위험 영향의 확률 등급을 제공했다. 위험은 지난 10년 동안 유사한 경미한 손상 사고에 대한 실시간 글로벌 성능 데이터를 바탕으로 허용 범위 내에 있었으며 97.8%로 평가되었기 때문에 안전하게 사용하는 데 동의할 수 있었다. 그녀는 드론으로 돌아가기 전에 녹색으로 변한 승인 버튼을 응시했다. 로봇들이 빔을 제자리로 옮기기 위해 드론을 가지고 시야에 들어왔다.

그녀가 현장으로 돌아왔을 때, AI 두뇌는 기계에 달린 수많은 카메라와 현장 주변에 흩어져 있는 카메라로 만든 비디오 영상을 편집하는 동안 그녀의 보고서를 요약하기 위해 휴대 전화에 말을 했다. 이 보고서는 제니퍼의 1분 분량의 구두 요약, 지원 데이터 및 짧은 비디오와 함께 작성되어 관리자에게 BIM 모델에 자동으로 정리된 사본과 함께 전송된다.

팝업 현장 사무실로 돌아왔을 때 종이 사용이 금지되어 현장 관리자인 세포라Sephora를 심술궂게 만들고 있었다. 60대 후반, 그녀는 필기용으로 종이 노트와 펜을 몰래 들여왔으며, 시드니에 본사를 둔 프로젝트 관리자인 조던에 의해 카메라에 포착되기 전까지 어느 정도 재미를 유발했다. AI 두뇌의 자동 행동을 위해 디지털 노트로 변환된 문제에 대해 구두 메모를 하는 것은 그녀가 2020년대에 비해 적절한 관리자가 아니라는 느낌을 받았다.

감사 보고서가 그녀의 이어버드Ear Bud에 울렸고 제니퍼는 그녀의 휴대전화를 구식 태블릿 크기만큼 펼쳐 보였다. 현장 팀과 공급망에서 사진, 비디오 및 레이저 스캔 증거와 함께 구두 증언이 수집되었다. 그 보고서는 호박색이었고 제니퍼는 얼굴을 찡그렸다. 그렇게 낮은 등급이 발견된 지 몇 달이 지났다. 근본 원인은 품질관리 실습생이 1차 합격을 예상했지만 품질관리 능력시험에 두 번 실패한 것으로 보고되었다. 제니퍼는 중국에 거주하는 리Li에게 조언을 해주었고 리는 지역센터 프로젝트에서 그녀와 원격으로 일하고 있었다. 그녀가 그에게 영상통화를 시도했지만 그는 받지 않았다. 그녀는 휴대폰에 대고 그에게 전화를 걸라고 알리기 위해 말을 걸었고, AI가 제니퍼의 높아진 스트레스 수치를 감지해 리에게 영향을 주었을 것이라고 말해 웃음을 더했다.

다른 근본 원인은 러시아의 공장에서 특수 주조된 알루미늄 합금 금속에 대한 네 번의 군집화된 최초 검사 실패였다. 이는 주문이 영국에 도착하기 전에 수정되었지만 공급 업체의 우수한 실적을 감안할 때 이전 주에 품질관리 허용 수준을 위반했을 때의 파급 효과는 이례적이었다. 제니퍼는 휴대폰으로 실패에 대한 제안을 요청했다. AI 두뇌가 그녀의 귀에 대고 확률에 근거하여 그것은 아연 품질을 잘못 읽는 센서였다고 말했다. 다른 옵션은 AI 두뇌가 하나의 제안만 제공할 정도로 낮은 확률을 가졌다. 제니퍼는 다시 한번 휴대폰에 전화를 걸어 건식재련공정 조사의 일환으로 센서에 대한 점검을 요청했다. 공급업체의 품질관리 관리자에게 보내질 것이다.

부드러운 삐 소리는 영상통화를 의미했고 그녀는 그것이 Li라는 것을 보고받았다. 환담 후 Li는 그의 어린 아들이 밤에 자신과 그의 아내를 깨어 있게 하여 직장에서의 그들의 집중력에 영향을 미친다고 자원했다. Li는 자신의 시험 결과가 감사 보고서에 영향을 미칠 것이라고 추측했고 대화에서 제니퍼가 먼저 시험 결과를 올리기를 기다리는 것은 의미가 없다는 것을 알고 있었다. 그는 합격할 때까지 품질관리 업무가 정지되어 있어 도와드리고 싶다고 안심시키며 다음번에는 합격할 수 있도록 필요한 것이 무엇이냐고 물었다. 그는 로봇 베이비시터가 밤에 개입할 수 있는 디지털 작업 쿠폰을 제안했다. 제니퍼는 Li에게 보류를 요청했고 즉시 견적과 함께 헤드업 디스플레이에 품질관리 예산을 표시했다. 프로젝트는 그것을 감당할 수 있었다. 그녀는 Li에게 엄지손가락을 치켜세우고 로봇이 2주 동안 참석해 다시 이야기할 것이라고 말했고 Li와 그의 아내에게 안부를 전해주었다.

4D 프린터로 인쇄된 샌드위치의 점심식사를 하면서, 소규모 현장 팀은 서로 얼굴을 맞

대고 비디오를 통해 모여 그들 주변의 세계에 대한 소문과 최신 정보를 주고받았다. 시리아 출신의 증강현실 설계자인 알랜드Aland는 2019년 전쟁이 끝난 후 고국의 중요한 랜드 마크를 가상으로 재건하는 것에 대해 파리에서 스피커를 통해 즉시 번역되는 비디오를 통해 아랍어로 말하고 있었다. 세포라는 그녀의 나노 의료진으로부터 소수의 암세포가 제거되고 회복되었다는 좋은 소식을 듣고 박수갈채를 보냈다고 말했다. 탄소 모니터였던 나이로비Nairobi에서 비디오를 촬영한 아대고Adaego는 9살짜리 아들이 전날 야생에서 코뿔소를 본 적이 있는지 물었고 아프리카에서 자유롭게 돌아다니다가 멸종되기 전에 어떻게 마지막으로 코뿔소를 본 사람들 중 하나였는지 설명했다고 말했다. 세포라는 DNA 동물원 사육 프로그램에서 그들이 재도입될 것이라는 이야기가 있다는 점에서 화가 났지만 제니퍼는 처음부터 이런 일이 일어나서는 안 된다고 말했다. 문이 열리자 프로젝트의 AI이자 디지털 디자이너인 David는 그를 사방으로 데려다주는 부상형 의자에 올라타 있었다. 그는 늦은 것에 대해 사과했지만 운전자 없는 택시를 들이받은 러다이트Luddite 지상 운전사에게 붙잡혀서 줄을 서게 했다. 다행히 아무도 다치지 않았지만, 관련된 모든 사람들은 그 사건에 파견된 로봇 의료진의 검사를 받아야 했다. 팀은 David가 마비 상태에 빠지기 몇 년 전에 그의 지상 교통사고를 회상하면서 David의 감수성을 느꼈다. 그는 다리의 움직임을 회복시키기 위해 신경 이식을 받기 위해 대기자 명단에 올라 있었다.

갑자기 경적 소리가 현장 전체에 울렸다. David는 로봇 레이저 스캐너의 반환을 확인하기 위해 현장에서 자신의 배회 경로를 다시 되짚었다. 제니퍼는 세포라를 쳐다보았고 그들 둘은 얼굴을 찡그렸다. 영상 팀원들은 서둘러 작별 인사를 하고 연결을 끊었다. 그들의 모든 모바일 화면은 빨간색으로 번쩍이고 있었고, 보안 위반이 시도되었다. 드론이 주차 공간에 착륙하고 자율주행 차량들이 질서정연한 줄을 만들기 위해 다시 기어들어간 후 외부의 모든 장비가 멈췄다. 자동 안전장치는 사이버 보안상의 문제가 발생할 경우 프로그램이 되었다. 홀로 남겨진 두 여성은 끈기 있게 기다렸고, 10분 후에 장비들이 다시 한번 사방으로 움직이면서 맑은 경적이 울렸다. 위험관리는 AI 두뇌의 모든 행동의 핵심이었다.

그녀의 귀에 또 다른 삐 소리가 났고 제니퍼는 2층 건물 준공 승인을 요청하는 것을 볼 수 있었다. 그녀는 육안으로 검사할 필요가 없었지만 주변에 사람이 거의 없는데도 현장과 접촉하는 것을 좋아했다. 그녀는 지칠 줄 모르고 작동하는 장비들과 동질감을 느꼈고 카메라의 눈은 마치 그들이 그녀를 보고 명령과 요청에 반응하는 것에 대해 예민해 보였다.

몇 분 후 그녀는 2층에 서서 함께 볼트로 고정된 프리캐스트pre-cast 콘크리트 바닥재의 빠른 공사 주변을 걸었고 HUD의 모든 다이얼이 100%를 보여주면서 2층 공사가 완료되었음을 승인했다. 블록체인 기술은 작업을 수행하고 하청업체(자동으로 국세 계산 및 공제 후)에 즉시 지불했고, 조립작업이 시작되기 시작했다.

계속되는 삐 소리가 모두를 위한 근무일이 끝났음을 알려주고 제니퍼는 재빨리 주위를 둘러보았다. 이틀만 더 있으면 주민센터가 완공되어 주민에게 인계될 준비가 된 것이다. 그녀는 집으로 가는 여행을 시작하기 위해 장벽을 벗어나면서 자신의 디지털 품질 작업에 큰 자부심을 느꼈다. 그녀는 교통신호가 없는 전용 고속도로에서 암호 화폐로 지불한 무인 택시를 타고 더 빨리 집으로 돌아오고는 했다. 수동으로 운전하는 자동차의 교통 체증과 거의 놓칠 뻔한 실수에 대한 생각이 그녀를 떨게 했다.

부록 03

철근콘크리트 벽체 품질 정보 예

품질 정보 모델을 사용하여 자산 라이프사이클 전체에 걸쳐 인력, 프로세스, 기계 및 자료의 각 측면에 필요한 정보를 평가하여 성능 품질이 달성되었음을 입증한다.

현장, 철근콘크리트 벽을 시공하려면 어떤 정보가 필요한가?

고객의 평가서와 참고문헌은 각 요소에 대한 증거를 추출하는 데 사용되어야 하지만 고객과 직접 대화하여 확인해야 한다. 표 A3.1은 승인된 공급업체 목록의 일부로 계약자가 확인, 복사 및 안전하게 저장해야 하는 정보의 예(정확한 목록이 아님)를 제시한다.

이러한 증거의 대부분은 유사한 활동과 프로세스에 걸쳐 복제될 것이며, 따라서 필요한 정보는 프로젝트의 여러 단계에 걸쳐 설정되어야 하며 (입찰의 설명을 돕기 위해) 입찰 과정의 후속 조치로서 또는 작업 시작 전에 요청되어야 한다.

증거는 이상적으로 데이터베이스에 저장된 승인된 공급자 목록 파일에 추가할 수 있는 디지털 형식이어야 한다. 그 증거는 이메일로 계약자에게 직접 보내지거나, 더 나은 것은 기밀성을 제공하는 보안 클라우드cloud에 업로드될 수 있다. 품질 감사는 또한 증거의 사본을 가져갈 수 있다.

표 A3.1 철근콘크리트 벽 데이터

품질 정보	지시 메시지	정보 예
근로자	벽을 시공하는 사람들은 지정된 콘크리트 표준을 달성할 수 있는가?	하청업체 운영진이 능력을 충족시켰다는 증거가 있는가? • 거푸집 공사(건설) 레벨 2의 NVQ 자격증 • 콘크리트 기술 및 건설 분야의 ICT 인증서: 1~4단계 • 레미콘 기술 인증서-레벨 4 • 철골고정 직업 (건설) 레벨 2의 NVQ 자격증 • CPCS, CISRS, ALLMI 및 CSCS 카드 • 수년간의 콘크리트 작업자 경험을 입증하는 역량 평가 • 협업에 관한 ISO 44001 인증
프로세스	벽을 쌓기 위한 프로세스가 최신이며 문서화되어 있는가?	• QMS에 대한 ISO 9001 인증 • 하청업체 입찰 문서 • 위험 평가 및 방법 설명, 표면적으로는 H&S를 위한 것이지만, 작업 품질에 대한 접근 방식과 경험의 증거도 제공한다. • 절차 및 작업 지침
장비	승강기 및 펌핑용 건설 장비, 진동 장비, 설치용 토탈 스테이션(total station)/레이저 스캐너, 매립형 콘크리트 센서, 강도 및 내구성 테스트	다음에 대한 적절한 교정 인증서 및 점검 목록 • 콘크리트 펌프 • 콘크리트 센서 • 포커 및 거푸집 진동기 • 온습도계 • 콘크리트 습도계 • 윈저(Windsor) 프로브 • 초음파 펄스 속도 • 인발시험 • 리바운드 해머(rebound hammer)
자재	콘크리트 혼합, 철근, 이형제, 시공 및 수축 이음재, 이음매 충전재 및 밀봉재	• 콘크리트 혼합 설계 사양 • BS EN 206 및 BS 8500 콘크리트 인증 • 강철에 대한 BS EN 1090에 대한 CE 표시 • ISO/IEC 17025 인증(시험 및 교정 실험실의 역량)

부록 04

디지털 학습 포인트의 요약

표 A4.1 디지털 학습 포인트

장	주제	디지털 학습 포인트
6	품질 정보 모델	1. 품질 정보 모델: 모델 요구 성능으로 이어지는 정보 담당자, 프로세스, 장비 및 자재에 대한 정보 식별 2. 비즈니스 마스터 데이터 관리(MDM) 전략에 품질관리 데이터 및 정보 요구사항 구축 3. CoP, CoE, KM 소프트웨어 및 인트라넷 웹 페이지를 사용하여 품질 지식관리 시스템 생성 4. 교육, 코칭, 멘토링, 프레젠테이션, 현장 TBT 및 더 넓은 커뮤니케이션에서 강력한 품질지식 기술 개발
7	데이터 및 정보관리	1. 프로젝트 단계 및 정보 구성요소에 특정된 품질 속성 및 성능 요구사항을 충족하는 데 필요한 품질관리 정보 식별 2. 데이터 품질: 정확성, 일관성, 완전성, 무결성 및 적시성을 기반으로 데이터에 대한 성능 측정을 생성하고 모니터링 3. 정보 품질: BIM 모델이 어떻게 개발되는지 이해하고 모델에 품질관리 계층을 생성. 비즈니스 및 특정 프로젝트의 품질관리 정보 요구사항에 대한 IT 수요를 창출 4. 전통적인 품질관리 문서를 디지털 정보로 변환
8	비즈니스 인텔리전스(BI) 및 데이터 신뢰	1. 비즈니스 목표에 영향을 미치고, 품질 목표, KPI 및 측정 기준을 개발하여 비즈니스에 가치를 부여 2. BI 소프트웨어 해법 학습 및 이해: Tableau, Microsoft BI, Qlik, Salesforce 및 Birst 3. 품질 측정을 표시하기 위해 데이터 시각화를 사용. 비즈니스 인텔리전스/IT 팀에 품질 요구 사항을 설명 4. BI 프로세스가 IMS의 일부로 매핑되었는지 확인 5. 품질 데이터 출처로 실험-센서, 플랜트 원격 측정 및 자재에 대한 RFID 태그 6. 데이터 신뢰 생성 및 협업
9	품질관리 문화 및 지배구조	1. 품질관리 지배구조 철학에는 의사 결정 구조, 프로세스, 협업의 세 가지 요소가 있음 2. 하천 측량도를 이용한 품질문화 및 벤치마크 개발 3. 품질관리 지배구조는 품질관리 인프라, 인재 및 조직문화, 감독 및 권한, 전략적 지배구조를 포함 4. 실시간 보고에 기술을 활용하고 비즈니스 가치를 부가하는 의사 결정자에게 측정 기준을 제시 5. 다양한 시청자에게 맞춤화된 혁신적인 품질관리 학습을 위해 마이크로버스트(microburst) 비디오, 앱 및 VR을 사용

표 A4.1 디지털 학습 포인트(계속)

장	주제	디지털 학습 포인트
10	디지털 역량	1. 디지털 역량은 필수적이므로 당신의 능력을 향상시키고 다른 사람들이 ICT 능력, 정보 및 데이터 활용 능력, 디지털 생성, 디지털 커뮤니케이션, 디지털 학습 및 디지털 웰빙을 향상시킬 수 있도록 돕는다. 2. 실수를 두려워하지 말고 최신 기술을 활용하라! 3. 화상 회의, 전화 및 온라인 프레젠테이션을 사용하여 더 많은 청중에게 다가가도록 장려하라. 가입할 수 없는 사람들을 위해 녹음하고 나중에 사용할 수 있도록 하라. 4. 모든 사람들이 그들의 문제와 쟁점을 가지고 당신에게 연락할 수 있는 기회를 주기 위해 정해진 시간에 수술하는 원격 온라인 전문가가 되어라. 5. 품질관리 메시지를 홍보하기 위해 여러 플랫폼에 걸쳐 짧은 예리한 캠페인을 사용하라.
11	웹 기반 프로세스 관리	1. 강력한 프로세스 구조를 중심으로 지식, 워크플로우(workflows), HUD 지침 및 BIM 모델을 통합할 수 있는 보다 동적인 접근 방식을 만들기 위해 디지털 건설관리 시스템(DCMS)을 개발한다. 2. 사용자 친화적이고 직관적이며 탐색하기 쉬운 관리 시스템을 위한 사용자 인터페이스를 개발한다. 3. SIPOC 방법론을 사용하여 최상위 프로세스부터 시작하여 최하위 프로세스까지 진행되는 프로세스 맵(process maps)을 개발한다. 모든 프로세스가 입력으로 흐르는 출력과 연결되어 진정한 IMS를 구축하는지 확인한다. 4. 품질 지식관리 시스템에 연계하기 위하여 IMS에 하이퍼링크를 내장한다. 5. 사용자의 삶을 편하게 하고 절차 텍스트를 줄이는 프로세스에 워크플로 소프트웨어를 사용한다. 6. 현장에서 위험도가 높은 작업의 작업 지침을 위해 HUD 기술을 조사한다. 7. BIM 모델을 활성 품질/환경/H&S/보안 정보의 계층과 연결한다. 8. IMS의 열 지도 및 사용 중지 영역을 찾기 위해 용도를 모니터링한다. 개선을 추진하기 위해 분석을 사용한다. 9. IMS를 다른 이해 관계자 관리 시스템에 연결한다.
12	드론	1. 드론 조종사의 자격을 얻는다. 2. 명확히 하기: 이미지 데이터는 무엇에 사용되는가? 데이터의 품질을 보장하기 위한 명확한 프로세스가 있는가? 3. 현장에서의 품질관리 검사에는 드론을 사용한다. 레이저 스캔, 비디오 및 사진 이미지를 포함한 내러티브(narrative) 보고서 및 드론 데이터와 함께 결과를 묶는다. 4. 품질을 보장하기 위해 드론 데이터의 전송 지점을 평가하고 추적한다. 제조업체의 사용 설명서가 데이터 관리에 대한 권장 사항을 제공하는가? 5. 감사 시, 점검: 드론 사용 설명서의 버전, 관리 및 유지, 드론 배터리 최적 상태, 드론 서비스 수행 6. 데이터 다운로드에 사용되는 USB 드라이브 또는 와이파이에 대한 데이터 보안을 평가한다. 7. 드론 대시보드가 원격 측정을 표시하고 기록하는가? 이 데이터가 향후 사용을 위해 개선을 제공할 수 있는가?

표 A4.1 디지털 학습 포인트(계속)

장	주제	디지털 학습 포인트
13	건설 장비: 자율주행 차량 및 원격 측정	1. 차량이 운행되는 사무실에서 세계 반대편에 기반을 두고 있을 수 있는 레벨 2 자율 운전자의 능력을 평가하려면 운전면허 이외의 입증 가능한 증거가 필요할 것이다. 새로운 '게임'형 운전 자격 요건이 필요할까? 그러나 차량이 레벨 3 또는 4이고 자율주행이라면 AI의 능력은 인간의 능력보다 더 적합해진다. 2. 각 건설 장비 유형에 사용할 수 있는 원격 측정 데이터를 이해한다. 유용한 품질 성과를 보고하는 데이터가 있는가? 그렇다면 장비 계약자가 모니터링하고 활용되고 있는지 확인한다. 3. 자율주행 장비가 자율주행을 할 때는 기본적으로 AI 프로세스만 매핑할 수 있다. 입력과 출력 사이의 AI '블랙박스' 작업으로 프로세스를 어떻게 평가할 것인가? 4. 원격 측정기에서 데이터 품질에 대한 프로세스를 문서화하였는가? 어떻게 조작자가 원격 측정과 정보가 정확하다고 확인할 수 있을까? 5. 장비들이 제대로 정비되고 있는가? 많은 점검은 안전에 초점을 맞출 것이지만 일부는 사용 가능 여부에 대해 보고할 것이다. 고장시간은 낭비다. 장비 계약자는 운전 전에 장비에 대해 어떻게 교육을 받는가? 6. 자재 이동 시 해당 자재를 장비에서 보호하는가? 예를 들어, 크레인이나 호이스트(hoist)로 벽돌이나 블록을 들어올리는 것. 건설 자재가 장비에 의해 효율적으로 이동되고 있는가?
14	로봇 공학, 레이저 및 3D 프린팅	1. 로봇, 레이저 스캐너 및 3D 프린터의 작동 방식을 이해한다. 성능 데이터에 품질 성능이 보고되는가? 이 경우 로봇 또는 3D 프린터 계약자가 이를 모니터링하여 성능을 향상시키는지 확인한다. 2. 로봇, 레이저 및 3D 프린터의 사용에 문서화된 프로세스가 있는가? 문서화된 절차에 참조할 수 있는 사용자 설명서가 있는가? 현재 사용 설명서에 대한 링크가 있는가? 작업자는 로봇과 3D 프린터가 필요한 품질 성능을 제공하는지 어떻게 확신할 수 있는가? 3. 레이저 스캔 품질 등록은 어떻게 관리되나? 저장된 검색을 통해 디지털 포인트 클라우드 모델의 변경 사항에 대한 감사 추적이 있는가? 4. 로봇, 레이저 스캐너 및 3D 프린터가 적절하게 유지되고 있는가? 대부분의 검사는 안전에 중점을 두지만 일부는 서비스 가능성에 대해 보고할 것이다. 작업 전에 로봇, 레이저 스캐너 및 3D 프린터는 작동 전에 어떻게 점검되고 있는가? 5. 재료를 펌핑할 때 로봇이 해당 재료를 적절하게 보호하고 있는가? 6. 레이저 스캐너, 로봇 및 3D 프린터에 대한 데이터의 품질이 보장 되었는가? 이해 관계자에게 전송된 스캔이 합의된 사양을 충족하는 목적에 적합한가? 스캔한 데이터가 디지털 자산관리의 일부로 보호되고 사용 가능한가? 7. 로봇, 레이저 스캐너 및 3D 프린터가 지정한 보정 요구 사항 내에 있음을 증명할 수 있는가? 검색이 작성되기 전에 사용 가능한 보정 기록이 있는가? 8. 로봇과 3D 프린터 관리자와 레이저 스캐너 운영자는 적합한 역량을 가지고 있는가? 훈련/자격을 입증할 수 있는가?
15	AR, MR and VR	1. 증강현실(AR)은 설계된 BIM 모델에 비해 구축된 세계에 YR 기능과 통찰력을 더하여 오류와 결함을 파악하고, 계산할 수 있는 품질 비용(cost of quality)을 제공할 수 있는 뛰어난 용량을 가지고 있다. 2. AR과 스마트 안경 등의 기술을 결합하면 현장 및 공장 내 작업 지시를 눈으로 확인할 수 있다. 이러한 QMS '문서'가 버전 관리를 유지하는지 확인한다. 3. 가상현실(VR)은 걸림돌 식별과 같은 시뮬레이션된 품질관리 교육을 제공한다. 부가가치 교육을 위한 시나리오를 식별하고 비용 효율적인 공급업체를 찾는다. 이러한 교육을 개발하기 위해 로비한다. 4. 고객이 설계 및 시공 시나리오를 보고 전후로 고객 만족도를 측정할 수 있도록 VR을 홍보한다.

표 A4.1 디지털 학습 포인트(계속)

장	주제	디지털 학습 포인트
16	웨어러블 및 음성 제어 기술	1. 작업장의 효율성과 효과성을 향상시키기 위해 착용 및 음성 제어 기술을 실험한다. IBM WatsonAssistant 또는 Alexa를 비즈니스에 사용하는 것을 고려한다. 2. Tobii Pro와 같은 시선 추적 안경을 사용하여 품질관리 교육을 연구하고 개발한다. 어떤 결함이나 오류가 누락되었는가? 3. DAQRI에서 스마트 안경을 사용하여 관리 시스템 '문서'에 액세스하고 결함 및 쿼리에 태그를 지정하는지 조사한다. 4. 특히 하루 종일 이 기술의 편안함과 사용의 편이성에 대해 생각해보라. 사용을 최적화하기 위한 프로세스가 고려되고 문서화되었는지 확인한다. 스마트 안경으로 인한 눈의 피로가 앞으로 몇 년 안에 새로운 '반복적 부상'이 될 수도 있다. 5. 품질 전문가는 웨어러블 응용 분야에서 제조를 통해 무엇을 배울 수 있는가? 스마트 안경, 시계, 장갑 및 외골격은 산업용으로 사용되며 품질관리 기능을 활용하기 위해 이를 평가하고 개발해야 한다.
17	블록체인	1. 블록체인은 거래의 디지털 대장이자 하나의 진실 원천이다. 2. 블록체인 기술을 사용하여 검사 시 공급업체 또는 하청업체에 대한 대금이 지불될 수 있다. 품질 전문가들은 새로운 재정적 영향을 고려할 때 작업을 수락하거나 거부할 수 있는 영향과 잠재적 압력을 고려해야 한다. 4. 블록체인은 공급망을 통해 재료의 출처를 안정적으로 검증하는 데 사용할 수 있다. 5. 센서와 함께 사용되는 블록체인은 운송과 저장을 통해 재료와 건설 부품이 어떻게 처리되는지를 추적할 수 있다. 6. 블록체인은 디지털 서명을 통해 감사에 대한 새로운 강력한 접근 방식을 제공하여 투명성과 책임감을 높일 수 있다.
18	인공지능	1. 다양한 유형의 AI 간의 차이점을 이해한다. 협의의 인공지능(ANI)=약한 AI, 인공 일반지능(AGI)=강력한 AI 및 초인공지능(ASI). 2. 건설에 사용되는 AI는 데이터와 기계 학습을 연결하여 프로젝트 위험을 예측한다(예: Autodesk Project IQ). 3. 위험관리는 기능에 지오 태그를 지정한 다음 결함에 대한 품질관리 추세 및 패턴을 식별하는 방법을 학습하는 Smartvid.io 유형 소프트웨어의 도움을 받는다. 4. ISO 표준의 차기 버전인 ISO 9001:2025는 AI 다리를 건너야 하므로 향후 인증에 미칠 영향에 대해 생각해보라. 5. AI의 예측 및 예측 능력은 향후 몇 년 동안 빠르게 증가할 것이다.
19	첨단재료 과학	1. 무선 센서 및 소프트웨어는 콘크리트 및 벽돌의 전통적인 품질관리 시험에 대한 대안을 제공할 수 있다. 이러한 데이터 흐름이 어떻게 프로젝트 사양을 어떻게 충족하는지 확인하라. 2. 그래핀 콘크리트, 새로운 등급의 강철, 나노 기술, 에어로젤 및 탄소 나노 튜브와 같은 새로운 첨단재료가 사양에 나타나고 품질 전문가는 이러한 사양이 어떻게 충족되었는지 이해해야 한다. 운송, 취급, 보관 및 설치 시 제조업체의 지침을 따르고 있는가? 3. 태양광 도로 표면, 스마트 바닥재 및 도로와 같은 기술은 새로운 기능을 제공하며 설치 시 품질관리 시험은 기존 콘크리트 및 아스팔트 표면보다 비정형적이거나 더 정교할 수 있다. 4. 스마트 시티는 품질관리에 여러 가지 영향을 미칠 수 있는 기술의 조합으로 등장할 것이다. 두 가지 기술 또는 첨단재료를 함께 사용하면 별도로 사용할 때보다 명시된 성능에 영향을 미칠 수 있으므로 위험 평가가 필요하다.

참고문헌

3Dnatives (2018). 'The 3D printing construction market is booming'. 26 January. Retrieved from www.3dnatives.com/en/3d-printing-construction-240120184/

3D Repo (2017). 'Dynamic virtual reality for customer engagement and staff training in construction'. November. Retrieved from http://3drepo.org/wp-content/uploads/2017/11/Dynamic-VR_a4booklet.pdf

Adams, M. (2018). 'Top 10 Machu Picchu secrets'. *National Geographic*. November. Retrieved from www.nationalgeographic.com/travel/top-10/peru/machu-picchu/secrets/ (accessed 31 July 2018).

Akponeware, A.O. and Adamu, Z.A. (2017). 'Clash detection or clash avoidance? An investigation into coordination problems in 3D BIM'. 21 August 2017. Retrieved from www.mdpi.com/2075-5309/7/3/75/pdf

Allen, W.C. 'History of slave laborers in the construction of the US Capitol'. Retrieved from https://emancipation.dc.gov/sites/default/files/dc/sites/emancipation/publication/attachments/History_of_Slave_Laborers_in_the_Construction_of_the_US_Capitol.pdf (accessed 1 June 2005).

Allied Market Research 'Construction lasers market by product'. Retrieved from www.alliedmarketresearch.com/construction-lasers-market (accessed September 2018).

All Party Parliamentary Group for Excellence in the Built Environment (APPGEBE) (2016). 'More homes, fewer complaints'. London. Retrieved from https://policy.ciob.org/wp-content/uploads/2016/07/APPG-Final-Report-More-Homes-fewer-complaints.pdf

Angus, W. and Stocking, L.S. (2017). 'VR transforms doctors, nurses, and staff into virtual construction allies'. Autodesk. 1 November. Retrieved from www.autodesk.com/redshift/vr-construction/

ArchDaily (2017). 'Scientists uncover the chemical secret behind Roman self-healing underwater concrete'. 5 July. Retrieved from www.archdaily.com/875212/scientists-uncover-the-chemical-secret-behind-roman-self-healing-underwater-concrete

Argyris, C. (1971). *Management and Organizational Development: The Path from XA to YB*. New York: McGraw-Hill. ariot.io 'Finally, Augmented Reality for the building lifecycle'. Retrieved from www.ariot.io

ASQ Kaushik, S.K.V. (2017). 'Virtual reality for quality'. June. Retrieved from http://asq.org/2017/06/lean/virtual-reality-vr-for-quality.pdf

Autodesk (2016). 'BIM 360 Project IQ'. Retrieved from https://knowledge.autodesk.com/support/bim-360/learn-explore/caas/video/youtube/watch-v-nuWlpqevfIk.html

AWS 'Alexa for Business'. Retrieved from https://aws.amazon.com/alexaforbusiness/

Balfour Beatty (2016). 'Building the future with 3D printing'. 16 November. Retrieved from www.youtube.com/watch?time_continue=86&v=EogNa8LAWQg

Baron de Bode, C.A. (1845). *Travels in Luristan and Arabistan*, vol. 1, p. 171. Retrieved from https://books.google.co.uk/books?id=i_gqUpmQRIwC&pg=PA97&source=gbs_toc_r&cad=4#v=onepage&q&f=false

Bartlett, C. (2014). *The Design of the Great Pyramid of Khufu*. Retrieved from https://link.springer.com/content/pdf/10.1007%2Fs00004-014-0193-9.pdf. (accessed 14 May 2014). BBC News (2017). 'Hammond: Driverless cars will be on UK roads by 2021'. 17 Novem-ber. Retrieved from www.bbc.co.uk/news/business-42040856

BBC News (2018). 'The world's first family to live in a 3D-printed home'. 6 July. Retrieved from www.bbc.co.uk/news/technology-44709534

BDK Daizokyo Text Database (n.d.). *Pāli Tripitaka*. B2025, Ch6 P135, *The Baizhang Zen Monastic Regulations*. Trans. Shohei Ichimura. Retrieved from http://21dzk.l.u-tokyo.ac.jp/BDK/bdk_search.php? skey=construction&strct=1&kwcs=50&lim=50.

Benning, W. (1804; trans. 1827). *Code Napoleon*, Retrieved from http://files.libertyfund.org/files/2353/CivilCode_1566_Bk.pdf

Bentley, M.J.C. (1981). *Quality Control on Sites*. Watford: BRE.

Blanco, J.L., Fuchs, S., Parsons, M. and Ribeirinho, M.J. (2018) 'Artificial intelligence: construction technology's next frontier'. McKinsey. Retrieved from www.mckinsey.com/industries/capital-projects-and-infrastructure/our-insights/artificial-intelligence-construction-technologys-next-frontier

Blueprint robotics 'A better way to build'. Retrieved from www.blueprint-robotics.com Booth, B. (2018). 'Slightly heavier than a toothpick, the first wireless insect-size robot takes flight', *CNBC* News, 3 November. Retrieved from www.cnbc.com/2018/11/02/about-the-weight-of-a-toothpick-first-wireless-robo-insect-takes-off.html

BRE Group (2018). 'Blockchain feasibility and opportunity assessment 2018'. January. Retrieved from https://bregroup.com/wp-content/uploads/2018/02/99330-BRE-Briefing-Paper-blockchain-A4-20pp-WEB.pdf

Brickschain 'Connect everything to everyone'. Retrieved from www.brickschain.com British Research Station (1960). *National Building Studies Special Report 33: A Qualitative Study of Some Buildings in the London Area*. Watford: BRE.

Brokk Inc. 'The smart power lineup'. Retrieved from www.brokk.com/us/

Brunel Museum. (2018). 'The Thames Tunnel'. Retrieved from www.brunel-museum.org.uk/history/the-thames-tunnel.

BSI (2012). *BS ISO 10018:2012 Quality Management: Guidelines on People Involvement and Competence.* Milton Keynes: BSI Standards Limited.

BSI (2015a). *BS EN ISO 9001:2015 Quality Management Systems: Requirements*. Milton Keynes: BSI Standards Limited, Section 1, p. 1.

BSI (2015b). *BS EN ISO 9000:2015 Quality Management Systems: Fundamentals and Vocabulary*. Milton Keynes: BSI Standards Limited.

BSI (2015c). *BS EN ISO 9001:2015 Quality Management Systems: Requirements*. Milton Keynes: BSI Standards

Limited, Section 1, p. 1.

BSI (2017). 'BS 11000 has been replaced by ISO 44001 Collaborative Business Relation-ships Management System'. Retrieved from www.bsigroup.com/en-GB/iso-44001-collaborative-business-relationships/

BSI (2018a). *BS ISO 31000:2018 Risk Management: Guidelines*. Milton Keynes: BSI Standards Limited.

BSI (2018b). *BS EN ISO 10005-2018 Quality Management: Guidelines for Quality Plans*. Milton Keynes: BSI Standards Limited, Section 3.2, p. 2. Confucius (475-221 bce). *The Analects*, Book 2. Trans. J. Legge. Retrieved from https://ebooks.adelaide.edu.au/c/confucius/c748a/index.html

BSI *Training Courses for ISO 9001 Quality Management*. Retrieved from www.bsigroup.com/en-GB/iso-9001-quality-management/iso-9001-training-courses/?creative=194426026494&keyword=iso%209001%20course&matchtype=p&network=g&device=c&gclid=Cj0KCQjwgOzdBRDlARIsAJ6_HNnegv8lMukZ2lDkUzIAtug-hpa07zbY6-ajRuv53lDJGh2eyUBTWYsaAmJrEALw_wcB

Building in Quality Working Group (2018). *Building in Quality: A Guide to Achieving Quality and Transparency in Design and Construction*. Retrieved from www.architecture.com/-/media/files/client-services/building-in-quality/riba-building-in-quality-guide-to-using-quality-tracker.pdf

Building System Planning Inc. 'ClashMEP'. Retrieved from https://buildingsp.com/index.php/products/clashmep

Business Insider (2014). 'A venture capital firm just named an algorithm to its board of directors - here's what it actually does'. 23 May. Retrieved from www.businessinsider.com/vital-named-to-board-2014-5?IR=T

CAA (2015). *Permissions and Exemptions for Commercial Work Involving Small Drones*. Retrieved from www.caa.co.uk/Commercial-industry/Aircraft/Unmanned-aircraft/Small-drones/Permissions-and-exemptions-for-commercial-work-involving-small-drones

Calkins, R.G. (1998). *Medieval Architecture in Western Europe: From a.d. 300 to 1500*. New York: Oxford University Press.

Chandler D. (2011). 'Self-healing material can build itself from carbon in the air'. Cam-bridge, MA: MIT. 11 October. Retrieved from http://news.mit.edu/2018/self-healing-material-carbon-air-1011

Changali, S., Mohammad, A., and van Nieuwland, M. (eds) (2015). 'The construction productivity imperative;' McKinsey Global Institute. Retrieved from www.mckinsey.com/industries/capital-projects-and-infrastructure/our-insights/the-construction-productivity-imperative (accessed 14 July 2015).

CIOB BIM+ (2017). 'Komatsu takes first step to the autonomous construction site'. 17 December. Retrieved from www.bimplus.co.uk/news/komatsu-takes-first-step-autonomous-construction-s/

Cisco & Oxford Economics (2017). 'Modeling to inform the future of work'. Retrieved from www.cisco.com/c/dam/assets/csr/pdf/modeling-inform-future-work.pdf

CISION PR Newswire (2018). 'Global Augmented Reality (AR) and Virtual Reality (VR) market is forecast to reach $94.4 billion by 2023-soaring demand for AR & VR in the retail & e-commerce sectors'. 31 July. Retrieved from www.prnewswire.com/news-releases/global-augmented-reality-ar-and-virtual-reality-vr-market-is-forecast-to-reach-94-4-billion-by-2023-soaring-demand-for-ar-vr-in-the-retail-e-commerce-sectors-300689154.html

Cognizant (2017). '21 jobs of the future: a guide to getting and staying employed over the next 10 years'. White Paper. Retrieved from www.cognizant.com/whitepapers/21-jobs-of-the-future-a-guide-to-getting-and-staying-employed-over-the-next-10-years-codex3049.pdf.

Colas Group, WattWay (2016). 'Wattway, the Colas Solar Road'. 10 November. Retrieved from www.youtube.com/watch?time_continue=2&v=OI9fSnBig3s

Collins English Dictionary 'Data'. Retrieved from www.collinsdictionary.com/dictionary/english/governance

Conan Doyle, A. (1891). 'A scandal in Bohemia'. *The Strand Magazine*. Retrieved from www.gutenberg.org/files/1661/1661-h/1661-h.htm

Construction Manager (2018). 'Construction bodies call for an end to retentions'. 24 January. Retrieved from www.constructionmanagermagazine.com/news/construction-bodies-call-end-retentions/

Construction robotics 'SAM100'. Retrieved from www.construction-robotics.com/sam100/Cozzo, G. (1971). *Il Colosseo*. Rome: Palombi.

CQI *The CQI Competency Framework*. Retrieved from www.quality.org/knowledge/cqi-competency-framework

CQI 'CQI Training Certificates in Quality Management'. Retrieved from www.quality.org/CQI-training-certificates-in-Quality-Management.

Crosby, P. (1980). *Quality Is Free: The Art of Making Quality Certain*. New York: Mentor. Crossrail Learning Legacy (2017). 'Augmented Reality trials at Crossrail'. 14 March. Retrieved from https://learninglegacy.crossrail.co.uk/documents/augmented-reality-trials-crossrail/

Crow, M. and Olson, C.C. (1966). *Chaucer Life-records*. Oxford: Oxford University Press.

Daily Telegraph (2018). 'Drone near-misses triple in two years', 19 March. Retrieved from www.telegraph.co.uk/news/2018/03/19/drone-near-misses-triple-two-years

DAQRI, 'Smart glasses'. Retrieved from https://daqri.com/products/smart-glasses/

Dauth, W., Findeisen, S., Südekum. J., and Woessner, B. (2017). 'German robots: the impact of industrial robots on workers'. Retrieved from ec.europa.eu/social/BlobServle t?docId=18612&langId=en

Davis, W. (2018). 'SIPOC management: you're in charge. Now what?' *Quality Digest*, 20 August. Retrieved from www.qualitydigest.com/inside/management-article/sipoc-management-you-re-charge-now-what-082018.html

Daw, T. (2013). 'How many stones are there at Stonehenge?' Retrieved from www.sarsen.org/2013/03/how-many-stones-are-there-at-stonehenge.html

Department for Business, Innovation & Skills (2013). *Construction 2025: Strategy*. 2 July. Retrieved from www.gov.uk/government/publications/construction-2025-strategy

Dimov, D., Amit, I., Gorrie, O., Barnes, M., Townsend, N., *et al.*, (2018). 'Ultrahigh performance nanoengineered Graphene-concrete composites for multifunctional applications'. Retrieved from https://onlinelibrary.wiley.com/doi/full/10.1002/adfm.201705183

DoT/CAA (2018). 'New drone laws bring added protection for passengers'. 30 May. Retrieved from www.gov.uk/government/news/new-drone-laws-bring-added-protection-for-passengers

Downing, A.J. and Wightwick, G. (1847). *Hints to Persons about Building in the Country.* New York.

Doxel 'Artificial intelligence for construction productivity'. Retrieved from www.doxel.ai DroneDeploy (2018a) 'Drones raise the bar for roadway pavement inspection'. Blog, 2 August. Retrieved from https://blog.dronedeploy.com/drones-raise-the-bar-for-roadway-pavement-inspection-9c0079465772

DroneDeploy (2018b). *2018 Commercial Drone Industry Trends Report.* Retrieved from www.dronedeploy.com/resources/ebooks/2018-commercial-drone-industry-trends-report/

Dubai Future Foundation (2018). *Office of the Future.* Retrieved from www.officeofthe future.ae/#

Dutch Government 'Blockchain projects'. Retrieved from www.blockchainpilots.nl/results Dyble, J. (2018). 'Understanding SAE automated driving: Levels 0 to 5 explained'. Gigabit. 23 April. Retrieved from www.gigabitmagazine.com/ai/understanding-sae-automated-driving-levels-0-5-explained

EC&M (2018). '3D visualization brings a new view to job sites'. 1 October. Retrieved from www.ecmweb.com/neca-show-coverage/3d-visualization-brings-new-view-job-sites

EksoBionics 'Power without pain'. Retrieved from https://eksobionics.com/eksoworks/eMarketeer (2017). 'Alexa, say what?! Voice-enabled speaker usage to grow nearly 130% this year'. 8 May. Retrieved from www.emarketer.com/Article/Alexa-Say-What-Voice-Enabled-Speaker-Usage-Grow-Nearly-130-This-Year/1015812

Empire State Realty Trust. 'Empire State Building fact sheet'. Retrieved from www.esbnyc.com/sites/default/files/esb_fact_sheet_4_9_14_4.pdf

Emporis. Philadelphia City Hall. Retrieved from www.emporis.com/buildings/117972/philadelphia-city-hall-philadelphia-pa-usa

Encyclopaedia Britannica 'Parthenon'. Retrieved from www.britannica.com/topic/Parthenon

Encyclopedia of the Social Sciences (1938). 'Guilds', vol. VII. New York, pp. 204-224. Retrieved from https://archive.org/details/encyclopaediaoft030467mbp/page/n3

Epson 'A bright horizon for FPV'. Retrieved from www.epson.co.uk/products/see-through-mobile-viewer/moverio-bt-300/drone-piloting-accessory

Epson Moverio (2018). 'DJI MAVIC AIR with Epson Moverio BT300 smart glasses-review part 2-flight test, pros & cons'. 28 March. Retrieved from www.youtube.com/watch?v=7u5NvNOdSeg

ETH Zürich (2018). 'Knitted concrete'. Retrieved from www.youtube.com/watch?v=spPpkPHK7Q0&feature=youtu.be

Everett, A. (2001). *Cicero: A Turbulent Life.* London: John Murray.

FBR 'Robotic construction is here'. Retrieved from www.fbr.com.au/view/hadrian-x Federal Aviation Administration (FAA), Dronezone. *Welcome to the FAA DroneZone.* Retrieved from https://faadronezone. faa.gov/#/

Fisch, K. (2010). *Shift Happens* video. 12 July. Retrieved from www.youtube.com/watch?time_continue=21&v=SBwT_09boxE

Frontier Economics (2018). 'The-impact-of-AI-on-work', p. 32. Retrieved from https://royalsociety.org/-/media/policy/projects/ai-and-work/frontier-review-the-impact-of-AI-on-work.pdf

Gartner (2015). 'Market trends: voice as a UI on consumer devices-what do users want?' 2 April. Retrieved from www.gartner.com/doc/3021226/market-trends-voice-ui-consumer

Gershgorn, D. (2018). 'AI is the new space race: Here's what the biggest countries are doing'. *Quartz*. 2 May. Retrieved from https://qz.com/1264673/ai-is-the-new-space-race-heres-what-the-biggest-countries-are-doing/

Ghose, T. (2012). 'Mystery of Angkor Wat Temple's huge stones solved'. *Livescience*, 31 October. Retrieved from www.livescience.com/24440-angkor-wat-canals.html

Gil, L. (2017). 'How China has become the world's fastest expanding nuclear power pro-ducer'. Vienna: IAEA. Retrieved from www.iaea.org/newscenter/news/how-china-has-become-the-worlds-fastest-expanding-nuclear-power-producer (accessed 25 October 2017).

Gomes, H. (1996). *Quality Quotes*. Milwaukee, WI: ASQC Quality Press. Grenfell Tower Inquiry. Retrieved from www.grenfelltowerinquiry.org.uk

GuardHat 'Overprotective in a good sort of way'. Retrieved from www.guardhat.com

Guardian (2017). 'Give robots an "ethical black box" to track and explain decisions, say scientists'. 19 July. Retrieved from www.theguardian.com/science/2017/jul/19/give-robots-an-ethical-black-box-to-track-and-explain-decisions-say-scientists

Guo, Q. (2000). *Tile and Brick Making in China: A Study of the Yingzao Fashi*. Retrieved from www.arct.cam.ac.uk/Downloads/chs/final-chs-vol.16/chs-vol.16-pp.3-to-11.pdf Hall, W. and Pesenti, J. (2017). 'Growing the Artificial Intelligence industry in the UK'. Retrieved from https://assets.publishing.service.gov.uk/government/uploads/system/uploads/attachment_data/file/652097/Growing_the_artificial_intelligence_industry_ in_the_UK.pdf

HM Government (2017). 'Industrial strategy-building: a Britain fit for the future'. White Paper. CM9529. Retrieved from https://assets.publishing.service.gov.uk/government/uploads/system/uploads/attachment_data/file/664563/industrial-strategy-white-paper-web-ready-version.pdf

HoloBuilder 'Full HoloBuilder feature overview'. Retrieved from www.holobuilder.com/features/

Honda (2018). 'Honda walking assist obtains medical device approval in the EU'. 18 January. Retrieved from https://world.honda.com/news/2018/p180118eng.html

Honda 'ASIMO innovations'. Retrieved from http://asimo.honda.com/innovations/Honda 'ASIMO'. Retrieved from http://asimo.honda.com

HSE (2017). *Health and Safety Statistics for the Construction Sector in Great Britain, 2017*. London: Health and Safety Executive.

Huynh, T. and Jones, M. (2018). 'Scientists create new building material out of fungus, rice and glass'. Retrieved from https://phys.org/news/2018-06-scientists-material-fungus-rice-glass.html

IBIS World (2017). 'Title insurance in the US: US industry market research report'. September. Retrieved from www.ibisworld.com/industry-trends/specialized-market-research-reports/advisory-financial-services/specialist-insurance-lines/title-insurance. html

IBM 'The artificial intelligence effect on industrial products'. Retrieved from https://public.dhe.ibm.com/common/

ssi/ecm/17/en/17013217usen/industrial-products-ai_17013217USEN.pdf

IBM 'Watson Assistant'. Retrieved from www.ibm.com/watson/ai-assistant/ (accessed 12 April 2018).

ICAEW 'What is corporate governance?' Retrieved from www.icaew.com/technical/corporate-governance/uk-corporate-governance/does-corporate-governance-matter ICON (2018). 'Welcome to the future of human shelter'. Retrieved from www.iconbuild.com

IDC (2014). *The Digital Universe of Opportunities*. April. Retrieved from www.emc.com/leadership/digital-universe/2014iview/executive-summary.htm

Imai, M. (1986). *Kaizen: The Key to Japan's Competitive Success*. New York. McGraw-Hill. IMG. 'Liquid granite'. Retrieved from www.img-limited.co.uk/product/liquid-granite/

Inscriptiones Graecae (2013). Trans. S. Lambert, J. Blok, and R. Osborne. Retrieved from www.atticinscriptions.com/inscription/IGI3/35

ISO (2017). *Survey of Certifications to Management System Standards: Full Results*. Geneva: ISO. Retrieved from https://isotc.iso.org/livelink/livelink?func=ll&objId=18808772& objAction=browse&viewType=1

IW (2016). 'Trial uses drone to carry out Crossrail shaft inspections'. 21 November. Retrieved from www.infoworks.laingorourke.com/innovation/2016/october-to-december/trial-uses-drone-to-carry-out-crossrail-shaft-inspections.aspx

Japan Times (2017). 'Candy-carrying drone crashes into crowd, injuring six in Gifu', 6 November. Retrieved from www.japantimes.co.jp/news/2017/11/05/national/candy-carrying-drone-crashes-crowd-injuring-six-gifu/#.W2lpDy2ZOu4

JISC 'Building digital capabilities: The six elements defined digital capability model'. Retrieved from http://repository.jisc.ac.uk/6611/1/JFL0066F_DIGIGAP_MOD_IND_ FRAME.PDF

Josephson, P-E. (1998). 'Defects and defect costs in construction: A study of seven build-ing projects in Sweden'. Working Paper, Department of Management of Construction and Facilities, Chalmers University of Technology, Gothenburg, Sweden. Retrieved from http://publications.lib.chalmers.se/records/fulltext/201455/local_201455.pdf

Karczewski. T. (2018). 'IFA 2018: Alexa devices continue expansion into new categories and use cases'. Alexa Blogs. 2 September. Retrieved from https://developer.amazon.com/blogs/alexa/post/85354e2f-2007-41c6-b946-5a73784bc5f3/ifa-2018-alexa-devices-continue-expansion-into-new-categories-and-use-cases

Kim, H., Haas, C.T. and Rauch, A.F. (2003). 'AI based quality control of aggregate pro-duction'. Retrieved from www.semanticscholar.org/paper/Artificial-Intelligence-Based-Quality-Control-of-Kim-Haas/6c0d58e953b8546fb9f86223c6ebefd78df6d423

Kinsella, B. (2018). 'Amazon Alexa now has 50,000 skills worldwide, works with 20,000 devices, used by 3,500 brands'. Voicebot.ai. 2 September. Retrieved from https://voice-bot.ai/2018/09/02/amazon-alexa-now-has-50000-skills-worldwide-is-on-20000-devices-used-by-3500-brands/

Kloberdanz, K. (2017). 'Smart specs: OK glass, fix this jet engine'. *GE Aviation*. 19 July. Retrieved from www.ge.com/reports/smart-specs-ok-glass-fix-jet-engine/

Komatsu (2017). 'Komatsu intelligent machine control: the future today'. Retrieved from www.komatsu.eu/en/Komatsu-Intelligent-Machine-Control

Koskela, L. (1996). 'Towards the theory of (lean) construction'. Retrieved from https://pdfs.semanticscholar.org/8e87/bc1a102603e9decedf4bb4650803c90f94e4.pdf

kununu 'What is company culture? 25 business leaders share their own definition'. Blog. Retrieved from https://transparency.kununu.com/leaders-answer-what-is-company-culture/ (accessed 31 March 2017).

Laing O'Rourke 'Heathrow Terminal 5, London, UK'. Retrieved from www.laingorourke.com/our-projects/all-projects/heathrow-terminal-5.aspx

Leica and Autodesk (2015). 'When to use laser scanning in building construction'. Retrieved from http://constructrealityxyz.com/test/ebook/LGS_AU_When%20to%20 Use%20Laser%20Scanning.pdf

Leviathan, Y. and Matias, Y. (2018). 'Google Duplex: an AI system for accomplishing real-world tasks over the phone'. Google AI Blog. 8 May. Retrieved from https://ai.googleblog.com/2018/05/duplex-ai-system-for-natural-conversation.html

LHR Airports Limited 'Heathrow facts & figures'. Retrieved from www.heathrow.com/company/company-news-and-information/company-information/facts-and-figures

Lillian Goldman Law Library (2008). *Code of Hammurabi*. Trans., L.W. King. Retrieved from http://avalon.law.yale.edu/ancient/hamframe.asp

Liu, J. (2018). 'The difference between AR, VR, MR, XR and how to tell them apart'. Hackernoon, 2 April. Retrieved from https://hackernoon.com/the-difference-between-ar-vr-mr-xr-and-how-to-tell-them-apart-45d76e7fd50

Logan, M. ([1912] 1972). *The Part Taken by Women in American History*. New York: Arno Press.

Loucks, J., Davenport, T. and Schatsky, D. (2018). 'Early adopters combine bullish enthusiasm with strategic investments'. In *State of AI in the Enterprise*, 2nd edn. Deloitte. Retrieved from www2.deloitte.com/insights/us/en/focus/cognitive-technologies/state-of-ai-and-intelligent-automation-in-business-survey.html

Lucideon Limited (2014). 'Brickwork evaluation of Battersea Power Station'. Retrieved from www.lucideon.com/construction/insight-hub/case-studies/brickwork-evaluation-of-battersea-power-station

Lucon, O., Ürge-Vorsatz, D. *et al.* (2014). 'Buildings', in IPCC, *Climate Change 2014: Mitigation of Climate Change*. Cambridge, Cambridge University Press. Retrieved from www.ipcc.ch/pdf/assessment-report/ar5/wg3/ipcc_wg3_ar5_chapter9.pdf

MAA, BAPLA, DoT (2016). *Small Remotely Piloted Aircraft Systems (Drones) Mid-Air Collision Study*. Retrieved from https://assets.publishing.service.gov.uk/government/uploads/system/uploads/attachment_data/file/628092/small-remotely-piloted-aircraft-systems-drones-mid-air-collision-study.pdf

Mace 'Construction productivity: the size of the prize'. Retrieved from www.macegroup.com/perspectives/180125-construction-productivity-the-size-of-the-prize (accessed 24 January 2018).

Magic Leap 'Free your mind'. Retrieved from www.magicleap.com

Magic-plan 'Create a floor plan within seconds'. App. Retrieved from www.magic-plan.com

McDonald, R. (2015). *Root Causes and Consequential Cost of Rework*. Catlin Insurance North America Construction.

McKinsey & Co (2018). 'What AI can and can't do (yet) for your business'. Retrieved from www.mckinsey.com/business-functions/mckinsey-analytics/our-insights/what-ai-can-and-cant-do-yet-for-your-business

McPartland, R. (2016). 'What is the Common Data Environment (CDE)?' *NBS*, 18 October. Retrieved from www.thenbs.com/knowledge/what-is-the-common-data-environment-cde

Medium, 'Introducing artificial intelligence for construction productivity'. Retrieved from https://medium.com/@doxel/introducing-artificial-intelligence-for-construction-productivity-38a74bbd6d07 (accessed 24 January 2018).

Meisner, G. (2013). 'The Parthenon and Phi, the Golden Ratio'. Retrieved from www.goldennumber.net/parthenon-phi-golden-ratio/ (accessed 20 January 2013).

Milgram, P., Takemura, H., Utsumi, A. and Kishino, F. (1994). 'Augmented Reality: A class of displays on the reality-virtuality continuum'. Retrieved from http://etclab.mie.utoronto.ca/publication/1994/Milgram_Takemura_SPIE1994.pdf

MISIS (2017) 'Metalloinvest and NUST MISIS to launch laboratory for development of new steel grades'. Retrieved from http://en.misis.ru/university/news/science/2018-01/5143/

Moore, S., 'Gartner says worldwide business intelligence and analytics market to reach $18.3 billion in 2017'. Retrieved from www.gartner.com/newsroom/id/3612617 (accessed 17 February 2017).

Mosher, D. (2011). 'It's official: Stonehenge stones were moved 160 miles'. *National Geo-graphic Magazine,* 24 December. Retrieved from https://news.nationalgeographic.com/news/2011/12/111222-stonehenge-bluestones-wales-match-glacier-ixer-ancient-science/ MX3D (2018). 'MX3D bridge'. September. Retrieved from https://mx3d.com/projects/bridge/

National History Foundation. '"Our Ural". Kasli cast iron pavilion'. Retrieved from https://nashural.ru/article/istoriya-urala/kaslinskij-chugunnyj-pavilon/ (accessed 23 January 2016).

NBS (2017). 'BIM dimensions-3D, 4D, 5D, 6D BIM explained'. Retrieved from www.thenbs.com/knowledge/bim-dimensions-3d-4d-5d-6d-bim-explained

NCCR Digital Fabrication (2015). 'In situ fabricator'. 18 June. Retrieved from www.youtube.com/watch?v=loFSmJO3Hhk Ransome, F. (1866). *Patent Paving Stone*. Retrieved from https://books.google.co.uk/books?hl=en&lr=&id=66wQAQAAIAAJ&oi=fnd&pg=PA1&dq=building+quality+

NCCR Digital Fabrication (2017). 'In situ fabricator mesh reinforcement'. 29 June. Retrieved from www.youtube.com/watch?time_continue=29&v=TCJOQkOE69s

Needham, J. (1994). *The Shorter Science and Civilisation in China*. Cambridge: Cambridge University Press.

Nene, A.S. (2011). 'Rock engineering in ancient India'. Retrieved from https://gndec.ac.in/~igs/ldh/conf/2011/articles/Theme%20-%20P%202.pdf

News4 (2018). 'Blockchains L.L.C. proposes "Smart City" east of Reno'. 1 November. Retrieved from https://mynews4.com/news/local/smart-city-to-be-build-at-tahoe-reno-industrial-center

Nonaka, I. and Takeuchi, H. (1995). *The Knowledge-Creating Company: How Japanese Companies Create the Dynamics of Innovation.* Oxford: Oxford University Press.

Now Science News (2018). 'HRP-5P Humanoid Construction Robot by AIST'. 30 Sep-tember. Retrieved from www.youtube.com/watch?v=qBvuZ-tUFiA

NUS News (2018). 'NUS builds new 3D printing capabilities, paving the way for con-struction innovations'. 5 July. Retrieved from https://news.nus.edu.sg/press-releases/construction-3D-printing

Oak Ridge National Laboratory (2017). 'Project AME'. Retrieved from https://web.ornl.gov/sci/manufacturing/projectame/

Oakland, J. and Turner, M. (2015). *Leading Quality in the 21st Century.* London: CQI. Retrieved from www.quality.org/file/494/download?token=UFcUGvXy

Panditabhushana V-Subrahmanya Sastri, B. *Brihat Samhita of Varaha Mihira* LVI.31, LVII 1-7. (Trans. 1946). Retrieved from https://archive.org/stream/Brihatsamhita/brihat-samhita_djvu.txt

Papadopoulos, K. and Vintzileou, E. (2013). 'The new "poles and empolia" for the columns of the ancient Greek temple of Apollo Epikourios'. Retrieved from www.bh2013.polimi.it/papers/bh2013_paper_229.pdf

Pliny the Younger (1900). *Letters*, Book 10, Letter 18. Trans. J.B. Firth. Retrieved from www.attalus.org/old/pliny10a.html

Plutarch (1996). *Pericles*. Trans. J. Dryden, Chapter 12. Retrieved from https://people.ucalgary.ca/~vandersp/Courses/texts/plutarch/plutperi.html#XII

PriceWaterhouseCoopers (2017). 'Sizing the prize: What's the real value of AI for your business and how can you capitalise?' Retrieved from www.pwc.com/gx/en/issues/analytics/assets/pwc-ai-analysis-sizing-the-prize-report.pdf

PriceWaterhouseCoopers (2018a). 'Will robots really steal our jobs?', p. 31, Figure 6.6. Retrieved from www.pwc.co.uk/economic-services/assets/international-impact-of-automation-feb-2018.pdf

PriceWaterhouseCoopers (2018b). 'AI will transform project management. Are you ready? Transformation assurance'. Retrieved from https://news.pwc.ch/wp-content/uploads/2018/04/AI-will-transform-PM-Whitepaper_EN_web.pdf

PriceWaterhouseCoopers 'Skies without limits'. Retrieved from www.pwc.co.uk//intelligent-digital/drones/Drones-impact-on-the-UK-economy-FINAL.pdf

ProGlove 'Ready for 4.0'. Retrieved from www.proglove.de/products/#wearables

Publius Papinius Statius (2003). *Silvae*, Book IV: 3, the Via Domitiana. Cambridge, MA: Loeb.

Quercia, G. and Brouwers, H.J.H. (2010). 'Application of nano-silica (nS) in concrete mixtures'. Retrieved from www.researchgate.net/profile/George_Quercia_Bianchi/publication/257029738_Application_of_nano-silica_nS_in_concrete_mixtures/links/00b7d5243e5e804358000000.pdf

Ransome, F. (1866). Patent Paving Stone. Retrieved from https://books.google.co.uk/books?hl=en&lr=&id=66wQAQAAIAAJ&oi=fnd&pg=PA1&dq=building+quality+inspection&ots=8_-lAY_aPy&sig=cSy6JxSr-psry0CRSIppJetT7oE#v=onepage &q=building%20quality%20inspection&f=false

Rehm, A. (1958-68). *Didyma II: Die Inschriften*. No. 48. Berlin.

Rio Tinto (2018). 'Smarter technology'. Retrieved from www.riotinto.com/ourcommitment/smarter-technology-24275.aspx

RMIT University (2016). 'How brickmakers can help butt out litter'. 27 May. Retrieved from www.rmit.edu.au/news/all-news/2016/may/how-brickmakers-can-help-butt-out-litter

Rudgley, R. (1999). *Lost Civilisations of the Stone Age*. London: Arrow Books.

Ryan, G. (2018). 'Hammond pledges £100m for National Retraining Scheme', *Times Educational Supplement*, 1 October. Retrieved from www.tes.com/news/national-retraining-scheme-philip-hammond

Sainty, J.C. (2002). *Ordnance Surveyor 1538 to 1854*. London: Institute of Historical Research. Retrieved from www.history.ac.uk/publications/office/ordnance-surveyor.

Schubmehl, D. (2014). 'Unlocking the hidden value of information'. IDC Community. 14 July. Retrieved from https://idc-community.com/groups/it_agenda/bigdataanalytics/unlocking_the_hidden_value_of_information

SkyCatch, 'All-in-one drone data solution for enterprise'. Retrieved from www.skycatch. com

Skylar Tibbits (2013). 'The emergence of "4D printing"'. TED. Retrieved from www.youtube.com/watch?time_continue=1&v=0gMCZFHv9v8

Smartvid.io 'Tap into the power of AI (artificial intelligence) to reduce risk on your pro-jects'. Retrieved from www.smartvid.io

Smisek, P. (2017). *A Short History of 'Bricklaying Robots'.* 17 October. B1M video channel. Retrieved from www.theb1m.com/video/a-short-history-of-bricklaying-robots Smith, C.B. (2018). *How the Great Pyramid Was Built*. London: Penguin Random House. Snoeck, D., Van Tittelboom, K., Wang, J., Mignon, A., Feiteira, J. *et al.* (2014). 'Self-healing of concrete'. Ghent University, 27 March. Retrieved from www.ugent.be/ea/structural-engineering/en/research/magnel/research/research3/selfhealing

Société d'Exploitation de la tour Eiffel. *Origins and Construction of the Eiffel Tower*. Retrieved from www.toureiffel.paris/en/the-monument/history

Surmet's ALON®. (2011). 'Transparent Armor 50 caliber test'

Tacitus (1876). *The Annals*, Book 4, p. 62. Retrieved from https://en.wikisource.org/wiki/The_Annals_(Tacitus)/Book_4#62. Translation based on Alfred John Church and William Jackson Brodribb.

The Construction Index 'Construction pre-tax margins average 1.5%'. Retrieved from www.theconstructionindex.co.uk/news/view/construction-pre-tax-margins-average-15 (accessed 28 August 2017).

The Economist (2018). 'China has built the world's largest water-diversion project', 5 April. Retrieved from www.economist.com/china/2018/04/05/china-has-built-the-worlds-largest-water-diversion-project

The Nation (2018). 'Meeting the demands of posh condo buyers'. 9 July. Retrieved from www.nationmultimedia.com/detail/Real_Estate/30349402

Tobii Pro 'Eye tracking for research'. Retrieved from www.tobiipro.com

Trudeau, C.R. (2012). *The Public Speaks: An Empirical Study of Legal Communication*. Retrieved from https://

works.bepress.com/christopher_trudeau/1/

Turing, A.M. (1950). *Computing Machinery and Intelligence*. Retrieved from https://academic.oup.com/mind/article/LIX/236/433/986238

Tybot 'Reliable, flexible, and scalable solution for bridge deck construction'. Retrieved from www.tybotllc.com

UK government (2017). 'Industrial strategy: building a Britain fit for the future'. White Paper, p. 10. CM9529. Retrieved from https://assets.publishing.service.gov.uk/government/uploads/system/uploads/attachment_data/file/730043/industrial-strategy-white-paper-print-ready-a4-version.pdf

UK Parliament (1938). 'Oral answers to questions: Housing-Building Standards'. Hansard, vol. 342, col. 594. 1 December. London: HMSO. Retrieved from https://hansard.parliament.uk/Commons/1938-12-01/debates/1a2ca5b1-e3a1-4fcb-92a7-18b9a9700d83/BuildingStandards?highlight=national%20house%20builders%27%20 registration%20council#contribution-7f3d1aaf-7449-44bf-a527-5aeb28a571f1

UK Parliament (1952). 'Oral answers to questions: Housing-Building Standards', Hansard, vol. 452, col. 195. 4 March. London: HMSO. Retrieved from https://hansard.parliament.uk/Commons/1952-03-04/debates/2ebaeb17-1023-47f8-8132-82148a497f01/BuildingStandards

UK Parliament (1967). 'Oral answers to questions: Scotland. Private House Building (Standards)'. Hansard, vol. 755, col. 1415. 6 December. London: HMSO. Retrieved from https://hansard.parliament.uk/Commons/1967-12-06/debates/23b399c4-b8e2-421d-b8ee-300390901fed/PrivateHouseBuilding(Standards)

UK Parliament (1977). 'Oral answers to questions: Northern Ireland. House Building Standards', Hansard, vol. 933, col. 1729. 23 June. London: HMSO. Retrieved from https://hansard.parliament.uk/Commons/1977-06-23/debates/9eb4c8b8-63e3-49ae-a37a-54dd823f6af0/HouseBuildingStandards

Upskill, 'Augmented reality use cases in enterprise'. Retrieved from https://upskill.io/sky-light/use-cases/

Van Wijnen (2018). 'World first: living in a 3D printed house made of concrete'. Retrieved from https://translate.google.com/translate?hl=en&sl=nl&u=www.vanwijnen.nl/actueel/wereldprimeur-wonen-in-een-3d-geprint-huis-van-beton/&prev=search

Vastushastraguru.com. *Vastu Shastras*. Retrieved from www.vastushastraguru.com. Vitruvius (2001). *Ten Books of Architecture*. Cambridge: Cambridge University Press.

Volvo CE (2017a). 'LX1 prototype hybrid wheel loader delivers 50% fuel efficiency improvement'. Press release, 7 December. Retrieved from www.volvoce.com/global/en/news-and-events/news-and-press-releases/2017/lx1-prototype-hybrid-wheel-loader-delivers-50-percent-fuel-efficiency-improvement

Volvo CE (2017b). 'Volvo CE unveils the next generation of its Electric Load Carrier concept'. Retrieved from www.volvoce.com/united-states/en-us/about-us/news/2017/volvo-ce-unveils-the-next-generation-of-its-electric-load-carrier-concept/

Volvo CE 'Compact assist for asphalt with Density Direct'. Retrieved from www.volvoce.com/united-states/en-us/products/other-products/density-direct/

Volvo CE and LEGO® (2018). 'Volvo CE: Introducing ZEUX in collaboration with the LEGO® Group'. Retrieved from www.youtube.com/watch?time_continue=25&v= 3uJCgt_2Y4o

Wakisaka, T., Furuya, N., Hishikawa, K., *et al.* (2000). *Automated Construction System for High-rise Reinforced Concrete Buildings*. Retrieved from www.iaarc.org/publications/full-text/Automated_construction_system_for_high-rise_reinforced_concrete_buildings.PDF Wanberg, J., Harper, C. and Hallowell, M.R. (2013). 'Relationship between construction safety and quality performance'. *Journal of Construction Engineering and Management* 139: 10.

Wilmore, J. (2018). 'Will Amazon enter the construction jungle?' *Construction News*. 8 May. Retrieved from www.constructionnews.co.uk/analysis/cn-briefing/will-amazon-enter-the-construction-jungle/10030732.article

Wilson, W. and Rhodes, C. (2018). 'New-build housing: construction defects: issues and solutions (England)'. London: House of Commons Library, Retrieved from research-briefings.files.parliament.uk/documents/CBP-7665/CBP-7665.pdf

Witzel, M. and Warner, M. (eds) (2013). *The Oxford Handbook of Management Theorists*. Oxford: Oxford University Press.

World Economic Forum, (2018). *Future Scenarios and Implications for the Industry*. Retrieved from www3.weforum.org/docs/Future_Scenarios_Implications_Industry_report_2018.pdf

Xiyi, L. (c. 1235) *Kao gong ji*. Trans. 2013. New York: Routledge.

XOi Technologies 'It starts in the field'. Retrieved from www.xoi.io/solution/

Yhnova (2017). 'A robot 3D printer is building a house in Nantes'. Retrieved from http://batiprint3d.fr/en/

Zhu, H. (2015). 'BIM: A "model" method'. The BIM hub. 17 October. Retrieved from https://thebimhub.com/2015/10/17/bim-a-model-method/#.W8R6Oy_MxQI

추가 읽기

Atkinson, G. (1987). *A Guide through Construction Quality Standards*. Wokingham: Van Nostrand Reinhold.

Barnes, H. (2006). *Gannibal: The Moor of Peterburg*. London: Profile Books Ltd.

Barrat, J. (2013). *Our Final Invention: Artificial Intelligence and the End of the Human Era*. New York: Thomas Dunne Books.

Broadbent, M. and Kitzis, E.S. (2005). *The New CIO Leader*. Boston: Harvard Business School Press.

Brynjolfsson, E. and McAfee, A. (2014). *The Second Machine Age*. New York: W.W. Norton & Co.

Child, M. (2000). *Discovering Church Architecture: A Glossary of Terms*. Princes Risborough: Shire Publications Ltd.

Chudley, R. and Greeno, R. (2008). *Building Construction Handbook*, 7th edn. Oxford: Butterworth-Heinemann.

Crosby, P.B. (1979). *Quality Is Free*. Maidenhead: McGraw-Hill.

Dekker, S. (2006). *The Field Guide to Understanding Human Error*. Farnham: Ashgate.

Feigenbaum, A.V. (1991). *Total Quality Control*, 3rd edn. New York: McGraw-Hill.

Ferguson, I. and Mitchell, E. (1986). *Quality on Site*. London: Batsford.

Finlay, S. (2017). *Artificial Intelligence and Machine Learning for Business*. London: Relativistic Books.

Ford, M. (2016). *The Rise of the Robots*. London: Oneworld Publications.

Goetsch, D.L. and Davis, S.B. (1994). *Quality Management*, 5th edn. Upper Saddle River, NJ: Pearson.

Gomes, H. (1996). *Quality Quotes*. Milwaukee, WI: ASQC Quality Press.

Goodwin, T. (2018). *Digital Darwinism*. London: Kogan Page.

Harari, T.N. (2011). *Sapiens: A Brief History of Mankind*. London: Penguin Random House LLC.

Harari, T.N. (2015). *Homo Deus: A Brief History of Tomorrow*. London: Penguin Random House LLC.

Harris, F. and McCaffer, R. (2013). *Modern Construction Management*, 7th edn. Chichester: Wiley-Blackwell.

Harris, R. (2001). *Discovering Timber-Framed Buildings*. Princes Risborough: Shire Publications Ltd.

Hill, D. (1984). *A History of Engineering in Classical and Medieval Times*. New York: Barnes & Noble Inc.

Imai, M. (1986). *Kaizen: The Key to Japan's Competitive Success*. New York: McGraw-Hill.

Jackson, N. and Dhir, R.K. (1996). *Civil Engineering Materials*, 5th edn. New York. Palgrave.

Juran Foundation Inc. (1995). *A History of Managing for Quality*. Milwaukee, WI: ASQC Quality Press.

Juran Institute Inc. (2016). *Juran's Quality Handbook: The Complete Guide to Performance Excellence*, 7th edn. London: McGraw-Hill Education.

Kelly, K. (2016). *The Inevitable: Understanding the 12 Technological Forces That Will Shape Our Future*. New

York: Penguin Random House LLC.

Landels, J.G. (1978). *Engineering in the Ancient World*. London: Constable.

Nonaka, I. and Takeuchi, H. (1995). *The Knowledge-Creating Company: How Japanese Companies Create the Dynamics of Innovation*. Oxford. Oxford University Press.

O'Brien, J.J. (1974). *Construction Inspection Handbook*. New York: Van Nostrand Reinhold Co.

Oakland, J. and Marosszeky, M. (2017). *Total Construction Management: Lean Quality in Construction Project Delivery*. London: Routledge.

Ross, A. (2016). *The Industries of the Future*. London: Simon & Schuster.

Rudgley, R. (1999). *Lost Civilisations of the Stone Age*. London: Arrow Books.

Susskind, R. and Susskind, D. (2015). *The Future of the Professions*. Oxford: Oxford University Press.

Tegmark, M. (2017). *Life 3.0*. New Delhi: Penguin Random House LLC.

Tierney, T.F. (2016). *Intelligent Infrastructure*. Charlottesville, VA: University of Virginia Press.

West, T.W. (2000). *Discovering English Architecture*. Princes Risborough: Shire Publications Ltd.

Wright, G.N. (2004). *Discovering Abbeys and Priories*: Princes Risborough. Shire Publications Ltd.

표준

영국 및 국제표준은 자주 검토되고 재발행된다는 것을 알아야 한다. 최신 버전은 BSI 및 ISO 웹사이트에서 확인할 수 있다.

BSI *BS 1192:2007 +A2:2016 Collaborative Production of Architectural, Engineering and Construction Information: Code of Practice*. Milton Keynes: BSI Standards Limited.

BSI *BS 1192-4:2014 Collaborative Production of Information: Fulfilling Employer's Information Exchange Requirements Using COBie. Code of Practice*. Milton Keynes: BSI Standards Limited.

BSI *BS EN ISO 9000:2015 Quality Management Systems: Fundamentals and Vocabulary*. Milton Keynes: BSI Standards Limited.

BSI BS EN ISO 9001:2015 Quality Management Systems: Requirements. Milton Keynes: BSI Standards Limited.

BSI *BS EN ISO 14001:2015 Environmental Management Systems: Requirements with Guidance for Use*. Milton Keynes: BSI Standards Limited.

BSI BS EN ISO 19650-1 *Organization of Information About Construction Works-Information Management Using Building Information Modelling: Part 1: Concepts and principles*. (due for publication in 2018). Milton Keynes: BSI Standards Limited.

BSI *BS EN ISO 19650-2 Organization of Information About Construction Works-Information Management Using Building Information Modelling: Part 2: Delivery Phase of Assets*. Milton Keynes: BSI Standards Limited.

BSI *BS EN ISO/IEC 27001:2017 Information Technology. Security Techniques. Information Security Management*

Systems. Requirements. Milton Keynes: BSI Standards Limited.

BSI *BS ISO 10005:2018 Quality Management: Guidelines for Quality Plans*. Milton Keynes: BSI Standards Limited.

BSI *BS ISO 10006:2017 Quality Management: Guidelines for Quality Management in Projects*. Milton Keynes: BSI Standards Limited.

BSI *BS ISO 10015:1999 Quality Management: Guidelines for Training*. Milton Keynes: BSI Standards Limited.

BSI *BS ISO 10018:2012 Quality Management: Guidelines on People Involvement and Competence*. Milton Keynes: BSI Standards Limited.

BSI *BS ISO 30301-2011 Information and Documentation: Management Systems for Records-Requirements*. Milton Keynes: BSI Standards Limited.

BSI *BS ISO 30302-2015 Information and Documentation: Management Systems for Records-Guidelines for Implementation*. Milton Keynes: BSI Standards Limited.

BSI *BS ISO 31000-2018 Risk Management: Guidelines*. Milton Keynes: BSI Standards Limited.

BSI *BS ISO 45001:2018 Occupational Health and Safety Management Systems: Requirements with Guidance for Use*. Milton Keynes: BSI Standards Limited.

BSI *PAS 1192-2:2013 Specification for Information Management for the Capital/Delivery Phase of Construction Projects Using Building Information Modelling*. Milton Keynes: BSI Standards Limited.

BSI *PAS 1192-3:2014 Specification for Information Management for the Operational Phase of Assets Using Building Information Modelling (BIM)*. Milton Keynes: BSI Standards Limited.

BSI *PAS 1192-5:2015 Specification for Security-Minded Building Information Modelling: Digital Built Environments and Smart Asset Management*. Milton Keynes: BSI Standards Limited.

BSI *PAS 1192-6:2018 Specification for Collaborative Sharing and Use of Structured Health and Safety Information Using BIM*. Milton Keynes: BSI Standards Limited.

BSI *PD 7504-2005 Knowledge Management: Public Sector: A Guide to Good Practice*. Milton Keynes: BSI Standards Limited.

BSI *PD 7505-2005 Skills for Knowledge Working: A Guide to Good Practice*. Milton Keynes: BSI Standards Limited.

BSI *PD 7506-2005 Linking Knowledge Management with Other Organizational Functions and Disciplines: A Guide to Good Practice*. Milton Keynes: BSI Standards Limited.

찾아보기

저자 소개

폴 마스던
(Paul Marsden)

영국 국립품질원의 공인 품질 전문가로 건설, 통신, 은행, 보안, 항공 우주, 에너지 및 철도 분야에서 거의 30년 동안 품질관리 경험을 쌓았다. 그는 품질관리 능력, 지속 가능성, 지속적인 개선, 고객 만족도, 린(lean) 프로그램, 감사, 성과 데이터 및 정보를 수집하고 보고하는 비즈니스 인텔리전스 플랫폼 제작을 전문으로 한다.

국회의원을 포함하여 Horizon 원자력 발전소의 품질 책임자 및 유럽 건설 무역 협회의 임시 사무총장 등 다양한 경력을 가지고 있다.

역자 소개

조대호(趙大皓)

nzcho@hanmail.net
nzcho@kgu.ac.kr

학력

한양대학교 토목공학과 공학사
중앙대학교 건설대학원 건설공학과 공학석사
중앙대학교 대학원 토목공학과 공학박사

경력

현) 경기대학교 산학협력단(토목공학) 조교수
SK건설㈜ 품질실 전문위원
국립 목포대학교 토목공학과 겸임교수
초당대학교 건설정보학과 겸임교수
호원대학교 토목건축공학부 초빙교수
삼성물산㈜ 건설부문 해외토목팀
한국건설기술연구원 도로연구실
동아건설산업㈜ 품질실

대외활동

경기도 건설기술 심의위원
경기도 건설본부 기술자문위원
서울지방 국토관리청 기술자문위원
대전지방 국토관리청 기술자문위원
금강유역 환경청 기술자문위원
인천광역시 건설 신기술 활용 심의위원
LH공사 자재·공법 선정위원
서울주택도시공사 건설기술자문위원
경기주택도시공사 기술자문위원
부산항만공사 기술자문위원
한국건설기술연구원 건설기준 전문위원
경기도 인재개발원 외래교수
건설기술교육원(재) 외래교수

역서

『건설 프로젝트의 품질 경영』(2018, 도서출판 씨아이알)

건설의 디지털 품질관리

초판인쇄 2022년 6월 23일
초판발행 2022년 6월 30일

저　　자 폴 마스던(Paul Marsden)
역　　자 조대호
펴 낸 이 김성배
펴 낸 곳 도서출판 씨아이알

책임편집 박영지
디 자 인 윤현경, 박진아
제작책임 김문갑

등록번호 제2-3285호
등 록 일 2001년 3월 19일
주　　소 (04626) 서울특별시 중구 필동로8길 43(예장동 1-151)
전화번호 02-2275-8603(대표)
팩스번호 02-2265-9394
홈페이지 www.circom.co.kr

I S B N 979-11-6856-072-7 (93530)
정　　가 24,000원